Eine Entdeckungsreise in die Welt des Unendlichen

Lorenz Halbeisen · Regula Krapf

Eine Entdeckungsreise in die Welt des Unendlichen

Die Grundlagen der Mathematik von der Antike bis in die Neuzeit

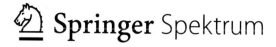
Springer Spektrum

Lorenz Halbeisen
Departement Mathematik
ETH Zürich
Zürich, Schweiz

Regula Krapf
Mathematisches Institut
Rheinische Friedrich-Wilhelms-Universität
Bonn
Bonn, Deutschland

ISBN 978-3-662-68093-3   ISBN 978-3-662-68094-0 (eBook)
https://doi.org/10.1007/978-3-662-68094-0

Die Deutsche Nationalbibliothek verzeichnet diese Publikation in der Deutschen Nationalbibliografie;
detaillierte bibliografische Daten sind im Internet über http://dnb.d-nb.de abrufbar.

Planung/Lektorat: Nikoo Azarm
Springer Spektrum ist ein Imprint der eingetragenen Gesellschaft Springer-Verlag GmbH, DE und ist ein
Teil von Springer Nature.
Die Anschrift der Gesellschaft ist: Heidelberger Platz 3, 14197 Berlin, Germany

Das Papier dieses Produkts ist recyclebar.

Vorwort

> „Das Unendliche hat wie keine andere Frage von jeher so tief das Gemüt des Menschen bewegt; das Unendliche hat wie kaum eine andere Idee auf den Verstand so anregend und fruchtbar gewirkt; das Unendliche ist aber auch wie kein anderer Begriff so der Aufklärung bedürftig."
>
> (David Hilbert)

Wie der Mathematiker David Hilbert schreibt, ist das Phänomen Unendlichkeit zugleich faszinierend und schwer zu greifen. Dieses Buch ist der Unendlichkeit in der Mathematik in ihren vielfältigen Formen und Facetten gewidmet. Beginnend beim Unendlichkeitsbegriff in der Antike wird das Unendliche – welches zeitweise durchaus umstritten war – von der Betrachtung irrationaler und tr anszendenter Zahlen und unendlicher Mengen über unendliche Ordinal- und Kardinalzahlen bis hin zu John Conways surreellen Zahlen schrittweise entwickelt. Da oftmals der historischen Entwicklung gefolgt wird, wird nicht immer der schnellste Weg zu wichtigen Ergebnissen eingeschlagen, sondern es werden auch erkenntnisreiche historische Umwege gemacht, die ihrerseits zu schönen mathematischen Erkundungen führen. Eine grundlegende Rolle nimmt dabei die Cantorsche Mengenlehre und deren Axiomatisierung durch Ernst Zermelo ein, die eine rigorose Behandlung des Unendlichen in der Mathematik möglich macht.

Ein zentrales Thema dieses Buchs besteht im Zahlbegriff. Ausgehend von den natürlichen Zahlen wird der Begriff einer Zahl schrittweise in verschiedene Richtungen erweitert: Zum einen werden durch Schließung von Lücken auf dem Zahlenstrahl die reellen Zahlen eingeführt und zum anderen werden mit den Ordinalzahlen und Kardinalzahlen auch Zahlen konstruiert, welche ein Weiterzählen im Unendlichen und den Vergleich großer unendlicher Mengen ermöglichen. Schließlich wird mit den surreellen Zahlen ein Zahlkörper untersucht, welcher beide Erweiterungen umfasst.

Die ersten drei Kapitel befassen sich mit der Unendlichkeit in der Antike und der Entdeckung reeller und transzendenter Zahlen. Die Kapitel 4 bis 6 enthalten die Grundlagen der Cantorschen Mengenlehre mit einigen Exkursen in Ergebnisse, die Georg Cantor zwar nicht kannte oder beweisen konnte, mit seinen Kenntnissen und Methoden aber durchaus zugänglich gewesen wären. So wird zwischen abzählbaren und überabzählbaren Mengen unterschieden und erkannt, dass mithilfe von

Kardinalitäten auch eine verfeinerte Unterteilung möglich ist. In Kapitel 7 wird – der historischen Entwicklung entsprechend – als erstes Axiom der Mengenlehre das Auswahlaxiom eingeführt. Im darauffolgenden Kapitel wird als Anwendung des Auswahlaxioms das Banach-Tarski-Paradoxon bewiesen, welches unter anderem besagt, dass man eine Kugel so in endlich viele Teile zerlegen kann, dass sich aus diesen Teilen zwei Kugeln derselben Größe wie die ursprüngliche Kugel zusammensetzen lassen. Daraufhin werden in Kapitel 9 die anderen Axiome der Mengenlehre vorgestellt und mithilfe dieser die Ordinalzahlen und Kardinalzahlen axiomatisch konstruiert. In den anschließenden Kapiteln werden verschiedene Modelle der Mengenlehre präsentiert, und zwar in Kapitel 12 Modelle mit dem Auswahlaxiom und in Kapitel 13 ohne das Auswahlaxiom. Kapitel 14 ist der Ramsey-Theorie und damit der infinitären Kombinatorik gewidmet. Die letzten drei Kapitel befassen sich mit endlichen und unendlichen Spielen und der Frage nach der Existenz einer Gewinnstrategie. Beim letzten Kapitel wird als krönender Abschluss insbesondere der Zusammenhang zwischen surreellen Zahlen und einem ganz besonderen Spiel, dem blau-roten Hackenbush, herausgearbeitet. So wird gezeigt, wie man mit Spielen rechnen bzw. umgekehrt mit surreellen Zahlen spielen kann. Die Einführung surreeller Zahlen bietet dabei eine Verallgemeinerung des Zahlbegriffs, welche alle bisher betrachteten Zahlbereichserweiterungen in eine einheitliche Theorie einbettet.

Während die meisten Kapitel aufeinander aufbauen und wir daher die Leserschaft ermutigen, das Buch chronologisch zu lesen, so können Kapitel 8, 13 und 14 auch als optional betrachtet werden, denn diese werden im weiteren Verlauf nicht benötigt.

Dieses Buch bietet eine in sich abgeschlossene Einführung in die mathematische Behandlung des Unendlichen, welche außer Grundkenntnissen der Hochschulmathematik in den Bereichen Analysis und Lineare Algebra aus dem ersten Semester keine Vorkenntnisse voraussetzen. Wir haben uns zum Ziel gesetzt, alle Beweise möglichst ausführlich und intuitiv verständlich zu präsentieren und neue Begriffe immer durch anschauliche Beispiele zu illustrieren. Dennoch sind wir der Auffassung, dass man beim Mathematiklernen auch selbst aktiv werden muss. Deswegen bieten wir zahlreiche Übungsaufgaben zur selbstständigen Vertiefung aller Themen dieses Buches. Wir haben die Aufgaben immer direkt an der passenden Stelle eingeführt, sodass stets erkennbar ist, welche Inhalte zur Lösung der Aufgaben relevant sind.

Danksagung

Wir bedanken uns bei allen, die durch konstruktive Kritik zum Gelingen dieses Buchprojekts beigetragen haben: Dies betrifft vor allem die Teilnehmer:innen der Vorlesung „Unendlichkeit in den Grundlagen der Mathematik" an den Universitäten Koblenz-Landau und Bonn, insbesondere Nik Oster, Janna Luise Schmidt und Bettina Wohlfender, die uns auf zahlreiche Fehler aufmerksam gemacht haben. Ihr Feedback zum Vorlesungsskript und den dazugehörigen Übungsaufgaben, auf deren Grundlage dieses Buch entstanden ist, hat zur kontinuierlichen Überarbeitung des Materials beigetragen.

Zürich und Bonn, 17. Mai 2023   Lorenz Halbeisen und Regula Krapf

Inhaltsverzeichnis

1 Unendlichkeit in der Antike 1
  1.1 Der Satz von Euklid 2
  1.2 Achilles und die Schildkröte 3
  1.3 Irrationalität 4
  1.4 Der Euklid'sche Algorithmus 8

2 Konstruktion der reellen Zahlen 11
  2.1 Die natürlichen, ganzen und rationalen Zahlen 11
  2.2 Dedekind'sche Schnitte 12
  2.3 Das Intervallschachtelungsprinzip 21

3 Irrationalität und Transzendenz 25
  3.1 Irrationalität von e und π 25
  3.2 Darstellung von Irrationalzahlen durch Kettenbrüche 29
  3.3 Algebraische und transzendente Zahlen 39
  3.4 Liouville'sche Zahlen 43
  3.5 Transzendenz von e 45

4 Unendliche Mengen 49
  4.1 Das Hotel Hilbert 49
  4.2 Abzählen endlicher Mengen 51
  4.3 Das erste Diagonalargument 55
  4.4 Der Calkin-Wilf-Baum 59
  4.5 Das zweite Diagonalargument 66
  4.6 Die Cantor-Menge 72

5 Gleichmächtigkeit 77
  5.1 Vergleichen von Mächtigkeiten 77
  5.2 Der Satz von Cantor-Bernstein 82

6   Kardinalitäten und Wohlordnungen 87
   6.1   Der Satz von Cantor 87
   6.2   Kardinalitäten 88
   6.3   Kardinale Arithmetik 89
   6.4   Wohlordnungen 91
   6.5   Kardinalitäten wohlgeordneter Mengen 100

7   Das Auswahlaxiom 103
   7.1   Das Auswahlaxiom und erste Anwendungen 104
   7.2   Das Lemma von König 108
   7.3   Anwendungen in der Unterhaltungsmathematik 110

8   Das Banach-Tarski-Paradoxon 115
   8.1   Zerlegungsgleichheit 115
   8.2   Das Hausdorff-Paradoxon 119
   8.3   Das Banach-Tarski Paradoxon 126

9   Axiome der Mengenlehre 129
   9.1   Axiome der Mengenlehre 129

10 Ordinalzahlen 137
   10.1 Axiomatische Konstruktion der Ordinalzahlen 137
   10.2 Transfinite Rekursion und Induktion 143
   10.3 Der Wohlordnungssatz 151
   10.4 Ordnungstypen von Wohlordnungen 156
   10.5 Die Cantor-Normalform 158
   10.6 Der Satz von Goodstein 161

11 Kardinalzahlen 165
   11.1 Kardinalitäten als Ordinalzahlen 165
   11.2 Kardinalzahlarithmetik 168
   11.3 Der Satz von Kőnig 172
   11.4 Die Kontinuumshypothese 174
   11.5 Große Kardinalzahlen 177

12 Modelle der Mengenlehre 179
   12.1 Ein kurzer Exkurs in die Modelltheorie 179
   12.2 Die kumulative Hierarchie 181
   12.3 Zur Existenz eines Modells von ZFC 184
   12.4 Die erblich endlichen Mengen 186
   12.5 Modelle der Mengenlehre mit Atomen 191

13 Permutationsmodelle 193
   13.1 Konstruktion von Permutationsmodellen 193
   13.2 Ein Modell der Mengenlehre ohne Auswahlaxiom 198

14 Der Satz von Ramsey 203
14.1 Der Satz von Ramsey 203
14.2 Folgerungen und Anwendungen des Satzes von Ramsey 205
14.3 Verallgemeinerungen des Satzes von Ramsey 208

15 Spiele und Gewinnstrategien 211
15.1 Endliche Spiele 211
15.2 Unendliche Spiele 217
15.3 Determiniertheit offener Mengen 221
15.4 Existenz nicht-determinierter Spiele 223

16 Determiniertheit unendlicher Spiele 229
16.1 Das Axiom der Determiniertheit 229
16.2 Die Perfekte-Teilmengen-Eigenschaft 231
16.3 Das Lebesgue'sche Maß 235
16.4 Zur Messbarkeit von Mengen reeller Zahlen 239
16.5 Die Baire-Eigenschaft 244

17 Die surreellen Zahlen 251
17.1 Kombinatorische Spiele 251
17.2 Eine Ordnung und eine Gruppenstruktur auf G 254
17.3 Hackenbush 259
17.4 Die surreellen Zahlen 265
17.5 Surreelle Zahlen mit Geburtstag ω 270
17.6 S ist ein geordneter Körper 273
17.7 Nochmals Hackenbush 278
17.8 Werte von Hackenbushspielen 284

Literaturverzeichnis 289

Index 291

Kapitel 1
Unendlichkeit in der Antike

> Überhaupt existiert das Unendliche nur in dem Sinne, dass immer ein Anderes und wiederum ein Anderes genommen wird, das eben Genommene aber immer ein Endliches, jedoch ein immer Verschiedenes und wieder ein Verschiedenes ist.
>
> (Aristoteles)

Die *Unendlichkeit* bewegte bereits in der Antike zahlreiche Mathematiker und Philosophen. Der griechische Philosoph Aristoteles unterscheidet zwischen zwei Formen von Unendlichkeit:

1. Das *Potentiell Unendliche*: Eine Menge, welche beliebig große endliche Teilmengen enthält, wird als *potentiell unendlich* bezeichnet.
2. Das *Aktual Unendliche*: Eine unendliche Menge, die als Objekt existiert, wird als *aktual unendlich* bezeichnet.

Das Potentiell Unendliche taucht beispielsweise bei den Ausdrücken „beliebig viele natürliche Zahl" oder bei der Wahl von $\varepsilon > 0$ „beliebig klein" im formalen Grenzwertbegriff auf. Die Frage, ob es die Menge aller natürlichen Zahlen als fertige Menge gibt, oder ob $\varepsilon > 0$ als unendlich klein angenommen werden darf, führte in der Geschichte bzw. Philosophie der Mathematik zu heftigen Diskussionen. In der Antike war die Idee der potentiellen Unendlichkeit vorherrschend. In der Philosophie bezog man sich üblicherweise auf die Fragen, ob der Raum bzw. das Universum unendlich ist, und ob das Universum aus „einfachen Teilen" zusammengesetzt ist; siehe dazu die „*Kritik der reinen Vernunft*" von Immanuel Kant [41]. Ein früher Verfechter des aktual Unendlichen ist der deutsche Mathematiker Gottfried Wilhelm Leibniz (siehe dazu [4]). Allerdings beharrten sogar Mathematiker des 19. Jahrhunderts wie Leopold Kronecker auf der Ablehnung aktual unendlicher Mengen. Erst durch die Arbeiten von Richard Dedekind und Georg Cantor setzte sich die Akzeptanz des Aktual Unendlichen in der Mathematik endgültig durch. Cantor ging sogar darüber hinaus; er zeigte, dass es beliebig große verschiedene Unendlichkei*ten* gibt, siehe dazu Kapitel 4.

1.1 Der Satz von Euklid

Neben der einfachsten unendlichen Zahlenfolge, nämlich der Folge der natürlichen Zahlen

$$0 \quad 1, \quad 2, \quad 3, \quad 4, \ldots$$

gibt es auch viele weitere bereits in der Antike bekannte unendliche Zahlenfolgen. Ein erstes schönes Resultat stammt von Euklid und ist in den „*Elementen*" (siehe [22]), dem ersten Buch, das streng axiomatisch aufgebaut ist, zu finden:

Theorem 1.1 (Satz von Euklid) *Es gibt unendlich viele Primzahlen.*

Für den Beweis reicht Euklid bereits das Potentiell Unendliche aus: Es wird streng genommen nicht die Unendlichkeit der Menge $\mathbb{P}$ aller Primzahlen bewiesen, sondern es wird gezeigt, dass *jede endliche Folge von Primzahlen unvollständig ist*, d.h. dass man für jede gegebene endliche Folge von Primzahlen eine weitere Primzahl findet, die sich von den gegebenen Primzahlen unterscheidet.

Beweis Seien $p_1, \ldots, p_n$ endlich viele Primzahlen. Wir betrachten

$$q = \prod_{i=1}^{n} p_i + 1 = p_1 \cdot \ldots \cdot p_n + 1.$$

Wenn man q durch p_i (für $1 \leq i \leq n$) teilt, so erhält man Rest 1, d.h. $p_1, \ldots, p_n$ sind keine Teiler von q. Nun hat q aber eine Primfaktorzerlegung und somit gibt es eine Primzahl r, die q teilt. Nach dem Argument oben kann aber r keine der Primzahlen $p_1, \ldots, p_n$ sein, also haben wir eine neue Primzahl gefunden.   □

Der Satz von Euklid ist einer der am häufigsten bewiesenen Sätze. Eine Vielzahl an verschiedenen Beweisen sind zu finden in [58] und [2]. Man kann den Satz von Euklid leicht abhandeln, um entsprechende Resultate für Primzahlen der Form $4k + 1$ oder $4k + 3$ zu erhalten:

Aufgabe 1.2 Ungerade Primzahlen können entweder von der Form $4k + 1$ mit $k \in \mathbb{N}$ sein (Rest 1 bei der Division durch 4) oder von der Form $4k + 3$ für ein $k \in \mathbb{N}$ (Rest 3 bei der Division durch 4). In dieser Aufgabe wird bewiesen, dass es unendlich viele Primzahlen der Form $4k + 3$ gibt.[a]

(a) Beweisen Sie, dass das Produkt endlich vieler Zahlen, die Rest 1 bei der Division mit 4 haben, wieder Rest 1 bei der Division mit 4 hat.
(b) Zeigen Sie mithilfe von (a), dass es unendlich viele Primzahlen der Form $4k + 3$ gibt.

(c) Wie muss man den Beweis anpassen, um zu zeigen, dass es auch unendlich viele Primzahlen der Form $3k + 2$ gibt?

Hinweis zu (b): Betrachten Sie ein Produkt der Form

$$q := 4p_1 \cdot \ldots \cdot p_n - 1.$$

[a] Es gibt auch unendliche viele Primzahlen der Form $4k+1$, dies zu beweisen ist allerdings
etwas komplizierter.

Wir geben nun noch einen weiteren Beweis für den Satz von Euklid an:

Beweis Sei $n \in \mathbb{N}$ mit $n > 1$. Da n und $n + 1$ aufeinanderfolgende Zahlen sind,
sind sie teilerfremd. Somit muss $n(n + 1)$ mindestens zwei verschiedene Primfaktoren besitzen. Nun sind auch $n(n + 1)$ und $n(n + 1) + 1$ teilerfremd, also besitzt
$n(n + 1)(n(n + 1) + 1)$ mindestens drei Primfaktoren. Dieser Prozess kann beliebig
fortgesetzt werden, und somit gibt es unendlich viele Primzahlen.   □

1.2 Achilles und die Schildkröte

Vom vorsokratischen Philosophen Zenon von Elea (ca. 490 v. Chr. – 430 v. Chr.)
stammen mehrere Paradoxien zur Vielheit und zur Bewegung, welchen fast immer
eine Paradoxie des unendlich Großen oder des unendlich Kleinen zugrunde liegt. ge-
nauerer Betrachtung des Unendlichen. Wir beschränken uns hier auf die bekannteste
dieser Paradoxien:

Paradoxon 1.3 (Achilles und der Schildkröte) Achilles veranstaltet einen
Wettlauf mit der Schildkröte. Da die Schildkröte langsamer ist als Achilles,
erhält sie einen Vorsprung s_0.

- Bis Achilles den Vorsprung s_0 eingeholt hat, hat die Schildkröte natürlich
  einen neuen Vorsprung s_1.
- Bis Achilles diesen neuen Vorsprung s_1 eingeholt hat, hat die Schildkröte
  wieder einen neuen Vorsprung s_2.

⋮

Folglich holt Achilles die Schildkröte nie ein.

Was liegt diesem Paradoxon zugrunde? Um diese Frage zu beantworten, erinnern
wir uns an die Formel für die geometrische Reihe:

$$\text{Für } k > 1 \text{ haben wir} \quad \sum_{n=1}^{\infty}\left(\frac{1}{k}\right)^n = \frac{\frac{1}{k}}{1 - \frac{1}{k}} = \frac{1}{k - 1}.$$

Mit dieser Formel sehen wir, dass die Summe von unendlich vielen positiven Zahlen bzw. Streckenlängen endlich sein kann.

Nehmen wir an, Achilles sei k-mal schneller als die Schildkröte, wobei $k > 1$ ist. Wenn also Achilles eine Strecke s zurücklegt, so legt die Schildkröte in derselben Zeit die Strecke $\frac{1}{k}s$ zurück. Während Achilles nun den ursprünglichen Vorsprung s_0 der Schildkröte zurückgelegt, legt die Schildkröte also die Strecke $s_1 = \frac{1}{k}s_0$ zurück, und während Achilles die Strecke s_1 zurücklegt, legt die Schildkröte die Strecke $s_2 = \frac{1}{k}s_1 = \frac{1}{k^2}s_0$ zurück, und so weiter. Allgemein gilt somit für $n \geq 1$

$$s_n = \frac{1}{k}s_{n-1} = \frac{1}{k^n}s_0.$$

Wenn man nun alle die unendlich vielen Strecken, welche die Schildkröte zurücklegt bis sie von Achilles eingeholt wird, addiert, so erhalten wir

$$\sum_{n=1}^{\infty}\left(\frac{1}{k}\right)^n \cdot s_0 = \frac{s_0}{k - 1}$$

was, weil k_1, offensichtlich eine endliche Strecke ist.

1.3 Irrationalität

Gemäß der Philosophie der Pythagoräer, der Schule um Pythagoras von Samos, lassen sich Größenverhältnisse in Geometrie, Astronomie und Musik durch Zahlenverhältnisse ausdrücken. Die Pythagoräer folgen daher dem Grundgedanken „Alles ist Zahl", wobei unter „Zahl" im heutigen Sinne „natürliche Zahl"[1] zu verstehen ist. Diese Vorstellung wurde durch die Entdeckung irrationaler Zahlen durch Hippasos von Metapont (ca. 550 – 470 v. Chr.) zutiefst erschüttert. Eine bekannte Anekdote besagt, dass Hippasos als Folge dieser Entdeckung von einer Klippe gestoßen wurde bzw. über Bord eines Schiffen geworfen wurde.

Es gibt zwei Thesen darüber, von welchen Zahlen zuerst die Irrationalität festgestellt wurde:

1. die Irrationalität von $\sqrt{2}$ als Verhältnis der Diagonale zur Seitenlänge des Einheitsquadrates; oder
2. die Irrationalität des *Goldenen Schnittes* als Verhältnis von Diagonale zu Seite im regulären Fünfeck.

Der antike Mathematiker Theodoros von Kyrene (ca. 460 – 390 v. Chr.) soll zudem die Irrationalität aller Quadratwurzeln von Nicht-Quadratzahlen zwischen 2

---

[1] Etwas genauer: In der Antike werden weder 0 noch 1 als Zahlen aufgefasst.

und 17 bewiesen haben. Wieso nur bis 17? Wenn man die Quadratwurzeln der Reihe nach unter Verwendung des Satzes von Pythagoras konstruiert, so erhält man folgende *Wurzelspirale*: Bei $\sqrt{19}$ würde sich die Spirale nun selbst schneiden.

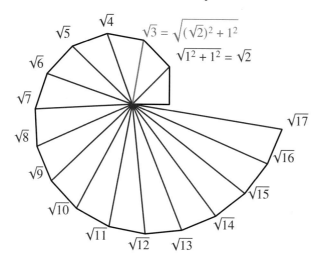

Wir geben einen ersten Irrationalitätsbeweis anhand des Pentagramms, dem Symbol der Pythagoräer, an. Dazu verwenden wir das Beweisprinzip des *unendlichen Abstiegs*, welches besagt, dass es keine unendliche absteigende Folge

$$n_0 > n_1 > n_2 > n_3 > \ldots$$

von natürlichen Zahlen gibt. Denn wegen $n_0 \in \mathbb{N}$ hat n_0 nur endlich viele Vorgänger in $\mathbb{N}$, also muss die Folge nach endlich vielen Schritten abbrechen.

Theorem 1.4 *Das Verhältnis von Diagonale zur Seite im regulären Fünfeck ist irrational.*

Beweis Wir führen einen Widerspruchsbeweis. Wäre das Verhältnis rational, so könnte man durch eine Vergrößerung des Fünfecks erzwingen, dass die Diagonale d und die Seite s beide ganzzahlig sind. Wir zeichnen wie unten dargestellt die Diagonalen im regulären Fünfeck ein. Dadurch entsteht im Inneren des Fünfecks erneut ein reguläres Fünfeck. Mithilfe elementar-geometrischer Überlegungen lässt sich zeigen, dass auch die eingezeichnete Strecke im Inneren des Fünfecks die Länge s hat. Dadurch hat die Reststrecke Länge $d - s$ und ebenso die im Inneren des kleinen Fünfecks eingezeichnete Diagonale. Die Seite des kleinen Fünfecks hat damit Länge

$$d - 2(d - s) = 2s - d.$$

Da beide Fünfecke regulär sind, sind sie ähnlich, und es folgt

$$\frac{d}{s} = \frac{d-s}{2s-d}.$$

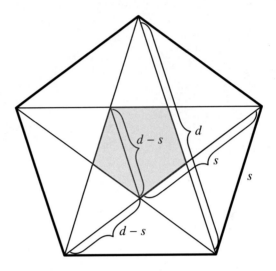

Wir setzen nun $d_0 := d$, $s_0 := s$ sowie $d_1 := d-s$ und $s_1 := 2s-d$. Wegen $d, s \in \mathbb{N}$ sind auch $d_1, s_1 \in \mathbb{N}$. Wir können nun die Konstruktion beliebig oft wiederholen und erhalten damit Diagonalen $d_0, d_1, d_2, \ldots \in \mathbb{N}$ und Seiten $s_0, s_1, s_2, \ldots \in \mathbb{N}$ mit

$$\frac{d_0}{s_0} = \frac{d_1}{s_1} = \frac{d_2}{s_2} = \ldots$$

Es gilt aber nach Konstruktion $d_0 > d_1 > d_2 > \ldots$ und daher erhalten wir eine unendliche absteigende Folge natürlicher Zahlen, was dem Prinzip des unendlichen Abstiegs widerspricht.   □

Es bleibt allerdings noch folgende Frage zu beantworten: Von welcher Zahl haben wir nun bewiesen, dass sie irrational ist?

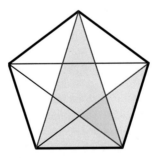

Aus elementargeometrischen Argumenten folgt, dass das blaue Dreieck mit Basis der Länge s und Schenkeln der Länge d ähnlich ist zum Dreieck mit Basis $d-s$ und Schenkeln der Länge s. Somit gilt

$$\frac{d}{s} = \frac{s}{d-s}.$$

Wir setzen $\sigma := \frac{d}{s}$. Dann gilt

$$\frac{d-s}{s} = \frac{d}{s} - 1 = \sigma - 1$$

und daher

$$\sigma = \frac{d}{s} = \frac{s}{d-s} = \frac{1}{\sigma - 1} \quad \Rightarrow \quad \sigma^2 - \sigma = 1.$$

Dies ist eine quadratische Gleichung mit den beiden Lösungen

$$\sigma = \frac{1 + \sqrt{5}}{2} \quad \text{und} \quad \tau = \frac{1 - \sqrt{5}}{2}.$$

Die positive Lösung σ wird dabei als *Goldener Schnitt* bezeichnet, und von dieser Zahl haben wir gezeigt, dass sie irrational ist.

Theorem 1.5 *Das Verhältnis von Diagonale zu Seite im Quadrat ist irrational, d.h. $\sqrt{2}$ ist irrational.*

Beweis Wir nehmen per Widerspruch an, dass das Verhältnis rational ist. Dann kann man die Diagonale d und die Seite s so wählen, dass $d, s \in \mathbb{N}$ gilt.

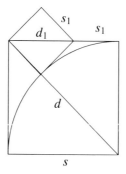

Wir tragen auf der Diagonale d ein Stück der Länge s ab und bilden dann das Quadrat mit Seitenlänge $s_1 := d - s \in \mathbb{N}$. Sei nun d_1 die Diagonale des kleinen Quadrats. Innerhalb des großen Quadrats entsteht dadurch ein Drachenviereck, wodurch man erkennt, dass $s = d_1 + s_1$ gilt und somit

$$d_1 = s - s_1 = s - (d - s) = 2s - d \in \mathbb{N}.$$

Nun sind aber die beiden Quadrate ähnlich, also gilt

$$\frac{d}{s} = \frac{d_1}{s_1}.$$

Dieses Argument lässt sich nun iterieren, und analog wie vorher erhält man Seiten $s_2, s_3, \ldots$ und $d_2, d_3, \ldots$ mit

$$\sqrt{2} = \frac{d}{s} = \frac{d_1}{s_1} = \frac{d_2}{s_2} = \ldots$$

und $d > d_1 > d_2, \ldots$, was dem Prinzip des unendlichen Abstiegs widerspricht. □

Aufgabe 1.6 Geben Sie einen ähnlichen – geometrischen – Beweis für die Irrationalität von $\sqrt{3}$ an.

Das Verfahren, dass wir unendlich oft immer kleiner werdende Strecken ineinander abtragen, werden wir im nächsten Kapitel in einer algebraischen Form verwenden, um irrationale Zahlen als unendliche Kettenbrüche darzustellen.

1.4 Der Euklid'sche Algorithmus

Euklid, einer der bedeutendsten Mathematiker der griechischen Antike, gibt in den Büchern VII und X seiner *Elemente* einen Algorithmus an, um von *zwei gegebenen kommensurablen Größen* a_0 *und* a_1 *ihr größtes gemeinsames Maß zu finden*, wobei a_0 und a_1 natürliche Zahlen oder allgemeine Streckenlängen sind. Mit dem größten gemeinsamen Maß von a_0 und a_1 ist die größte Zahl bzw. Strecke d gemeint, durch welche sich beide Größen als ganzzahliges Vielfaches darstellen lassen. Euklid schreibt, dass d die beiden Größen a_0 und a_1 *misst*. Dies bedeutet also in anderen Worten: Wenn $a_0 = n_0 d$ und $a_1 = n_1 d$, so ist das Verhältnis $\frac{a_0}{a_1} = \frac{n_0}{n_1}$ rational. Euklid beschreibt nun in [22, Buch VII, §2] ein Verfahren, wie man für zwei gegebene Zahlen ein gemeinsames Maß bestimmen kann, dabei nimmt Euklid an, dass die beiden Zahlen durch die Strecken AB und CD gegeben sind; Euklid schreibt:

> Wenn CD aber AB nicht mißt, und man nimmt bei AB, CD abwechselnd immer das kleinere vom größeren weg, dann muß (schließlich) eine Zahl übrig bleiben, die die vorangehende mißt.

Dieses Verfahren wird auch als *Wechselwegnahme* bezeichnet. In neuerer Terminologie heißt das, von zwei gegebenen (positiven) Zahlen ihren *größten gemeinsamen Teiler* (ggT) zu finden. Beginnen wir $a_0 = 11$ und $a_1 = 4$, so erhalten wir:

$$(11, 4) \rightarrow (7, 4) \rightarrow (4, 3) \rightarrow (3, 1) \rightarrow (2, 1) \rightarrow (1, 1) \rightarrow (1, 0)$$

An dieser Stelle endet das Verfahren. Dabei haben wir schrittweise die kleinere von der größeren Zahl subtrahiert, bis wir ein gemeinsames Maß bzw. den ggT (die 1) als letzte Zahl ungleich 0 gefunden haben. Hier kann man das Verfahren etwas abkürzen, indem man direkt $2 \cdot 4$ von 11 sowie $3 \cdot 1$ von 3 abzieht. Stellt man dies durch Gleichungen dar, erhält man vereinfacht:

$$11 = 2 \cdot 4 + 3$$
$$4 = 1 \cdot 3 + 1$$
$$3 = 3 \cdot 1 + 0$$

In abgekürzter Darstellung kann man den Algorithmus wie folgt beschreiben:

0. Die beiden Größen seien a_0 und a_1, wobei a_0 und a_1 beide positive ganze Zahlen sein sollen und $a_0 > a_1$ gelte.
1. Ist $a_0 = a_1$, so ist $a_1 = \mathrm{ggT}(a_0, a_1)$ und wir sind fertig.
2. Sonst existiert eine größte *natürliche Zahl* b_0, so dass gilt:

$$a_0 \geq b_0 a_1$$

   b_0 ist also die kleinste natürliche Zahl für die gilt: $a_0 < (b_0 + 1) \cdot a_1$.

3. Ist $a_0 = b_0 a_1$, so ist wieder $a_1 = \mathrm{ggT}(a_0, a_1)$.
4. Ist $a_0 > b_0 a_1$, so muss gelten $a_0 - b_0 a_1 < a_1$, sonst wäre $a_0 \geq (b_0 + 1) \cdot a_1$, was der Definition von b_0 im Schritt 2 widerspricht. Weil $a_0 > b_0 a_1$ ist $a_0 - b_0 a_1 > 0$. Definieren wir nun $a_2 := a_0 - b_0 a_1$, so ist $a_0 = b_0 a_1 + a_2$ und $0 < a_2 < a_1$.
5. Nun gehen wir mit den Zahlen a_1 und a_2 zurück zum Schritt 2 und finden eine größte natürliche Zahl b_1, so dass $a_1 \geq b_1 a_2$.

Sind a_0 und a_1 positive natürliche Zahlen, so liefert der Algorithmus also den größten gemeinsamen Teiler der von a_0 und a_1. Wieso endet dieser Algorithmus nach endlich vielen Schritten? Nach Konstruktion gilt

$$a_0 > a_1 > a_2 > a_3 > \dots$$

und somit muss der Prozess aufgrund des Prinzips des unendlichen Abstiegs nach endlich vielen Schritten bei 0 enden.

Ein Vorteil des Euklid'schen Algorithmus zur Berechnung des ggT zweier Zahlen ist, dass wir nicht zuerst die Primfaktorzerlegung der beiden Zahlen bestimmen müssen, und wir somit auch von relativ großen Zahlen den ggT berechnen können.

Beispiel 1.7 Für $a_0 = 986$ und $a_1 = 357$ erhalten wir:

$$986 = 2 \cdot 357 + 272$$
$$357 = 1 \cdot 272 + 85$$
$$272 = 3 \cdot 85 + 17$$
$$85 = 5 \cdot 17 + 0$$

Damit ist $\mathrm{ggT}(986, 357) = 17$. Insbesondere erhalten wir $a_2 = 272$, $a_3 = 85$, $a_4 = 17$, $a_5 = 0$, und ferner ist $b_0 = 2$, $b_1 = 1$, $b_2 = 3$, $b_3 = 5$.

Was passiert nun, wenn man das Prinzip der Wechselwegnahme auf Zahlen anwendet, deren Verhältnis irrational ist? Wählen wir a_0 als Diagonale und a_1 als Seitenlänge des Einheitsquadrats, so erhalten wir Folgendes:

$$(a_0, a_1) \rightarrow (a_1, a_0 - a_1) \rightarrow (2a_1 - a_0, a_0 - a_1)$$

Mit Theorem 1.5 gilt $\frac{a_0}{a_1} = \sqrt{2}$, und somit gilt auch $\frac{2a_1 - a_0}{a_0 - a_1} = \sqrt{2}$. D.h. nach zwei Schritten erhalten wir wieder dasselbe Verhältnis wie am Anfang. Dieses Argument kann man aber beliebig oft wiederholen, sodass der Prozess niemals endet. Folglich besitzen a_0 und a_1 kein gemeinsames Maß und sind somit – nach Euklids Terminologie – *inkommensurabel*; aus heutiger Sicht bedeutet dies, dass das Verhältnis $\sqrt{2} = \frac{a_0}{a_1}$ irrational ist, wie wir bereits in Theorem 1.5 festgestellt haben.

Kapitel 2
Konstruktion der reellen Zahlen

Zerfallen alle Punkte der Geraden in zwei Klassen von der Art, daß jeder Punkt
der ersten Klasse links von jedem Punkt der zweiten Klasse liegt, so existiert ein
und nur ein Punkt, welcher diese Einteilung aller Punkte in zwei Klassen, diese
Zerschneidung der Geraden in zwei Stücke hervorbringt.

(Richard Dedekind)

2.1 Die natürlichen, ganzen und rationalen Zahlen

Ziel dieses Kapitels besteht darin, die rationalen Zahlen $\mathbb{Q}$, welche wir aus gegeben
voraussetzen, zu den reellen Zahlen erweitern. Mithilfe der Mengenlehre kann man
im Prinzip die ganzen und rationalen Zahlen auf die natürlichen Zahlen $\mathbb{N}$ zurückfüh-
ren, beispielsweise mithilfe von Äquivalenzrelationen. Diese Konstruktionen finden
sich in vielen Lehrbüchern, beispielsweise [44]. Wichtig ist, dass die Menge der
rationalen Zahlen $\mathbb{Q}$ einen *Körper* darstellt, d.h. die folgenden Eigenschaften hat:

Definition 2.1 (Körperaxiome) Eine Menge K, die mindestens zwei Elemente $0, 1 \in K$ mit $0 \neq 1$ hat und auf der zwei Operationen $+$ und $\cdot$ definiert
sind, ist ein *Körper*, falls für alle $x, y, z \in K$ gilt:

$x + (y + z) = (x + y) + z$	Assoziativität von $+$
$x + y = y + x$	Kommutativität von $+$
$x + 0 = 0 + x = x$	0 ist ein neutrales Element bzgl. $+$
$x + (-x) = (-x) + x = 0$	$-x$ ist das Inverse von x bzgl. $+$
$x \cdot (y \cdot z) = (x \cdot y) \cdot z$	Assoziativität von $\cdot$
$x \cdot y = y \cdot x$	Kommutativität von $\cdot$
$x \cdot 1 = 1 \cdot x = x$	1 ist ein neutrales Element bzgl. $\cdot$
$x \cdot x^{-1} = x^{-1} \cdot x = 1$ für $x \neq 0$	x^{-1} ist das Inverse von x bzgl. $\cdot$
$x \cdot (y + z) = x \cdot y + x \cdot z$	Distributivität

© Der/die Autor(en), exklusiv lizenziert an
Springer-Verlag GmbH, DE, ein Teil von Springer Nature 2023
L. Halbeisen und R. Krapf, *Eine Entdeckungsreise in die Welt
des Unendlichen*, https://doi.org/10.1007/978-3-662-68094-0_2

Die rationalen Zahlen erfüllen nicht nur die Körperaxiome, sondern sie sind auch der Größe nach vergleichbar, d.h. für zwei beliebige rationale Zahlen $\frac{x}{y}$ und $\frac{u}{v}$ gilt immer genau einer der folgenden Fälle:

$$\frac{x}{y} < \frac{u}{v} \quad \text{oder} \quad \frac{x}{y} = \frac{u}{v} \quad \text{oder} \quad \frac{x}{y} > \frac{u}{v}$$

Zudem haben wir, dass es für zwei rationale Zahlen $p, q \in \mathbb{Q}$ mit $p < q$ immer eine rationale Zahl r gibt, sodass $p < r < q$ gilt; zum Beispiel $r = \frac{p+q}{2}$.

Daraus folgt, dass eine rationale Zahl keine direkten Nachbarn hat und auf den ersten Blick scheint es, als ob die rationalen Zahlen die Zahlengerade vollständig ausfüllen würden; dass dem nicht so ist, wissen wir durch die Existenz von irrationalen Zahlen. Was sind aber genau irrationalen Zahlen, wie unterscheiden sie sich von rationalen Zahlen, und wie rechnet man mit irrationalen Zahlen? All diese Fragen lassen sich mit Hilfe von *Dedekind'schen Schnitten* beantworten.

2.2 Dedekind'sche Schnitte

Im Vorwort zu seiner Schrift *Stetigkeit und irrationale Zahlen* [19] schreibt Richard Dedekind: „Die Betrachtungen, welche den Gegenstand dieser kleinen Schrift bilden, stammen aus dem Herbst des Jahres 1858. Ich befand mich damals als Professor am eidgenössischen Polytechnikum zu Zürich zum ersten Male in der Lage, die Elemente der Differentialrechnung vortragen zu müssen, und fühlte dabei empfindlicher als jemals früher den Mangel einer wirklich wissenschaftlichen Begründung der Arithmetik. [...] Für mich war damals dies Gefühl der Unbefriedigung ein so überwältigendes, dass ich den festen Entschluss fasste, so lange nachzudenken, bis ich eine rein arithmetische und völlig strenge Begründung der Prinzipien der Infinitesimalanalysis gefunden haben würde. [...] Dies gelang mir am 24. November 1858".

Gelungen ist dies Dedekind durch die sogenannten *Dedekind'schen Schnitte*, doch bevor wir diese einführen, wollen wir untersuchen, was die reellen Zahlen $\mathbb{R}$ (rational und irrational) von den rationalen Zahlen $\mathbb{Q}$ unterscheidet. Dafür führen wir den Begriff der *Vollständigkeit* ein, wofür wir aber etwas ausholen müssen.

Definition 2.2 Eine Menge S ist durch $<$ *linear geordnet*, wenn für alle $x, y \in S$ genau einer der folgenden drei Fälle eintritt:

$$x < y \qquad x = y \qquad y < x$$

Zum Beispiel sind die Mengen $\mathbb{N}$, $\mathbb{Z}$ und $\mathbb{Q}$ durch die natürliche Ordnungsrelation $<$ linear geordnet.

Definition 2.3 Sei S eine durch $<$ linear geordnete Menge und sei $X \subseteq S$ eine nichtleere Teilmenge von S. Dann heißt $a \in S$

- *obere Schranke* (resp. *untere Schranke*) von X, falls $x \leq a$ (resp. $x \geq a$) für alle $x \in S$.
- *Maximum* (resp. *Minimum*) von X, falls a eine obere (resp. untere) Schranke von X ist mit $a \in X$. Man schreibt dann

$$a = \max X \text{ resp. } a = \min X.$$

- *Supremum* von X, falls

$$a = \min\{b \in S \mid b \text{ ist eine obere Schranke von } X\}.$$

Man schreibt dann
$$a = \sup X.$$

Ein Supremum ist also eine *kleinste obere Schranke* von X. Falls X eine obere Schranke besitzt, so heißt X *nach oben beschränkt*.

Analog dazu kann man auch untere Schranken, Minima und Infima definieren.

Beispiel 2.4 1. Die Menge $\mathbb{N}$ hat weder ein Supremum noch ein Maximum, sie ist also nach oben unbeschränkt.
2. Jede nichtleere Teilmenge von $\mathbb{N}$ hat ein Minimum.
3. Das Intervall $[-1, 2] \subseteq$ hat ein Maximum, und es gilt $\max[-1, 2] = 2$. Das Intervall $[-1, 2)$ hingegen hat kein Maximum, aber es gilt $\sup[-1, 2) = 2$.
4. Die Menge
$$X = \left\{1 - \tfrac{1}{n} \mid n \geq 1\right\} = \left\{0, \tfrac{1}{2}, \tfrac{2}{3}, \tfrac{3}{4}, \ldots\right\} \subseteq \mathbb{Q}$$
hat kein Maximum, aber ein Supremum, nämlich $\sup X = 1$.

Da wir reelle Zahlen mit Mengen von rationalen Zahlen konstruieren, schauen wir uns zuerst nach oben beschränkte Mengen von rationalen Zahlen an und zeigen, dass nicht jede solche Menge ein Supremum hat.

Beispiel 2.5 Wir betrachten die beschränkte Menge

$$X := \{p \in \mathbb{Q}^+ \mid p^2 \leq 2\},$$

also die Menge aller positiven rationalen Zahlen, die kleiner oder gleich $\sqrt{2}$ sind. In $\mathbb{R}$ besitzt X offensichtlich ein Supremum, nämlich $\sqrt{2}$. Wie aber sieht es in $\mathbb{Q}$ aus? Intuitiv sollte es klar sein, dass X kein Supremum besitzt, da es keine kleinste rationale Zahl gibt die größer oder gleich $\sqrt{2}$ ist.

Wir beweisen dies per Widerspruchsbeweis: Wäre $s \in \mathbb{Q}^+$ mit $s = \sup X$, so gilt $s^2 \neq 2$, da $\sqrt{2}$ irrational ist. Wir nehmen ohne Beschränkung der Allgemeinheit an, dass $s^2 > 2$ gilt. Nun betrachten wir

$$p := \frac{2s+2}{s+2}.$$

Dann gilt $0 < p < s$. Andererseits gilt aber auch

$$p^2 - 2 = \frac{4s^2 + 8s + 4}{(s+2)^2} - \frac{2(s^2 + 4s + 4)}{(s+2)^2} = \frac{2s^2 - 4}{(s+2)^2} = \frac{2(s^2 - 2)}{(s+2)^2} > 0,$$

ein Widerspruch, da dann p eine obere Schranke ist mit $p < s$. Also besitzt X kein Supremum in $\mathbb{Q}$.

Das Beispiel zeigt sogar noch mehr: Man findet rationale Zahlen $p \in \mathbb{Q}^+$ mit $p^2 > 2$, sodass der Abstand $p^2 - 2$ beliebig klein wird. Denn ist eine Zahl p_1 mit $p_1^2 > 2$ gegeben, so gilt für $p_2 := \frac{2p_1 + 2}{p_1 + 2}$:

$$p_2^2 - 2 = \frac{2(p_1^2 - 2)}{\underbrace{(p_1 + 2)^2}_{>2^2}} < \frac{2}{4}(p_1^2 - 2) = \frac{1}{2}(p_1^2 - 2).$$

Wenn man dies nun wiederholt, so wird der Abstand $p_n^2 - 2$ beliebig klein.

Damit besitzt $\mathbb{Q}$ überall da, wo nach oben beschränkte Mengen kein Supremum besitzen, eine „Lücke". Die Eigenschaft, keine Lücken aufzuweisen, führt nun zum Begriff der *Vollständigkeit*:

Definition 2.6 Sei S eine durch $<$ linear geordnete Menge. Dann heißt S *vollständig*, wenn jede nichtleere nach oben beschränkte Teilmenge von S ein Supremum in S besitzt.

In der Analysis ist es aber von fundamentaler Bedeutung, dass die Zahlen keine Lücken aufweisen, denn diese Eigenschaft ist eng verknüpft mit dem Begriff der Stetigkeit, welche in der Analysis eine zentrale Rolle spielt.

Um diese Lücken der rationalen Zahlen zu füllen, hatte Richard Dedekind im Jahre 1858 eine geniale Idee: Man wählt die irrationalen Zahlen als die Lücken selbst (siehe [19])! Unabhängig von Dedekind lieferten Weierstraß und Cantor andere Konstruktionen der reellen Zahlen aus den rationalen Zahlen; Weierstraß mit Hilfe von unendlichen Reihen (siehe [65]) und Cantor mit *Cauchy-Folgen* (siehe [8, §9]).

Definition 2.7 Ein *Dedekind'scher Schnitt* $(L \mid R)$ besteht aus zwei Mengen $L, R \subseteq \mathbb{Q}$ (L für links und R für rechts) mit folgenden Eigenschaften:

(D1) $L \neq \emptyset \neq R$, $L \cap R = \emptyset$ und $\mathbb{Q} \setminus (L \cup R)$ enthält höchstens ein Element.

(D2) $\forall p \in L \, \forall q \in R : p < q$

(D3) L hat kein Maximum und R hat kein Minimum.

Dabei bezeichnen wir L als *linke Menge* und R als *rechte Menge* des Dedekind'schen Schnitts $(L \mid R)$.

Ist x ein Dedekind'scher Schnitt, so schreibt man üblicherweise L_x für die linke und R_x für die rechte Menge von x, d.h. $x = (L_x \mid R_x)$.

In einer ähnlichen Weise werden wir in Kapitel 17 kombinatorische Spiele definieren, wobei wir dann verlangen, dass kein Element aus L größer oder gleich einem Element aus R ist und kein Element aus R kleiner oder gleich einem Element aus L ist.

Aufgabe 2.8 Zeigen Sie, dass für alle Dedekind'schen Schnitte $(L \mid R)$ gilt, dass L nach unten und R nach oben unbeschränkt ist.

Man beachte, dass ein Dedekind'scher Schnitt die rationalen Zahlen in zwei disjunkte Stücke teilt, wobei wir zwei verschiedene Typen Dedekind'scher Schnitte haben, je nachdem ob die Vereinigung $L \cup R$ alle rationalen Zahlen enthält oder ob eine rationale Zahl fehlt:

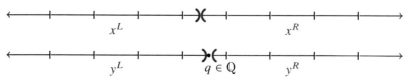

Aufgabe 2.9 Beweisen Sie, dass $(L \mid R)$ mit

$$R = \{p \in \mathbb{Q}^+ \mid p^2 > 2\} \quad \text{und} \quad L = \mathbb{Q} \setminus R$$

ein Dedekind'scher Schnitt ist.

Wir definieren nun die *reellen Zahlen* $\mathbb{R}$ als Menge aller Dedekind'schen Schnitte, also

$$\mathbb{R} := \left\{ x \mid x = (L_x \mid R_x) \text{ ist ein Dedekind'scher Schnitt} \right\}.$$

Ausgehend von den Rechenoperationen auf $\mathbb{Q}$, definieren wir zuerst die Addition und Multiplikation auf $\mathbb{R}$. Dann zeigen wir, wie sich rationale Zahlen als Dedekind'sche Schnitte interpretieren lassen und dass sich die Addition und Multiplikation von $\mathbb{Q}$ stetig auf $\mathbb{R}$ fortsetzt. Zum Schluss zeigen wir dann, dass $\mathbb{R}$ vollständig ist.

Für die weiteren Ausführungen benötigen wir die folgende Notation für Mengen $A, B \subseteq \mathbb{Q}$ und $r \in \mathbb{Q}$:

$$A + B := \{p + q \mid p \in A, q \in B\}$$
$$A \cdot B := \{pq \mid p \in A, q \in B\}$$
$$-A := \{-p \mid p \in A\}$$
$$r \cdot A := \{rp \mid p \in A\}$$

Weiterhin sei $A - B := A + (-B)$. Ist $B = \emptyset$, so definieren wir abweichend $A + \emptyset = A$ (statt $A + \emptyset = \emptyset$).

Zuerst definieren wir die Addition: Seien $x = (L_x \mid R_x)$ und $y = (L_y \mid R_y)$ zwei Dedekind'sche Schnitte. Dann sei:

$$x + y := (L_{x+y} \mid R_{x+y}) \text{ mit } L_{x+y} := L_x + L_y \text{ und } R_{x+y} := R_x + R_y$$

Lemma 2.10 *Seien* $x = (L_x \mid R_x)$ *und* $y = (L_y \mid R_y)$ *Dedekind'sche Schnitte. Dann ist* $x + y$ *ebenfalls ein Dedekind'scher Schnitt.*

Beweis Wir müssen die Eigenschaften (D1), (D2) und (D3) nachweisen.

(D3):   Dies folgt aus der Eigenschaft (D3) der Dedekind'schen Schnitte x und y.

(D2):   Seien $p = p_x + p_y \in L_{x+y}$ mit $p_x \in L_x$ und $p_y \in L_y$ und $q = q_x + q_y \in R_{x+y}$ mit $q_x \in L_x$ und $q_y \in R_y$. Wegen (D2) für x und y gilt $p_x < q_x$ und $p_y < q_y$ und damit auch $p = p_x + p_y < q_x + q_y = q$.

(D1):   Da die Mengen L_x, R_x, L_y und R_y nichtleer sind, sind auch L_{x+y} und R_{x+y} nichtleer. Außerdem folgt aus (D2), dass diese Mengen disjunkt sind. Um zu zeigen, dass die Menge

$$S_{x+y} := \mathbb{Q} \setminus (L_{x+y} \cap R_{x+y})$$

höchstens ein Element hat, nehmen wir für einen Widerspruch an, dass S_{x+y} die beiden Elemente $r, s \in \mathbb{Q}$ mit $r > s$ besitzt. Da L_x und L_y nach unten unbeschränkt sind und die Menge $L_x + L_y$ mit jeder rationalen Zahl q auch alle rationalen Zahlen $q' < q$ enthält, muss gelten $p < s$ für alle $p \in L_{x+y}$. Analog wissen wir, weil R_x und R_y nach oben unbeschränkt sind, dass $r < q$ für alle $q \in R_{x+y}$ gilt. Sei $\varepsilon = r - s$, und seien $p_x \in L_x, q_x \in R_x, p_y \in L_y$ und $q_y \in R_y$ so gewählt, dass sowohl $q_x - p_x < \varepsilon/4$ wie auch $q_y - p_y < \varepsilon/4$. Dann ist

$$r - s < (q_x + q_y) - (p_x + p_y) < \varepsilon/2,$$

was aber ein Widerspruch ist zu $r - s = \varepsilon$.

Damit ist gezeigt, dass $x + y$ ein Dedekind'scher Schnitt ist. $\square$

Für Dedekind'sche Schnitte $x = (L_x \mid R_x)$ und $y = (L_y \mid R_y)$ definieren wir nun

$$x \cdot y := \left(L_{xy} \mid R_{xy} \right)$$

mit

$$L_{xy} := (L_x \cdot R_y) \cap (R_x \cdot L_y) \cap \left(-(L_x \cdot L_y) + (2 \cdot (L_x \cdot L_y))^c \right) \cap$$
$$\left(-(R_x \cdot R_y) + (2 \cdot (R_x \cdot R_y))^c \right)$$

und

$$R_{xy} := (R_x \cdot R_y) \cap (L_x \cdot L_y) \cap \left(R_x \cdot (-L_y) - (2 \cdot (R_x \cdot (-L_y)))^c \right) \cap$$
$$\left(R_y \cdot (-L_x) - (2 \cdot (R_y \cdot (-L_x)))^c \right).$$

Ähnlich wie Lemma 2.10, aber mit mehr Aufwand, lässt sich beweisen, dass $x \cdot y$ ein Dedekind'scher Schnitt ist.

Lemma 2.11 *Seien* $x = \left(L_x \mid R_x \right)$ *und* $y = \left(L_y \mid R_y \right)$ *Dedekind'sche Schnitte. Dann ist* $x \cdot y$ *ebenfalls ein Dedekind'scher Schnitt.*

Aufgabe 2.12 Beweisen Sie Lemma 2.11.

Hinweis: Unterscheiden Sie, ob L_x und L_y nur negative rationale Zahlen oder auch positive rationale Zahlen enthalten.

Um rationale Zahlen $q \in \mathbb{Q}$ als Dedekind'sche Schnitte zu interpretieren, definieren wir für jede rationale Zahl $q \in \mathbb{Q}$ den Dedekind'schen Schnitt $(L_q \mid R_q)$ mit

$$L_q = \{ p \in \mathbb{Q} : p < q \} \quad \text{und} \quad R_q = \{ p \in \mathbb{Q} : p > q \}.$$

Da für jede rationale Zahl $p \in \mathbb{Q}$ entweder $p < q$ oder $p = q$ oder $p > q$ gilt, ist $\mathbb{Q} \setminus (L_q \cup R_q) = \{q\}$, und weil aus $p < q < p'$ die Beziehung $p < p'$ folgt, ist $(L_q \mid R_q)$ ein Dedekind'scher Schnitt.

Im Folgenden zeigen wir, dass sich die Addition und Multiplikation von $\mathbb{Q}$ stetig auf $\mathbb{R}$ fortsetzt. Dafür zeigen wir zuerst, dass Addition und Multiplikation auf $\mathbb{Q}$ und auf rationalen Dedekind'schen Schnitten dieselben Operationen sind.

Lemma 2.13 *Für alle rationalen Zahlen* $p, q \in \mathbb{Q}$ *gilt:*

$$\left(L_{p+\mathbb{Q}q} \mid R_{p+\mathbb{Q}q} \right) = \left(L_p \mid R_p \right) + \left(L_q \mid R_q \right)$$
$$\left(L_{p \cdot \mathbb{Q}q} \mid R_{p \cdot \mathbb{Q}q} \right) = \left(L_p \mid R_p \right) \cdot \left(L_q \mid R_q \right)$$

Was ist der Unterschied zwischen den Ausdrücken auf der linken und rechten Seite in Lemma 2.13? Auf der linken Seite wird jeweils zunächst eine Addition bzw. Multiplikation in $\mathbb{Q}$ durchgeführt (daher zur Klärung die Schreibweisen $p +^{\mathbb{Q}} q$ und $p \cdot^{\mathbb{Q}} q$), während auf der rechten Seite zunächst p und q als Dedekind'sche Schnitte dargestellt und dann als Dedekind'sche Schnitte dargestellt werden. Lemma 2.13 besagt also, dass die Reihenfolge, in welcher diese Additionen durchgeführt werden, keine Rolle spielt. Daher schreiben wir einfach $\left(L_{p+q} \mid R_{p+q}\right)$ bzw. $\left(L_{pq} \mid R_{pq}\right)$ für diese beiden Dedekind'schen Schnitte.

Beweis (Lemma 2.13) Die Aussage für die Addition folgt direkt aus der Definition der Addition von Dedekind'schen Schnitten und Lemma 2.10.

Die Aussage für die Multiplikation zeigen wir exemplarisch am Beispiel $p = -3$ und $q = 4$:

Dazu berechnen wir zunächst $\left(L_{pq} \mid R_{pq}\right) = \left(L_p \mid R_p\right) \cdot \left(L_q \mid R_q\right)$ (d.h. hier werden p und q zunächst als Dedekind'sche Schnitte dargestellt und diese anschließend multipliziert): Nach Definition ist

$$L_{pq} = (L_p \cdot R_q) \cap (R_p \cdot L_q) \cap \left(-(L_p \cdot L_q) + (2 \cdot (L_p \cdot L_q))^c\right) \cap$$
$$\left(-(R_p \cdot R_q) + (2 \cdot (R_p \cdot R_q))^c\right).$$

Da nun gilt

$$R_p \cdot L_q = -(L_p \cdot L_q) + (2 \cdot (L_p \cdot L_q))^c = -(R_p \cdot R_q) + (2 \cdot (R_p \cdot R_q))^c = \mathbb{Q},$$

brauchen wir nur die Menge $R_p \cdot L_q$ zu betrachten. Für diese Menge gilt nun $L_p \cdot R_q = \{s \in \mathbb{Q} \mid s < -12\}$, und somit ist $L_{pq} = L_p \cdot R_q = L_{-12} = L_{p \cdot_{\mathbb{Q}} q}$.

Wieder nach Definition ist

$$R_{pq} := (R_p \cdot R_q) \cap (L_p \cdot L_q) \cap \left(R_p \cdot (-L_q) - (2 \cdot (R_p \cdot (-L_q)))^c\right) \cap$$
$$\left(R_q \cdot (-L_p) - (2 \cdot (R_q \cdot (-L_p)))^c\right).$$

und es gilt

$$R_p \cdot R_q = L_p \cdot L_q = R_p \cdot (-L_q) - (2 \cdot (R_p \cdot (-L_q)))^c = \mathbb{Q},$$

brauchen wir nur die Menge $R_q \cdot (-L_p) - (2 \cdot (R_q \cdot (-L_p)))^c$ zu betrachten. Es gilt nun

$$R_q \cdot (-L_p) = \{r_1 \in \mathbb{Q} \mid r_1 > 12\},$$
$$(2 \cdot (R_q \cdot (-L_p)))^c = \{r_2 \in \mathbb{Q} \mid r_2 \leq 24\},$$

woraus folgt

$$R_q \cdot (-L_p) - (2 \cdot (R_q \cdot (-L_p)))^c = \{r \in \mathbb{Q} \mid r > -12\},$$

und somit ist $R_{pq} = R_{-12} = R_{p \cdot_{\mathbb{Q}} q}$. $\qquad\qquad\square$

Aufgabe 2.14 Zeigen Sie Lemma 2.13 exemplarisch für die Multiplikation für $p = -3$, $q = -4$ und für $p = 3$, $q = 4$.

Mit Lemma 2.13 können wir nun zeigen, dass Addition und Multiplikation von Dedekind'schen Schnitten eine stetige Fortsetzung sind der Addition und Multiplikation auf $\mathbb{Q}$. Dazu benötigen wir zunächst folgende Schreibweise: Für eine Menge $\mathcal{A}$ definieren wir

$$\bigcup \mathcal{A} := \bigcup_{X \in \mathcal{A}} X = \{x \mid \exists X \in \mathcal{A} : x \in X\}.$$

Dabei gilt also beispielsweise $\bigcup\{X, Y\} = X \cup Y$.

Theorem 2.15 *Seien* $x = \left(L_x \mid R_x\right)$ *und* $y = \left(L_y \mid R_y\right)$ *Dedekind'sche Schnitte. Dann gilt für die Addition:*

$$L_{x+y} = \bigcup \{L_{p+q} \mid p \in L_x, q \in L_y\}$$

$$R_{x+y} = \bigcup \{R_{p+q} \mid p \in R_x, q \in R_y\}$$

Für die Multiplikation müssen wir verschiedene Fälle unterscheiden, je nachdem in welchen Mengen L_x, L_y, R_x, R_y *die 0 ist:*

$$0 \in L_x, 0 \in L_y : L_{xy} = \bigcup \{L_{pq} \mid p \in R_x, q \in R_y\}$$
$$R_{xy} = \bigcup \{R_{pq} \mid p \in R_x, q \in R_y\}$$

$$0 \in L_x, 0 \in R_y : L_{xy} = \bigcup \{L_{pq} \mid p \in R_x, q \in L_y\}$$
$$R_{xy} = \bigcup \{R_{pq} \mid p \in R_x, q \in L_y\}$$

$$0 \in R_x, 0 \in L_y : L_{xy} = \bigcup \{L_{pq} \mid p \in L_x, q \in R_y\}$$
$$R_{xy} = \bigcup \{R_{pq} \mid p \in L_x, q \in R_y\}$$

$$0 \in R_x, 0 \in R_y : L_{xy} = \bigcup \{L_{pq} \mid p \in L_x, q \in L_y\}$$
$$R_{xy} = \bigcup \{R_{pq} \mid p \in L_x, q \in L_y\}$$

und für $0 \notin (L_x \cup R_x)$ *oder* $0 \notin (L_y \cup R_y)$ *ist* $xy = \left(L_O \mid R_O\right)$.

Beweis Die Aussage für die Addition folgt unmittelbar aus der Definition der Addition, und die Aussage für die Multiplikation folgt direkt aus Lemma 2.13 und den Rechenregeln für rationale Zahlen.   □

Als unmittelbare Folgerung aus Theorem 2.15 erhalten wir:

Korollar 2.16 *Für die Addition und Multiplikation von Dedekind'schen Schnitten (bzw. von reellen Zahlen) gelten dieselben Rechenregeln wie für rationale Zahlen.*

Außerdem enthält $\mathbb{R}$ eine Kopie von $\mathbb{Q}$, denn wir können jedes $p \in \mathbb{Q}$ mit dem Dedekind'schen Schnitt $\left(L_p \mid R_p \right)$ identifizieren.

Zum Schluss wollen wir zeigen, dass die reellen Zahlen $\mathbb{R}$ vollständig ist. Dazu führen wir eine Ordnungsrelation $<$ auf der Menge der Dedekind'schen Schnitte ein.

Definition 2.17 Für Dedekind'sche Schnitte bzw. reelle Zahlen gegeben durch $x = \left(L_x \mid R_x \right)$ und $y = \left(L_y \mid R_y \right)$ definieren wir:

$$x < y : \iff \exists q \in R_x \; \exists p \in L_y : q < p$$

Wir überlegen uns kurz, was diese Definition bedeutet, indem wir $1 < 2$ überprüfen: Hier können wir beispielsweise $q = 1,4 \in R_1$ und $p = 1,6 \in L_2$ wählen und offensichtlich gilt $q < p$. Umgekehrt gibt es aber keine rationalen Zahl $q > 2$ und $p < 1$ mit $q < p$.

Aufgabe 2.18 Zeigen Sie, dass $<$ eine lineare Ordnung auf den Dedekind'schen Schnitten definiert.

Außerdem gelten die sogenannten *Anordnungsaxiome*, die man ebenfalls leicht nachweisen kann:

$$x < y \Rightarrow x + z < y + z$$
$$x, y > 0 \Rightarrow xy > 0$$

für $x, y, z \in \mathbb{R}$. Daher bezeichnen wir $(\mathbb{R}, +, \cdot)$ als einen *geordneten* Körper.

Theorem 2.19 *Die reellen Zahlen $\mathbb{R}$ sind* vollständig, *d.h. jede nichtleere nach oben beschränkte Teilmenge von $\mathbb{R}$ besitzt ein Supremum.*

Beweis Sei $M \neq \emptyset$ eine nach oben beschränkte Teilmenge von $\mathbb{R}$, das heißt M ist eine nichtleere, nach oben beschränkte Menge von Dedekind'schen Schnitten $x = (L_x \mid R_x)$. Wir setzen

$$\tilde{L} := \bigcup_{x \in M} L_x \quad \text{und} \quad \tilde{R} := \mathbb{Q} \setminus \tilde{L}.$$

Hat $\tilde{L}$ das Maximum $p \in \mathbb{Q}$, so sei $L := \tilde{L} \setminus \{p\}$, andernfalls sei $L := \tilde{L}$. Analog definieren wir $R := \tilde{R} \setminus \{q\}$, falls $\tilde{R}$ das Minimum q hat, andernfalls sei $R := \tilde{R}$. Wir zeigen nun, dass $(L \mid R)$ ein Dedekind'scher Schnitt ist, und dass $(L \mid R)$ das Supremum von M ist.

(D1):   Es gilt $L \neq \emptyset$, weil $M \neq \emptyset$, $R \neq \emptyset$, weil M beschränkt ist, $L \cap R = \emptyset$, weil $L \subseteq \tilde{L}$, $R \subseteq \tilde{R}$ und $\tilde{L} \cap \tilde{R} = \emptyset$, und $\mathbb{Q} \setminus (L \cup R)$ hat höchstens ein Element, weil nicht gleichzeitig $\tilde{L}$ ein Maximum und $\tilde{R}$ ein Minimum haben kann.

(D2):   Folgt direkt aus der Definition von $\tilde{L}$ als Vereinigung von Mengen L_x, die mit jedem $p \in \mathbb{Q}$ auch immer alle $q \in \mathbb{Q}$ mit $q < p$ enthalten.

(D3):   Folgt direkt aus der Definition von L und R als Mengen ohne Minimum bzw. Maximum. $\square$

Aufgabe 2.20 Zeigen Sie, dass zwischen zwei beliebigen reellen Zahlen $x, y \in \mathbb{R}$ mit $x < y$ immer eine rationale Zahl $q \in \mathbb{Q}$ liegt, d.h. $x < q < y$.

2.3 Das Intervallschachtelungsprinzip

Die Vollständigkeit der reellen Zahlen ist von fundamentaler Bedeutung für die Grundlagen der Analysis. Damit lassen sich der Satz von Bolzano-Weierstraß und der Zwischenwertsatz beweisen. Ein wichtiges Hilfsmittel der Analysis ist der Satz über *Intervallschachtelungen*.

Definition 2.21 Eine *Intervallschachtelung* ist eine Folge (I_n) von abgeschlossenen Intervallen $I_n = [x_n, y_n]$ mit der Eigenschaft

$$I_0 \supseteq I_1 \supseteq I_2 \supseteq \ldots$$

und sodass $\lim_{n \to \infty} (y_n - x_n) = 0$.

Theorem 2.22 *Sei* (I_n) *eine Intervallschachtelung mit* $I_n = [x_n, y_n]$*. Dann gibt es genau eine reelle Zahl* x *mit* $x \in \bigcap_{n \in \mathbb{N}} I_n$*.*

Beweis Aufgrund der Vollständigkeit von $\mathbb{R}$ gibt es Zahlen $x, y \in \mathbb{R}$ mit

$$x = \sup\{x_n \mid n \in \mathbb{N}\} \quad \text{und} \quad y = \inf\{y_n \mid n \in \mathbb{N}\}.$$

Somit gilt

$$x_0 \leq x_1 \leq x_2 \leq \ldots x \leq y \leq \ldots \leq y_2 \leq y_1 \leq y_0$$

und somit $x, y \in \bigcap_{n \in \mathbb{N}} I_n$. Es bleibt zu zeigen, dass $x = y$. Wäre $x < y$, so wäre $\varepsilon := y - x > 0$. Nach Annahme gibt es aber ein $n \in \mathbb{N}$, sodass $y_n - x_n < \varepsilon$ und damit $y - x \leq y_n - x_n < \varepsilon$, ein Widerspruch. $\square$

Wir zeigen nun eine wichtige Folgerung aus Theorem 2.22 und somit auch der Vollständigkeit von $\mathbb{R}$.

Theorem 2.23 (Satz von Bolzano-Weierstraß) *Jede beschränkte Folge* (x_n) *von reellen Zahlen besitzt eine konvergente Teilfolge.*

Beweis Sei (x_n) eine beschränkte Folge mit oberer Schranke a und unterer Schranke b, d.h. für alle $n \in \mathbb{N}$ gilt

$$a \leq x_n \leq b.$$

Wir definieren eine Intervallschachtelung (I_k) mit $I_k = [a_k, b_k]$, sodass I_k unendlich viele Folgenglieder der Folge (x_n) enthält sowie eine Teilfolge (x_{n_k}), wie folgt:

- Setze $I_0 = [a_0, b_0] = [a, b]$ und $x_{n_0} = x_0$.
- Da I_k unendlich viele Folgenglieder von (x_n) enthält, muss eines der Intervalle $[a_k, \frac{a_k + b_k}{2}]$ oder $[\frac{a_k + b_k}{2}, b_k]$ unendlich viele Glieder von (x_n) enthalten. Wähle I_{k+1} als dieses Intervall und wähle $x_{n_{k+1}}$ als das Folgenglied $x_n \in I_{k+1} \setminus \{x_{n_0}, \ldots, x_{n_k}\}$ von kleinstem Index n.

Nach Konstruktion ist (x_n) eine Intervallschachtelung und damit konvergiert die Teilfolge (x_{n_k}) gegen x, wobei x die eindeutige reelle Zahl mit $x \in \bigcap_{k \in \mathbb{N}} I_k$ ist. $\square$

Aufgabe 2.24 Der *Zwischenwertsatz* besagt, dass jede stetige Funktion $f : [a, b] \to \mathbb{R}$, für die $f(a)$ und $f(b)$ ein unterschiedliches Vorzeichen hat, eine Nullstelle in $[a, b]$ besitzt. Beweisen Sie den Zwischenwertsatz, indem Sie eine geeignete Intervallschachtelung konstruieren.

Mit Hilfe von Intervallschachtelungen kann man auch die *Dezimalbruchdarstellung* von reellen Zahlen einführen:

Sei $x \in \mathbb{R}$ eine reelle Zahl. Wir konstruieren nun eine Intervallschachtelung, sodass das n-te Intervall die n-te Nachkommastelle von x angibt: Sei I_0 eines der Intervalle der Form $[a_0, a_0 + 1]$ mit $x \in [a_0, a_0 + 1]$ für ein $a_0 \in \mathbb{N}$. Nun gibt es ein $a_1 \in \{0, \ldots, 9\}$ mit $x \in I_1 := [a_0 + \frac{a_1}{10}, a_0 + \frac{a_1+1}{10}]$. Analog wählt man nun I_2 als Intervall der Form

$$I_2 = \left[a_0 + \frac{a_1}{10} + \frac{a_2}{100}, a_0 + \frac{a_1}{10} + \frac{a_2 + 1}{100} \right]$$

mit $a_2 \in \{0, \ldots, 9\}$ und $x \in I_2$. Diese Konstruktion lässt sich fortführen, und man erhält, dass die Länge des n-ten Intervalls I_n genau $\frac{1}{10^n}$ ist und somit gegen 0 konvergiert. Nach Konstruktion ist $x \in \bigcap_{n \in \mathbb{N}} I_n$. Die *Dezimalbruchdarstellung* von x ist nun

$$x = a_0, a_1 \, a_2 \, a_3 \ldots$$

Kapitel 3
Irrationalität und Transzendenz

So wie eine unendliche Zahl keine Zahl ist, so ist eine irrationale Zahl keine wahre Zahl, weil sie sozusagen unter einem Nebel der Unendlichkeit verborgen ist.

(Michael Stifel)

3.1 Irrationalität von e und π

Nachdem bereits in der Antike die Irrationalität von Wurzeln erkannt wurde, verging viel Zeit, bis auch die Irrationalität der Eulerschen Zahl e und der Kreiskonstante π gezeigt werden konnte, wobei π als Verhältnis von Durchmesser und Umfang eines Kreises definiert wird[1]. Allerdings soll bereits Aristoteles behauptet haben, dass π irrational ist. Bewiesen hat diese Tatsache allerdings erst Johann Heinrich Lambert im Jahre 1766. Die Irrationalität von e hat 1815 als Erster der französische Mathematiker Joseph Fourier bewiesen:

Theorem 3.1 *Die Eulersche Zahl $e := \sum\limits_{k=0}^{\infty} \frac{1}{k!}$ ist irrational.*

Für den Beweis benötigen wir zunächst die *Exponentialreihe*, d.h. die Reihendarstellung der Exponentialfunktion. Es gilt nämlich:

$$e^x = \sum_{k=0}^{\infty} \frac{x^k}{k!}$$

Dies findet man in beliebigen Lehrbüchern der Analysis, beispielsweise in [24].

---

[1] Dass dies auch das Verhältnis von Fläche zu Radiusquadrat eines Kreises ist, hat erst Archimedes bewiesen.

Beweis (von Theorem 3.1) Um zu zeigen, dass e irrational ist genügt es zu zeigen, dass

$$\frac{1}{e} = e^{-1} = \sum_{k=0}^{\infty} \frac{(-1)^k}{k!}$$

irrational ist. Wir nehmen per Widerspruch an, dass $e^{-1} = \frac{a}{b}$ mit $a, b \in \mathbb{N} \setminus \{0\}$ rational ist. Dann gilt $b \cdot e^{-1} = a$ und damit auch $b! \cdot e^{-1} = (b-1)! \cdot a$. Die rechte Seite $(b-1)! \cdot a$ ist offensichtlich eine natürliche Zahl. Wir zeigen nun, dass die linke Seite keine natürliche Zahl ist, was einen Widerspruch darstellt. Es gilt

$$b! \cdot e^{-1} = \underbrace{\left(\frac{b!}{0!} - \frac{b!}{1!} \pm \ldots - \frac{b!}{b!} \right)}_{=:s} + \underbrace{\left(\frac{b!}{(b+1)!} - \frac{b!}{(b+2)!} \pm \ldots \right)}_{=:r},$$

wobei wir angenommen haben, dass b ungerade ist. Offensichtlich gilt $s \in \mathbb{N}$. Andererseits gilt aber

$$r = \frac{1}{b+1} - \frac{1}{(b+1)(b+2)} \pm \ldots .$$

Da die Summanden betragsmäßig streng monoton fallend sind und bereits für den ersten Summanden der alternierende Summe gilt $0 < \frac{1}{b+1} < 1$, erhalten wir $0 < r < 1$. Dazu verwendet man:

$$r = \frac{1}{b+1} - \left(\frac{1}{(b+1)(b+2)} - \frac{1}{(b+1)(b+2)(b+3)} \right) - \ldots < \frac{1}{b+1} < 1$$

$$r = \left(\frac{1}{b+1} - \frac{1}{(b+1)(b+2)} \right) + \left(\ldots \right) + \ldots > 0$$

Also ist r ist keine natürliche Zahl.   □

Dieses Argument lässt sich anpassen, um die Irrationalität von e^2 zu beweisen:

Aufgabe 3.2 Ziel dieser Aufgabe ist es, die Irrationalität von e^2 zu beweisen. Es soll ein Widerspruchsbeweis geführt werden, d.h. es soll die Annahme, dass $e^2 = \frac{a}{b}$ mit $a, b \in \mathbb{N}$ zu einem Widerspruch geführt werden. Betrachten Sie dazu die Gleichung $be = ae^{-1}$ und multiplizieren Sie beide Seiten mit $n!$ für ein geeignetes $n \in \mathbb{N}$. Zeigen Sie anschließend, dass eine Seite etwas größer und die andere Seite etwas kleiner als eine natürliche Zahl ist und führen Sie dies zum Widerspruch.

Wir zeigen jetzt noch, dass die Kreiszahl π ebenfalls irrational ist:

Theorem 3.3 *Die Kreiszahl π ist irrational.*

Die Irrationalität von π wurde zwar zuerst von Johann Heinrich Lambert 1761 bewiesen, allerdings geht unser Beweis auf Ivan Niven [55] und Yosikazu Iwamoto [39] zurück. Bei der Darstellung folgen wir [2]. Für den Beweis benötigen wir zunächst ein Lemma:

Lemma 3.4 *Sei $n \in \mathbb{N}$ mit $n \geq 1$ und*

$$f(x) = \frac{x^n(1-x)^n}{n!}.$$

Dann gilt:

(a) Für $x \in (0, 1)$ gilt $0 < f(x) < \frac{1}{n!}$.
(b) Die Ableitungen $f^{(k)}(0)$ und $f^{(k)}(1)$ sind ganze Zahlen für alle $k \geq 0$.

Beweis Offensichtlich handelt es sich um ein Polynom vom Grad $2n$, d.h.

$$f(x) = \frac{1}{n!} \sum_{i=n}^{2n} a_i x^i \in \mathbb{Z}[x].$$

Bedingung (a) gilt offensichtlich, da für $x \in (0, 1)$ die Ungleichung $0 < x^n, (1-x)^n < 1$ gilt. Für Teil (b) bemerken wir, dass $f^{(k)}(x)$ für $k > 2n$ das Nullpolynom ist. Für $k < n$ ist die Behauptung ebenfalls trivial, da bei der mehrfachen Anwendung der Produktregel in jedem Summand ein Term der Form x^i und ein Term der Form $(1-x)^j$ mit $i, j \geq 1$ vorkommt, sodass $f^{(k)}(0) = f^{(k)}(1) = 0$ gilt. Der einzige nichttriviale Fall ist also $n \leq k \leq 2n$. Es gilt

$$f^{(k)}(x) = \frac{1}{n!} \sum_{i=k}^{2n} i \cdot (i-1) \cdot \ldots \cdot (i-k+1) a_i x^{i-k}$$

Also gilt $f^{(k)}(0) = \frac{1}{n!} \cdot k! \cdot a_k \in \mathbb{Z}$, da alle Summanden für $i > k$ verschwinden. Aus der Symmetrieeigenschaft $f(1-x) = f(x)$ erhalten wir zudem mit der Kettenregel $f^{(k)}(x) = (-1)^k f^{(k)}(1-x)$, also gilt $f^{(k)}(1) = (-1)^k f^{(k)}(0) \in \mathbb{Z}$. $\square$

Jetzt sind wir bereit, Theorem 3.3 zu beweisen:

Beweis (Theorem 3.3) Wir machen einen Widerspruchsbeweis und nehmen an, dass $\pi^2 = \frac{a}{b}$ rational ist mit $a, b \in \mathbb{N} \setminus \{0\}$. Nun betrachten wir das Polynom

$$F(x) := b^n (\pi^{2n} f(x) - \pi^{2n-2} f^{(2)}(x) \pm \ldots + (-1)^n f^{(2n)}(x)).$$

Wegen Lemma 3.4 (c) sind $F(0)$ und $F(1)$ ganze Zahlen. Weiterhin gilt

$$F''(x) = b^n (\pi^{2n} f^{(2)}(x) - \pi^{2n-2} f^{(4)} \pm \ldots + (-1)^{(n-1)} f^{(2n)}(x))$$
$$= -\pi^2 \cdot F(x) + b^n \pi^{2n+2} f(x).$$

Aufgrund der Produktregel gilt

$$\frac{d}{dx} \left[F'(x) \sin(\pi x) - \pi F(x) \cos(\pi x) \right]$$
$$= F''(x) \sin(\pi x) + \pi F'(x) \cos(\pi x) - \pi F'(x) \cos(\pi x) + \pi^2 F(x) \sin(\pi x)$$
$$= \left[F''(x) + \pi^2 F(x) \right] \sin(\pi x)$$
$$= b^n \pi^{2n+2} f(x) \sin(\pi x)$$
$$= \pi^2 a^n f(x) \sin(\pi x).$$

Nun setzen wir

$$N := \pi \cdot \int_0^1 a^n f(x) \sin(\pi x) dx.$$

Die Idee ist es nun, einen Widerspruch dadurch zu finden, dass $N \in \mathbb{Z}$ gilt, aber auch $0 < N < 1$:

- Es gilt

$$N = \frac{1}{\pi} \left[F'(x) \sin(\pi x) - \pi F(x) \cos(\pi x) \right]_0^1$$
$$= F(1) + F(0) \in \mathbb{Z}.$$

- In $(0,1)$ ist $a^n f(x) \sin(\pi x)$ positiv wegen Teil (b) von Lemma 3.4. Also gilt wieder wegen Lemma 3.4

$$0 < N = \pi \cdot \int_0^1 a^n f(x) \sin(\pi x) dx < \frac{\pi a^n}{n!}.$$

Nun gilt aber $\lim\limits_{n \to \infty} \frac{\pi a^n}{n!} = 0$, daher gibt es ein $n \in \mathbb{N}$ mit $\frac{\pi a^n}{n!} < 1$.

Damit konnten wir einen Widerspruch finden und somit ist π^2 irrational. Aber die Wurzel aus einer irrationalen Zahl ist wieder irrational, also insbesondere π. □

Mit ähnlichen Argumenten kann man auch zeigen, dass e^s für jede natürliche Zahl $s \in \mathbb{N} \setminus \{0\}$ irrational ist. Dazu verwendet man dieselbe Hilfsfunktion f aus Lemma 3.4 und konstruiert ein Integral, das gleichzeitig ganzzahlig und strikt zwischen 0 und 1 liegt:

Aufgabe 3.5 Wir wollen zeigen, dass e^s für jedes $s \in \mathbb{N} \setminus \{0\}$ irrational ist. Passen Sie dazu den Beweis oben folgendermaßen an: Man nimmt an, dass $e^s = \frac{a}{b}$ und definiert

$$F(x) = s^{2n} f(x) - s^{2n-1} f'(x) + s^{2n-2} f''(x) \mp \ldots + s^0 f^{(2n)}(x)$$

(a) Zeigen Sie die Gleichung $F'(x) = -sF(x) + s^{2n+1} f(x)$.
(b) Betrachten Sie

$$N := b \cdot \int_0^1 s^{2n+1} e^{sx} f(x)\, dx$$

und zeigen Sie, dass $N \in \mathbb{Z}$ gilt.
(c) Führen Sie die Annahme zu einem Widerspruch.

3.2 Darstellung von Irrationalzahlen durch Kettenbrüche

In diesem Abschnitt befassen wir uns mit der Darstellung rationaler und irrationaler Zahlen durch sogenannte *Kettenbrüche*. Die Kettenbruchdarstellung rationaler Zahlen erhält man leicht mithilfe des Euklid'schen Algorithmus:

Definition 3.6 Ein *endlicher Kettenbruch* ist ein Bruch von der Form

$$b_0 + \cfrac{1}{b_1 + \cfrac{1}{b_2 + \cfrac{1}{b_3 + \cfrac{1}{\ddots \cfrac{}{b_{n-1} + \cfrac{1}{b_n}}}}}}$$

wobei $b_0, \ldots, b_n$ ganze Zahlen und höchstens mit Ausnahme von b_0 alle b_i's positiv sind.

Wir stellen uns nun die Frage, ob sich jeder gewöhnlich Bruch $\frac{a_0}{a_1}$ als endlicher Kettenbruch schreiben lässt, und wenn ja, wie wir den entsprechenden Kettenbruch berechnen können. Um dies zu beantworten, gehen wir wie folgt vor:

Zuerst berechnen wir mit dem Euklid'schen Algorithmus den ggT von a_0 und a_1.

$$a_0 = b_0 \cdot a_1 + a_2 \qquad \Rightarrow \qquad \frac{a_0}{a_1} = b_0 + \frac{a_2}{a_1} = b_0 + \frac{1}{\frac{a_1}{a_2}}$$

$$a_1 = b_1 \cdot a_2 + a_3 \qquad \Rightarrow \qquad \frac{a_1}{a_2} = b_1 + \frac{a_3}{a_2} = b_1 + \frac{1}{\frac{a_2}{a_3}}$$

$$a_2 = b_2 \cdot a_3 + a_4 \qquad \Rightarrow \qquad \frac{a_2}{a_3} = b_2 + \frac{a_4}{a_3} = b_2 + \frac{1}{\frac{a_3}{a_4}}$$

$$\vdots \qquad\qquad\qquad\qquad \vdots$$

$$a_n = b_n \cdot a_{n+1} + 0 \qquad \Rightarrow \qquad \frac{a_n}{a_{n+1}} = b_n$$

Es gilt also

$$\frac{a_0}{a_1} = b_0 + \frac{1}{\frac{a_1}{a_2}} = b_0 + \cfrac{1}{b_1 + \cfrac{1}{\frac{a_2}{a_3}}} = b_0 + \cfrac{1}{b_1 + \cfrac{1}{b_2 + \cfrac{1}{\frac{a_3}{a_4}}}}$$

und allgemein erhalten wir

$$\frac{a_0}{a_1} = b_0 + \cfrac{1}{b_1 + \cfrac{1}{b_2 + \cfrac{1}{b_3 + \cfrac{1}{\ddots \cfrac{1}{b_{n-1} + \cfrac{1}{b_n}}}}}}$$

Dieser letzte Ausdruck ist nun ein endlicher Kettenbruch, den wir der besseren Lesbarkeit wegen mit $[b_0, b_1, \ldots, b_n]$ bezeichnen.

Da der Bruch $\frac{a_0}{a_1}$ beliebig war, können wir also *jeden* gewöhnlichen Bruch (*d.h.* jede rationale Zahl) als endlichen Kettenbruch darstellen. Es gilt natürlich auch die Umkehrung, nämlich dass jeder endliche Kettenbruch einer rationalen Zahl entspricht, denn jeder endliche Kettenbruch kann in einen gewöhnlichen Bruch umgewandelt werden.

Beispiel 3.7 Es gilt $\frac{986}{357} = [2, 1, 3, 5]$, denn

$$\frac{986}{357} = 2 + \cfrac{1}{1 + \cfrac{1}{3 + \cfrac{1}{5}}}$$

gemäß Beispiel 1.7.

Verwandeln wir den Kettenbruch $[2, 1, 3, 5]$ in einen gewöhnlichen Bruch, so erhalten wir nicht $\frac{986}{357}$, sondern $\frac{58}{21}$, also einen gekürzten Bruch (es gilt $\frac{58}{21} = \frac{58 \cdot 17}{21 \cdot 17} = \frac{986}{357}$). Wie wir später sehen werden, ist dies immer der Fall, denn verwandeln wir einen Kettenbruch in einen gewöhnlichen Bruch, so ist dieser Bruch *immer* gekürzt.

Wir wollen nun untersuchen, was passiert wenn die Größen (bzw. reellen Zahlen) a_0 und a_1 keinen gemeinsamen Teiler haben. Dafür setzen wir zum Beispiel $a_0 = \sqrt{2}$ und $a_1 = 1$:

$$\frac{\sqrt{2}}{1} = 1 + (\sqrt{2} - 1)$$

$$\frac{1}{\sqrt{2}-1} = \frac{\sqrt{2}+1}{1} = 2 + (\sqrt{2} - 1)$$

$$\frac{1}{\sqrt{2}-1} = \frac{\sqrt{2}+1}{1} = 2 + (\sqrt{2} - 1)$$

$$\vdots \qquad \vdots \qquad \vdots$$

Der Euklid'sche Algorithmus angewandt auf $a_0 = \sqrt{2}$ und $a_1 = 1$ bricht nie ab und liefert uns somit unendlich viele positive natürliche Zahlen b_n. Das heißt, dass der Kettenbruch von $\frac{a_0}{a_1} = \sqrt{2}$ *unendlich* ist. In unserem Fall erhalten wir den Kettenbruch

$$[1, 2, 2, 2, 2, \ldots] = [1, \overline{2}].$$

Die geometrische Konstruktion der b_n's, welche wir bereits in Theorem 1.5 gesehen haben, geht auf Hippasus von Metapontum zurück.

Auch für den Goldenen Schnitt erhalten wir leicht eine unendliche, periodische Kettenbruchdarstellung:

Beispiel 3.8 Für den Goldenen Schnitt $\sigma = \frac{1+\sqrt{5}}{2}$ gilt

$$1 + \frac{1}{\sigma} = \sigma,$$

denn wir haben bereits in Kapitel 1 gesehen, dass der Goldene Schnitt die Gleichung $\sigma^2 - \sigma - 1 = 0$ erfüllt. Somit erhalten wir:

$$\sigma = 1 + \frac{1}{\sigma} = 1 + \cfrac{1}{1 + \cfrac{1}{\sigma}} = 1 + \cfrac{1}{1 + \cfrac{1}{1 + \cfrac{1}{\sigma}}} = 1 + \cfrac{1}{1 + \cfrac{1}{1 + \cfrac{1}{1 + \cfrac{1}{\ddots}}}}$$

$$= [1, 1, 1 \ldots] = [\overline{1}].$$

Umgekehrt kann man aus einer periodischen Kettenbruchdarstellung auch die Wurzeldarstellung einer irrationalen Zahl zurückgewinnen:

Aufgabe 3.9 Bestimmen Sie $[0, \overline{3}]$.

Definition 3.10 Ein *unendlicher Kettenbruch* ist ein nicht abbrechender Bruch von der Form

$$b_0 + \cfrac{1}{b_1 + \cfrac{1}{b_2 + \cfrac{1}{\vdots}}}$$

wobei $b_0, b_1, b_2 \ldots$ ganze Zahlen und höchstens mit Ausnahme von b_0 alle b_i's positiv sind.

Ist ξ irgendeine beliebige, positive, irrationale Zahl, so können wir ξ immer als unendlichen Kettenbruch schreiben. Dazu definieren wir für positive reelle Zahlen α, $\lfloor \alpha \rfloor := \max\{n \in \mathbb{N} : n \leq \alpha\}$, d.h. man erhält $\lfloor \alpha \rfloor$, wenn man α auf die nächste natürliche Zahl abrundet. Dann gilt:

$\xi = b_0 + r_1$ mit $b_0 := \lfloor \xi \rfloor$ und $r_1 := \xi - b_0$, wobei $0 < r_1 < 1$ bzw. $\frac{1}{r_1} > 1$

$\frac{1}{r_1} = b_1 + r_2$ mit $b_1 := \lfloor \frac{1}{r_1} \rfloor$ und $r_2 := \frac{1}{r_1} - b_1$, wobei $0 < r_2 < 1$ bzw. $\frac{1}{r_2} > 1$

$\frac{1}{r_2} = b_2 + r_3$ mit $b_2 := \lfloor \frac{1}{r_2} \rfloor$ und $r_3 := \frac{1}{r_2} - b_2$, wobei $0 < r_3 < 1$ bzw. $\frac{1}{r_3} > 1$

$\vdots \qquad \vdots \qquad \vdots$

Es folgt

$$\xi = b_0 + r_1 = b_0 + \cfrac{1}{\frac{1}{r_1}} = b_0 + \cfrac{1}{b_1 + r_2} = b_0 + \cfrac{1}{b_1 + \cfrac{1}{\frac{1}{r_2}}} = b_0 + \cfrac{1}{b_1 + \cfrac{1}{b_2 + r_3}} = \dots$$

und wir erhalten den Kettenbruch $[b_0, b_1, b_2, \dots]$.

Es stellt sich nun die Frage, wie der Kettenbruch $[b_0, b_1, b_2, \dots]$ mit ξ zusammenhängt. Ein natürlicher Ansatz ist, den unendlichen Kettenbruch jeweils nach endlich vielen Schritten abzubrechen und die entsprechenden rationalen Zahlen zu berechnen. Wie wir zeigen werden, nähern sich diese rationalen Zahlen der irrationalen Zahl ξ an, deshalb werden sie *Näherungsbrüche* genannt. Zum Beispiel erhalten wir für den unendlichen Kettenbruch $[1, \overline{2}]$ die folgenden Näherungsbrüche $\frac{P_n}{Q_n}$:

$$\frac{P_0}{Q_0} = \frac{1}{1}, \quad \frac{P_1}{Q_1} = \frac{3}{2}, \quad \frac{P_2}{Q_2} = \frac{7}{5}, \quad \frac{P_3}{Q_3} = \frac{17}{12}, \quad \frac{P_4}{Q_4} = \frac{41}{29}, \dots$$

Näherungsbrüche sind immer gekürzte Brüche, welche, wie wir sehen werden, relativ schnell konvergieren. Wir können also zum Beispiel $\sqrt{2}$ beliebig genau berechnen. Was uns noch fehlt, ist ein einfacher Algorithmus, welcher uns erlaubt die Näherungsbrüche ohne großen Aufwand zu berechnen; dies liefert die folgende rekursive Formel:

$$P_{-2} := 0, \quad P_{-1} := 1, \quad P_n := b_n P_{n-1} + P_{n-2}$$
$$Q_{-2} := 1, \quad Q_{-1} := 0, \quad Q_n := b_n Q_{n-1} + Q_{n-2}$$

Graphisch dargestellt erhalten wir für den Kettenbruch $[1, \overline{2}]$ folgendes Schema:

n	-2	-1	0	1	2	3	4	...
b_n			1	2	2	2	2	...
P_n	0	1	1	3	7	17	41	...
Q_n	1	0	1	2	5	12	29	...

Jede Zahl der dritten Zeile entsteht, indem man die darüberstehende mit der vorausgehenden Zahl der dritten Zeile multipliziert und die nächstvorausgehende addiert; analog für die vierte Zeile.

Wir zeigen nun, dass dieser Algorithmus korrekt ist, bzw. dass die Brüche $\frac{P_n}{Q_n}$ tatsächlich Näherungsbrüche sind.

Proposition 3.11 *Sei* $[b_0, b_1, \dots]$ *ein unendlicher Kettenbruch. Dann gilt für alle natürlichen Zahlen n:*

$$[b_0, \dots, b_n] = \frac{P_n}{Q_n}$$

wobei die Zahlen P_n *und* Q_n *mit dem obigen Algorithmus (bzw. mit dem obigen Schema) berechnet werden.*

Beweis Für den Beweis lockern wir unsere Anforderungen an Kettenbrüche und lassen für den letzten Eintrag b_n auch eine beliebige positive reelle Zahl zu. Den Beweis führen wir mit Induktion nach n.

$n = 0$: Es gilt $P_0 = b_0$ und $Q_0 = 1$, also ist $\frac{P_0}{Q_0} = b_0 = [b_0]$.

Nun nehmen wir an, dass $[b_0, \ldots, b_n] = \frac{P_n}{Q_n}$ für ein $n \in \mathbb{N}$ gilt.

Wir müssen nun zeigen, dass aus der Annahme folgt: $[b_0, \ldots, b_n, b_{n+1}] = \frac{P_{n+1}}{Q_{n+1}}$. So wie die Kettenbrüche aufgebaut sind, gilt:

$$[b_0, \ldots, b_n, b_{n+1}] = [b_0, \ldots, b_n + \frac{1}{b_{n+1}}]$$

Setzen wir $b_n' := b_n + \frac{1}{b_{n+1}}$, so erhalten wir

$$[b_0, \ldots, b_{n-1}, b_n + \frac{1}{b_{n+1}}] = [b_0, \ldots, b_{n-1}, b_n'] \, .$$

Wenn wir nun mit dem Algorithmus den Näherungsbruch $\frac{P_n'}{Q_n'}$ von $[b_0, \ldots, b_n']$ berechnen, so erhalten wir $P_n' = b_n' P_{n-1} + P_{n-2}$, also

$$P_n' = \left(b_n + \frac{1}{b_{n+1}}\right) P_{n-1} + P_{n-2} = \frac{b_{n+1} b_n P_{n-1} + P_{n-1} + b_{n+1} P_{n-2}}{b_{n+1}} \, ,$$

und entsprechend

$$Q_n' = \frac{b_{n+1} b_n Q_{n-1} + Q_{n-1} + b_{n+1} Q_{n-2}}{b_{n+1}} \, .$$

Somit haben wir:

$$[b_0, \ldots, b_{n-1}, b_n'] = \frac{P_n'}{Q_n'} = \frac{b_{n+1} b_n P_{n-1} + P_{n-1} + b_{n+1} P_{n-2}}{b_{n+1} b_n Q_{n-1} + Q_{n-1} + b_{n+1} Q_{n-2}}$$

Da nun

$$[b_0, \ldots, b_{n-1}, b_n'] = [b_0, \ldots, b_{n-1}, b_n + \frac{1}{b_{n+1}}] = [b_0, \ldots, b_{n-1}, b_n, b_{n+1}]$$

müssen wir nur noch zeigen, dass die Gleichung $\frac{P_n'}{Q_n'} = \frac{P_{n+1}}{Q_{n+1}}$ gilt. Dazu schreiben wir P_{n+1} und Q_{n+1} etwas um: Mit dem Algorithmus erhalten wir $P_{n+1} = b_{n+1} P_n + P_{n-1}$, und wenn wir P_n durch $b_n P_{n-1} + P_{n-2}$ ersetzen, erhalten wir

$$P_{n+1} = b_{n+1}(b_n P_{n-1} + P_{n-2}) + P_{n-1} = b_{n+1} b_n P_{n-1} + P_{n-1} + b_{n+1} P_{n-2} \, ,$$

und entsprechend

$$Q_{n+1} = b_{n+1} b_n Q_{n-1} + Q_{n-1} + b_{n+1} Q_{n-2} \, .$$

Somit ist tatsächlich $\frac{P'_n}{Q'_n} = \frac{b_{n+1}b_n P_{n-1} + P_{n-1} + b_{n+1}P_{n-2}}{b_{n+1}b_n Q_{n-1} + Q_{n-1} + b_{n+1}Q_{n-2}} = \frac{P_{n+1}}{Q_{n+1}}$ und der Algorithmus ist korrekt.   □

Bis jetzt haben wir noch nicht gezeigt, dass die Näherungsbrüche des unendlichen Kettenbruchs einer irrationalen Zahl ξ tatsächlich gegen die Zahl ξ konvergieren, das holen wir nun nach, zeigen zuerst aber noch Folgendes:

Lemma 3.12 *Sind* $\frac{P_n}{Q_n}$ *(für* $n \in \mathbb{N} \cup \{-1, -2\}$*) die zum Kettenbruch* $[b_0, b_1, b_2, \ldots]$ *gehörenden Näherungsbrüche, so gilt für alle* $n \geq -1$*:*

$$P_n Q_{n-1} - P_{n-1}Q_n = (-1)^{n-1}$$

Beweis Der Beweis ist mit Induktion über n.
Für $n = -1$ ist $P_n = Q_{n-1} = 1$ und $P_{n-1} = Q_n = 0$, also

$$P_n Q_{n-1} - P_{n-1}Q_n = (-1)^{n-1}.$$

Gilt $P_n Q_{n-1} - P_{n-1}Q_n = (-1)^{n-1}$ für ein $n \geq -1$, so ist

$$P_{n+1}Q_n - P_n Q_{n+1} = (b_{n+1}P_n + P_{n-1})Q_n - P_n(b_{n+1}Q_n + Q_{n-1}) =$$
$$P_{n-1}Q_n - P_n Q_{n-1} = -(-1)^{n-1} = (-1)^n,$$

womit die Behauptung bewiesen ist.   □

Mit Lemma 3.12 können wir ganzzahlige Lösungen x und y von Gleichungen der Form

$$ax + by = c \qquad \text{mit } a, b, c \in \mathbb{Z}$$

finden, wie in der folgenden Aufgabe gezeigt wird.

Aufgabe 3.13 Eine Gleichung der Form $ax + by = c$, bei der a, b, c ganze Zahlen sind und ganzzahlige Lösungen für x und y gesucht werden, heißt *lineare diophantische Gleichung*.

(a) Zeigen Sie, dass die lineare diophantische Gleichung $ax + by = c$ nur dann eine Lösung haben kann, wenn c ein Vielfaches ist von $\mathrm{ggT}(a, b)$.

(b) Zeigen Sie, dass wenn die lineare diophantische Gleichung $ax + by = c$ eine Lösung hat, sie immer auch unendlich viele Lösungen hat.

(c) Finden Sie mit Hilfe des Kettenbruchs von $\frac{58}{21}$ und Lemma 3.12 eine Lösung der linearen diophantische Gleichung

$$58x - 21y = 1.$$

(d) Finden Sie die allgemeine Lösung der linearen diophantischen Gleichung

$$986x + 357y = 51.$$

(e) Drei Schiffbrüchige haben auf der üblichen einsamen Insel in einem ganzen Tag mehr als 4000 Kokosnüsse gesammelt und auf einen großen Haufen gelegt. Bevor es ans Aufteilen geht, wird es dunkel und sie legen sich erst einmal Schlafen.

In der Nacht wacht einer von ihnen auf und da er seinen Kumpanen nicht traut, beschließt er, sich seinen Drittel der Kokosnüsse jetzt schon zu sichern. Er verteilt die Kokosnüsse gleichmäßig auf drei Haufen. Dabei bleibt eine Kokosnuss übrig, die er wegwirft. Darauf trägt er seinen Haufen beiseite, schiebt die restlichen beiden Haufen zusammen und legt sich wieder hin.

Bald darauf wacht der zweite Schiffbrüchige auf. Auch er möchte sich seinen Anteil sichern und verfährt mit dem Resthaufen wie der Erste. Auch bei ihm bleibt nach dem Teilen eine Kokosnuss übrig, die er wegwirft. Als auch der dritte Schiffbrüchige aufwacht, verfährt er mit dem Resthaufen wie die ersten beiden, und auch bei ihm bleibt nach dem Teilen eine Kokosnuss übrig, die er wegwirft.

Am nächsten Morgen gehen die drei Schiffbrüchigen zu dem, in der Nacht geschrumpften, Haufen und teilen die Kokosnüsse gleichmäßig unter sich auf. Dabei bleibt eine Kokosnuss übrig, die sie wegwerfen.

Wie viele Kokosnüsse befanden sich zu Beginn *mindestens* auf dem Haufen?

Theorem 3.14 *Sei ξ eine irrationale Zahl, sei $[b_0, b_1, b_2, \ldots]$ der unendliche Kettenbruch von ξ und seien $\frac{P_n}{Q_n}$ (für $n \in \mathbb{N}$) die zum Kettenbruch gehörenden Näherungsbrüche. Dann gilt:*

$$\lim_{n \to \infty} \frac{P_n}{Q_n} = \xi$$

Beweis Aus der Konstruktion des Kettenbruchs von ξ folgt für $\xi_n := \frac{1}{r_n}$:

$$\xi = [b_0, \xi_1] = [b_0, b_1, \xi_2] = [b_0, b_1, b_2, \xi_3] = \ldots = [b_0, b_1, \ldots, b_n, \xi_{n+1}] = \ldots$$

und ebenso gilt für $1 \le m \le n$:

$$\xi_m = [b_m, \ldots, b_n, \xi_{n+1}]$$

Mit Proposition 3.11 erhalten wir

$$\xi = \frac{P_n \xi_{n+1} + P_{n-1}}{Q_n \xi_{n+1} + Q_{n-1}} \, ,$$

woraus mit Lemma 3.12 folgt:

$$\xi - \frac{P_n}{Q_n} = \frac{P_{n-1}Q_n - P_nQ_{n-1}}{Q_n(Q_n\xi_{n+1} + Q_{n-1})} = \frac{(-1)^n}{Q_n(Q_n\xi_{n+1} + Q_{n-1})}$$

Nach Konstruktion gilt für alle $n \in \mathbb{N}$, $Q_n \geq n$ und $\xi_{n+1} > 1$, und somit erhalten wir

$$\left| \xi - \frac{P_n}{Q_n} \right| < \frac{1}{Q_n^2} \leq \frac{1}{n^2},$$

womit die Behauptung bewiesen ist. $\qquad\qquad\qquad\qquad\qquad\qquad\qquad$ □

Um zu zeigen, dass Kettenbrüche immer konvergieren, auch wenn sie nicht Kettenbrüche von vorgegebenen rationalen oder irrationalen Zahl sind, brauchen wir die *Vollständigkeit* der reellen Zahlen, welche wir im Kapitel 2 behandelt haben (siehe Def. 2.6 und Thm. 2.19). Für endliche Kettenbrüche ist die Konvergenz von Kettenbrüchen offensichtlich und somit genügt es, nur unendliche Kettenbrüche zu betrachten.

Proposition 3.15 *Ist* $[b_0, b_1, \ldots, b_n, \ldots]$ *ein unendlicher Kettenbruch und sind* $\frac{P_n}{Q_n}$ *die unendlich vielen Näherungsbrüche dieses Kettenbruchs, so existiert genau eine reelle Zahl* $\xi \in \mathbb{R}$ *mit*

$$\xi = \lim_{n \to \infty} \frac{P_n}{Q_n}.$$

Beweis Für $n \in \mathbb{N}$ definieren wir

$$I_n := \left[\frac{P_{2n}}{Q_{2n}}, \frac{P_{2n+1}}{Q_{2n+1}} \right]$$

und zeigen, dass die Folge (I_n) eine Intervallschachtelung ist. Dafür müssen wir Folgendes zeigen:

(a) $\quad \dfrac{P_{2n}}{Q_{2n}} < \dfrac{P_{2n+1}}{Q_{2n+1}} \qquad$ (d.h. die Intervalle sind nicht leer)

(b) $\quad \dfrac{P_{2n}}{Q_{2n}} < \dfrac{P_{2n+2}}{Q_{2n+2}} \quad$ und $\quad \dfrac{P_{2n+1}}{Q_{2n+1}} > \dfrac{P_{2n+3}}{Q_{2n+3}} \qquad$ (d.h. $I_n \supseteq I_{n+1}$)

(c) $\quad \lim_{n \to \infty} \left(\dfrac{P_{2n+1}}{Q_{2n+1}} - \dfrac{P_{2n}}{Q_{2n}} \right) = 0$

Nach Definition sind $b_0, b_1, \ldots$ ganze Zahlen und höchstens mit Ausnahme von b_0 sind alle b_i positiv. Weiter gilt mit Proposition 3.11: $Q_0 = 1$, $Q_1 = b_1$, und für $n \geq 2$ gilt $Q_n = b_n Q_{n-1} + Q_{n-2}$. Weil b_n für $n \geq 1$ positiv ist und $Q_0 = 1$, erhalten wir $Q_{n+2} = b_{n+2}Q_{n+1} + Q_n \geq n$ für alle $n \in \mathbb{N}$, insbesondere ist $Q_n - Q_{n-1} \geq 1$. Mit Lemma 3.12 wissen wir auch, dass für alle $n > 1$ gilt $P_nQ_{n-1} - P_{n-1}Q_n = (-1)^{n-1}$.

(a) Es gilt

$$\frac{P_{2n}}{Q_{2n}} < \frac{P_{2n+1}}{Q_{2n+1}} \iff P_{2n+1}Q_{2n} - P_{2n}Q_{2n+1} > 0$$

und mit $P_{2n+1}Q_{2n} - P_{2n}Q_{2n+1} = (-1)^{2n} = 1$ folgt (a).

(b) Weiter gilt

$$\frac{P_{2n}}{Q_{2n}} < \frac{P_{2n+2}}{Q_{2n+2}} \iff P_{2n+2}Q_{2n} - P_{2n}Q_{2n+2} > 0$$

und weil $P_{2n+2} = b_{2n+2}P_{2n+1} + P_{2n}$ und $Q_{2n+2} = b_{2n+2}Q_{2n+1} + Q_{2n}$ erhalten wir

$$P_{2n+2}Q_{2n} - P_{2n}Q_{2n+2} = b_{2n+2}\left(P_{2n+1}Q_{2n} - P_{2n}Q_{2n+1}\right) = b_{2n+2}(-1)^{2n} = 1.$$

Analog zeigen wir $\frac{P_{2n+1}}{Q_{2n+1}} > \frac{P_{2n+3}}{Q_{2n+3}}$, woraus (b) folgt.

(c) Mit Lemma 3.12 erhalten wir folgende Abschätzung:

$$\left|\frac{P_n}{Q_n} - \frac{P_{n-1}}{Q_{n-1}}\right| = \frac{1}{Q_nQ_{n-1}} \leq \frac{Q_n - Q_{n-1}}{Q_nQ_{n-1}} = \frac{1}{Q_{n-1}} - \frac{1}{Q_n}.$$

Für $n \geq 2$ und $k \geq 1$ erhalten wie hieraus:

$$\left|\frac{P_{n+k}}{Q_{n+k}} - \frac{P_n}{Q_n}\right| = \left|\sum_{l=0}^{k-1}\left(\frac{P_{n+l+1}}{Q_{n+l+1}} - \frac{P_{n+l}}{Q_{n+l}}\right)\right| \leq \sum_{l=0}^{k-1}\left|\frac{P_{n+l+1}}{Q_{n+l+1}} - \frac{P_{n+l}}{Q_{n+l}}\right|$$

$$\leq \sum_{l=0}^{k-1}\left(\frac{1}{Q_{n+l}} - \frac{1}{Q_{n+l+1}}\right) = \frac{1}{Q_n} - \frac{1}{Q_{n+k}} < \frac{1}{Q_n} \leq \frac{1}{n}$$

Daraus schließen wir

$$\lim_{n\to\infty}\left(\frac{P_{2n+1}}{Q_{2n+1}} - \frac{P_{2n}}{Q_{2n}}\right) = 0,$$

womit auch (c) gezeigt ist.   □

Aufgabe 3.16 Zeigen Sie, dass die Näherungsbrüche $\frac{P_n}{Q_n}$ von unendlichen Kettenbrüchen immer gekürzte Brüche sind.

Hinweis: Betrachten Sie den Euklid'schen Algorithmus zur Berechnung des ggT.

Aufgabe 3.17 Ein DIN-A4-Blatt hat die Größe: $297\,\text{mm} \times 210\,\text{mm}$.

Berechnen Sie den Kettenbruch von $\frac{297}{210}$ und vergleichen Sie diesen Kettenbruch mit dem Kettenbruch von $\sqrt{2}$.

Aufgabe 3.18 Auf einer fast 3000-jährigen babylonischen Tontafel (mit der Bezeichnung YBC 7289) findet man folgende Approximation für $\sqrt{2}$ im Sexagesimalsystem:

$$1 + \frac{24}{60} + \frac{51}{60^2} + \frac{10}{60^3}$$

Berechnen Sie die Kettenbrüche von $1 + \frac{24}{60}$, $1 + \frac{24}{60} + \frac{51}{60^2}$ und $1 + \frac{24}{60} + \frac{51}{60^2} + \frac{10}{60^3}$, und vergleichen Sie diese Kettenbrüche mit dem Kettenbruch von $\sqrt{2}$.

Aufgabe 3.19 (a) Berechnen Sie die Kettenbrüche von $\sqrt{n}$ für $n = 3, 5, 6, 7, 8$ und bestimmen Sie jeweils den Näherungsbruch $\frac{P_5}{Q_5}$.

(b) Zeigen Sie, dass für alle natürlichen Zahlen $n \in \mathbb{N}$ gilt:

$$\text{entweder } \sqrt{n} \in \mathbb{N} \text{ oder } \sqrt{n} \notin \mathbb{Q}$$

D.h. entweder ist $\sqrt{n}$ eine natürliche Zahl oder $\sqrt{n}$ ist irrational.

3.3 Algebraische und transzendente Zahlen

Die reellen Zahlen lassen sich nicht nur in rationale und irrationale Zahlen unterteilen, sondern auch in *algebraische* und *transzendente* Zahlen. Dies lässt sich sogar auf *komplexe Zahlen* ausweiten; diese lassen sich leicht als Paare von reellen Zahlen konstruieren (siehe beispielsweise [44]).

Definition 3.20 Eine Zahl $a \in \mathbb{C}$ heißt

- *algebraisch*, falls es ein Polynom $f \in \mathbb{Z}[x] \setminus \{0\}^a$ gibt, d.h.

$$f(x) = a_n x^n + a_{n-1} x^{n-1} + \ldots + a_1 x + a_0, \quad a_0, a_1, \ldots, a_n \in \mathbb{Z},$$

mit $f(a) = 0$. Falls n der minimale *Grad* eines solchen Polynoms ist, so ist a algebraisch vom *Grad n*.

- *transzendent*, falls a nicht algebraisch ist.

---

[a] Mit 0 ist hier das *Nullpolynom* gemeint, welches ausgeschlossen wird.

Beispiel 3.21 Wir betrachten ein paar Beispiele für algebraische Zahlen:

1. Jede rationale Zahl $\frac{p}{q} \in \mathbb{Q}$ ist algebraisch vom Grad 1, denn sie ist eine Nullstelle vom Polynom $qx - p$.
2. Die Zahl $\sqrt{2}$ ist als Nullstelle von $x^2 - 2$ algebraisch vom Grad 2.
3. Der Goldene Schnitt σ ist ebenfalls algebraisch vom Grad 2, denn σ ist eine Nullstelle von $x^2 - x - 1$.
4. Auch die Zahl $\cos(2\pi/5)$ ist algebraisch vom Grad 2, denn sie ist eine Nullstelle von $4x^2 + 2x - 1$, hingegen ist die Zahl $\sin(2\pi/5)$ algebraisch vom Grad 4, denn sie ist eine Nullstelle von $16x^4 - 20x^2 + 5$.

Aufgabe 3.22 Beweisen Sie, dass $a = \sqrt{2} + \sqrt{3}$ algebraisch ist, indem Sie ein Polynom mit ganzzahligen Koeffizienten finden, das a als Nullstelle besitzt. Zeigen Sie zudem, dass auch a^{-1} algebraisch ist.

Aufgabe 3.22 behandelt einen Spezialfall einer allgemeineren Aussage: Summen, Differenzen, Produkte und Quotienten algebraischer Zahlen sind algebraisch. In anderen Worten, die Menge $\mathbb{A}$ der algebraischen Zahlen bildet einen Körper. Sie hat im Gegensatz zum Körper $\mathbb{Q}$ der rationalen Zahlen eine weitere schöne Eigenschaft: Sie ist *quadratisch abgeschlossen*, d.h. falls a algebraisch ist, so auch $\sqrt{a}$.

Aufgabe 3.23 Beweisen Sie:

(a) Falls $z \in \mathbb{C} \setminus \{0\}$ algebraisch ist, so ist auch z^{-1} algebraisch.
(b) Falls $z \in \mathbb{R}^+$ algebraisch ist, so ist auch $\sqrt{z}$ algebraisch.

Es ist naheliegend sich zu fragen, ob transzendente Zahlen überhaupt existieren. Als Kandidaten kommen die Zahlen π und e in Frage. Eine erste Antwort lieferte 1844 der französische Mathematiker Joseph Liouville, der bewiesen hat, dass die Zahl

$$\sum_{k=1}^{\infty} 10^{-k!} = 0,11000100000000000000000001\ldots,$$

heute auch als *Liouville'sche Konstante* bezeichnet, transzendent ist. Der erste Beweis der Transzendenz einer berühmten Zahl stammt von Charles Hermite, der 1873 die Transzendenz von e bewiesen hat. Aufbauend auf dem Werk von Hermite, bewies Ferdinand von Lindemann im Jahre 1882 zudem die Transzendenz der Kreiszahl π.

Um die Existenz transzendenter Zahlen zu beweisen, hat Joseph Liouville 1844 in [48] den folgenden Satz formuliert und bewiesen:

Theorem 3.24 (Liouville'scher Approximationssatz) *Ist $a \in \mathbb{R}^a$ algebraisch vom Grad $n \geq 1$, so gibt es eine positive reelle Zahl c, sodass für alle rationalen Zahlen $\frac{p}{q} \neq a$ mit $q > 0$ gilt*

$$\left| a - \frac{p}{q} \right| \geq \frac{c}{q^n}.$$

---

^{a} Der Satz lässt sich leicht zu $a \in \mathbb{C}$ verallgemeinern

---

Bevor wir Theorem 3.24 beweisen, zeigen wir zunächst, wie man damit die Existenz einer transzendenten Zahl folgern kann. Sei dazu

$$L := \sum_{k=1}^{\infty} 10^{-k!}$$

die *Liouville'sche Konstante*. Wäre L algebraisch vom Grad $n \geq 1$, so gäbe es ein $c \in \mathbb{R}$ wie in der Aussage von Theorem 3.24. Wir betrachten die m-te Partialsumme

$$s_m = \sum_{k=1}^{m} 10^{-k!} \in \mathbb{Q}$$

für $m \in \mathbb{N}$. Nun können wir $|L - s_m|$ abschätzen durch

$$|L - s_m| = \sum_{k=m+1}^{\infty} 10^{-k!} < \sum_{k=(m+1)!}^{\infty} 10^{-k} = \frac{1}{1-\frac{1}{10}} - \frac{1 - \left(\frac{1}{10}\right)^{(m+1)!}}{1 - \frac{1}{10}}$$

$$= \frac{10}{9} \cdot \left(\frac{1}{10}\right)^{(m+1)!} < \frac{2}{10^{(m+1)!}}.$$

Nun ist aber der Nenner von s_m gegeben durch $10^{m!}$ und daher gilt nach Annahme

$$|L - s_m| \geq \frac{c}{(10^{m!})^n}$$

also gilt auch

$$\frac{2}{10^{(m+1)!}} > |L - s_m| \geq \frac{c}{10^{m! \cdot n}} \Rightarrow \frac{c}{2} < 10^{m!(n-m-1)},$$

was aber für genügend großes $m \in \mathbb{N}$ falsch ist. Somit sind wir zu einem Widerspruch gelangt und daher ist L transzendent.

Es fehlt noch der Beweis von Theorem 3.24:

Beweis (Theorem 3.24) Sei $a \in \mathbb{R}$ algebraisch und sei

$$f(x) = a_n x^n + a_{n-1} x^{n-1} + \ldots + a_1 x + a_0 \in \mathbb{Z}[x]$$

ein Polynom mit $f(a) = 0$. Da f höchstens n Nullstellen besitzt, können wir ein $\varepsilon > 0$ wählen, sodass es in $[a - \varepsilon, a + \varepsilon]$ keine weiteren Nullstellen von f gibt. Wir betrachten nun

$$M := \max_{|x-a| \leq \varepsilon} |f'(x)|.$$

Ein solches Maximum existiert, da f' auf dem abgeschlossenen Intervall $[a-\varepsilon, a+\varepsilon]$ stetig ist. Wir setzen nun

$$c := \min\left\{\varepsilon, \frac{1}{M}\right\}.$$

Sei nun $\frac{p}{q} \in \mathbb{Q}$ mit $q > 0$. Wir müssen zeigen, dass $|a - \frac{p}{q}| \geq \frac{c}{q^n}$. Es gibt nun zwei Fälle:

1. Fall: $|a - \frac{p}{q}| > \varepsilon$. Dann folgt die Behauptung trivialerweise.

2. Fall: $|a - \frac{p}{q}| \leq \varepsilon$; sei ohne Beschränkung der Allgemeinheit $a \leq \frac{p}{q}$. In diesem Fall wenden wir den *Mittelwertsatz der Differentialrechnung*[2] auf f im Intervall $[a, \frac{p}{q}]$ an und erhalten somit ein $x_0 \in [a, \frac{p}{q}]$ mit

$$f'(x_0) = \frac{f(\frac{p}{q}) - f(a)}{\frac{p}{q} - a} = \frac{f(\frac{p}{q})}{\frac{p}{q} - a} \text{ und daher } |a - \frac{p}{q}| \cdot |f'(x_0)| = |f(\tfrac{p}{q})| \geq \frac{1}{q^n},$$

denn

$$0 \neq q^n \cdot f(\tfrac{p}{q}) = a_n p^n + a_{n-1} p^{n-1} q + \ldots a_1 p q^{n-1} + a_0 q^n \in \mathbb{Z}$$

und damit $q^n \cdot |f(\frac{p}{q})| \geq 1$, also $|f(\frac{p}{q})| \geq \frac{1}{q^n}$. Daraus erhalten wir aber nach der Wahl von M und c

---

[2] Dieser besagt, dass für eine stetige Funktion $f : [a, b] \to \mathbb{R}$, die auf (a, b) differenzierbar ist, ein $x_0 \in (a, b)$ existiert mit $f'(x_0) = \frac{f(b)-f(a)}{b-a}$.

$$|a - \tfrac{p}{q}| \geq \frac{1}{|f'(x_0)|} \cdot \frac{1}{q^n} \geq \frac{1}{M} \cdot \frac{1}{q^n} \geq \frac{c}{q^n}$$

wie gewünscht. □

3.4 Liouville'sche Zahlen

Nun betrachten wir eine Klasse von transzendenten Zahlen, die insbesondere die Liouville'sche Konstante umfasst:

Definition 3.25 Eine irrationale Zahl ξ heißt *Liouville'sche* Zahl, wenn zu jeder positiven ganzen Zahl k eine rationale Zahl $\tfrac{p}{q}$ mit $q > 1$ gefunden werden kann derart, dass gilt:

$$\left| \xi - \frac{p}{q} \right| < \frac{1}{q^k}$$

Man sieht leicht, dass die Liouville'sche Konstante eine Liouville'sche Zahl ist. Bevor wir weitere Liouville'sche Zahlen konstruieren, zeigen wir, dass Liouville'sche Zahlen transzendent sind.

Theorem 3.26 *Jede Liouville'sche Zahl ist transzendent.*

Beweis Wir machen einen Widerspruchsbeweis und nehmen an, dass ξ eine Liouville'sche Zahl ist, die algebraisch vom Grad n ist. Gemäß dem Liouville'schen Approximationssatz 3.24 gibt es eine positive reelle Zahl c, sodass für alle rationalen Zahlen $\tfrac{p}{q}$ mit $q > 0$ gilt:

$$\left| \xi - \frac{p}{q} \right| \geq \frac{c}{q^n}$$

Nun sei $m \in \mathbb{N}$ eine natürliche Zahl mit $\frac{1}{2^m} < c$. Wir setzen $k := m + n$ und wenden nun die Definition einer Liouville'schen Zahl an: Sei also $\tfrac{p}{q}$ eine rationale Zahl mit Nenner $q < 1$, für die gilt:

$$\left| \xi - \frac{p}{q} \right| < \frac{1}{q^k} = \frac{1}{q^m} \cdot \frac{1}{q^n} \leq \frac{c}{q^n}$$

Dies ist aber ein Widerspruch, also muss ξ transzendent sein. □

Mit unendlichen Kettenbrüchen ist es nun leicht, Liouville'sche Zahlen zu konstruieren:

Proposition 3.27 *Sei* $[b_0, b_1, \dots]$ *ein unendlicher Kettenbruch mit den Näherungsbrüchen* $\frac{P_n}{Q_n}$, *sodass für unendlich viele* $n \in \mathbb{N}$ *gilt:*

$$b_{n+1} > Q_n^n$$

Dann ist $\xi = [b_0, b_1, \dots]$ *eine Liouvill'sche Zahl.*

Beweis Es genügt zu zeigen, dass für jede positive ganze Zahl k ein Näherungsbruch $\frac{P_n}{Q_n}$ existiert mit $Q_n > 1$ (d.h. $n \geq 2$) und

$$\left| \xi - \frac{P_n}{Q_n} \right| < \frac{1}{Q_n^k} \, .$$

Im Beweis von Theorem 3.14 wurde gezeigt, dass für alle $n \in \mathbb{N}$ die Gleichung

$$\xi - \frac{P_n}{Q_n} = \frac{(-1)^n}{Q_n(Q_n \xi_{n+1} + Q_{n-1})}$$

gilt, mit $\xi_{n+1} = \frac{1}{r_{n+1}}$. Es genügt somit zu jedem $k \geq 1$ ein $n \geq 2$ zu finden mit

$$Q_n \xi_{n+1} + Q_{n-1} > Q_n^{k-1}.$$

Nun erinnern wir uns daran, dass nach Konstruktion $b_{n+1} = \lfloor \xi_{n+1} \rfloor$ gilt, also folgt $b_{n+1} < \xi_{n+1} < b_{n+1} + 1$. Daher genügt es also, wenn $b_{n+1} > Q_n^{k-2}$ für ein passendes $n \in \mathbb{N}$ gilt. Nach Annahme gibt es aber $n \in \mathbb{N}$ mit $n \geq k-2$ mit $b_{n+1} > Q_n^n$. Daraus folgt wie gewünscht $b_{n+1} > Q_n^{k-2}$ und somit ist ξ eine Liouville'sche Zahl. $\square$

Beispiel 3.28 Wir zeigen exemplarisch, wie man mithilfe von Proposition 3.27 Liouville'sche Zahlen konstruieren kann. Beginnen wir mit $b_0 = 0$ und $b_1 = 1$. Dann gilt $Q_{-2} = 1, Q_{-1} = 0, Q_0 = 1$ und $Q_1 = 1$. Ab jetzt wählen wir immer $b_{n+1} > Q_n^n$ (dies müsste sogar nur für unendlich viele $n \in \mathbb{N}$ gelten, nicht unbedingt für alle!), beispielsweise $b_{n+1} = Q_n^n + 1$. Dann erhalten wir:

$$b_2 = Q_1^1 + 1 = 2 \qquad\qquad Q_2 = 2 \cdot 1 + 1 = 3$$
$$b_3 = Q_2^2 + 1 = 10 \qquad\qquad Q_3 = 10 \cdot 3 + 1 = 31$$
$$b_4 = Q_3^3 + 1 = 29792 \qquad\qquad \dots$$

Damit ist

$$\xi := [b_0, b_1, \dots] = [0, 1, 2, 10, 29792, \dots]$$

eine Liouville'sche Zahl und insbesondere transzendent.

3.5 Transzendenz von *e*

Wir zeigen nun noch, dass die Eulersche Zahl transzendent ist. Dazu folgen wir dem Artikel [26] von Rudolf Fritsch.

Theorem 3.29 (Charles Hermite) *Die Eulersche Zahl e ist transzendent.*

Wir benötigen für den Beweis folgendes Integral: Für alle $k \in \mathbb{N}$ gilt

$$\int_0^\infty x^k e^{-x} dx = k!.$$

Aufgabe 3.30 Beweisen Sie: Für alle $k \in \mathbb{N}$ gilt

$$\int_0^\infty x^k e^{-x} dx = k!.$$

Beweis Erstaunlicherweise verwenden wir einen direkten Beweis, d.h. wir zeigen, dass für jedes Polynom

$$p(x) = a_n x^n + a_{n-1} x^{n-1} + \ldots + a_1 x + a_0 \in \mathbb{Z}[x]$$

mit $a_0 \neq 0$ gilt $p(e) \neq 0$. Dazu finden wir reelle Zahlen $r, s \in \mathbb{R}$ und $|s| < 1$ sowie eine ganze Zahl $b \in \mathbb{Z} \setminus \{0\}$ mit

$$r \cdot p(e) = s + b. \tag{$*$}$$

Daraus folgt $p(e) \neq 0$, denn sonst wäre $s \in \mathbb{Z}$. Es bleibt also nachzuweisen, dass solche Zahlen r, s und b mit den gewünschten Eigenschaften existieren. Wir betrachten zunächst zwei Hilfsfunktionen

$$g(x) = x(x-1)(x-2) \cdot \ldots \cdot (x-n)$$
$$h(x) = (x-1)(x-2) \cdot \ldots \cdot (x-n)e^{-x}.$$

Wir betrachten nun die Funktion

$$f(x) = g(x)^m \cdot h(x) = x^m (x-1)^{m+1} (x-2)^{m+1} \cdot \ldots \cdot (x-n)^{m+1} e^{-x}$$

für ein gerades $m \in \mathbb{N}$, das wir später bestimmen werden. Multipliziert man $f(x)$ aus, so erhält man ein Polynom multipliziert mit e^{-x}.

Somit hat f die Form

$$f(x) = (x^{m+n(m+1)} + \ldots + (-1)^{n(m+1)}(n!)^{m+1}x^m)e^{-x} = \left(\sum_{k=m}^{m+n(m+1)} b_k x^k \right)e^{-x}$$

mit Koeffizienten $b_k \in \mathbb{Z}$ und insbesondere $b_m = \pm(n!)^{m+1}$. Wir betrachten nun das Integral

$$w_0 = \int_0^\infty f(x)dx = \sum_{k=m}^{m+n(m+1)} b_k \int_0^\infty x^k e^{-x}dx$$

$$= \sum_{k=m}^{m+n(m+1)} b_k \cdot k!.$$

Alle Summanden mit Index $> m$ enthalten als Faktor $(m + 1)!$ und somit lässt sich w_0 schreiben als

$$w_0 = -(n!)^{m+1} \cdot m! + d_0 \cdot (m + 1)!.$$

mit $d_0 \in \mathbb{Z}$ und setzen

$$r := \frac{w_0}{m!} = -(n!)^{m+1} + d_0(m + 1) \in \mathbb{Z}$$

Als nächstes spalten wir das Integral w_0 auf n verschiedene Arten in zwei Teilintegrale mit Grenzen 0 und k sowie k und ∞ für jedes $k \in \{1, \ldots, n\}$ auf, d.h. wir setzen $w_0 = v_k + w_k$ mit

$$v_k = \int_0^k f(x)dx \quad \text{und} \quad w_k = \int_k^\infty f(x)dx.$$

Damit lässt sich die linke Seite von $(*)$ umformen zu

$$r \cdot p(e) = \frac{w_0}{m!}(a_n e^n + a_{n-1}e^{n-1} + \ldots + a_1 e + a_0)$$

$$= \frac{1}{m!}((v_n + w_n)a_n e^n + (v_{n-1} + w_{n-1})a_{n-1}e^{n-e} + \ldots (v_1 + w_1)a_1 e + w_0 a_0$$

$$= s + b$$

mit

$$s = \frac{v_n a_n e^n + \ldots + v_1 a_1 e}{m!} \quad \text{und} \quad b = \frac{w_n a_n e^n + \ldots w_1 a_1 e + w_0 a_0}{m!}.$$

Wir müssen noch nachweisen, dass $|s| < 1$ und $b \in \mathbb{Z} \setminus \{0\}$. Wir zeigen zunächst, dass $b \in \mathbb{Z}$ ist. Es gilt aufgrund der Substitutionsregel

$$w_k = \int_k^\infty f(x)\,dx$$

$$= \int_0^\infty f(x+k)\,dx$$

$$= \int_0^\infty (x+k)^m [(x+k-1)(x+k-2) \cdot \ldots \cdot x \cdot \ldots \cdot (x+k-n)]^{m+1} e^{-(x+k)}\,dx.$$

$$(**)$$

Welche Idee steckt hinter dieser Substitution? Im Integral kommt nun nicht mehr e^x, sondern $e^{-(x+k)} = e^{-k}e^{-x}$ im Produkt vor; dadurch können wir e^{-k} aus dem Integral herausziehen, was nützlich ist, da bei b jedes w_k mit e^k multipliziert wird.

Da im Produkt in $(**)$ der Term x^{m+1} vorkommt, lässt sich der polynomielle Term darstellen als

$$\sum_{i=m+1}^{m+n(m+1)} c_i x^i$$

mit $c_i \in \mathbb{Z}$. Daraus folgt nun

$$w_k = e^{-k} \int_0^\infty \sum_{i=m+1}^{m+n(m+1)} c_i x^i e^{-x}\,dx = e^{-k} \sum_{i=m+1}^{m+n(m+1)} b_i \underbrace{\int_0^\infty x^i e^{-x}\,dx}_{=i!} = e^{-k} d_k (m+1)!$$

mit $d_k \in \mathbb{Z}$, denn jeder Term $i!$ ist durch $(m+1)!$ teilbar (wegen $i \geq m+1$). Damit können wir wegen $w_0 = -(n!)^{m+1} \cdot m! + c_0 \cdot (m+1)!$ endlich b umformen zu

$$b = \frac{w_n a_n e^n + \ldots w_1 a_1 e + w_0 a_0}{m!}$$

$$= \underbrace{(d_n a_n + \ldots + d_1 a_1 + d_0 a_0)}_{=:c}(m+1) \pm (n!)^{m+1} a_0.$$

Nun ist aber $a_0 \neq 0$ und zudem können wir $m \in \mathbb{N}$ so wählen, dass $m+1$ eine Primzahl ist, die größer als n und als a_0 ist; dann kommt der Primfaktor $m+1$ nur im linken Summand vor und nicht im rechten, weswegen $b \neq 0$ folgt.

Zu zeigen bleibt, dass $|s| < 1$. Dazu verwenden wir das aus der Analysis bekannte Resultat, dass stetige Funktionen auf abgeschlossenen Intervallen ein Maximum besitzen[3]. Offensichtlich sind g und h aus stetigen Funktionen zusammengesetzt und damit auch stetig. Wir können also Schranken G und H wählen, sodass

$$|g(x)| \leq G \quad \text{und} \quad |h(x)| \leq H$$

für alle $x \in [0, n]$. Daraus folgt $|f(x)| \leq G^m \cdot H$ für alle $x \in [0, n]$. Daraus folgt nun für jedes $k \in \{1, \ldots, n\}$

---

[3] Dies ist für offene Intervalle falsch, beispielsweise besitzt die Funktion $f(x) = \frac{1}{x}$ auf $(0, 1)$ kein Maximum.

$$|v_k| = \left| \int_0^k f(x)\,dx \right| \le \int_0^k |f(x)|\,dx \le G^m \cdot H \cdot k.$$

Nun können wir aber wie gewünscht $|s|$ unter Verwendung der Dreiecksungleichung abschätzen durch

$$|s| \le \frac{G^m \cdot H(n \cdot |a_n| e^n + \ldots 1 \cdot |a_1| e)}{m!} = \frac{G^m \cdot C}{m!} \to 0$$

mit $C = H(n \cdot |a_n| e^n + \ldots 1 \cdot |a_1| e)$. Damit kann man m so wählen, dass $|s| < 1$ und zudem wie oben gefordert $m + 1$ eine genügend große Primzahl ist. □

Der Mathematiker David Hilbert stellte am zweiten internationalen Mathematiker-Kongress in Paris im Jahre 1900 eine Liste von 23 wichtigen ungelösten Problemen der Mathematik vor (siehe [35]), welche heute als Hilbert-Probleme bekannt sind. Das 7. Hilbert-Problem lautete wie folgt:

Ist a^b immer transzendent, wenn $a, b \in \mathbb{C}$ algebraisch sind und zusätzlich $a \notin \{0, 1\}$ und b irrational ist?

Dieses Problem wurde 1934 von Alexander Gelfond und Theodor Schneider positiv beantwortet. Demnach wird das Resultat auch als *Satz von Gelfond-Schneider* bezeichnet.

Beispielsweise folgt, dass die Zahl $\sqrt{2}^{\sqrt{2}}$ transzendent ist. Diese Zahl kann auch als Beispiel dafür genutzt werden, dass die folgende Frage eine Negative Antwort hat: Falls a, b irrational ist, ist dann auch a^b irrational?

1. Fall: $\sqrt{2}^{\sqrt{2}}$ ist rational. Dann ist diese Zahl ein Gegenbeispiel.

2. Fall: $\sqrt{2}^{\sqrt{2}}$ ist irrational. Dann kann man $a = \sqrt{2}^{\sqrt{2}}$ und $b = \sqrt{2}$ wählen:

$$a^b = \left(\sqrt{2}^{\sqrt{2}} \right)^{\sqrt{2}} = \sqrt{2}^{\sqrt{2} \cdot \sqrt{2}} = \sqrt{2}^2 = 2 \in \mathbb{Q}.$$

Aufgabe 3.31 Ist die Zahl $\log_n(m)$ für $n, m \in \mathbb{N} \setminus \{0, 1\}$ teilerfremd transzendent? Begründen Sie Ihre Antwort mit dem Satz von Gelfond-Schneider.

Mit dem Satz von Gelfond-Schneider kann man auch zeigen, dass e^π transzendent ist. Die Frage, ob auch $\pi + e$ und $\pi \cdot e$ transzendent sind, sind jedoch bis heute ungelöst. Es ist nicht einmal bekannt, ob diese beiden Zahlen irrational sind!

Kapitel 4
Unendliche Mengen

„Ich sehe keinen anderen Ausweg als zu sagen, unendlich ist die Anzahl aller Zahlen, unendlich die der Quadrate, unendlich die der Wurzeln; weder ist die Menge der Quadrate kleiner als die der Zahlen, noch ist die Menge der letzteren größer; und schließlich haben die Attribute des Gleichen, des Größeren und des Kleineren nicht statt bei Unendlichem, sondern sie gelten nur bei endlichen Größen."

(Galileo Galilei)

4.1 Das Hotel Hilbert

Wir stellen uns zunächst das Hotel *Centum* vor, welches genau 100 Zimmer besitzt. Ist das Hotel voll belegt, so gibt es keine Möglichkeit einen Neuankömmling unterzubringen, egal wie man die Gäste des Hotels umordnet. In anderen Worten: Es gibt keine bijektive Funktion von $\{1, \ldots, 100\}$ nach $\{2, \ldots, 100\}$, denn eine solche Funktion würde uns erlauben, die Gäste so umzuordnen, dass Zimmer 1 frei wird.

Wie sieht es nun aus, wenn wir uns stattdessen ein Hotel mit *unendlich vielen* Zimmern vorstellen? Das folgende Gedankenexperiment wurde 1926 von David Hilbert in seiner Vorlesung über das Unendliche eingeführt (siehe [37]) und anschließend popularisiert.

Das Hotel *Hilbert* enthält unendlich viele Zimmer, durchnummeriert mit den natürlichen Zahlen ab 1, also

Zimmer 1, Zimmer 2, Zimmer 3...

Wir nehmen im Folgenden an, dass das Hotel *Hilbert* voll belegt ist.

1. Szenario: Ein neuer Gast kommt an. Obwohl das Hotel bereits voll belegt ist, lässt sich der neue Gast einquartieren: Es wird einfach jeder Gast aufgefordert ein Zimmer weiter zu rücken.

© Der/die Autor(en), exklusiv lizenziert an
Springer-Verlag GmbH, DE, ein Teil von Springer Nature 2023
L. Halbeisen und R. Krapf, *Eine Entdeckungsreise in die Welt des Unendlichen*, https://doi.org/10.1007/978-3-662-68094-0_4

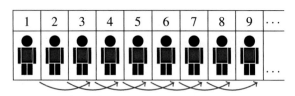

Allgemein erhält man die Zuordnung

$$\text{Zimmer } n \;\mapsto\; \text{Zimmer } n + 1.$$

1	2	3	4	5	6	7	8	9	⋯

Damit wird das erste Zimmer frei für den Neuankömmling.

2. Szenario: Ein unendlich langer Bus mit unendlich vielen Gästen kommt an. Auch hier lassen sich alle Passagiere, durchnummeriert als Passagier 1, Passagier 2, ... durch eine geschickte Umordnung der bestehenden Gäste einquartieren:

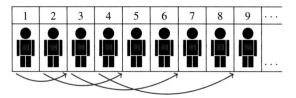

Allgemeiner erhält man die Zuordnung

$$\text{Zimmer } n \;\mapsto\; \text{Zimmer } 2n$$

1	2	3	4	5	6	7	8	9	⋯

Dadurch werden alle Zimmer mit ungerader Zimmernummer frei und somit können die Passagiere wie folgt einquartiert werden:

$$\text{Passagier } n \;\mapsto\; \text{Zimmer } 2n - 1$$

3. Szenario: Unendlich viele unendliche lange, voll besetzte Busse kommen an. Wir können nun die Busse durchnummerieren als Bus 1, Bus 2, Bus 3,... Auch dafür hat der Portier eine Lösung: Er verwendet die Existenz unendlich vieler Primzahlen. Die bisherigen Gäste werden aufgefordert, wie folgt umzuziehen:

	2	2^2	2^3	2^4	2^5	2^6	2^7	2^8	$\cdots$
Gast									$\cdots$
	3	3^2	3^3	3^4	3^5	3^6	3^7	3^8	$\cdots$
1. Bus									$\cdots$
	5	5^2	5^3	5^4	5^5	5^6	5^7	5^8	$\cdots$
2. Bus									$\cdots$
$\vdots$	$\vdots$	$\vdots$	$\vdots$	$\vdots$	$\vdots$	$\vdots$	$\vdots$	$\vdots$	$\ddots$

Man ordnet die Hotelgäste den Zweierpotenzen zu mit der Zuordnung

$$\text{Gast } n \ \mapsto \ \text{Zimmer } 2^n$$

Nun nummerieren wir die Primzahlen der Größe nach, als0 $p_1 = 2$, $p_2 = 3$, $p_3 = 5$, $\ldots$ und ordnen die Passagiere der Busse den entsprechenden Primzahlpotenzen zu:

$$\text{Passagier } n \text{ des } m\text{-ten Busses} \mapsto \text{Zimmer } p_{m+1}^n$$

Somit sind auch genügend freie Zimmer für alle neuen Gäste vorhanden.

Was ist das Paradoxe an diesem Gedankenexperiment? Wir betrachten die zweite Situation. Die Essenz ist, dass man schließen kann, dass die Menge der Zimmer mit gerader Nummer (resp. die Menge $2\mathbb{N} := \{2n \mid n \in \mathbb{N}\}$ aller geraden Zahlen) in einem gewissen Sinne „gleich groß" ist wie die Menge aller Zimmer des Hotels (resp. $\mathbb{N}$), denn es gibt gleich viele Hotelgäste wie Hotelgäste mit gerader Zimmernummer. Die Begründung ist, dass die Funktion

$$f : \mathbb{N} \to 2\mathbb{N}, \quad n \mapsto 2n$$

bijektiv ist. Auf der anderen Seite ist jedoch $2\mathbb{N}$ eine echte Teilmenge von $\mathbb{N}$, d.h. eine echte Teilmenge von $\mathbb{N}$ kann bijektiv auf $\mathbb{N}$ abgebildet werden. Im Endlichen ist dies nie möglich, denn eine echte Teilmenge M einer endlichen Menge N kann nie bijektiv auf N abgebildet werden.

4.2 Abzählen endlicher Mengen

Um unendliche Mengen bzgl. ihrer Größe vergleichen zu können, fragen wir uns zuerst, wann zwei endliche Mengen gleich groß sind. Eine offensichtliche Antwort ist: Wenn beide Mengen gleich viele Elemente besitzen. Doch was genau bedeutet „gleich viele" überhaupt? Im Hinblick auf die Verallgemeinerung ins Unendliche ist dies etwas unbefriedigend.

Zunächst sollte geklärt werden, was *Endlichkeit* überhaupt bedeutet. Eine Menge ist endlich, wenn man sie in endlich vielen Schritten abzählen kann; also:

Definition 4.1 Eine Menge A heißt *endlich*, wenn es eine bijektive Abbildung

$$f : \{1, \ldots, n\} \to A$$

für ein $n \in \mathbb{N}$ gibt.

Zu beachten ist, dass Definition 4.1 auch für $n = 0$ sinnvoll ist; in diesem Falle gilt einfach $\{1, \ldots, n\} = \emptyset$ und folglich auch $A = \emptyset$.

Für endliche Mengen gibt es folgende Abzählprinzipien, wobei $|A|$ die Anzahl Elemente der Menge A bezeichnet:

1. Falls A und B *disjunkte* endliche Mengen sind, d.h. falls $A \cap B = \emptyset$, so gilt

$$|A \cup B| = |A| + |B|. \qquad \text{(Summenregel)}$$

2. Für endliche Mengen A und B gilt

$$|A \times B| = |A| \cdot |B|. \qquad \text{(Produktregel)}$$

3. Für jede endliche Menge A gilt

$$|\mathcal{P}(A)| = 2^{|A|},$$

wobei $\mathcal{P}(A) := \{X \mid X \subseteq A\}$ die *Potenzmenge* von A ist.

Aufgabe 4.2 Beweisen Sie das dritte Abzählprinzip mittels vollständiger Induktion, d.h. beweisen Sie, dass für eine Menge A mit $|A| = n$ gilt $|\mathcal{P}(A)| = 2^n$.

4. Für alle endlichen Mengen A und B gilt

$$|{}^A B| = |B|^{|A|},$$

wobei ${}^A B$ die Menge aller Funktionen von A nach B bezeichnet.

Aufgabe 4.3 Seien A, B endliche Mengen.

(a) Wie viele injektive Funktionen gibt es von A nach B?

(b) Wie viele bijektive Funktionen gibt es von A nach B?

Verwenden Sie (b) um zu folgern, dass jede injektive Funktion von A nach A bereits bijektiv ist. Gilt dies auch für unendliche Mengen?

Definition 4.1 ist nicht ganz unproblematisch, da sie bereits die natürlichen Zahlen voraussetzt. Die natürlichen Zahlen wiederum lassen sich aber als „endliche Kardinalitäten" definieren, was aber den Endlichkeitsbegriff bedingt! Es handelt sich hierbei somit um ein scheinbar *zirkuläres* Argument. Diese scheinbare Zirkularität lässt sich aber mithilfe der Mengenlehre auflösen, denn in der Mengenlehre kann die Menge der natürlichen Zahlen $\mathbb{N}$ konstruiert werden. Dadurch erhält man die natürlichen Zahlen als Elemente von $\mathbb{N}$ und kann die oben genannte Definition problemlos verwenden.

Den Begriff der Endlichkeit (und damit auch der Unendlichkeit) ist eng verknüpft mit den natürlichen Zahlen. Deshalb war das Problem, Endlichkeit und Unendlichkeit *ohne* Verwendung der natürlichen Zahlen einzuführen, lange ungelöst. Als Richard Dedekind in [17] eine Definition vorlegte, so war dies überraschend; er schreibt[1]:

„[. . .] doch bezweifelte er [Cantor] 1882 die Möglichkeit einer einfachen Definition [des Unendlichen] und war sehr überrascht, als ich [Dedekind] ihm [. . .] die meine mittheilte."

Eine *Endlichkeitsdefinition* sollte folgende grundlegende Eigenschaften haben:

1. Teilmengen endlicher Mengen sind endlich bzw. Obermengen unendlicher Mengen sind unendlich.
2. Ist A endlich, so ist auch jede Menge, die durch Hinzufügen eines Elements entsteht, endlich bzw. wenn man von einer unendlichen Menge ein Element entfernt, ist diese immer noch unendlich.
3. Ist eine Menge endlich, so ist jede Menge, die sich bijektiv auf diese Menge abbilden lässt, ebenfalls endlich bzw. gilt die entsprechende Aussage für unendliche Mengen.

Die Definition von Dedekind verallgemeinert das scheinbare Paradoxon, dass es eine bijektive Funktion zwischen $\mathbb{N}$ und der Menge der geraden Zahlen gibt, obwohl jene eine echte Teilmenge von $\mathbb{N}$ ist. Dedekind macht genau diese Eigenschaft zur *Definition* einer unendlichen Menge:

---

[1] siehe [23, Seite 67]

Definition 4.4 Eine Menge A heißt *Dedekind-unendlich*, falls es eine bijektive Funktion zwischen A und einer echten Teilmenge von A gibt. Eine Menge A heißt *Dedekind-endlich*, falls sie nicht Dedekind-unendlich ist.

Dedekinds Aussage hängt auch mit Aufgabe 4.3 zusammen, denn die Existenz einer bijektiven Funktion zwischen einer Menge und einer echten Teilmenge bedeutet genau die Existenz einer injektiven Funktion, die nicht bijektiv ist.

Dies führt zur Frage, ob jede Dedekind-endliche Menge auch endlich im Sinne von Definition 4.1 ist – die andere Richtung ist klar. Diese Frage lässt sich ohne zusätzliche Annahmen nicht beantworten, denn die beiden Definitionen sind nur dann äquivalent, wenn man ein zusätzliches Axiom – das sogenannte *Auswahlaxiom* – annimmt. In anderen Worten, nimmt man das Auswahlaxiom nicht an, so gibt es Mengen, die zwar Dedekind-endlich, aber nicht endlich im Sinne von Definition 4.1 sind (siehe Kapitel 13).

Aufgabe 4.5 Zeigen Sie, dass Dedekinds Definition die oben genannten Kriterien erfüllt, d.h. beweisen Sie für Mengen A und B:

(a) Ist A Dedekind-unendlich und $A \subseteq B$, so ist auch B Dedekind-unendlich.
(b) Ist A Dedekind-unendlich und gibt es eine bijektive Abbildung von A nach B, so ist auch B Dedekind-unendlich.
(c) Ist A Dedekind-unendlich, so ist $A \setminus \{x\}$ auch Dedekind-unendlich für jedes $x \in A$.

Endlichkeitsdefinitionen, die zu Definition 4.1 äquivalent sind ohne das Auswahlaxiom, wurden erst später von Paul Stäckel [63] im Jahre 1907 und Alfred Tarski [64] im Jahre 1924 geliefert.

Definition 4.6 Eine Menge A heißt *Tarski-endlich*, falls jede nichtleere Menge $\mathcal{F} \subseteq \mathcal{P}(A)$ ein *minimales Element* bezüglich der Teilmengenrelation besitzt, d.h. eine Menge $X \in \mathcal{F}$, sodass für kein $Y \in \mathcal{F}$ die Beziehung $Y \subsetneq X$ gilt.

Tarskis Definition ist zur unserer Definition 4.1 äquivalent und dies kann auch ohne das Auswahlaxiom gezeigt werden:

Aufgabe 4.7 Beweisen Sie, dass jede Menge genau dann Tarski-endlich ist, wenn sie endlich ist im Sinne von Definition 4.1.

4.3 Das erste Diagonalargument

Wie lassen sich nun unendliche Mengen miteinander vergleichen? Gibt es verschieden große unendliche Mengen? Falls dem so sei, so ist es naheliegend, die Menge der natürlichen Zahlen $\mathbb{N}$ als „kleinste unendliche" Menge aufzufassen. Dies führt allerdings zur – auf den ersten Blick paradox erscheinenden – Bemerkung, dass $\mathbb{N} \setminus \{0\}$ ebenfalls eine unendliche Menge ist, aber als echte Teilmenge von $\mathbb{N}$ „kleiner" ist als $\mathbb{N}$. Gemäß der folgenden Definition sind aber beide Mengen als „gleich groß" aufzufassen:

Definition 4.8 Eine Menge A heißt

- *unendlich*, falls sie nicht endlich ist;
- *abzählbar unendlich*, falls es eine bijektive Funktion $f : \mathbb{N} \to A$ gibt;
- *abzählbar*, falls sie endlich oder abzählbar unendlich ist;
- *überabzählbar*, falls sie nicht abzählbar ist.

Nach dieser Definition ist die Menge der natürlichen Zahlen $\mathbb{N}$ trivialerweise abzählbar. Dies entspricht unserer intuitiven Vorstellung, denn die natürlichen Zahlen lassen sich durch

$$0, \quad 1, \quad 2, \quad 3, \quad 4, \ldots$$

abzählen. Ist A abzählbar unendlich und die Funktion $f : \mathbb{N} \to A$ bijektiv, so lässt sich A abzählen durch

$$f(0), \quad f(1), \quad f(2), \quad f(3), \quad f(4), \ldots$$

Umgekehrt liefert eine Abzählung der Elemente von A eine bijektive Funktion von $\mathbb{N}$ nach A.

Was ist dabei unter „abzählen" zu verstehen? Dies bedeutet, dass man die Elemente mit Hilfe der natürlichen Zahlen so nummerieren kann, dass jedes Element genau einmal vorkommt; d.h. die natürlichen Zahlen definieren was Abzählbarkeit bedeutet.

Zunächst betrachten wir ein paar einfache Beispiele abzählbarer Mengen:

Beispiel 4.9

1. Die ganzen Zahlen $\mathbb{Z}$ sind abzählbar, denn man kann sie abzählen, indem man abwechslungsweise eine positive und eine negative Zahl abzählt:

$$0,\ 1,\ -1,\ 2,\ -2,\ 3,\ -3,\ 4,\ -4,\ \ldots$$

Formal wird diese Abzählung durch die bijektive Funktion

$$f : \mathbb{N} \to \mathbb{Z}, \quad f(n) = \begin{cases} -\frac{n}{2} & \text{für } n \text{ gerade,} \\ \frac{n+1}{2} & \text{für } n \text{ ungerade,} \end{cases}$$

beschrieben.

2. Teilmengen von abzählbaren Mengen sind auch abzählbar. Analog sind Obermengen von überabzählbaren Mengen ebenfalls überabzählbar.
3. Die Vereinigung und das kartesische Produkt zweier abzählbarer Mengen ist abzählbar.
4. Falls $f : A \to B$ bijektiv ist, so gilt Folgendes: Falls A abzählbar ist, so ist auch B abzählbar; und falls A überabzählbar ist, so ist auch B überabzählbar.

Theorem 4.10 (Erstes Cantorsches Diagonalargument) *Die Menge der rationalen Zahlen $\mathbb{Q}$ ist abzählbar.*

Beweis Das folgende Diagramm zeigt, wie die Menge aller positiven Brüche abgezählt werden kann.

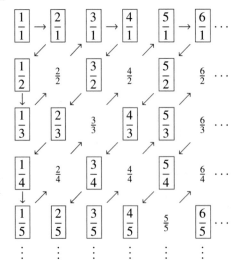

Analog zeigt man, dass auch die negativen rationalen Zahlen abzählbar sind. Somit sind die rationalen Zahlen als Vereinigung zweier abzählbarer Mengen auch abzählbar. $\qquad\square$

Wie aber kann man *explizit* eine bijektive Funktion zwischen $\mathbb{N}$ und $\mathbb{Q}^+$ angeben? Eine einfache Möglichkeit verwendet den Hauptsatz der Arithmetik[2]: Die Funktion

$$f : \mathbb{Q}^+ \to \mathbb{N} \setminus \{0\}, \quad \frac{p_1^{e_1} \cdot \ldots \cdot p_r^{e_r}}{q_1^{f_1} \cdot \ldots \cdot q_s^{f_s}} \mapsto p_1^{2e_1} \cdot \ldots \cdot p_r^{2e_r} \cdot q_1^{2f_1 - 1} \cdot \ldots \cdot q_s^{2f_s - 1}$$

für paarweise verschiedene Primzahlen $p_1, \ldots, p_r, q_1, \ldots, q_s$ ist offensichtlich bijektiv. Allerdings lässt sich f nicht durch eine einfache Formel ausdrücken, da wir für jeden Bruch $\frac{p}{q}$ zuerst die Primfaktorzerlegung von p und q berechnen müssen. Eine einfachere Abzählung von $\mathbb{Q}^+$ wird im nächsten Abschnitt mit Hilfe von *Calkin-Wilf-Folgen* gegeben.

Aufgabe 4.11 Seien A und B abzählbare Mengen. Beweisen Sie, dass die Mengen $A \cup B$ und $A \times B$ abzählbar sind.

Aufgabe 4.12 Mit Hilfe eines ähnlichen Diagonalarguments wie in Theorem 4.10 lässt sich nicht nur die Abzählbarkeit von $\mathbb{N}^2 = \mathbb{N} \times \mathbb{N}$ beweisen, sondern sogar explizit eine bijektive Abbildung zwischen $\mathbb{N}^2$ und $\mathbb{N}$ angeben.

$$
\begin{array}{llllll}
(0,4) & \cdots & & & & \\
& \searchdown & & & & \\
(0,3) & (1,3) & \cdots & & & \\
& \searchdown & \searchdown & & & \\
(0,2) & (1,2) & (2,2) & \cdots & & \\
& \searchdown & \searchdown & \searchdown & & \\
(0,1) & (1,1) & (2,1) & (3,1) & \cdots & \\
\uparrow & \searchdown & \searchdown & \searchdown & \searchdown & \\
(0,0) & (1,0) & (2,0) & (3,0) & (4,0) & \cdots
\end{array}
$$

(a) Geben Sie den Funktionsterm der oben dargestellten Abzählfunktion $f : \mathbb{N}^2 \to \mathbb{N}$ an. Denken Sie an die Gaußsche Summenformel!

(b) Beweisen Sie, dass f tatsächlich eine Bijektion ist[a].

---

[2] d.h. die Existenz und Eindeutigkeit der Primfaktorzerlegung

Anmerkung: Die Funktion f wird als *Cantorsche Paarungsfunktion* bezeichnet. Die beiden Funktionen f und g mit $g(m, n) = f(n, m)$ sind übrigens die *einzigen* quadratischen Bijektionen zwischen $\mathbb{N}^2$ und $\mathbb{N}$.

[a] Im Prinzip ist das Diagramm schon ein anschaulicher „Beweis". Hier soll dies aber mithilfe der Definition einer Bijektion gezeigt werden.

Theorem 4.13 (Dedekind–Cantor 1874) *Die Menge $\mathbb{A}$ der algebraischen Zahlen ist abzählbar.*

Der Beweis dieses Satzes geht auf die briefliche Korrespondenz zwischen Cantor und Dedekind im Jahre 1873 zurück. Insbesondere erläuterte Cantor einen Beweis für die Abzählbarkeit der positiven rationalen Zahlen $\mathbb{Q}^+$ und für $\mathbb{N}^n$ für jedes $n \in \mathbb{N}^*$. Als Antwort in einem – leider verschollenen Brief[3] – erläuterte Dedekind den unten aufgeführten Beweis der Abzählbarkeit der algebraischen Zahlen, den dann Cantor, ohne Dedekind zu erwähnen, in [6] publizierte.

Beweis Für jede algebraische Zahl $a \in \mathbb{A}$ gibt es ein eindeutiges *irreduzibles*[4] Polynom

$$f(x) = a_n x^n + a_{n-1} x^{n-1} + \ldots + a_1 x + a_0 \in \mathbb{Z}[x]$$

mit positivem Leitkoeffizient a_n ($n \geq 1$) und $f(a) = 0$.[5] Man definiert die *Höhe* von f als

$$h(f) := n + |a_0| + \ldots + |a_n|.$$

Nun gibt es für jede Höhe $h \in \mathbb{N}$ nur endlich viele Polynome $f \in \mathbb{Z}[x]$ mit $h(f) = h$. Also kann man die Polynome der Reihe nach abzählen, indem man zuerst alle Polynome der Höhe 2, dann diejenigen der Höhe 3, usw. auflistet. Jedes Polynom der Höhe h hat aber maximal h Nullstellen, also kann man auch die algebraischen Zahlen abzählen. □

---

[3] Erhalten sind lediglich Dedekinds Notizen zu den Briefen Cantors

[4] d.h. ein Polynom, das sich nicht als Produkt zweier Polynome von kleinerem Grad darstellen lässt und bei dem ggT$(a_n, \ldots, a_0) = 1$ ist

[5] Ein solches wird als *Minimalpolynom* bezeichnet und ist eindeutig.

Aufgabe 4.14 Die Definition der *Höhe* im Beweis von Theorem 4.13 erscheint auf den ersten Blick unnötig kompliziert. Funktioniert der Beweis auch noch, wenn man die Höhe für ein Polynom $f(x) = a_n x^n + a_{n-1} x^{n-1} + \ldots + a_1 x + a_0 \in \mathbb{Z}[x]$ stattdessen folgendermaßen definiert:

(a) $h(f) = n$
(b) $h(f) = |a_0| + \ldots + |a_n|$
(c) $h(f) = n + a_0 + \ldots + a_n$

4.4 Der Calkin-Wilf-Baum

Aufgabe 4.12 gibt zwar eine Formel für eine Bijektion zwischen $\mathbb{N}$ und $\mathbb{N}^2$ an, aber wie kann man explizit eine Bijektion zwischen $\mathbb{N}$ und $\mathbb{Q}^+$ angeben? Eine solche wurde von Neil Calkin und Herbert Wilf in ihrem Artikel „Recounting the rationals" im Jahre 2000 beschrieben (siehe [5]). Die Auflistung der rationalen Zahlen beginnt folgendermaßen:

$$\frac{1}{1}, \frac{1}{2}, \frac{2}{1}, \frac{1}{3}, \frac{3}{2}, \frac{2}{3}, \frac{3}{1}, \frac{1}{4}, \frac{4}{3}, \frac{3}{5}, \frac{5}{2}, \frac{2}{5}, \frac{5}{3}, \frac{5}{4}, \frac{3}{4}, \frac{4}{2}, \ldots$$

Welches Bildungsgesetz steckt hinter dieser Folge? Man erkennt, dass der Zähler eines Bruchs dem Nenner des Vorgängerbruchs entspricht. Die Idee ist es nun, die Brüche in einem speziellen unendlichen *binären Baum* anzuordnen, d.h. einem Baum, bei dem jeder Knoten zwei Kinder (d.h. Nachfolgerknoten) hat:

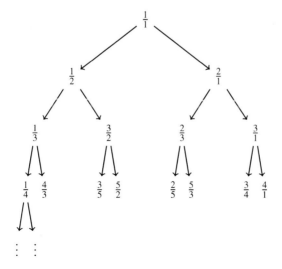

Der so entstandene Baum wird nach seinen beiden Entdeckern als *Calkin-Wilf-Baum* bezeichnet. Man erhält dann eine Liste von positiven rationalen Zahlen, indem man den Baum zeilenweise durchläuft. Ziel ist es nun zu zeigen, dass tatsächlich jede positive rationale Zahl genau einmal vorkommt. Das bedeutet, dass unsere Abzählung einer Bijektion zwischen $\mathbb{N}$ und $\mathbb{Q}^+$ entspricht.

Wir geben nun das *rekursive* Bildungsgesetz des Baums an:

1. An der Spitze des Baums steht der Bruch $\frac{1}{1}$.
2. Jeder Knoten der Form $\frac{a}{b}$ hat zwei Kinder: Das linke Kind lautet $\frac{a}{a+b}$ und das rechte lautet $\frac{a+b}{b}$.

Das kann man sich also wie folgt vorstellen:

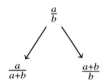

In diesem Kontext benötigen wir eine besondere Form der vollständigen Induktion, nämlich die *strukturelle Induktion* (für Bäume). Möchte man eine Behauptung für alle Knoten eines Baums beweisen, so reicht es folgendermaßen vorzugehen:

1. Man zeigt, dass die Wurzel die Behauptung erfüllt.
2. Man zeigt, dass wenn ein Knoten x die Behauptung erfüllt, so auch alle Kinder von x.

Aufgabe 4.15 Zeigen Sie, dass alle Brüche im Calkin-Wilf-Baum gekürzt sind.

Wir zeigen nun, dass man eine Abzählung $q_0, q_1, q_2, \ldots$ der positiven rationalen Zahlen erhält, wenn man die Knoten des Calkin-Wilf-Baums zeilenweise auflistet.

Lemma 4.16 *Der Calkin-Wilf-Baum hat folgende Eigenschaften:*

(a) Jeder Bruch im Calkin-Wilf-Baum ist gekürzt.
(b) Jede positive rationale Zahl kommt genau einmal im Calkin-Wilf-Baum vor.
(c) Der Nenner des n-ten Bruchs q_n in der Liste entspricht dem Zähler des $(n+1)$-ten Bruchs q_{n+1}.

Beweis (a) Dies wurde in Aufgabe 4.15 gezeigt.

(b) Hier ist eine Existenz- und Eindeutigkeitsaussage zu beweisen. Dazu verwenden wir starke Induktion über $n = a + b$, d.h. die Induktionsbehauptung lautet, dass jeder Bruch $\frac{a}{b}$ mit $a + b = n$ genau einmal im Calkin-Wilf-Baum vorkommt.

- *Induktionsanfang:* Für $n = 2$ ist dies klar, da die Spitze den Bruch $\frac{1}{1}$ darstellt und alle nachfolgenden Brüche größer sind.

- *Induktionsannahme:* Wir nehmen an, dass jeder gekürzte Bruch $\frac{a}{b}$ mit $a + b < n$ genau einmal im Calkin-Wilf-Baum vorkommt.

- *Induktionsschluss:* Sei $\frac{a}{b} \in \mathbb{Q}^+$ gekürzt mit $a + b = n$. Dann gibt es zwei Fälle, nämlich $a < b$ und $a > b$:

  $a < b$: Dann kann $\frac{a}{b}$ nur als linkes Kind vorkommen und somit ist der Vorfahre $\frac{a}{b-a}$.

  $a > b$: Dann kann $\frac{a}{b}$ nur als rechtes Kind vorkommen und der Vorgänger ist $\frac{a-b}{b}$.

  In beiden Fällen kommt gemäß Induktionsannahme der direkte Vorfahre genau einmal im Calkin-Wilf-Baum vor, weswegen auch $\frac{a}{b}$ genau einmal vorkommt.

(c) Im Falle, dass $n = 0$ oder der Bruch q_n ein linkes Kind eines anderen Knoten darstellt, ist die Behauptung offensichtlich erfüllt. Daher können wir annehmen, dass q_n ein rechtes Kind ist. Nun gibt es wieder zwei Fälle:

q_n *liegt am rechten Rand:* Dann ist der Nenner gleich 1 und im darauffolgenden Bruch ist wie gewünscht der Zähler gleich 1.

q_n *liegt nicht am Rand:* Der direkte Vorfahre von q_n ist gemäß unserer vorherigen Überlegung $\frac{a-b}{b}$. Per Induktion kann man annehmen, dass der Bruch neben $\frac{a-b}{b}$ den Zähler b und damit von der Form $\frac{b}{c}$ ist. Das linke Kind ist dann $q_{n+1} = \frac{b}{b+c}$ und hat somit den Zähler b. $\square$

Wir setzen b_n als den Zähler des n-ten Bruchs (beginnend bei $n = 0$). Das ergibt die Folge
$$1, 1, 2, 1, 3, 2, 3, 1, 4, 3, 5, 2, 5, 3, 4, 1, 5, \ldots$$

Man kann den n-ten Bruch wegen Lemma 4.16 als $q_n = \frac{b_n}{b_{n+1}}$ darstellen. Zudem erkennt man, dass die Kinder von q_n genau die Brüche

$$q_{2n+1} = \frac{b_{2n+1}}{b_{2n+2}} \quad \text{und} \quad q_{2n+2} = \frac{b_{2n+2}}{b_{2n+3}}$$

sind. Das ergibt die folgende Rekursionsformel:

$$b_{2n+1} = b_n$$
$$b_{2n+2} = b_n + b_{n+1}$$

Um welche Folge handelt es sich hier? Genau dies wird in der folgenden Aufgabe geklärt.

Aufgabe 4.17 Eine *Hyperbinärdarstellung* von $n \in \mathbb{N}$ ist eine Darstellung als Summe von Zweierpotenzen, wobei jede Potenz 2^k ($k \in \mathbb{N}$) höchstens zweimal verwendet werden darf. Beispielsweise besitzt die Zahl $n = 6$ genau drei Hyperbinärdarstellungen:

$$6 = 4 + 2$$
$$= 4 + 1 + 1$$
$$= 2 + 2 + 1 + 1$$

Sei h_n die Anzahl Hyperbinärdarstellungen von n. Zeigen Sie, dass für jedes $n \in \mathbb{N}$ gilt $h_n = b_n$.

Hinweis: Zeigen Sie, dass h_n die Rekursion erfüllt, durch die b_n definiert ist.

Es gilt: Jede natürliche Zahl besitzt mindestens eine Hyperbinärdarstellung, da sie eine Binärdarstellung besitzt und diese ein Spezialfall einer Hyperbinärdarstellung ist.

Wir wissen wegen Lemma 4.16, dass die Auflistung $q_0, q_1, q_2, \ldots$ aller Brüche im Calkin-Wilf-Baum eine Bijektion zwischen $\mathbb{N}$ und $\mathbb{Q}^+$ darstellt. Wir haben auch eine Rekursionsformel für Zähler und Nenner von q_n gefunden. Daher stellt sich noch die Frage, ob man direkt eine Rekursionsvorschrift finden kann, mithilfe derer man q_{n+1} aus q_n berechnen kann.

Wir setzen $x = \frac{a}{b}$. Dann sieht das Bildungsgesetz des Calkin-Wilf-Baums folgendermaßen aus:

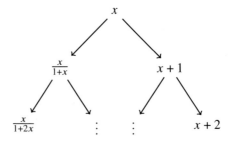

Wenn wir das iterieren, erhalten wir:

- Das k-fache linke Kind von x ist $\frac{x}{1+kx}$.
- Das k-fache rechte Kind von x ist $x + k$.

Wir suchen nun eine Vorschrift, wie man den Nachbar $f(x)$ von x berechnen kann. Sei dazu $y \in \mathbb{Q}^+$ der am tiefsten gelegene Vorfahre des Nachbars von x, d.h. das linke Kind von y ist ein Vorfahre von x, aber nicht von $f(x)$, und das rechte

Kind von y ist ein Vorfahre von $f(x)$, aber nicht von x. Wir erhalten dann folgende Situation:

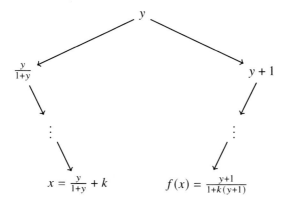

Es gilt also

$$x = \frac{y}{1+y} + k.$$

Dabei gilt $k = \lfloor x \rfloor$ (ganzzahliger Anteil von x) und $\frac{y}{1+y} = \{x\}$ (gebrochener Anteil von x). Also folgt:

$$f(x) = \frac{y+1}{1+k(y+1)} = \frac{1}{\frac{1}{y+1}+k} = \frac{1}{1 - \frac{y}{y+1} + k} = \frac{1}{\lfloor x \rfloor + 1 - \{x\}}$$

Wir haben also Folgendes bewiesen:

Theorem 4.18 *Die rekursiv definierte Folge*

$$q_0 = 1$$

$$q_{n+1} = f(q_n) = \frac{1}{\lfloor q_n \rfloor + 1 - \{q_n\}}$$

ist eine Abzählung von $\mathbb{Q}^+$.

Die Folge (q_n) wird als *Calkin-Wilf-Folge* bezeichnet.

Mithilfe des Calkin-Wilf-Baumes kann man die Irrationalität von $\sqrt{2}$ beweisen:

Korollar 4.19 *Die Zahl* $\sqrt{2}$ *ist irrational.*

Beweis Wir nehmen per Widerspruch an, dass $\sqrt{2}$ rational ist. Dann tritt $\sqrt{2}$ genau einmal im Calkin-Wilf-Baum auf. Wir betrachten nun den Teilbau mit Spitze $\sqrt{2}$:

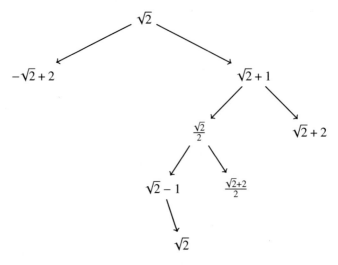

Also tritt $\sqrt{2}$ zweimal im Baum auf, ein Widerspruch.   □

Es gibt auch eine weitere Möglichkeit, die Irrationalität von $\sqrt{2}$ mithilfe des Calkin-Wilf-Baums zu beweisen: Man kann allgemein zeigen, dass der Kehrwert $\frac{1}{x}$ von $x \in \mathbb{Q}^+$ auf derselben Ebene wie x vorkommt. Der Kehrwert von $\sqrt{2}$ ist aber $\frac{1}{\sqrt{2}} = \frac{\sqrt{2}}{2}$ und dieser kommt auch zwei Ebenen unterhalb von $\sqrt{2}$ vor, ein Widerspruch.

Mit einem ähnlichen Argument kann man die Irrationalität von $\frac{\sqrt{3}+1}{2}$ und damit von $\sqrt{3}$ beweisen:

Aufgabe 4.20 Beweisen Sie mithilfe des Calkin-Wilf-Baums, dass $\frac{\sqrt{3}+1}{2}$ irrational ist.

Aufgabe 4.21 Der Calkin-Wilf-Baum weist eine schöne Symmetrieeigenschaft auf:

(a) Zeigen Sie, dass wenn ein Bruch $\frac{a}{b}$ im Calkin-Wilf-Baum vorkommt, so kommt dessen Kehrwert auf derselben Ebene im Calkin-Wilf-Baum vor.
(b) Bestimmen Sie eine Rekursionsformel für die Summe aller rationalen Zahlen in der n-ten Ebene des Calkin-Wilf-Baums.

Zum Abschluss des Abschnitts möchten wir, als eine Anwendung von Kettenbrüchen, die folgende Frage beantworten: Wie kann man für eine beliebige rationale

Zahl schnell die Position im Calkin-Wilf-Baum angeben? Da der Calkin-Wilf-Baum ein *Binärbaum* darstellt, können wir die Position einer rationalen Zahl als Binärfolge darstellen: Wählen wir ein linkes Kind, so schreiben wir eine 0; wählen wir ein rechtes Kind, so schreiben wir eine 1, wobei der Wurzel die 1 zugeordnet wird. Beispielsweise entspricht $\frac{5}{2}$ der Folge 1011.

Nehmen wir an, wir kennen die Kettenbruchdarstellung von $x = [b_0, b_1, \ldots, b_n]$. Dann erhalten wir die Kettenbruchdarstellung des k-fachen linken und rechten Kinds:

- Beim k-fachen linken Kind fügt man bei der Binärfolge k Nullen hinzu, d.h. man erhält

$$s \frown \underbrace{(0 \ldots 0)}_{k\text{-mal}} .$$

Das k-fache linke Kind ist $\frac{x}{1+kx} = \frac{1}{k+\frac{1}{x}}$, d.h. wenn man k Nullen hinzufügt, so ändert sich die Kettenbruchdarstellung folgendermaßen:

$$[b_0, b_1, \ldots, b_n] \mapsto [0, k, b_0, b_1, \ldots, b_n].$$

- Beim k-fachen rechten Kind fügt man bei der Binärfolge k Einsen hinzu, d.h. man erhält

$$s \frown \underbrace{(1 \ldots 1)}_{k\text{-mal}} .$$

Da das k-fache rechte Kind $k + x$ ist, ändert sich der Kettenbruch folgendermaßen:

$$[b_0, b_1, \ldots, b_n] \mapsto [0, b_0 + k, b_1, \ldots, b_n].$$

Daraus folgt offensichtlich auch, dass jeder Bruch im Calkin-Wilf-Baum vorkommt, da jede rationale Zahl eine Kettenbruchdarstellung besitzt.

Aufgabe 4.22 Bestimmen Sie mithilfe der Kettenbruchdarstellung von $\frac{3}{7}$ die Position von $\frac{3}{7}$ im Calkin-Wilf-Baum und überprüfen Sie die Korrektheit.

Bemerkung 4.23 Jede positive rationale Zahl, die verschieden ist von 1, besitzt genau zwei Kettenbruchdarstellungen, nämlich eine die mit 1 endet und eine die nicht mit 1 endet. Zum Beispiel ist $\frac{15}{4} = [3, 1, 3] = [3, 1, 2, 1]$. Bei der angegebenen Konstruktion besteht die Kettenbruchdarstellung immer aus einer ungeraden Anzahl Zahlen, weswegen automatisch klar ist, welche gewählt werden muss.

4.5 Das zweite Diagonalargument

> „[Zur Frage, ob die reellen Zahlen den natürlichen Zahlen bijektiv zugeordnet werden können]... vorausgesetzt, dass sie mit *nein* beantwortet würde, wäre damit ein neuer Beweis des Liouvilleschen Satzes geliefert, dass es transcendente Zahlen gibt."
>
> (Georg Cantor)

Bis jetzt haben wir nur Beispiele für abzählbare Mengen angegeben. Das folgende Theorem zeigt, dass es auch überabzählbare Mengen gibt, und damit ist gezeigt, dass es „verschieden große Unendlichkeit*en*" gibt.

Theorem 4.24 (Zweites Cantorsches Diagonalargument) *Die Menge der reellen Zahlen* $\mathbb{R}$ *ist überabzählbar.*

Cantor hat Theorem 4.24 bereits im Jahre 1874 in seinem Artikel „*Über eine Eigenschaft des Inbegriffs aller reellen algebraischen Zahlen*" [6] bewiesen; sein Hauptinteresse galt allerdings den algebraischen Zahlen, deren Abzählbarkeit (siehe Theorem 4.13) er ebenfalls bewiesen hat. Dabei hat er sich insbesondere für die folgende Folgerung interessiert:

Korollar 4.25 (Cantor 1874) *Es gibt überabzählbar viele transzendente Zahlen; insbesondere gibt es transzendente Zahlen.*

Beweis Wäre die Menge $\mathbb{T}$ aller transzendenten Zahlen abzählbar, so wäre auch $\mathbb{R} = (\mathbb{A} \cup \mathbb{T}) \cap R$ abzählbar, da die Menge $\mathbb{A}$ der algebraischen Zahlen gemäß Theorem 4.13 abzählbar ist. Dies widerspricht aber Theorem 4.24. □

Cantors ursprünglicher Beweis von Theorem 4.24 verwendet Intervallschachtelungen. Ein eleganterer Beweis gelang ihm allerdings vier Jahre später in [7]; dieser wird als das *zweite Cantorsche Diagonalargument* bezeichnet:

Beweis (Theorem 4.24) Wir zeigen, dass das Intervall $(0, 1)$ überabzählbar viele reelle Zahlen enthält. Da $(0, 1) \subseteq \mathbb{R}$, folgt dann auch die Überabzählbarkeit von $\mathbb{R}$.

Wir führen nun einen Widerspruchsbeweis und nehmen an, dass das Intervall $(0, 1)$ nur abzählbar viele Zahlen enthält. Da das Intervall $(0, 1)$ unendlich viele Zahlen enthält, wegen $\{\frac{1}{n} \mid n \geq 2\} \subseteq (0, 1)$, ist es also abzählbar unendlich. Somit gibt es eine Bijektion $f : \mathbb{N} \to (0, 1)$. Wir setzen $x_n := f(n)$; damit ist $x_0, x_1, x_2, \ldots$ eine Abzählung aller Elemente von $(0, 1)$. Nun hat jedes Element von $(0, 1)$ eine eindeutige Dezimalbruchdarstellung der Form

$$x_n = 0, x_{n0} x_{n1} x_{n_2} x_{n3} \ldots \quad \text{mit } x_{ni} \in \{0, \ldots, 9\} \text{ für alle } i \in \mathbb{N}$$

wobei die Dezimalbruchdarstellung nicht mit $\bar{9}$ endet[6]. Somit können wir alle Elemente von $(0, 1)$ wie folgt auflisten:

---

[6] Diese Annahme ist notwendig, damit die Dezimalbruchdarstellung eindeutig ist; ansonsten hat beispielsweise die Zahl $0, 0\bar{9} = 0, 1$ zwei verschiedene Dezimalbruchdarstellungen.

$$x_0 = 0, \boxed{x_{00}} \; x_{01} \; x_{02} \; x_{03} \; x_{04} \; x_{05} \; \cdots$$

$$x_1 = 0, \; x_{10} \; \boxed{x_{11}} \; x_{12} \; x_{13} \; x_{14} \; x_{15} \; \cdots$$

$$x_2 = 0, \; x_{20} \; x_{21} \; \boxed{x_{22}} \; x_{23} \; x_{24} \; x_{25} \; \cdots$$

$$x_3 = 0, \; x_{30} \; x_{31} \; x_{32} \; \boxed{x_{33}} \; x_{34} \; x_{35} \; \cdots$$

$$x_4 = 0, \; x_{40} \; x_{41} \; x_{42} \; x_{43} \; \boxed{x_{44}} \; x_{45} \; \cdots$$

$$x_5 = 0, \; x_{50} \; x_{51} \; x_{52} \; x_{53} \; x_{54} \; \boxed{x_{55}} \; \cdots$$

$$\vdots \quad \vdots \quad \vdots \quad \vdots \quad \vdots \quad \vdots \quad \vdots \quad \vdots \quad \ddots$$

Wir betrachten nun die reelle Zahl

$$y_0 = 0, y_{00} \, y_{01} \, y_{02} \, y_{03} \, y_{04} \cdots$$

$$\text{mit} \quad y_{0n} = \begin{cases} 1, & x_{nn} \neq 1 \\ 2, & x_{nn} = 1. \end{cases}$$

Dann gilt immer $y_{0n} \neq x_{nn}$, das heißt $y_0 \neq x_n$ für alle natürlichen Zahlen $n \in \mathbb{N}$. Somit erscheint y_0 nicht in der Liste der Zahlen in $(0, 1)$, ein Widerspruch. □

In der folgenden Aufgabe wird der ursprüngliche Beweis der Überabzählbarkeit von $\mathbb{R}$, welche zuerst 1873 in einem Brief von Cantor an Dedekind erwähnt wird, thematisiert. Für die gesamte Korrespondenz zwischen den beiden Mathematikern siehe [49].

Aufgabe 4.26 Welche der folgenden Mengen sind abzählbar? Welche sind überabzählbar? Begründen Sie Ihre Antwort.

(a) die Menge aller Funktionen von $\{0, 1\}$ nach $\mathbb{N}$;
(b) die Menge aller Funktionen von $\mathbb{N}$ nach $\{0, 1\}$;
(c) die Menge $\mathbb{N}^{2023}$;
(d) die Menge aller endlichen Teilmengen von $\mathbb{N}$;
(e) die Menge aller Teilmengen von $\mathbb{N}$.

Aufgabe 4.27 Eine *Folge natürlicher Zahlen* ist eine Funktion $\mathbb{N} \to \mathbb{N}$, d.h. ein Element von $\mathbb{N}^{\mathbb{N}}$. Welche der folgenden Mengen von Folgen natürlicher Zahlen sind abzählbar? Begründen Sie Ihre Antwort.

(a) die Menge aller periodischen Folgen natürlicher Zahlen, d.h. aller Folgen $a : \mathbb{N} \to \mathbb{N}$ für die ein $p \in \mathbb{N} \setminus \{0\}$ existiert mit $a(n + p) = a(n)$ für alle $n \in \mathbb{N}$;

(b) die Menge aller monoton wachsenden Folgen natürlicher Zahlen;

(c) die Menge aller monoton fallenden Folgen natürlicher Zahlen;

(d) die Menge aller Folgen, deren Folgenglieder allesamt entweder 0 oder 1 sind und die keine direkt aufeinanderfolgenden Einsen enthalten.

Aufgabe 4.28 Seien $x, y \in \mathbb{R}^2$. Ein *Kreisbogen* zwischen x und y ist ein Kreissegment welches die Punkte x und y verbindet, wobei x und y nicht zum Kreissegment gehören.

Zeigen Sie: Es gibt einen Kreisbogen B zwischen x und y mit $B \subseteq \mathbb{R}^2 \setminus \mathbb{Q}^2$.

Man kann das Diagonalargument aber auch etwas abändern und – statt alle Diagonaleinträge zu verändern – die Zahl mit den Diagonaleinträgen als Nachkommastellen zu betrachten. Die folgenden Überlegungen gehen auf den Bonner Mathematiker Ingo Lieb [47] zurück.

Definition 4.29 Es sei (x_n) eine Folge reeller Zahlen $x_n \in (0, 1)$ gegeben durch

$$x_n = 0, x_{n0} \, x_{n1} \, x_{n2} \ldots$$

Dann bezeichnen wir die Zahl

$$x = 0, x_{00} \, x_{11} \, x_{22} \ldots$$

als *Diagonalzahl* zu (x_n).

Lemma 4.30 *Sei (x_n) eine Folge reeller Zahlen im Intervall $(0, 1)$ mit der Eigenschaft, dass für jedes $m \in \mathbb{N}$ ein $n \in \mathbb{N}$ existiert mit $x_{mk} \neq x_{nk}$ für alle $k \in \mathbb{N}$. Dann kommt die Diagonalzahl in der Folge (x_n) nicht vor.*

Beweis Für einen Widerspruch nehmen wir an, dass für die Diagonalzahl

$$y_0 = 0, y_{00} \, y_{01} \, y_{02}, \ldots = 0, x_{00} \, x_{11} \, x_{22}, \ldots$$

gilt $y_0 = x_m$ für ein $m \in \mathbb{N}$, d.h. $x_{kk} = y_{0k} = x_{mk}$ für alle $k \in \mathbb{N}$. Nun existiert nach Voraussetzung ein $n \in \mathbb{N}$ mit $x_{mk} \neq x_{nk}$ für alle $k \in \mathbb{N}$. Insbesondere ist $x_{nn} = y_{0n} = x_{mn} \neq x_{nn}$, ein Widerspruch.   □

Damit können wir nun erneut beweisen, dass es transzendente Zahlen gibt und dass $\mathbb{R}$ überabzählbar ist:

Korollar 4.31 *Es gelten die folgenden Aussagen:*

(a) Es gibt transzendente Zahlen.
(b) $\mathbb{R}$ ist überabzählbar.

Beweis (a) Gemäß Satz 4.13 ist die Menge $\mathbb{A}$ abzählbar, also gibt es eine Abzählung (x_n) von $\mathbb{A} \cap (0, 1)$, d.h. alle Folgenglieder sind verschieden und
$\mathbb{A} \cap (0, 1) = \{x_n \mid n \in \mathbb{N}\}$. Nun sei x_m ein beliebiges Element von $\mathbb{A} \cap (0, 1)$.
Setze $x_n = x_m + \frac{1}{9} = x_m + 0, \overline{1}$. O.B.d.A. können wir annehmen, dass $x_n < 1$
gilt (ansonsten subtrahieren wir 1). Da x_m algebraisch ist und $\mathbb{A}$ einen Körper
bildet, ist auch x_n algebraisch. Offensichtlich sind alle Nachkommastellen von
x_m und x_n verschieden, also folgt aus Lemma 4.30, dass die Diagonalfolge zu
(x_n) transzendent ist.

(b) Wäre $\mathbb{R}$ abzählbar, so auch $(0, 1)$. Hätte aber $(0, 1)$ eine Abzählung (x_n), so
würde diese trivialerweise die Voraussetzung von Lemma 4.30 erfüllen, also
wäre die Diagonalfolge kein Element von $(0, 1)$, ein Widerspruch.   □

Wir haben also gesehen, dass die Diagonalfolge einer Abzählung von $\mathbb{A} \cap (0, 1)$
immer eine transzendente Zahl liefert. Diese hängt aber von der konkreten Abzählung
von $\mathbb{A} \cap (0, 1)$ ab. Wir möchten nun die folgende Frage untersuchen: Kann man durch
geeignete Abzählung von $\mathbb{A} \cap (0, 1)$ alle transzendenten Zahlen zwischen 0 und 1
gewinnen?

Lemma 4.32 *Der Diagonalbruch aus Korollar 4.31(a) enthält jede der Ziffern*
$0, 1, \ldots, 9$ *unendlich oft in seiner Dezimaldarstellung.*

Damit haben wir unsere Frage negativ beantwortet, denn beispielsweise die Liou-
villsche Konstante

$$L = \sum_{k=1}^{\infty} 10^{-k!}$$

enthält in ihrer Dezimaldarstellung nur Nullen und Einsen.

Beweis (Lemma 4.32) Sei (x_n) eine Abzählung von $\mathbb{A} \cap (0, 1)$. Wir nehmen an,
dass die Ziffer $a \in \{0, 1 \ldots, 9\}$ nur endlich oft in der Dezimaldarstellung der Diagonalzahl x von (x_n) vorkommt. Nun betrachten wir eine Funktion

$$\sigma : \{0, 1, \ldots, 9\} \to \{0, 1, \ldots, 9\}$$

mit $\sigma(a) \neq a$ und $\sigma(b) = a$ für $b \in \{0, 1, \ldots, 9\} \setminus \{a\}$. Da die Ziffer a in der
Diagonalfolge nur endlich oft vorkommt, wird die Dezimaldarstellung der Zahl

$$\sigma(x) = 0, \sigma(x_{00})\sigma(x_{11})\sigma(x_{22}) \ldots$$

nach endlich vielen Schritten periodisch mit Periode $\bar{a}$. Damit ist $\sigma(x)$ rational und
insbesondere algebraisch. Also gibt es ein $n \in \mathbb{N}$ mit $\sigma(x) = x_n$. Dann gilt aber

insbesondere $\sigma(x_{nn}) = x_{nn}$, also hat σ einen Fixpunkt. Dies widerspricht aber der Wahl von σ.   □

Nun wechseln wir das Stellenwertsystem, d.h. wir ersetzen die Basis 10 durch die Basis 2, wodurch wir nun statt Dezimalbrüchen *Dualbrüche* betrachten. Eine Zahl der Form $x = 0, x_1\, x_2\, x_3 \ldots \in [0, 1]$ in Dezimalbruchdarstellung ist nichts Anderes als

$$x = \frac{x_1}{10} + \frac{x_2}{10^2} + \frac{x_3}{10^3} + \ldots = \sum_{k=0}^{\infty} x_k \cdot 10^{-k}$$

mit $x_1, x_2, x_3, \ldots \in \{0, \ldots, 9\}$.

Nun lässt sich aber jede Zahl $x \in [0, 1]$ auch in *Dualbruchdarstellung* darstellen, d.h. es existieren $b_1, b_2, b_3, \ldots \in \{0, 1\}$ mit

$$x = \frac{b_1}{2} + \frac{b_2}{2^2} + \frac{b_3}{2^3} + \ldots = \sum_{k=0}^{\infty} b_k \cdot 2^{-k}.$$

Analog wie im Dezimalsystem ist diese Darstellung eindeutig, wenn man ausschließt, dass die Ziffernfolge mit $111\ldots$ endet. Wie berechnet man die dyadische Darstellung einer reellen Zahl?

Beispiel 4.33 Sei $x = 0,6875 = \frac{6}{10} + \frac{8}{100} + \frac{7}{1000} + \frac{5}{10000}$ in Dezimalbruchdarstellung. Wir berechnen zunächst

$$2 \cdot 0,6875 = 1,375$$
$$2 \cdot 0,375 = 0,75$$
$$2 \cdot 0,75 = 1,5$$
$$2 \cdot 0,5 = 1,0$$

Die Dualbruchzerlegung von $0,6875$ ist somit $x = (0,1011)_2$. Wieso funktioniert das? Wir rechnen dieses Mal rückwärts, indem wir in jedem Schritt durch 2 dividieren:

$$0,6875 = \frac{1}{2} \cdot 1,375 = \frac{1}{2} + \frac{1}{2} \cdot 0,375 = \frac{1}{2} + \frac{1}{4} \cdot 0,75$$
$$= \frac{1}{2} + \frac{1}{8} \cdot 1,5 = \frac{1}{2} + \frac{1}{8} + \frac{1}{8} \cdot 0.5 = \frac{1}{2} + \frac{0}{4} + \frac{1}{8} + \frac{1}{16}.$$

Wie die Dezimalbruchdarstellung lässt sich auch die Dualbruchdarstellung für alle reellen Zahlen definieren. Man kann sogar allgemein beweisen, dass für jedes $b \in \mathbb{N}$ mit $b \geq 2$, jede reelle Zahl eine sogenannte *b-adische Entwicklung* besitzt.

Aufgabe 4.34 Sei $b \in \mathbb{N}$ mit $b \geq 2$. Zeigen Sie, dass jede reelle Zahl $x \in [0, 1)$ eine *b*-adische Entwicklung besitzt, d.h. eine Darstellung der

Form

$$x = \sum_{k=1}^{\infty} x_k \cdot b^{-k} = \frac{x_1}{b} + \frac{x_2}{b^2} + \frac{x_3}{b^3} + \dots$$

mit $x_k \in \{0, \dots, b - 1\}$. Wenn man diejenigen Darstellungen ausschließt, für die $x_k = b - 1$ für alle $k \geq n$ (für ein $n \geq 1$), so ist diese Darstellung sogar eindeutig. Begründen Sie dies.

Bezüglich der Dualbruchdarstellung (also für $b = 2$) wird Lemma 4.32 trivial, da es dann nur die Ziffern 0 und 1 gibt und eine transzendente Zahl offensichtlich sowohl unendlich viele Nullen als auch Einsen als Nachkommastellen enthalten muss, da sie sonst periodisch und damit rational wäre. Andererseits erhalten wir bezüglich der Dualbruchdarstellung der algebraischen Zahlen im Intervall $(0, 1)$ das folgende Ergebnis:

Theorem 4.35 *Jede transzendente Zahl im Intervall $(0, 1)$ ist der Diagonalbruch einer Abzählung von $\mathbb{A} \cap (0, 1)$ bezüglich der Dualbruchdarstellung.*

In anderen Worten: Die transzendenten Zahlen im Intervall $(0, 1)$ entsprechen genau den Abzählungen der algebraischen Zahlen im Intervall $(0, 1)$. Die Einschränkung auf Zahlen im Intervall $(0, 1)$ lässt sich zudem auflösen, da analoge Überlegungen für alle Intervalle gelten.

Beweis (Theorem 4.35) Sei (x_n) eine Abzählung von $\mathbb{A} \cap (0, 1)$ in Dualbruchdarstellung, d.h. $x_{nk} \in \{0, 1\}$ für alle $k \in \mathbb{N}$. Nun betrachten wir eine feste transzendente Zahl $y_0 = 0, y_{00}\, y_{01}\, y_{02} \dots$ in Dualbruchdarstellung. Sei $k_0 \in \mathbb{N}$ minimal, sodass $y_{00} = x_{k_0 0}$. Analog definieren wir $k_1 \in \mathbb{N} \setminus \{k_0\}$ minimal mit $y_{01} = x_{k_1 1}$. Dies können wir rekursiv fortsetzen, d.h. k_n ist minimal in $\mathbb{N} \setminus \{k_i \mid i < n\}$ mit $y_{0n} = x_{k_n n}$. Damit ist (x_{k_n}) eine Folge algebraischer Zahlen im Intervall $(0, 1)$, deren Diagonalfolge genau y_0 ist. Wir wollen nun zeigen, dass (x_{k_n}) auch eine Abzählung von $\mathbb{A} \cap (0, 1)$ ist, d.h. dass die Folge alle algebraischen Zahlen in $(0, 1)$ enthält. Dazu nehmen wir per Widerspruch an, dass $m \in \mathbb{N}$ minimal ist mit $x_m \neq x_{k_n}$ für alle $n \in \mathbb{N}$. Dann muss es aber ein $j_0 \in \mathbb{N}$ geben, sodass gilt $x_{mj} \neq y_{0j}$ für alle $j \geq j_0$, da x_m sonst irgendwann in der Folge (x_{k_n}) vorkommen würde. Also gilt

$$x_{mj} = 1 - y_{0j} \quad \text{für alle } j \geq j_0,$$

Also ist $x_m + y_0$ ein Dualbruch, der mit $\bar{1}$ endet und damit rational ist. Insbesondere ist y_0 algebraisch, was ein Widerspruch zu unserer Annahme ist. $\quad\square$

4.6 Die Cantor-Menge

Ein weiteres Beispiel einer überabzählbaren Menge ist die *Cantor-Menge*, die, obwohl sie nach Georg Cantor benannt ist, auf H. J. S. SMITH [61] zurückgeführt wird. Sie gilt als ältestes *Fraktal* (d.h. eine *selbstähnliche Menge*) und wird wie folgt definiert:

- $C_0 := [0, 1]$.
- C_{n+1} entsteht aus C_n durch Entfernen des mittleren Drittels – in Form eines offenen Intervalls – aller Teilintervalle von C_n.

Es gilt somit:

$$C_1 = [0, 1] \setminus (\tfrac{1}{3}, \tfrac{2}{3}) = [0, \tfrac{1}{3}] \cup [\tfrac{2}{3}, 1]$$
$$C_2 = ([0, \tfrac{1}{3}] \setminus (\tfrac{1}{9}, \tfrac{2}{9})) \cup ([\tfrac{2}{3}, 1] \setminus (\tfrac{7}{9}, \tfrac{8}{9})) = [0, \tfrac{1}{9}] \cup [\tfrac{2}{9}, \tfrac{1}{3}] \cup [\tfrac{2}{3}, \tfrac{7}{9}] \cup [\tfrac{8}{9}, 1]$$
$$\vdots$$

Offensichtlich ist $C_0 \supseteq C_1 \supseteq C_2 \supseteq \ldots$ Die *Cantor-Menge* C ist dann definiert als

$$\bigcap_{n \in \mathbb{N}} C_n.$$

Die einzelnen Mengen C_n lassen sich wie folgt illustrieren:

Jede Menge C_n ist eine Vereinigung von abgeschlossenen Intervallen und somit überabzählbar. Wie sieht es aber mit der gesamten Cantor-Menge aus? Die Cantor-Menge ist offensichtlich nichtleer, denn die Randpunkte aller in der Konstruktion vorkommenden Intervalle liegen in C. Es gilt sogar:

Theorem 4.37 *Die Cantor-Menge ist überabzählbar.*

Beweis Jedes Element x von C ist per Definition in jeder Menge C_n (für $n \in \mathbb{N}$) enthalten. Weil x in C_1 liegt, liegt x entweder im linken Drittel des Intervalls C_0 oder im rechten Drittel (aber nicht im mittleren Drittel). Wir definieren nun

$$x_0 = \begin{cases} 0 & \text{falls } x \text{ im linken Drittel des Intervalls } C_0 \text{ liegt,} \\ 1 & \text{sonst.} \end{cases}$$

Allgemein für $n \in \mathbb{N}$ liegt x immer in genau einem der 2^n Intervalle von C_n, und zwar entweder im linken Drittel des jeweiligen Intervalls von C_n oder im rechten Drittel, und wir definieren

$$x_n = \begin{cases} 0 & \text{falls } x \text{ im linken Drittel des Intervalls liegt,} \\ 1 & \text{sonst.} \end{cases}$$

Somit ist x durch die 0-1-Folge (x_n) eindeutig bestimmt und wir erhalten eine bijektive Funktion

$$C \to {}^{\mathbb{N}}\{0, 1\}, \quad x \mapsto (x_n).$$

Da nun die Menge ${}^{\mathbb{N}}\{0, 1\}$ aller 0-1-Folgen überabzählbar ist (siehe Aufgabe 4.26.(b) oder Theorem 5.16), ist auch C überabzählbar. □

Die Cantor-Menge lässt sich auch als Binärbaum, dabei ordnet man (wie beim Calkin-Wilf-Baum) jedem Knoten eine 0-1-Folge zu.

Die Cantor-Menge ist also überabzählbar und damit in einem gewissen Sinne „groß"; die „Größe" von Mengen reeller Zahlen lässt sich aber auch anders messen. Wir sagen, dass ein Intervall $[a, b]$ oder (a, b) das *Maß* $b - a$ hat. Das Maß eines Intervalls ist also gleich seiner Länge, und zwar unabhängig davon, ob die Endpunkte zum Intervall gehören oder nicht. Die Intervalle $[0, 1]$, $(0, 1]$, $[0, 1)$ und $(0, 1)$ haben somit alle das Maß 1. Zudem erfüllt das Maß μ folgende beiden Eigenschaften:

(a) $\mu\left(\bigcup_{n \in \mathbb{N}} A_n\right) = \sum_{n=0}^{\infty} \mu(A_n)$ falls die A_n's paarweise disjunkt sind,[7]
(b) $\mu(A \setminus B) = \mu(A) - \mu(B)$ falls B eine Teilmenge von A ist.

Die Eigenschaft (a) heißt σ-*Additivität*, d.h. das Maß ist σ-*additiv*. Das Maß wird nochmals ausführlich im Abschnitt 16.3 konstruiert; hier benötigen wir nur das Maß von Intervallen sowie die beiden oben aufgeführten Eigenschaften. Wir zeigen nun, dass die Cantor-Menge so „klein" ist, dass sie Maß 0 hat! Dazu reicht es zu zeigen, dass das Komplement $D = [0, 1] \setminus C$ Maß 1 hat, also dasselbe Maß wie $[0, 1]$.

---

[7] d.h. $A_n \cap A_m = \emptyset$ für $n \neq m$.

Es gilt

$$D = \bigcup_{n \in \mathbb{N}} D_n,$$

wobei D_n die im n-ten Schritt entfernte Menge ist.

- Im 0. Schritt wird nichts entfernt, also $D_0 = \emptyset$.
- Im 1. Schritt wird $D_1 = (\frac{1}{3}, \frac{2}{3})$ entfernt, also $\mu(D_1) = \frac{1}{3}$.
- Im 2. Schritt werden zwei Intervalle $D_2 = (\frac{1}{9}, \frac{2}{9}) \cup (\frac{7}{9}, \frac{8}{9})$ entfernt, also ist $\mu(D_2) = \frac{2}{9}$.
- Im 3. Schritt werden 4 Intervalle von jeweils Maß $\frac{1}{27}$ entfernt, also $\mu(D_3) = \frac{4}{27}$.

$\vdots$

Allgemein gilt also für $n \geq 1$,

$$\mu(D_n) = \frac{2^{n-1}}{3^n} = \frac{1}{3} \cdot \left(\frac{2}{3}\right)^{n-1}.$$

Weil die Mengen D_n paarweise disjunkt sind folgt aus der σ-Additivität von μ:

$$\mu(D) = \mu\left(\bigcup_{n \in \mathbb{N}} D_n\right) = \sum_{n=1}^{\infty} \mu(D_n) = \frac{1}{3} \cdot \sum_{n=0}^{\infty} \left(\frac{2}{3}\right)^n = \frac{1}{3} \cdot \frac{1}{1-\frac{2}{3}} = \frac{1}{3} \cdot \frac{1}{\frac{1}{3}} = 1,$$

wobei für die vierte Gleichheit die geometrische Summenformel verwendet wurde.

Aufgabe 4.38 (a) Die *Ternärdarstellung* von $x \in [0,1]$ ist die 3-adische Darstellung von x. Wie lassen sich die Elemente der Cantor-Menge anhand ihrer Ternärdarstellung charakterisieren?
(b) Es sei $C + C := \{x + y \mid x, y \in C\}$. Um welche Menge von reellen Zahlen handelt es sich und was ist das Maß von $C + C$?

Hinweis zu (b): Betrachten Sie zunächst die Menge $\frac{1}{2}C = \{\frac{1}{2}x \mid x \in C\}$.

Im Zusammenhang mit der Cantor-Menge taucht oft die *Cantor-Funktion* auf, deren Funktionsgraph auch *Teufelstreppe* genannt wird. Die Cantor-Funktion ist eine Funktion $c : [0,1] \to [0,1]$ die wie folgt definiert ist: Um $c(x)$ zu berechnen stellt man zuerst $x \in [0,1]$ in *Ternärdarstellung* (d.h. in der 3-adischen Darstellung) dar als

$$x = \sum_{k=1}^{\infty} \frac{a_{kx}}{3^k}$$

mit $a_{kx} \in \{0, 1, 2\}$. Sei K_x der kleinste Index $k \in \mathbb{N}$, für den $a_{kx} = 1$ ist, und sei $K_x = \infty$ falls ein solcher Index nicht existiert. Dann definiert man

$$c(x) = \begin{cases} \dfrac{1}{2^{K_x}} + \dfrac{1}{2} \displaystyle\sum_{k=1}^{K_x-1} \dfrac{a_{kx}}{2^k} & \text{für } K_x < \infty, \\[2em] \dfrac{1}{2} \displaystyle\sum_{k=1}^{\infty} \dfrac{a_{kx}}{2^k} & \text{für } K_x = \infty. \end{cases}$$

Dies bedeutet: Falls die Ternärdarstellung von x eine 1 enthält, ersetzt man alle nachfolgenden Ziffern durch Nullen und zudem wird jede 2 durch eine 1 ersetzt. Anschließend erhält man die dyadische (d.h. die 2-adische) Darstellung von $c(x)$. Die Cantor-Funktion sieht wie folgt aus:

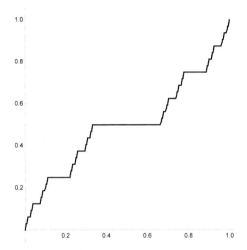

Die Cantor-Funktion hat einige besondere Eigenschaften, die mit der Cantor-Menge zusammenhängen. Insbesondere ist c eine monoton steigende und stetige Funktion. Zudem ist der Funktionsgraph der Cantor-Funktion ein Fraktal bzw. selbstähnlich, was bedeutet, dass der Funktionsgraph auf dem Intervall $[0, 1]$ im Wesentlichen gleich aussieht wie zum Beispiel auf dem Intervall $[0, 1/27]$.

Aufgabe 4.39 (a) Zeigen Sie, dass die Cantor-Funktion wohldefiniert ist, d.h. falls $x \in [0, 1]$ verschiedene Ternärdarstellungen hat, so liefern beide Darstellungen denselben Funktionswert $c(x)$.

(b) Zeigen Sie, dass c stetig ist.

(c) Zeigen Sie, dass $c|_{[0,1]\setminus C}$ differenzierbar ist, jedoch in keinem Punkt aus C differenzierbar ist. Was ist die Ableitung $c'(x)$ für $x \in [0, 1] \setminus C$?

Hinweis zu (c): Betrachten Sie bei der Nicht-Differenzierbarkeit zunächst den Fall, dass die Ternärdarstellung mit $\bar{0}$ endet.

Ein weiteres prominentes Beispiel eines Fraktals ist das *Sierpinski-Dreieck*, welches im Jahre 1915 vom polnischen Mathematiker Wacław Sierpiński in [60] beschrieben wurde, aber bereits früher in der Kunst zu finden ist, und wie folgt entsteht:

- Man zeichnet ein gleichseitiges Dreieck S_0.
- S_{n+1} entsteht aus S_n, indem man in jedem Teildreieck von S_n jeweils die Seitenmitten zu einem Dreieck verbindet und dieses Mittendreieck entfernt.

Das *Sierpinski-Dreieck* ist dann $S := \bigcap_{n \in \mathbb{N}} S_n$. Unten abgebildet sind $S_0, \dots, S_4$:

Auch hier kann man zeigen, dass S überabzählbar viele Punkte enthält und dass dennoch der „Flächeninhalt" A_n der Figuren S_n verschwindend klein wird, d.h.

$$\lim_{n \to \infty} A_n = 0.$$

Übrigens: Wenn man im Pascalschen Dreieck alle ungeraden Zahlen markiert, erhält man genau das Sierpinski-Dreieck!

Kapitel 5
Gleichmächtigkeit

„Je le vois, mais je ne le crois pas.“

(Georg Cantor, in Reaktion auf die Entdeckung der Gleichmächtigkeit von $\mathbb{R}^n$ und $\mathbb{R}$ für alle natürlichen $n \geq 1$)

5.1 Vergleichen von Mächtigkeiten

In diesem Abschnitt wird gezeigt, wie man die „Größe" unendlicher Mengen vergleichen kann.

Definition 5.1 Für Mengen A und B schreibt man

- $|A| = |B|$, falls es eine Bijektion $A \to B$ gibt;
- $|A| \leq |B|$, falls es eine Injektion $A \to B$ gibt;
- $|A| < |B|$, falls $|A| \leq |B|$, aber $|A| \neq |B|$.

Zwei Mengen A und B heißen *gleichmächtig*, falls $|A| = |B|$ gilt.

Eine Menge ist somit abzählbar unendlich, wenn sie zur Menge $\mathbb{N}$ der natürlichen Zahlen gleichmächtig ist. Die Überabzählbarkeit lässt sich allerdings nicht durch die neue Terminologie ausdrücken, da es „verschieden große" überabzählbare Mengen gibt. In diesem Abschnitt verwenden wir die Konvention, dass $\mathbb{N}$ die Menge der positiven natürlichen Zahlen bezeichnet, d.h. $\mathbb{N} = \{1, 2, 3, \ldots\}$.

Bemerkung 5.2 Wir wissen, dass die $\leq$-Relation auf der Menge $\mathbb{R}$ der reellen Zahlen eine *lineare Ordnung* darstellt, d.h. sie ist reflexiv, antisymmetrisch und transitiv, und je zwei reelle Zahlen sind vergleichbar. Ist die $\leq$-Relation auf der Klasse aller Mengen ebenfalls eine lineare Ordnung? Die Reflexivität und Transitivität lassen sich leicht beweisen. Zunächst ist klar, dass die Relation auf der Klasse aller Mengen nicht antisymmetrisch ist, denn es gibt verschiedene gleichmächtige

© Der/die Autor(en), exklusiv lizenziert an
Springer-Verlag GmbH, DE, ein Teil von Springer Nature 2023
L. Halbeisen und R. Krapf, *Eine Entdeckungsreise in die Welt
des Unendlichen*, https://doi.org/10.1007/978-3-662-68094-0_5

Mengen. Wenn man aber im Sinne einer Äquivalenzrelation alle gleichmächtigen
Mengen zusammenfasst, so kann man die Antisymmetrie beweisen. Dies ist nicht
trivial und wird im Abschnitt 5.2 erfolgen.

Ein erstes – zur damaligen Zeit sehr erstaunliches Resultat – stammt von Cantor
aus dem Jahre 1877, erstmals formuliert in einem Briefwechsel mit Dedekind und
veröffentlicht im Jahre 1878 in [7].

> **Theorem 5.3 (Cantor 1878)** *Für alle $n \in \mathbb{N}$ sind die Mengen $\mathbb{R}$ und $\mathbb{R}^n$ gleichmächtig.*

Cantor gab zunächst das folgende Argument für $(0, 1)^n$ und $(0, 1)$ an, wobei wir
uns im Folgenden auf den Fall $n = 2$ beschränken. Wie sich das Argument auf $\mathbb{R}^2$
und $\mathbb{R}$ übertragen lässt, wird im nächsten Abschnitt thematisiert.

Zunächst erinnern wir daran, dass jede Zahl zwischen 0 und 1 eine *Dezimalbruchdarstellung* besitzt. Zu beachten ist aber, dass diese für endliche Dezimalbrüche nicht
eindeutig ist, denn es gilt beispielsweise

$$0,54 = 0,5399999\ldots$$

Um diese Uneindeutigkeit zu vermeiden, wählen wir im Fall eines endlichen
Dezimalbruchs die erste Darstellung, also im obigen Beispiel $0,54 = 0,54\bar{0}$.
Cantor verwendet ein sogenanntes „Reißverschlussargument". Seien zum Beispiel
$x = 0,498735093\ldots$ und $y = 0,312604891\ldots$. Dann schreiben wir

$$x = 0,\ 4\ 9\ 8\ 7\ 3\ 5\ 0\ 9\ 3\ldots$$
$$y = 0,\ \ 3\ 1\ 2\ 6\ 0\ 4\ 8\ 9\ 1\ldots$$

und definieren

$$f(x, y) = 0,\ 4\ 3\ 9\ 1\ 8\ 2\ 7\ 6\ 3\ 0\ 5\ 4\ 0\ 8\ 9\ 9\ 3\ 1\ldots$$

Allgemein definieren wir für

$$x = 0, a_1\, a_2\, a_3\ldots \quad \text{und}$$
$$y = 0, b_1\, b_2\, b_3\ldots$$

die Funktion

$$f(x, y) := 0, a_1\, b_1\, a_2\, b_2\, a_3\, b_3\ldots$$

Die Abbildung ist offensichtlich injektiv. Ist sie auch surjektiv? Als Cantor sein
Argument in einem Brief Dedekind mitteilte, fand dieser allerdings folgende Lücke:
Dezimalbrüche, bei denen ab einer gewissen Stelle jede zweite Ziffer eine 9 ist,
haben kein Urbild, so beispielsweise

$$0,438929292929\ldots$$

also ist die Abbildung *nicht* surjektiv.

Um dieses Problem zu umgehen, verwendet Cantor statt der Dezimalbruchdarstellung die Kettenbruchdarstellung reeller Zahlen. Aus den Ausführungen in Abschnitt 3.2 folgt:

Lemma 5.4 *Eine Zahl $x \in \mathbb{R}$ ist genau dann rational, wenn sie eine endliche Kettenbruchdarstellung besitzt.*

Beweis Ist $x \in \mathbb{Q}$, so erhält man unter Anwendung des euklidischen Algorithmus einen endlichen Kettenbruch. Hat $x \in \mathbb{R}$ umgekehrt eine endliche Kettenbruchdarstellung, so lässt sich diese in eine Bruchdarstellung von x umschreiben, womit gezeigt ist, dass x rational ist. □

Dies bedeutet nun auch, dass die irrationalen Zahlen genau diejenigen sind, deren Kettenbruchdarstellung unendlich ist. Für Zahlen zwischen 0 und 1 ergibt sich also Folgendes:

Lemma 5.5 *Es gilt*

$$|(0,1) \setminus \mathbb{Q}| = \left|{}^{\mathbb{N}}\mathbb{N}\right|,$$

wobei ${}^{\mathbb{N}}\mathbb{N}$ die Menge aller Funktionen von $\mathbb{N}$ nach $\mathbb{N}$ bezeichnet.

Allgemein lassen sich Funktionenmengen der Form ${}^{\mathbb{N}}A$ als Mengen von Folgen interpretieren, deren Folgenglieder allesamt in A liegen.

Beweis (Lemma 5.5) Die folgende Funktion ist bijektiv:

$${}^{\mathbb{N}}\mathbb{N} \to (0,1) \setminus \mathbb{Q}, \qquad (n_1, n_2 \ldots) \mapsto [n_1, n_2 \ldots].$$

Dies liegt daran, dass die Kettenbruchdarstellung für irrationale Zahlen eindeutig ist. □

Das Reißverschlussargument funktioniert einwandfrei für Folgen von natürlicher Zahlen (bzw. für $[0,1] \setminus \mathbb{Q}$), denn man kann einfach zwei Folgen $(n_1, n_2, \ldots)$ und $(m_1, m_2, \ldots)$ auf die Folge $(n_1, m_1, n_2, m_2, \ldots)$ abbilden. Damit ist gezeigt:

Lemma 5.6 *Es gilt $\left|{}^{\mathbb{N}}\mathbb{N}\right| = \left|\left({}^{\mathbb{N}}\mathbb{N}\right)^2\right|$.*

Insbesondere gilt auch $|(0,1) \setminus \mathbb{Q}| = \left|\left((0,1) \setminus \mathbb{Q}\right)^2\right|$. Wenn wir nun beweisen können, dass $|(0,1)| = |(0,1) \setminus \mathbb{Q}|$, so folgt auch $|(0,1)| = |(0,1)^2|$.

Lemma 5.7 *Es gilt $|(0,1) \setminus \mathbb{Q}| = |(0,1)|$.*

Beweis Die Menge $(0,1) \cap \mathbb{Q}$ aller rationalen Zahlen im Intervall $(0,1)$ ist abzählbar unendlich, also kann man sie abzählen als $q_1, q_2, q_3, \ldots$ Sei nun (ξ_n) eine Folge von verschiedenen irrationalen Zahlen in $(0,1)$, beispielsweise $\xi_n = 2^{-\frac{1}{n}}$. Dann definieren wir

$$f : (0, 1) \to (0, 1) \setminus \mathbb{Q}, \qquad x \mapsto \begin{cases} \xi_{2n} & \text{für } x = q_n, \\ \xi_{2n-1} & \text{für } x = \xi_n, \\ x & \text{sonst.} \end{cases}$$

Nach Konstruktion ist f bijektiv und daher folgt die Behauptung. $\qquad\qquad$ □

Damit lässt sich nun zeigen, dass $(0, 1)^2$ und $(0, 1)$ gleichmächtig sind:

$$\left| (0, 1)^2 \right| = \left| (0, 1) \setminus \mathbb{Q})^2 \right| = \left| (^{\mathbb{N}} \mathbb{N})^2 \right| = \left| ^{\mathbb{N}} \mathbb{N} \right| = \left| (0, 1) \setminus \mathbb{Q} \right| = \left| (0, 1) \right|.$$

Aufgabe 5.8 Es gibt auch einen schönen Trick[a], die Gleichmächtigkeit von $(0, 1]$ und $(0, 1]^2$ direkt zu zeigen. Dabei bezeichnet man einen *Block* einer reellen Zahl $x = a_0, a_1\, a_2\, a_3 \ldots$ als eine endliche Folge $a_k, \ldots, a_{k+n}$ von Nachkommastellen von x mit der Eigenschaft

$$a_{k-1} \neq 0 \ (\text{falls } n > 0)\,, \ a_k = \ldots = a_{k+n-1} = 0, \ a_{k+n} \neq 0.$$

Konstruieren Sie mithilfe von Blöcken eine Bijektion zwischen $(0, 1]$ und $(0, 1]^2$.

---

[a] genannt *Trick von König* nach seinem Entdecker Julius Kőnig; dieser Trick wurde erst nach Cantors Beweis entdeckt und würde vieles erleichtern...

Um jetzt zu zeigen, dass $\mathbb{R}^2$ und $\mathbb{R}$ gleichmächtig sind, müssen wir noch zeigen, dass $\mathbb{R}$ und $(0, 1)$ gleichmächtig sind:

Theorem 5.9 *Es gilt* $|\mathbb{R}| = |(0, 1)|$.

Beweis Die folgende Abbildung stellt eine Bijektion zwischen $(-1, 1)$ und $\mathbb{R}$ dar:

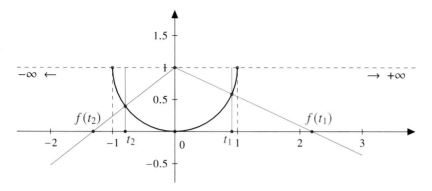

Diese Abbildung kann geschrieben werden als:

$$f : (-1, 1) \longrightarrow \mathbb{R}$$
$$t \longmapsto \tan(\arcsin(t))$$

Kombiniert mit der Abbildung

$$g : (0, 1) \longrightarrow (-1, 1)$$
$$x \longmapsto 1 - 2x$$

ergibt dies eine Bijektion zwischen dem Intervall $(0, 1)$ und $\mathbb{R}$. □

Aufgabe 5.10 Geben Sie für die oben dargestellte Funktion eine Funktionsvorschrift an.

Dieser historische Beweis ist zwar schön, aber es gibt einfachere Möglichkeiten, die Gleichmächtigkeit von $\mathbb{R}$ und $(0, 1)$ zu zeigen: Beispielsweise ist die Funktion

$$f : \mathbb{R} \to \mathbb{R}, \qquad f(x) = \frac{1}{e^x + 1}$$

injektiv und der Wertebereich von f ist $(0, 1)$, denn f ist stetig und streng monoton fallend mit

$$\lim_{x \to -\infty} f(x) = 1 \quad \text{und} \quad \lim_{x \to \infty} f(x) = 0.$$

Insgesamt haben wir also – mit vielen Umwegen – gezeigt, dass $\mathbb{R}$ und $\mathbb{R}^2$ gleichmächtig sind. Dies motiviert die Frage nach einer Verallgemeinerung: Gilt $|A \times A| = |A|$ für alle unendlichen Mengen? Tatsächlich ist dies der Fall, zumindest wenn wir das Auswahlaxiom annehmen, wie im Kapitel 11 gezeigt wird.

5.2 Der Satz von Cantor-Bernstein

Der folgende Satz lässt es zu, die Gleichmächtigkeit zweier Mengen A und B zu beweisen, ohne explizit eine Bijektion zwischen den beiden Mengen anzugeben. Stattdessen ist es ausreichend, eine Injektion von A nach B und eine zweite von B nach A anzugeben. Die Geschichte dieses Satzes ist komplex: Der erste Beweis dieses Satzes findet sich bei Cantor [13, VIII.4], allerdings benutzte Cantor im Beweis eine Annahme, welche äquivalent ist zum Auswahlaxiom. Den Satz ohne Hilfe des Auswahlaxioms zu zeigen gelang wenig später Dedekind, wie ein Tagebucheintrag vom 11. Juli 1887 zeigt (siehe dazu die *Gesammelten Abhandlungen* von Dedekind [20]). Im Jahr 1897 fand dann Felix Bernstein ebenfalls einen Beweis, der im Jahre 1898 publiziert wurde. Für eine ausführliche historische Darstellung des Satzes siehe Rautenberg [57] oder Hinkis [38].

Theorem 5.11 (Satz von Cantor-Bernstein) *Für alle Mengen A und B folgt aus $|A| \leq |B|$ und $|B| \leq |A|$ schon $|A| = |B|$.*

In anderen Worten: Gibt es eine injektive Abbildung von A in B und eine von B in A, so gibt es immer auch eine Bijektion zwischen A und B.

Bevor wir Theorem 5.11 beweisen, machen wir eine kleine Vorüberlegung. Ist $f : A \to B$ injektiv, so ist $f : A \to f[A]$ bijektiv für

$$f[A] := \{f(x) \mid x \in A\} \subseteq B.$$

Somit besitzt f eine Umkehrfunktion

$$f^{-1} : f[A] \to A,$$

die allerdings nur für die Elemente von $f[A]$ definiert ist und im Allgemeinen nicht für alle Elemente von B.

Beweis (Theorem 5.11) Wir können ohne Beschränkung der Allgemeinheit annehmen, dass A und B disjunkt sind; ansonsten führt man stattdessen das Argument für $A \times \{0\}$ statt A und $B \times \{1\}$ statt B durch und erhält so eine Bijektion $h : A \times \{0\} \to B \times \{1\}$ und damit eine Bijektion

$$A \to A \times \{0\} \to B \times \{1\} \to B, \qquad x \mapsto (x,0) \mapsto h(x,0) = (y,1) \mapsto y.$$

Seien also A und B disjunkt und

$$f : A \to B \quad \text{und} \quad g : B \to A$$

zwei injektive Funktionen. Gesucht ist nun eine bijektive Funktion zwischen A und B. Wir betrachten für jedes $x \in A$ die Folge

$$\ldots \mapsto f^{-1}(g^{-1}(x)) \mapsto g^{-1}(x) \mapsto x \mapsto f(x) \mapsto g(f(x)) \mapsto f(g(f(x))) \mapsto \ldots$$

Die Folge kann auf der linken Seite allerdings abbrechen, nämlich im Falle eines Elementes in $A \setminus g[B]$ oder in $B \setminus f[A]$. Da beide Funktionen injektiv sind und die beiden Mengen A und B disjunkt sind, kann kein Element von A oder von B in zwei verschiedenen Folgen auftreten. Nun gibt es vier Arten von Folgen:

1. Typ: Die Folge ist zyklisch.
2. Typ: Die Folge ist nach rechts und nach links unendlich.
3. Typ: Die Folge bricht links bei einem Element von A ab.
4. Typ: Die Folge bricht links bei einem Element von B ab.

Wir definieren nun $h : A \to B$ wie folgt:

1. Für Elemente $x \in A$ von Folgen vom Typ 1–3 definieren wir $h(x) := f(x)$.
2. Für Elemente $x \in A$ von Folgen vom Typ 4 definieren wir $h(x) := g^{-1}(x)$. Dies ist definiert, da die Folge nicht bei einem Element von A abbricht, und daher jedes Element von A einen Vorgänger besitzt. $\square$

Dann ist h bijektiv:

- h ist injektiv, da f und g^{-1} (wo g^{-1} definiert ist) injektiv sind, und alle Folgen disjunkt sind.
- h ist surjektiv: Sei $y \in B$. Dann kommt y in einer Folge vor mit

$$y \mapsto g(y) \mapsto f(g(y)) \mapsto \ldots$$

Falls y in einer Folge vom Typ 1–3 vorkommt, so gibt es ein Element links von y, und dieses ist $f^{-1}(y) =: x$. Somit gilt

$$h(x) = f(x) = f(f^{-1}(y)) = y.$$

Falls aber y in einer Folge vom Typ 4 vorkommt, so gilt für $x := g(y)$ somit

$$h(x) = g^{-1}(x) = g^{-1}(g(y)) = y.$$

Aufgabe 5.12 Diese Aufgabe soll den Beweis des Satzes von Cantor-Bernstein anhand eines Beispiels veranschaulichen. Konstruieren Sie anhand des Beweises von Theorem 5.11 eine Bijektion[a] aus

$$f : \mathbb{N} \to \mathbb{N}, \quad n \mapsto 2n \quad \text{und} \quad g : \mathbb{N} \to \mathbb{N}, \quad n \mapsto 2n.$$

---

[a] Das zeigt dann einfach, dass es eine Bijektion $\mathbb{N} \to \mathbb{N}$ gibt, was natürlich nicht neu ist, aber das Beispiel illustriert den Beweis.

Eine schöne Anwendung des Satzes von Cantor-Bernstein ist folgende:

Korollar 5.13 *Für alle* $a, b, c, d \in \mathbb{R}$ *mit* $a < b$ *und* $c < d$ *sind die Intervalle* $[a, b]$, $(a, b), (a, b], [a, b)$ *und* $[c, d]$ *gleichmächtig.*

Beweis Offensichtlich gibt es eine injektive Funktion der Intervalle $(a, b), (a, b]$ und $[a, b)$ nach $[a, b]$. Umgekehrt gibt es auch eine injektive Funktion von (a, b) nach $[a, b]$, beispielsweise

$$f : [a, b] \to (a, b), \qquad x \mapsto \frac{x + a + b}{3} \,.$$

und da auch alle abgeschlossenen Intervalle gleichmächtig sind, sind auch $[a, b]$ und $[c, d]$ gleichmächtig.   □

Somit sind alle beschränkten Intervalle, egal ob offen, halboffen oder abgeschlossen gleichmächtig. Zudem kann man sehr leicht die Gleichmächtigkeit von $(0, 1)^2$ und $(0, 1)$, sowie von $\mathbb{R}$ und $(0, 1)$ beweisen, da sich jetzt das „Reißverschlussargument" problemlos verwenden lässt.

Aufgabe 5.14 Beweisen Sie, dass $\mathbb{R}$ zu den folgenden Mengen gleichmächtig ist:

(a) $^{\mathbb{N}}\mathbb{R}$ bzw. $^{\mathbb{Q}}\mathbb{R}$
(b) die Menge aller stetigen Funktionen von $\mathbb{R}$ nach $\mathbb{R}$
(c) die Menge aller offenen Teilmengen von $\mathbb{R}^a$

---

[a] Eine Menge $U \subseteq \mathbb{R}$ ist genau dann offen, wenn es für jedes $x \in U$ ein offenes Intervall I gibt mit $x \in I \subseteq U$.

Aufgabe 5.15 Zeigen Sie mit dem Satz von Cantor-Bernstein, dass die Menge aller endlichen Folgen von natürlichen Zahlen abzählbar ist.

Neben den reellen Zahlen und Intervallen haben wir auch durch Theorem 6.1 die Überabzählbarkeit von $\mathcal{P}(\mathbb{N})$ bewiesen. Dies sollte uns allerdings gar nicht erstaunen, denn $\mathbb{R}$ und $\mathcal{P}(\mathbb{N})$ sind gleichmächtig:

Eine Zahl der Form $x = 0, a_1 a_2 a_3 \ldots \in [0, 1]$ in Dezimalbruchdarstellung ist nichts Anderes als

$$x = \frac{a_1}{10} + \frac{a_2}{10^2} + \frac{a_3}{10^3} + \ldots = \sum_{k=0}^{\infty} a_k 10^{-k}$$

mit den Ziffern $a_1, a_2, a_3, \ldots \in \{0, \ldots, 9\}$.

Nun lässt sich aber jede Zahl stattdessen auch in Dualbruchdarstellung darstellen, wie in Abschnitt 4.5 gezeigt wurde; d.h. es existieren $b_1, b_2, b_3, \ldots \in \{0, 1\}$ mit

$$x = \frac{b_1}{2} + \frac{b_2}{2^2} + \frac{b_3}{2^3} + \ldots = \sum_{k=0}^{\infty} b_k 2^{-k}.$$

Jetzt kommen wir zurück zu unserem eigentlichen Ziel:

Theorem 5.16 *Es gilt* $|\mathbb{R}| = |\mathcal{P}(\mathbb{N})|$.

Beweis Es reicht $|(0, 1)| = |\mathcal{P}(\mathbb{N})|$ zu zeigen. Dafür zeigen wir, dass es injektive Funktionen $f : (0, 1) \to \mathcal{P}(\mathbb{N})$ und $g : \mathcal{P}(\mathbb{N}) \to [0, \frac{1}{2}]$ gibt.

• Für $x = \sum_{k=1}^{\infty} b_k 2^{-k}$ definieren wir

$$f(x) = \{n \in \mathbb{N} \mid b_n = 1\}.$$

Dabei müssen wir wieder Dualbrüche, die mit $\bar{0}$ (resp. $\bar{1}$) enden, ausschließen. Diese Funktion ist offensichtlich injektiv.
• Für die Definition von g benutzen wir die 3-adische Entwicklung (siehe Aufgabe 4.34) und definieren für $X \in \mathcal{P}(\mathbb{N})$:

$$g(X) := \sum_{k \in X} 3^{-k} \quad \text{wobei } g(\emptyset) := 0$$

Dann ist $g : \mathcal{P}(\mathbb{N}) \to [0, \frac{1}{2}]$ injektiv.

Mit den beiden Injektionen f und g, dem Korollar 5.13 und dem Satz von Cantor-Bernstein 5.11 folgt dann $|\mathbb{R}| = |\mathcal{P}(\mathbb{N})|$. □

Das folgende Theorem fasst zusammen, was wir in diesem Kapitel gezeigt haben.

Theorem 5.17 *Es gilt:*

$$|\mathbb{R}| = |[0, 1]| = |(0, 1)| = |\mathbb{R}^2| = |\mathbb{R} \setminus \mathbb{Q}| = |\mathcal{P}(\mathbb{N})| = |^{\mathbb{N}}\{0, 1\}| = |^{\mathbb{N}}\mathbb{N}|$$

Als Schlussbemerkung möchten wir erwähnen, dass wir $|A|$ und $|B|$ (für eine Menge A) nur in Beziehung zueinander gebraucht haben, und es stellt sich die Frage, was denn eigentlich $|A|$ bedeutet. Eine erste Antwort auf diese Frage wird im nächsten Kapitel gegeben,– vollständig wird die Frage aber erst im Kapitel 11 beantwortet, wo $|A|$ mit Hilfe von *Ordinalzahlen* definiert wird.

Kapitel 6
Kardinalitäten und Wohlordnungen

> Abstrahieren wir bei einer gegebenen Menge M, welche aus bestimmten, wohlunter-
> schiedenen konkreten Dingen oder abstrakten Begriffen, welche Elemente der Menge
> genannt werden, besteht und als ein Ding für sich gedacht wird, sowohl von der Be-
> schaffenheit der Elemente wie auch von der Ordnung ihres Gegebenseins, so entsteht
> in uns ein bestimmter Allgemeinbegriff [...], den ich *Mächtigkeit* von M oder die M
> zukommende *Kardinalzahl* nenne.

(Georg Cantor)

6.1 Der Satz von Cantor

Der folgende Satz von Cantor verallgemeinert das Zweite Cantor'sche Diagonalargument und wurde im Jahre 1891 in [10] veröffentlicht.

Theorem 6.1 (Satz von Cantor) *Für jede Menge A gilt $|A| < |\mathcal{P}(A)|$.*

Beweis Ist $A = \emptyset$, so ist $\mathcal{P}(A) = \{\emptyset\}$ und wegen $|\emptyset| < |\{\emptyset\}|$ sind wir fertig. Ist
$A \neq \emptyset$, so ist die Abbildung

$$g : A \longrightarrow \mathcal{P}(A)$$
$$x \longmapsto \{x\}$$

injektiv und somit gilt $|A| \leq |\mathcal{P}(A)|$. Es bleibt nun noch zu zeigen, dass es keine
Bijektion zwischen A und $\mathcal{P}(A)$ gibt. Dafür genügt zu zeigen, dass es keine Surjek-
tion von A auf $\mathcal{P}(A)$ gibt, d.h. für jede Funktion $f : A \to \mathcal{P}(A)$ existiert ein $Y \subseteq A$,
sodass für kein $x \in A$ gilt $Y = f(x)$. Sei $f : A \to \mathcal{P}(A)$ eine beliebige Abbildung
und sei

$$Y := \{x \in A \mid x \notin f(x)\}.$$

Dann ist $Y \subseteq A$ und für jedes $x_0 \in A$ gilt

$$x_0 \in Y \Leftrightarrow x_0 \notin f(x_0)$$

woraus $f(x_0) \neq Y$ folgt, und weil dies für alle $x_0 \in A$ gilt, ist f nicht surjektiv.   □

Mit Theorem 6.1 ist insbesondere $\mathcal{P}(\mathbb{N})$ überabzählbar. Der Satz liefert jedoch eine deutlich stärkere Aussage als lediglich die Überabzählbarkeit von $\mathcal{P}(\mathbb{N})$; es ergibt sich

$$|\mathbb{N}| < |\mathcal{P}(\mathbb{N})| < |\mathcal{P}(\mathcal{P}(\mathbb{N}))| < |\mathcal{P}(\mathcal{P}(\mathcal{P}(\mathbb{N})))| < \ldots$$

Aufgabe 6.2 Welche Beziehung gilt zwischen $|\mathbb{R}|$ und $|^{\mathbb{R}}\{0,1\}|$? Begründen Sie Ihre Antwort.

Paradoxon 6.3 (Cantorsches Paradoxon: Gibt es eine Allmenge?)   Aus Theorem 6.1 lässt sich folgendes Paradoxon herleiten: Angenommen, es gibt eine *Allmenge*, d.h. eine „Menge aller Mengen", so sei diese als A bezeichnet. Dann folgt aber aus Theorem 6.1:

$$|A| < |\mathcal{P}(A)|$$

Nun ist aber A die Menge aller Mengen, also muss auch $\mathcal{P}(A) \subseteq A$ gelten, ein Widerspruch.

Das Cantor'sche Paradoxon zeigt also, dass es eine „Menge aller Mengen" nicht geben kann. Stattdessen spricht man von der „Klasse aller Mengen".

6.2 Kardinalitäten

Bis jetzt haben wir die Notation $|A|$ nur gebraucht um Kardinalitäten von Mengen zu vergleichen. Zum Beispiel ist $|A| = |B|$ bzw. $|A| \leq |B|$ nur eine abgekürzte Schreibweise für „es gibt eine Bijektion zwischen A und B" bzw. „es gibt eine Injektion von A in B". In diesem Abschnitt wollen wir nun die Notation $|A|$ auch gebrauchen um mit Kardinalitäten zu rechnen. Dazu führen wir zuerst folgende Relation $\sim$ zwischen Mengen ein, die offensichtlich eine Äquivalenzrelation ist:

$$A \sim B :\Leftrightarrow |A| = |B|$$

Felix Hausdorff beschreibt nun Kardinalitäten folgendermaßen:

> Mengen eines Systems, die einer gegebenen Menge und damit auch untereinander äquivalent [bzgl. der Relation ~] sind, haben etwas Gemeinsames, das im Falle endlicher Mengen die Anzahl Elemente ist und das man im allgemeinen Falle die Anzahl oder *Kardinalität* oder *Mächtigkeit* nennt.

Wir definieren nun die *Kardinalität* $[A]$ einer Menge A als

$$[A] :\Leftrightarrow \{A' \mid A' \sim A\},$$

d.h. $[A]$ ist die Äquivalenzklasse aller zu A äquivalenten Mengen. Später werden wir sehen, dass $[A]$ für $A \neq \emptyset$ tatsächlich eine *Klasse* und keine *Menge* ist. Aus der Definition erhalten wir

$$[A] = [B] :\Leftrightarrow |A| = |B|$$

und wir definieren

$$[A] \leq [B] :\Leftrightarrow |A| \leq |B|.$$

Aufgabe 6.4 Zeigen Sie, dass falls $[A] \leq [B]$ ist, so gilt für alle $A' \in [A]$ und $B' \in [B]$: $|A'| \leq |B'|$.

Mit Aufgabe 6.4 gilt für Mengen A und B somit $[A] = [B]$ bzw. $[A] \leq [B]$ genau dann wenn $|A| = |B|$ bzw. $|A| \leq |B|$. Deshalb schreiben wir wie üblich einfach $|A|, |B|, \ldots$ für die Äquivalenzklassen $[A], [B], \ldots$ In Kapitel 11 werden wir Repräsentanten aus den Äquivalenzklassen auswählen, welche wir dann Kardinal*zahlen* nennen.

6.3 Kardinale Arithmetik

Wir definieren nun Rechenoperationen auf Kardinalitäten. Im Falle von endlichen Kardinalitäten entsprechen diese genau den Abzählprinzipien endlicher Mengen, die wir in Abschnitt 4.2 beschrieben haben. Für Kardinalitäten $\mathfrak{m} = |A|$ und $\mathfrak{n} = |B|$ definieren wir:

$$\mathfrak{m} + \mathfrak{n} := \big|(A \times \{0\}) \cup (B \times \{1\})\big|$$

$$\mathfrak{m} \cdot \mathfrak{n} := |A \times B|$$

$$\mathfrak{m}^{\mathfrak{n}} := |{}^{A}B|$$

Da für jede Menge A gilt $|\mathcal{P}(A)| = |{}^{A}\{0,1\}| = 2^{|A|}$, erhalten wir als Spezialfall $2^{\mathfrak{m}} = |\mathcal{P}(A)|$ für $\mathfrak{m} = |A|$. Man bemerke, dass diese Definition die Abzählprinzipien aus Abschnitt 4.2 auf unendliche Mengen verallgemeinern; es handelt sich allerdings nicht um ein *Resultat*, sondern um eine *Definition*. Es bleibt aber nachzuweisen, dass diese Definitionen *wohldefiniert sind*, d.h. unabhängig von der Wahl der Mengen A und B mit $|A| = \mathfrak{m}$ und $|B| = \mathfrak{n}$. Was genau bedeutet das? Wir betrachten dies am Beispiel der Multiplikation:

Beispiel 6.5 Im Folgenden zeigen wir, dass die Multiplikation von Kardinalitäten wohldefiniert ist. Seien $\mathfrak{m}$ und $\mathfrak{n}$ Kardinalitäten und A, A' Mengen mit $|A| = \mathfrak{m} = |A'|$ und B, B' Mengen mit $|B| = \mathfrak{n} = |B'|$. Es muss nachgewiesen werden, dass

$$|A \times B| = |A' \times B'|.$$

Wir müssen also eine Bijektion von $A \times B$ nach $A' \times B'$ angeben. Nach den Voraussetzungen $|A| = |A'|$ und $|B| = |B'|$ d gibt es bijektive Abbildungen

$$f : A \to A' \quad \text{und} \quad g : B \to B'.$$

Daraus kann man eine bijektive Abbildung

$$h : A \times B \to A' \times B', (x, y) \mapsto (f(x), g(y))$$

konstruieren, also folgt $|A \times B| = |A' \times B'|$.

Aufgabe 6.6 Beweisen Sie, dass

(a) die Addition;
(b) die Potenzierung

von Kardinalitäten wohldefiniert ist.

Die Rechenoperationen für Kardinalitäten verallgemeinern diejenigen der natürlichen Zahlen. Im Gegensatz zur Ordinalzahlarithmetik (welche in Kapitel 10 eingeführt wird) gelten hier die „üblichen" Rechengesetze, d.h. das Assoziativ-, Kommutativ- und Distributivgesetz für Addition und Multiplikation sowie die Potenzgesetze. Auch hier führen wir nur einen exemplarischen Beweis an.

Beispiel 6.7 Wir zeigen das Assoziativgesetz der Multiplikation von Kardinalitäten, d.h. für alle Kardinalitäten $\mathfrak{m}, \mathfrak{n}$ gilt $\mathfrak{m} \cdot \mathfrak{n} = \mathfrak{n} \cdot \mathfrak{m}$. Dazu wählen wir Mengen A, B mit $|A| = \mathfrak{m}, |B| = \mathfrak{n}$. Dann gibt es eine Bijektion

$$A \times B \to B \times A, \quad (x, y) \mapsto (y, x),$$

also folgt $\mathfrak{m} \cdot \mathfrak{n} = |A \times B| = |B \times A| = \mathfrak{n} \cdot \mathfrak{m}$.

In manchen Fällen kann man nicht nur die Gleichmächtigkeit der entsprechenden zusammengesetzten Mengen, sondern sogar die Mengengleichheit beweisen:

Beispiel 6.8 Wir zeigen das Distributivgesetz, d.h. für Kardinalitäten $\mathfrak{m}, \mathfrak{n}$ und $\mathfrak{p}$ gilt

$$\mathfrak{m} \cdot (\mathfrak{n} + \mathfrak{p}) = \mathfrak{m} \cdot \mathfrak{n} + \mathfrak{m} \cdot \mathfrak{p}.$$

Um dies zu beweisen, wählen wir wieder Mengen A, B und C mit $|A| = \mathfrak{m}$, $|B| = \mathfrak{n}$ und $|C| = \mathfrak{p}$, wobei B und C disjunkt sind. Gesucht ist eine bijektive Abbildung

$$A \times (B \cup C) \rightarrow (A \times B) \cup (A \times C).$$

Hier gilt sogar die stärkere Aussage, nämlich

$$A \times (B \cup C) = (A \times B) \cup (A \times C),$$

denn für jedes Paar (x, y) gilt

$$
\begin{aligned}
(x, y) \in A \times (B \cup C) &\Leftrightarrow x \in A \wedge y \in B \cup C \\
&\Leftrightarrow x \in A \wedge (y \in B \vee y \in C) \\
&\Leftrightarrow (x \in A \wedge y \in B) \vee (x \in A \wedge y \in C) \\
&\Leftrightarrow (x, y) \in A \times B \vee (x, y) \in A \times C \\
&\Leftrightarrow (x, y) \in (A \times B) \cup (A \times C).
\end{aligned}
$$

Zu beachten ist, dass wir dazu die *Rechenregeln der Aussagenlogik* verwendet haben, beispielsweise das Distributivgesetz von $\wedge$ bzgl. $\vee$.

Aufgabe 6.9 Beweisen Sie die folgenden Rechenregeln der kardinalen Arithmetik für Kardinalitäten $\mathfrak{m}, \mathfrak{n}$ und $\mathfrak{p}$:

(a) $\mathfrak{n}^\mathfrak{m} \cdot \mathfrak{p}^\mathfrak{m} = (\mathfrak{n} \cdot \mathfrak{p})^\mathfrak{m}$
(b) $\mathfrak{p}^\mathfrak{m} \cdot \mathfrak{p}^\mathfrak{n} = \mathfrak{p}^{\mathfrak{m}+\mathfrak{n}}$
(c) $(\mathfrak{p}^\mathfrak{n})^\mathfrak{m} = \mathfrak{p}^{\mathfrak{n} \cdot \mathfrak{m}}$

6.4 Wohlordnungen

In diesem Abschnitt führen wir den Begriff der *Wohlordnung* ein, welcher eine Verallgemeinerung der linearen Ordnungen darstellt und im Aufbau der axiomatischen Mengenlehre eine zentrale Rolle spielen wird. Zunächst wiederholen wir ein paar zentrale Relationseigenschaften:

Definition 6.10 Sei A eine Menge. Eine Relation $\sim$ auf A heißt

- *reflexiv*, falls für alle $x \in A$ gilt $x \sim x$;
- *irreflexiv*, falls für alle $x \in A$ gilt $x \nsim x$;
- *antisymmetrisch*, falls für alle $x, y \in A$ gilt $x \sim y \wedge y \sim x \Rightarrow x = y$;
- *asymmetrisch*, falls für alle $x, y \in A$ gilt $x \sim y \Rightarrow y \nsim x$;
- *transitiv*, falls für alle $x, y, z \in A$ gilt $x \sim y \wedge y \sim z \Rightarrow x \sim z$.

Eine *Ordnungsrelation* oder kurz *Ordnung* ist eine reflexive, antisymmetrische und transitive Relation. Eine *(strikte) Ordnung* ist eine irreflexive, asymmetrische und transitive Relation.

Für strikte Ordnungen verwendet man üblicherweise das Symbol $<$. Ist $<$ eine strikte Ordnung, so definiert man

$$x \leq y :\Leftrightarrow x < y \vee x = y;$$
$$x > y :\Leftrightarrow y < x;$$
$$x \geq y :\Leftrightarrow y \leq x.$$

Zudem heißt $<$ *linear* oder *total*, falls für alle $x, y \in A$

entweder $x < y$ oder $x = y$ oder $y < x$.   *(Trichotomie)*

Man sagt dann auch, dass $(A, <)$ eine *(linear) geordnete Menge* ist.

Im Folgenden werden wir auf den Zusatz „strikt" verzichten, wenn aus einer Situation eindeutig hervorgeht, dass es sich um eine strikte Ordnung handelt. Oftmals erkennt man an der verwendeten Symbolik, ob eine Ordnung strikt ist oder nicht.

Die einfachsten Beispiele von geordneten Mengen sind die Zahlenmengen $\mathbb{N}, \mathbb{Q}, \mathbb{R}$ mit der üblichen $<$-Relation; diese Ordnungen sind alle linear. Eine Ausnahme bilden die komplexen Zahlen; sie lassen sich zwar linear ordnen, aber nicht derart, dass sich die Axiome der Anordnung von den reellen Zahlen zu den komplexen übertragen lassen, denn aus den Anordnungsaxiomen lässt sich beweisen, dass

$$x^2 \geq 0 \text{ für alle } x \in \mathbb{R}.$$

Die imaginäre Einheit i erfüllt aber $i^2 = -1 < 0$ und damit kann keine Ordnung der komplexen Zahlen die Anordnungsaxiome erfüllen. Man kann aber dennoch eine lineare Ordnung auf $\mathbb{C}$ angeben, beispielsweise durch

$$x_1 + iy_1 < x_2 + iy_2 \Leftrightarrow x_1 < x_2 \vee (x_1 = x_2 \wedge y_1 < y_2).$$

Dies ist die sogenannte *lexikographische Ordnung* Da die Ordinalzahlen die natürlichen Zahlen erweitern sollen, betrachten wir zunächst die Ordnung $<$ auf $\mathbb{N}$. Diese ist nicht nur linear, sondern erfüllt folgende zusätzliche Eigenschaft:

Theorem 6.11 (Wohlordnungssatz für $\mathbb{N}$) *Jede nichtleere Menge von natürlichen Zahlen besitzt ein minimales Element bzgl. der Ordnung* $<$.

Beweis Wir geben einen Kontrapositionsbeweis, d.h. wir zeigen, dass jede Menge $X \subseteq \mathbb{N}$, die kein minimales Element besitzt, die leere Menge $\emptyset$ ist. Dazu zeigen wir mittels Induktion: Für alle $n \in \mathbb{N}$ gilt $n \notin X$.

Induktionsanfang: Offensichtlich ist $0 \notin X$, da sonst 0 das minimale Element von X wäre.

Induktionsschluss: Gilt $k \notin X$ für alle $k < n + 1$, so folgt auch $n + 1 \notin X$, denn sonst wäre $n + 1$ das kleinste Element von X, ein Widerspruch. $\qquad\square$

Der Wohlordnungssatz ist nicht nur eine Folgerung des Induktionsprinzips, sondern er ist sogar äquivalent zum Induktionsprinzip. Die Eigenschaft, dass jede nichtleere Teilmenge von $\mathbb{N}$ ein kleinstes Element besitzt, lässt sich wie folgt abstrahieren:

Definition 6.12 Eine lineare Ordnung $<$ auf einer Menge A ist eine *Wohlordnung*, falls jede nichtleere Teilmenge von A ein $<$-minimales Element besitzt, d.h. falls es für jedes $X \subseteq A$ mit $X \neq \emptyset$ ein $x \in X$ gibt, sodass für kein $y \in X$ gilt $y < x$.

Das Paar $(A, <)$ wird dann als *wohlgeordnete Menge* bezeichnet.

Existiert ein minimales Element x_0 einer bzgl. $<$ linear geordneten Menge A, so ist dieses *eindeutig*: Sei x_1 ein minimales Element. Da A linear geordnet ist, gilt entweder $x_0 < x_1$, oder $x_0 = x_1$, oder $x_1 < x_0$. Da aber x_0 minimal ist, kann $x_1 < x_0$ nicht gelten, und da x_1 minimal ist, ist auch $x_0 < x_1$ ausgeschlossen. Also folgt $x_0 = x_1$.

Wir geben nun einige Beispiele und Nichtbeispiele von wohlgeordneten Mengen an.

Beispiel 6.13   1. Die Menge $\mathbb{N}$ mit der $<$-Relation ist gemäß dem Wohlordnungssatz für $\mathbb{N}$ (Theorem 6.11) eine Wohlordnung. Die Menge $\{0, \ldots, n - 1\}$ aller *Vorgänger* von $n \in \mathbb{N}$ ist daher auch durch $<$ wohlgeordnet. Alle endlichen Wohlordnungen sind isomorph zu einer dieser Wohlordnungen.[1]
2. $(\mathbb{Q}, <)$ ist keine wohlgeordnete Menge: Beispielsweise ist $\left\{\frac{1}{n} \mid n \in \mathbb{N} \setminus \{0\}\right\}$ eine Teilmenge von $\mathbb{Q}$ ohne minimales Element.

Kann es dennoch eine Wohlordnung von $\mathbb{Q}$ geben, d.h. eine von $<$ verschiedene Ordnung von $\mathbb{Q}$, die tatsächlich eine Wohlordnung darstellt? Ja, und zwar finden

---

[1] Für den Begriff der Isomorphie zweier Wohlordnungen siehe Definition 6.16.

wir eine solche, indem wir uns die Abzählbarkeit von $\mathbb{Q}$ zunutze machen: Sei $q_0, q_1, q_2 \ldots$ eine Abzählung von $\mathbb{Q}$. Dann können wir $\mathbb{Q}$ durch

$$q_n < q_m :\Leftrightarrow n < m$$

ordnen. Offensichtlich handelt es sich um eine Wohlordnung.

Aufgabe 6.14 Geben Sie drei verschiedene Wohlordnungen von $\mathbb{N}$ an.

Der Trick, den wir im zweiten Beispiel angewendet haben um eine Wohlordnung von $\mathbb{Q}$ zu konstruieren, funktioniert allerdings nicht für alle Mengen; so ist beispielsweise $\mathbb{R}$ überabzählbar und wir kennen keine wohlgeordnete Menge, auf die wir $\mathbb{R}$ bijektiv abbilden können. Dies führt zur Frage, ob sich jede Menge wohlordnen lässt. Cantor formulierte diese Frage bereits 1883 [8] und kündigte an, diese positiv zu beantworten:

Der Begriff der *wohlgeordneten Menge* weist sich als fundamental für die ganze Mannigfaltikeitslehre[2] aus. Daß es immer möglich ist, jede *wohldefinierte* Menge in die *Form* einer *wohlgeordneten* Menge zu bringen, auf dieses, wie mir scheint, grundlegende und folgenreiche, durch seine Allgemeingültigkeit besonders merkwürdige Denkgesetz werde ich in einer späteren Abhandlung zurückkommen.

Zu einem Beweis dieser Aussage von Cantor kam es allerdings nie. Erst Ernst Zermelo bewies diesen sogenannten *Wohlordnungssatz* 1904 in [68]; dazu verwendete er allerdings das *Auswahlaxiom*, mit dem wir uns im nächsten Kapitel befassen werden. Der Wohlordnungssatz erwies sich sogar als äquivalent zum Auswahlaxiom.

Aufgabe 6.15 Cantor hat den Begriff einer *Wohlordnung* 1883 etwas anders definiert als wir, nämlich wie folgt:

Unter einer wohlgeordneten Menge ist jede wohldefinierte Menge zu verstehen, bei welcher die Elemente durch eine bestimmte Sukzession miteinander verbunden sind, welcher gemäß es ein erstes Element der Menge gibt und sowohl auf jedes einzelne Element (falls es nicht das letzte in der Sukzession ist) ein bestimmtes anderes folgt, wie auch zu jeder beliebigen endlichen oder unendlichen Menge von Elementen ein bestimmtes Element angehört, welches das ihnen allen nächst folgende Element in der Sukzession ist (es sei denn, dass es ein ihnen allen in der Sukzession folgendes überhaupt nicht gibt).

Zeigen Sie, dass diese Definition zu Definition 6.12 äquivalent ist.

[2] der damalige Begriff für „Mengenlehre"

Jedes Element einer wohlgeordneten Menge besitzt nach Cantors Definition einen eindeutigen *Nachfolger* (sofern es nicht das größte Element ist). Wie sieht es mit einem Vorgänger aus?

Dazu betrachten wir die *lexikographische Ordnung* auf $(\mathbb{N} \times \{0\}) \cup (\mathbb{N} \times \{1\})$, gegeben durch

$$(n, i) \prec (m, j) :\Leftrightarrow n < m \vee (n = m \wedge i < j).$$

Dabei ist jeweils der Nachfolger von (n, i) einfach $(n, i+1)$, aber das Element $(1, 0)$ besitzt keinen direkten Vorgänger.

Definition 6.16 Zwei Wohlordnungen $(A, \prec_A)$ und $(B, \prec_B)$ heißen *isomorph*, falls es eine bijektive Funktion $f : A \to B$ gibt mit der Eigenschaft

$$x_1 \prec_A x_2 \Leftrightarrow f(x_1) \prec_B f(x_2)$$

für alle $x_1, x_2 \in A$. Eine solche Funktion f wird auch als *Ordnungsisomorphismus* bezeichnet, und man sagt, dass $(A, \prec_A)$ und $(B, \prec_B)$ *isomorph*[a] sind, in Zeichen

$$(A, \prec_A) \cong (B, \prec_B).$$

---

[a] Cantor verwendet statt „isomorph" die Bezeichnungen „gleichlang" und „ähnlich".

Falls es einen Ordnungsisomorphismus zwischen zwei wohlgeordneten Mengen gibt, so ist dieser eindeutig:

Aufgabe 6.17 Beweisen Sie:

(a) Falls $|A| = |B|$ gilt und B eine Wohlordnung $\prec_B$ besitzt, so besitzt auch A eine Wohlordnung $\prec_A$ und es gibt einen Ordnungsisomorphismus zwischen $(A, \prec_A)$ und $(B, \prec_B)$.

(b) Zwischen zwei wohlgeordnete Mengen $(A, \prec_A)$ und $(B, \prec_B)$ gibt es höchstens einen Ordnungsisomorphismus.

Definition 6.18 Sei $(A, \prec)$ eine Wohlordnung und $x \in A$ ein Element. Dann ist die Menge $A_x := \{y \in A \mid y \prec x\}$ der von x bestimmte *Anfangsabschnitt*, oder kurz *Abschnitt*, von A.

Offensichtlich sind Anfangsabschnitte von Wohlordnungen wieder Wohlordnungen. Nun lässt sich folgender *Vergleichssatz* von Wohlordnungen formulieren:

Theorem 6.19 (Vergleichssatz für Wohlordnungen, Cantor 1897) *Für je zwei Wohlordnungen* $(A, <_A)$ *und* $(B, <_B)$ *gilt genau eine der drei Möglichkeiten:*

(a) $(A, <_A)$ *ist isomorph zu einem Abschnitt von* $(B, <_B)$, *oder*
(b) $(A, <_A)$ *ist isomorph zu* $(B, <_B)$, *oder*
(c) $(B, <_B)$ *ist isomorph zu einem Abschnitt von* $(A, <_A)$.

Beweis Seien $(A, <_A)$ und $(B, <_B)$ zwei Wohlordnungen. Wir definieren eine binäre Relation R auf $A \times B$ (d.h. $R \subseteq A \times B$) wie folgt:

$$R(x, y) : \Longleftrightarrow (A_x, <_A) \cong (B_y, <_B)$$

Dann sind $(A, <_A)$ und $(B, <_B)$ genau dann isomorph, wenn es für jedes $x \in A$ genau ein $y \in B$ gibt mit $R(x, y)$, und umgekehrt. Seien nun $(A, <_A)$ und $(B, <_B)$ nicht isomorph. Ohne Einschränkung können wir annehmen, dass ein $y \in B$ existiert, sodass für kein $x \in A$ die Relation $R(x, y)$ gilt. Somit ist die Menge

$$B' := \left\{ y \in B \mid \neg \exists x \in A : R(x, y) \right\}$$

eine nichtleere Teilmenge von B und hat somit ein $<_B$-minimales Element y_0. Sei

$$A'' := \left\{ x \in A \mid \exists y \in B_{y_0} : R(x, y) \right\}.$$

Dann ist A'' eine Teilmenge von A. Ist $A'' \neq A$, so ist $A' := A \setminus A''$ nichtleer und besitzt somit ein $<_A$-minimales Element $x_0 \in A'$. Da nach Definition von R aber $R(x_0, y_0)$ gilt, ist dies ein Widerspruch zur Definition von y_0. Somit muss gelten $A'' = A$ und wir haben, dass $(A, <_A)$ isomorph ist zum Abschnitt $(B_{y_0}, <)$. □

Mit Theorem 6.19 können wir auf der Klasse aller Äquivalenzklassen (bezüglich der Isomorphie) von Wohlordnungen eine lineare Ordnung definieren. Auch hier gilt es zu beachten, dass jede Äquivalenzklasse bereits selbst eine Klasse darstellt.

Definition 6.20 Seien $[(A, <_A)]$ und $[(B, <_B)]$ zwei Äquivalenzklassen von Wohlordnungen. Dann sei

$$[(A, <_A)] \lhd [(B, <_B)] :\Leftrightarrow \exists y \in B : (A, <_A) \cong (B_y, <_B).$$

Mit Definition 6.16 und dem Vergleichssatz für Wohlordnungen 6.19 ist ⊲ wohldefiniert und eine lineare Ordnung auf den Äquivalenzklassen bezüglich der Isomorphie von Wohlordnungen. Die lineare Ordnung ⊲ ist sogar eine Wohlordnung, wie der folgende Satz zeigt.

Theorem 6.21 *Ist S eine nichtleere Menge von Äquivalenzklassen von Wohlordnungen, dann hat S ein ⊲-minimales Element (d.h. ⊲ ist eine Wohlordnung auf den Äquivalenzklassen von Wohlordnungen).*

Beweis Sei $W^\sim \in S$ eine Äquivalenzklasse von Wohlordnungen. Ist $W^\sim$ ein ⊲-minimales Element von S, so sind wir fertig. Andernfalls wählen wir eine Wohlordnung $(B, <_B) \in W^\sim$. Mit dem Vergleichssatz für Wohlordnungen 6.19 existiert für jede Äquivalenzklasse $U^\sim \vartriangleleft W^\sim$ genau ein $y_U \in B$, sodass für alle $(A, <_A) \in U^\sim$ gilt:

$$(A, <_A) \cong (B_{y_U}, <_B)$$

Weil $W^\sim$ nicht ein ⊲-minimales Element von S ist, ist die Menge

$$\left\{ y_U \in B \mid U^\sim \in S \wedge U^\sim \vartriangleleft W^\sim \right\}$$

nichtleer und hat, weil B wohlgeordnet ist, ein $<_B$-minimales Element $y_0 \in B$. Aus der Definition von y_0 folgt, dass $[(B_{y_0}, <_B)] \in S$ und für kein $U^\sim \in S$ gilt $U^\sim \vartriangleleft [(B_{y_0}, <_B)]$. Somit ist $[(B_{y_0}, <_B)]$ ein ⊲-minimales Element von S. □

Analog wie wir im Abschnitt 6.2 Kardinalitäten als Äquivalenzklassen von Mengen gleicher Kardinalität definiert haben, definieren wir nun *Wohlordnungstypen* als Äquivalenzklassen isomorpher Wohlordnungen und geben zwei historische Prinzipien an, wie man aus gegebenen Wohlordnungstypen neue Wohlordnungstypen generieren kann – in Kapitel 10 werden wir dann für jeden Wohlordnungstyp einen Repräsentanten auswählen, sogenannte *Ordinalzahlen*.

Georg Cantor hat in [8] die folgenden Prinzipien zum Generieren von Wohlordnungstypen eingeführt:

1. *Erstes Erzeugungsprinzip*: Bildung eines Nachfolgers $\alpha + 1$ für einen gegebenen Wohlordnungstypen α
2. *Zweites Erzeugungsprinzip*: Bildung eines Supremums einer Menge von Wohlordnungstypen

Diese beiden Prinzipien lassen sich wie folgt formalisieren: Ist $\alpha = [(A, <_A)]$ ein Wohlordnungstyp und z ein beliebiges Element mit $b \notin A$, so ist $\alpha + 1$ der Wohlordnungstyp $[(B, <_B)]$ mit $B = A \cup \{b\}$ und für $x, y \in B$ gilt $x <_B y$ genau dann, wenn $x, y \in A$ und $x <_A y$, oder wenn $x \in A$ und $y = b$.

Nun zeigen wir, wie man das Supremum einer Menge von Wohlordnungstypen bilden kann. Dazu benötigen wir folgende Notation für einen Wohlordnungstyp α:

$$V(\alpha) := \{\beta \mid \beta \text{ ist ein Wohlordnungstyp mit } \beta \lhd \alpha\}.$$

Dann ist $V(\alpha)$ die Menge aller Wohlordnungstypen, welche Vorgänger von α bezüglich der Ordnung $\lhd$ sind.

Aufgabe 6.22 Zeigen Sie: Für jeden Wohlordnungstyp $\alpha = [(A, <)]$ gilt $(V(\alpha), \lhd) \cong (A, <)$.

Nun sei I eine Indexmenge und α_i ein Wohlordnungstyp für jedes $i \in I$. Sei

$$\beta := \bigcup_{i \in I} V(\alpha_i).$$

Dann ist β aufgrund von Theorem 6.21 wohlgeordnet bzgl. $\lhd$. Nun gilt aufgrund von Aufgabe 6.22:

$$\beta = \sup\{\alpha_i \mid i \in I\}$$

Mit der Kombination dieser beiden Erzeugungsprinzipien erzeugt Cantor der Reihe nach folgende Wohlordnungstypen:

Die ersten Wohlordnungstypen entsprechen einfach den natürlichen Zahlen, also

$$\mathbf{0}, \quad \mathbf{1}, \quad \mathbf{2}, \quad \mathbf{3}, \quad \ldots$$

Dabei entspricht $\mathbf{0}$ dem Wohlordnungstyp der leeren Menge (mit der leeren Ordnung), $\mathbf{1}$ entspricht dem Wohlordnungstyp einer einelementigen Menge usw. Das zweite Erzeugungsprinzip garantiert uns nun die Existenz eines ersten unendlichen Wohlordnungstyps, nämlich

$$\omega = \sup\{\mathbf{0}, \mathbf{1}, \mathbf{2}, \mathbf{3}, \ldots\}.$$

Wie man leicht sieht, handelt es sich bei ω um den Wohlordnungstypen $[(\mathbb{N}, <_{\mathbb{N}})]$ der Menge der natürlichen Zahlen mit der üblichen Ordnung. An dieser Stelle können wir wieder mit dem ersten Erzeugungsprinzip fortfahren, also

$$\omega, \quad \omega + 1, \quad \omega + 2, \quad \omega + 3, \quad \ldots$$

Nun kann man wiederum das zweite Erzeugungsprinzip verwenden um auch hier ein Supremum zu erzeugen, den wir als $\omega + \omega = \omega \cdot 2$ bezeichnen:

$$\omega \cdot \mathbf{2} := \omega + \omega := \sup\{\omega, \omega + 1, \omega + 2, \ldots\}$$

Nun geht es weiter mit dem ersten Erzeugungsprinzip, und dann bildet man wieder ein Supremum, und dieser Prozess kann unendlich oft weitergeführt werden:

$$\omega \cdot 2, \quad \omega \cdot 2 + 1, \quad \omega \cdot 2 + 2, \ldots$$

$$\omega \cdot 3 := \sup\{\omega \cdot 2, \omega \cdot 2 + 1, \omega \cdot 2 + 2, \ldots\}$$
$$\omega \cdot 4 := \sup\{\omega \cdot 3, \omega \cdot 3 + 1, \omega \cdot 3 + 2, \ldots\}$$
$$\vdots$$
$$\omega^2 := \omega \cdot \omega := \sup\{\omega, \omega \cdot 2, \omega \cdot 3, \ldots\}$$

Und so geht es immer weiter mit

$$\omega^3 := \sup\{\omega^2, \omega^2 \cdot 2, \omega^2 \cdot 3, \ldots\}$$
$$\omega^4 := \sup\{\omega^3, \omega^3 \cdot 2, \omega^3 \cdot 3, \ldots\}$$
$$\vdots$$
$$\omega^\omega := \sup\{\omega, \omega^2, \omega^3, \ldots\}$$

Auch dies kann man beliebig weiterführen, um folgende Wohlordnungstypen zu erhalten:

$$\omega^\omega, \omega^{\omega^\omega}, \omega^{\omega^{\omega^\omega}}, \ldots$$

Aufgabe 6.23 Geben Sie an, wie man $\omega^{\omega^\omega}, \omega^{\omega^{\omega^\omega}}, \ldots$ als Suprema mithilfe der beiden Erzeugungsprinzipien konstruieren kann.

Der Grenzwert all dieser Ordinalzahlen ist

$$\varepsilon_0 = \sup\left\{\omega, \ \omega^\omega, \ \omega^{\omega^\omega}, \ \omega^{\omega^{\omega^\omega}}, \ \omega^{\omega^{\omega^{\omega^\omega}}}, \ \ldots\right\}$$

Die Verwendung des griechischen Buchstaben „ε" für eine scheinbar so große Zahl scheint etwas ironisch, da er in der Analysis üblicherweise für sehr kleine positive Zahlen verwendet wird. Allerdings ist ε_0 tatsächlich eine – vergleichsweise – „sehr kleine" Ordinalzahl, denn sie ist immer noch abzählbar[3]. Dies liegt daran, dass wir bisher nur Suprema von abzählbaren Mengen gebildet haben.

Die bisher konstruierten Wohlordnungstypen sind allerdings allesamt Ordnungstypen von abzählbaren Mengen. Cantor bildet anschließend mit einem dritten Erzeugungsprinzip – dem sogenannten *Beschränkungsprinzip* – die Menge A aller Wohlordnungstypen von abzählbaren Wohlordnungen und zeigt, dass diese überabzählbar ist. Er konstruiert ω_1 als Wohlordnungstyp von A bezüglich $\lhd$. Sein Argument ist das folgende:

---

[3] Eine Ordinalzahl ist abzählbar, falls die Menge ihrer Vorgänger abzählbar ist.

Die Ordinalzahl ω_1 ist überabzählbar und hat die nächstgrößere Kardinalität nach $\mathbb{N}$: Wäre ω_1 abzählbar, so könnte man alle abzählbaren Ordinalzahlen als $\alpha_0, \alpha_1, \alpha_2, \ldots$ auflisten. Somit ist aber auch

$$\alpha := \sup\{\alpha_n \mid n \in \mathbb{N}\}$$

abzählbar und somit ist auch $\alpha + 1$ abzählbar, aber $\alpha + 1$ kommt nicht in $\{\alpha_n \mid n \in \mathbb{N}\}$ vor, ein Widerspruch.

In Kapitel 10 werden wir diese Erzeugungsprinzipien mithilfe der axiomatischen Mengenlehre formalisieren und Ordinalzahlen als kanonische Repräsentanten von Wohlordnungstypen einführen.

6.5 Kardinalitäten wohlgeordneter Mengen

Aus dem Vergleichssatz für Wohlordnungen 6.19 folgt, dass die Kardinalitäten zweier wohlgeordneten Mengen immer vergleichbar sind. Denn sind A und B zwei Mengen, welche durch $<_A$ bzw. $<_B$ wohlgeordnet werden und gilt zum Beispiel, dass $(A, <_A)$ isomorph ist zu einem Abschnitt von $(B, <_B)$, dann ist $(A, <_A) \cong (B_y, <_B)$ für ein $y \in B$ und es gilt $|A| = |B_y|$, und wegen $B_y \subseteq B$ gilt $|A| \leq |B|$. Den Kardinalitäten von wohlgeordneten Mengen kommt also eine Sonderrolle zu, was durch die folgende Definition unterstrichen wird:

Definition 6.24 Ist A eine unendliche Menge, welche wohlgeordnet werden kann, so bezeichnen wir die Kardinalität $|A|$ mit einem $\aleph$ ($\aleph$, genannt *Aleph*, ist der erste Buchstabe des hebräischen Alphabets). Zum Beispiel bezeichnen wir $|\mathbb{N}|$ mit $\aleph_0$, d.h. $\aleph_0 := |\mathbb{N}|$. Ist A eine abzählbar unendliche Menge, so ist $|A| = \aleph_0$.

Wie bereits erwähnt, kann ohne das Auswahlaxiom (siehe Kapitel 7) nicht jede Menge wohlgeordnet werden und somit ist nicht jede Kardinalität ein $\aleph$. Ist nun A eine Menge, die nicht wohlgeordnet werden kann, so können wir uns fragen, ob eine wohlgeordnete Menge W existiert, sodass $|W| \not\leq |A|$. Die Kardinalität $|W|$ wäre dann ein $\aleph$ mit der Eigenschaft $\aleph \not\leq |A|$. Wenn solch ein $\aleph$ gibt, so gibt es mit Theorem 6.21 auch ein kleinstes solches $\aleph$, was zu folgender Definition führt.

Definition 6.25 Ist A irgend eine unendliche Menge und $\mathfrak{m} = |A|$, so bezeichnet $\aleph(\mathfrak{m})$ die Kardinalität einer kleinsten wohlgeordneten Menge B, sodass $|B| \nleq |A|$ gilt.

Der folgende Satz von Hartogs besagt, dass $\aleph(\mathfrak{m})$ für jede unendliche Kardinalität $\mathfrak{m}$ definiert ist.

Theorem 6.26 (Satz von Hartogs) *Für jede unendliche Kardinalität* $\mathfrak{m}$ *existiert ein kleinstes Aleph* $\aleph(\mathfrak{m})$, *sodass* $\aleph(\mathfrak{m}) \nleq \mathfrak{m}$.

Beweis Sei $\mathfrak{m}$ eine unendliche Kardinalität und sei A eine Menge mit $\mathfrak{m} = |A|$. Weiter sei $\mathcal{R} \subseteq \mathcal{P}(A \times A)$ die Menge aller Wohlordnungen von Teilmengen von A. D.h. für jedes $R \in \mathcal{R}$ existiert eine Teilmenge $X_R \subseteq A$, sodass die Relation $<_R$ definiert durch

$$a <_R b :\Leftrightarrow R(a, b)$$

auf X_R eine Wohlordnung definiert. Auf der Menge $\mathcal{R}$ definieren wir eine Äquivalenzrelation $\sim$ durch

$$R \sim R' :\Leftrightarrow (X_R, <_R) \cong (X_{R'}, <_{R'}),$$

und für $R, R' \in \mathcal{R}$ mit $R \nsim R'$ definieren wir

$$R \prec R' :\Leftrightarrow (X_R, <_R) \lhd (X_{R'}, <_{R'}).$$

Mit Theorem 6.21 ist die Menge der Äquivalenzklassen

$$\mathcal{R}^\sim := \big\{[R] \mid R \in \mathcal{R}\big\}$$

durch $\lhd$ wohlgeordnet, d.h. $\mathcal{R}^\sim$ ist eine wohlgeordnete Menge und somit ist $|\mathcal{R}^\sim|$ ein Aleph. Wir zeigen nun, dass $|\mathcal{R}^\sim| \nleq |A|$ und dass für jede wohlgeordnete Menge $S \subseteq \mathcal{R}^\sim$ mit $|S| < |\mathcal{R}^\sim|$ gilt $|S| \leq |A|$, woraus folgt, dass $\mathcal{R}^\sim$ die kleinste wohlgeordnete Menge ist mit $|\mathcal{R}^\sim| \nleq |A|$. Sei $S \subseteq \mathcal{R}^\sim$ eine durch $<_S$ wohlgeordnete Menge. Nun ist $(S, <_S)$ isomorph zu einem Abschnitt der durch $\lhd$ wohlgeordneten Menge $\mathcal{R}^\sim$. Sei also

$$f : S \longrightarrow \mathcal{R}^\sim$$
$$x \longmapsto [R(x)]$$

eine injektive Abbildung, sodass $f : S \to f[S]$ für $f[S] := \{f(x) \mid x \in S\}$ ein Ordnungsisomorphismus zwischen $(S, <_S)$ und einem Abschnitt von $(\mathcal{R}^\sim, \lhd)$ ist. Weil $\mathcal{R}^\sim \setminus f[S] \neq \emptyset$ (denn $|S| < |\mathcal{R}^\sim|$), existiert ein $\lhd$-minimales Element $[R_S] \in \mathcal{R}^\sim \setminus f[S]$. Für jedes $x \in S$ ist $(S_x, <_S)$ isomorph zu $R(x) = (X_{R(x)}, <_{R(x)})$, d.h.

$(S_x, <_S)$ ist isomorph zu einem Abschnitt von $(X_{R_S}, <_{R_S})$ und somit ist $|S| \leq |X_{R_S}|$. Weil nun $X_{R_S} \subseteq A$, gilt $|X_{R_S}| \leq |A|$, und somit ist $|S| \leq |A|$.

Um $|\mathcal{R}^\sim| \not\leq |A|$ zu zeigen führen wir $|\mathcal{R}^\sim| \leq |A|$ zu einem Widerspruch. Sei also per Widerspruch $h : \mathcal{R}^\sim \to A$ eine Injektion und sei $A_0 := \{h([R]) \in A \mid R \in \mathcal{R}\}$. Auf A_0 definieren wir die Relation $<_0$ durch

$$a <_0 b :\Leftrightarrow h^{-1}(a) \lhd h^{-1}(b).$$

Weil h injektiv ist und $\lhd$ eine Wohlordnung ist auf $\mathcal{R}^\sim$, ist $<_0$ eine Wohlordnung auf A_0, und wegen $A_0 \subseteq A$ ist diese Wohlordnung ein Element $R_0 \in \mathcal{R}$, bzw. $[R_0] \in \mathcal{R}^\sim$. Für $a_0 := h([R_0])$ hätten wir dann, dass der Abschnitt $\{b \in A_0 \mid b <_0 a_0\}$ gleich der Menge A_0 ist, insbesondere wäre $a_0 <_0 a_0$, was aber nicht sein kann. Somit existiert keine Injektion $h : \mathcal{R}^\sim \to A$ und wir haben $|\mathcal{R}^\sim| \not\leq |A|$, was zu zeigen war. □

Als Folgerung aus dem Satz von Hartogs 6.26 erhalten wir, dass es auch überabzählbare wohlgeordnete Mengen gibt. Um dies zu sehen, betrachten wir $\aleph(\aleph_0)$: Nach Definition ist $\aleph(\aleph_0)$ die Kardinalität einer kleinsten wohlgeordneten Menge A mit $|A| \not\leq \aleph_0$. Weil A wohlgeordnet ist und Kardinalitäten wohlgeordneter Mengen immer vergleichbar sind, gilt $\aleph_0 < |A|$, und somit ist A eine überabzählbare wohlgeordnete Menge von kleinster Kardinalität. Dies führt zu folgender Definition.

Definition 6.27 $\aleph_1 := \aleph(\aleph_0)$, $\aleph_2 := \aleph(\aleph_2)$, und allgemein ist für $n \in \mathbb{N}$, $\aleph_{n+1} := \aleph(\aleph_n)$.

Wir werden später sehen, dass es sogar überabzählbar viele verschiedene $\aleph$'s gibt, dass also auch den Kardinalitäten von wohlgeordneten Mengen keine Grenze gesetzt ist.

Kapitel 7
Das Auswahlaxiom

„Ist T eine Menge, deren sämtliche Elemente von 0 verschiedene Mengen und untereinander elementenfremd sind, so enthält ihre Vereinigung $\mathfrak{S}T$ mindestens eine Untermenge S_1, welche mit jedem Element von T ein und nur ein Element gemein hat."

(Ernst Zermelo)

Ein kleines Rätsel

In 100 Räumen sind je abzählbar unendlich viele Umschläge, jeweils nummeriert mit den natürlichen Zahlen. In jedem dieser Umschläge ist ein Zettel auf dem eine reellen Zahl, und zwar steht auf jedem der 100 Zettel in den Umschlägen mit der Nummer n dieselbe reelle Zahl r_n. Mit anderen Worten, die 100 Räume sind bezüglich der Umschläge und den Zetteln mit den reellen Zahlen identisch.

Nun wird mit 100 Mathematikerinnen folgendes Spiel gespielt: Nachdem sie Zeit gehabt haben zu diskutieren, werden sie gleichzeitig jeweils in einen der Räume geschickt, wo sie nicht mehr miteinander kommunizieren können. In den Räumen dürfen sie jeweils Umschläge öffnen und die reellen Zahlen auf den Zetteln anschauen; sie dürfen auch unendlich viele Umschläge öffnen, aber mindestens ein Umschlag muss ungeöffnet bleiben. Danach muss jede Mathematikerin von einem von ihr nicht geöffneten Umschlag erraten, welche reelle Zahl auf dem Zettel im Umschlag steht.

Damit sie das Spiel zusammen gewinnen, müssen mindestens 99 der 100 Mathematikerinnen die richtige Zahl erraten.

Wie können die Mathematikerinnen das Spiel gewinnen?

Das Spiel kann mit denselben Spielregeln auch mit abzählbar vielen Räumen und abzählbar vielen Mathematikerinnen gespielt werden, wobei, um das Spiel zu gewinnen, alle bis auf höchstens eine Mathematikerin die richtige Zahl erraten müssen.

7.1 Das Auswahlaxiom und erste Anwendungen

Cantor postulierte im Jahre 1883, dass sich jede Menge wohlordnen lässt, konnte diesen sogenannten *Wohlordnungssatz* allerdings nicht beweisen. Ernst Zermelo bewies 1914 in [68] den Wohlordnungssatz, nahm sich dazu aber ein neues Axiom, das sogenannte *Auswahlaxiom*, zu Hilfe.

> **Axiom 7.1 (Das Auswahlaxiom)** Sei $\mathcal{A}$ eine Menge nichtleerer Mengen. Dann gibt es eine Funktion $F : \mathcal{A} \rightarrow \bigcup \mathcal{A}$, wobei $\bigcup \mathcal{A} := \bigcup_{X \in \mathcal{A}} X$, mit
>
> $$F(X) \in X \text{ für alle } X \in \mathcal{A}.$$
>
> Die Funktion F wird dabei als *Auswahlfunktion* von $\mathcal{A}$ bezeichnet, denn sie wählt aus jedem $X \in \mathcal{A}$ genau ein Element $F(X)$ aus.

Zermelos ursprüngliche Formulierung ist folgende (siehe [69]):

> Ist T eine Menge, deren sämtliche Elemente von $\emptyset$ verschiedene Mengen und untereinander elementenfremd sind, so enthält ihre Vereinigung $\mathfrak{S}T$ mindestens eine Untermenge S_1, welche mit jedem Element von T ein und nur ein Element gemein hat.

Es sei erwähnt, dass sich die obige Formulierung des Auswahlaxioms von Zermelos ursprünglicher Formulierung unterscheidet; es lässt sich jedoch leicht beweisen, dass beide Versionen äquivalent sind (siehe Aufgabe 7.7).

Das Auswahlaxiom wird implizit in Beweisen vieler einfacher Resultate benutzt. Dazu betrachten wir folgende Beispiele:

(1) Jede unendliche Menge besitzt eine abzählbar unendliche Teilmenge.

Naiver Beweisversuch: Sei A unendlich. Dann gilt $A \neq \emptyset$, also gibt es ein $x_0 \in A$. Nun ist aber auch $A \setminus \{x_0\} \neq \emptyset$ und somit gibt es ein $x_1 \in A \setminus \{x_0\}$. Nun ist aber auch $A \setminus \{x_0, x_1\} \neq \emptyset$, und damit gibt es ein $x_2 \in A \setminus \{x_0, x_1\}$ usw. Somit erhalten wir eine Folge (x_n) von verschiedenen Elementen von A und damit ist $\{x_n \mid n \in \mathbb{N}\}$ eine abzählbar unendliche Teilmenge von A.

Beweis mit dem Auswahlaxiom: Sei A eine unendliche Menge. Sei $\mathcal{P}^*(A)$ die Menge aller nichtleeren Teilmengen von A und sei F eine Auswahlfunktion für $\mathcal{P}^*(A)$, d.h. $F(X) \in X$ für alle $X \in \mathcal{P}^*(A)$. Nun definieren wir eine Folge (x_n) von Elementen von A wie folgt:

- $x_0 = F(A)$;
- $x_{n+1} = F(A \setminus \{x_0, \ldots, x_n\})$.

Somit ist $\{x_n \mid n \in \mathbb{N}\}$ eine abzählbar unendliche Teilmenge von A.

Aufgabe 7.2 Verwenden Sie (1) um zu zeigen, dass eine Menge genau dann endlich ist, wenn sie Dedekind-endlich ist.

Bemerkung: Es genügt dabei zu zeigen, dass jede unendliche Menge Dedekind-unendlich ist, da die andere Richtung auch ohne Auswahlaxiom gilt.

(2) Jede folgenstetige Funktion ist stetig. Zur Erinnerung:

Definition 7.3 Eine Funktion $f : \mathbb{R} \to \mathbb{R}$ heißt

* *stetig* im Punkt $x_0 \in \mathbb{R}$, falls für alle $\varepsilon > 0$ ein $\delta > 0$ existiert, sodass für alle $x \in \mathbb{R}$ gilt:

$$|x - x_0| < \delta \Rightarrow |f(x) - f(x_0)| < \varepsilon$$

* *folgenstetig* im Punkt $x_0 \in \mathbb{R}$, falls für jede reelle Folge (x_n) mit $\lim_{n \to \infty} x_n = x_0$ gilt:

$$\lim_{n \to \infty} f(x_n) = f(x_0)$$

Naiver Beweisversuch: Wir versuchen den Satz mit Kontraposition zu beweisen. Sei $f : \mathbb{R} \to \mathbb{R}$ nicht stetig im Punkt $x_0 \in \mathbb{R}$. Dann gibt es ein $\varepsilon > 0$, sodass für alle $\delta > 0$ ein $x \in \mathbb{R}$ existiert mit $|x - x_0| < \delta$ und $|f(x) - f(x_0)| \geq \varepsilon$. Wir wählen $\delta_n := \frac{1}{n}$. Dann gibt es für jedes $n \in \mathbb{N} \setminus \{0\}$ ein $x_n \in \mathbb{R}$ mit

$$|x_n - x_0| < \frac{1}{n} \quad \text{und} \quad |f(x_n) - f(x_0)| \geq \varepsilon.$$

Dann gilt $\lim_{n \to \infty} x_n = x_0$, jedoch $\lim_{n \to \infty} f(x_n) \neq f(x_0)$. Somit ist f auch nicht folgenstetig.

Aufgabe 7.4 Beweisen Sie, dass jede folgenstetige Funktion stetig ist mithilfe des Auswahlaxioms. Wird das Auswahlaxiom auch für die Umkehrung benötigt?

Aufgabe 7.5 Ein *Häufungspunkt* einer Menge $X \subseteq \mathbb{R}$ ist ein Punkt $x_0 \in \mathbb{R}$, sodass für alle $\varepsilon > 0$, die Menge $(x_0 - \varepsilon, x_0 + \varepsilon) \cap X$ ein von x_0 verschiedenes Element enthält. Der Satz von Bolzano-Weierstraß besagt, dass jede unendliche Teilmenge von $\mathbb{R}$ einen Häufungspunkt besitzt[a].

Ohne das Auswahlaxiom kann es nun unendliche Teilmengen von $\mathbb{R}$ geben, die keine abzählbar unendliche Teilmenge besitzen. Nehmen wir an, $X \subseteq \mathbb{R}$ sei eine solche Menge.

Zeigen Sie mithilfe des Satzes von Bolzano-Weierstraß, dass dann die Funktion

$$f : \mathbb{R} \to \mathbb{R} \quad \text{mit} \quad f(x) := \begin{cases} 1 & \text{für } x \in X, \\ 0 & \text{für } x \notin X, \end{cases}$$

folgenstetig, aber nicht stetig ist im Punkt x_0.

---

[a] Das kann man beispielsweise mithilfe einer Intervallschachtelung ohne das Auswahlaxiom beweisen.

(3) Eine abzählbare Vereinigung abzählbarer Mengen ist abzählbar.

Naiver Beweisversuch: Sei A_n ohne Beschränkung der Allgemeinheit abzählbar unendlich für jedes $n \in \mathbb{N}$ und sei $f_n : \mathbb{N} \to A_n$ eine Bijektion. Setze $x_{nm} = f_n(m)$ für $n, m \in \mathbb{N}$. Dann kann man $A := \bigcup_{n \in \mathbb{N}} A_n$ mit dem ersten Cantorschen Diagonalargument wie folgt abzählen:

$$
\begin{array}{cccccc}
x_{00} \to x_{01} & x_{02} \to x_{03} & x_{04} \to x_{05} \cdots \\
\swarrow \quad \nearrow & \swarrow \quad \nearrow & \swarrow \\
x_{10} \quad x_{11} & x_{12} \quad x_{13} & x_{14} \quad x_{15} \cdots \\
\downarrow \quad \nearrow \quad \swarrow & \nearrow \quad \swarrow & \nearrow \\
x_{20} \quad x_{21} & x_{22} \quad x_{23} & x_{24} \quad x_{25} \cdots \\
\swarrow \quad \nearrow & \swarrow \quad \nearrow & \swarrow \\
x_{30} \quad x_{31} & x_{32} \quad x_{33} & x_{34} \quad x_{35} \cdots \\
\downarrow \quad \nearrow \quad \swarrow & \nearrow \quad \swarrow & \nearrow \\
x_{40} \quad x_{41} & x_{42} \quad x_{43} & x_{44} \quad x_{45} \cdots \\
\vdots \quad \vdots & \vdots \quad \vdots & \vdots \quad \vdots
\end{array}
$$

Beweis mit dem Auswahlaxiom: Sei A_n für jedes $n \in \mathbb{N}$ eine abzählbare Menge. Wir müssen nachweisen, dass

$$A := \bigcup_{n \in \mathbb{N}} A_n$$

abzählbar ist. Um wie oben die Funktionen f_n zu wählen, müssen aber unendlich viele Wahlen getroffen werden! Setze also

$$\mathrm{Bij}_n := \{f : \mathbb{N} \to A_n \mid f \text{ ist bijektiv}\},$$

d.h. Bij_n ist die Menge aller bijektiven Funktionen von $\mathbb{N}$ nach A_n. Nach Voraussetzung ist für jedes $n \in \mathbb{N}$, $\mathrm{Bij}_n \neq \emptyset$. Mit dem Auswahlaxiom gibt es eine Auswahlfunktion F mit $F(n) \in \mathrm{Bij}_n$ für jedes $n \in \mathbb{N}$ und wir setzen $f_n := F(n)$. Nun können wir den Beweis wie oben fortsetzen.

Die oben aufgelisteten Resultate waren bereits vor der Formulierung des Auswahlaxioms durch Zermelo bekannt; allerdings erfolgte die Verwendung des Auswahlaxioms jeweils unbewusst. Die erste (bekannte) unumgängliche Anwendung des Auswahlaxioms erfolgte beim Beweis der Äquivalenz von Stetigkeit und Folgenstetigkeit durch Cantor, welcher 1872 von Eduard Heine in [33] veröffentlicht wurde.

Aufgabe 7.6 Eine Funktion $f : A \to B$ hat eine

- *linksinverse* Funktion $g : B \to A$, falls $g \circ f = \mathrm{id}_A$;
- *rechtsinverse* Funktion $g : B \to A$, falls $f \circ g = \mathrm{id}_B$.

Beweisen Sie die folgenden beiden Aussagen und geben Sie an, wo Sie das Auswahlaxiom verwenden:

(a) f ist genau dann injektiv, wenn f eine linksinverse Funktion besitzt.
(b) f ist genau dann surjektiv, wenn f eine rechtsinverse Funktion besitzt.

Aufgabe 7.7 Zeigen Sie, dass die folgenden Aussagen äquivalent sind:

1. Auswahlaxiom
2. Jede Menge paarweise disjunkter nichtleerer Mengen besitzt eine Auswahlfunktion.[a]
3. Jede Äquivalenzrelation besitzt ein *Repräsentantensystem*. Das heißt, falls $\sim$ eine Äquivalenzrelation auf einer Menge A ist und für $x \in A$ die Menge

$$[x]^\sim := \{y \in A \mid y \sim x\}$$

die *Äquivalenzklasse* von x bezeichnet, so existiert eine Menge $C \subseteq A$, sodass für alle $x \in A$ gilt:

$$|C \cap [x]^\sim| = 1$$

---

[a] Das ist Zermelos ursprüngliche Formulierung.

7.2 Das Lemma von König

Wir haben bereits den Zusammenhang zwischen der Cantor-Menge und einem *unendlichen binären Baum* gesehen, d.h. ein unendlicher Baum, bei dem sich jeder Knoten in zwei Abzweigungen verzweigt. Insbesondere besitzt dieser Baum *unendliche Äste*; jedes Element der Cantor-Menge entspricht genau einem Ast durch den Baum. Lässt sich dies verallgemeinern? Besitzt jeder unendliche Baum einen unendlichen Ast?

Definition 7.8 Ein *Baum* ist eine *partiell geordnete* Menge $(T, <)$, d.h. nicht alle Elemente von T sind vergleichbar, sodass T ein eindeutiges $<$-minimales Element besitzt und für jedes $x \in T$ die Menge $x_< = \{y \in T \mid y < x\}$ wohlgeordnet ist. Das minimale Element wird als *Wurzel* von T bezeichnet.

Definition 7.9 Sei $(T, <)$ ein Baum.

- Ein *Pfad* in T ist eine endliche oder unendliche Folge $(x_0, x_1, \ldots)$ von Elementen von T, sodass $x_0 < x_1 < \ldots$ und es kein $y \in T$ gibt das zwischen zwei Elementen der Folge liegt (d.h. es existiert kein $y \in T$ mit $x_i < y < x_{i+1}$).
- Ein *Ast* von T ist ein maximaler Pfad, d.h. ein Pfad der nicht verlängert werden kann.

Zudem heißt der Baum $(T, <)$

- *unendlich*, falls T unendlich ist, und er heißt
- *endlich verzweigt*, falls jedes Element von T nur endlich viele direkte Nachfolger besitzt, wobei y ein *direkter Nachfolger* von x ist, falls gilt $y_< \setminus x_< = \{x\}$.

Die Äste des unendlichen binären Baumes entsprechen also genau den Elementen der Cantor-Menge. Wie sieht es mit beliebigen endlich verzweigten Bäumen aus? Der ungarische Mathematiker Denés Kőnig beantwortete die Frage 1936 in [43] wie folgt:

Theorem 7.10 (Lemma von Kőnig) *Jeder endlich verzweigte unendliche Baum besitzt einen unendlichen Pfad.*

Für den Beweis verwenden wir das Auswahlaxiom. Ein Beweis ohne Verwendung des Auswahlaxioms oder einer abgeschwächten Form davon, ist nicht möglich (siehe Kapitel 13). Wir benötigen aber auch eine unendliche Version des sogenannten *Schubfachprinzips:*

Lemma 7.11 (Unendliches Schubfachprinzip) *Werden die Elemente einer unendlichen Menge in endlich viele Teile aufgeteilt, so enthält mindestens ein Teil unendlich viele Elemente.*

Beweis Würde jeder der endlich vielen Teile nur endlich viele Elemente besitzen, so wäre die ursprüngliche Menge eine endliche Vereinigung endlicher Mengen, also endlich. □

Aufgabe 7.12 Beweisen Sie mit dem unendlichen Schubfachprinzip:

(a) Unter 11 reellen Zahlen mit unendlicher Dezimalbruchdarstellung gibt es mindestens zwei, die an unendlich vielen Stellen die gleiche Ziffer haben.

(b) Jede Folge (a_n) reeller Zahlen besitzt eine Teilfolge, die entweder monoton wachsend oder monoton fallend ist.

Beweis (Theorem 7.10) Für $n \in \mathbb{N}$ sei $T(n) = \{x \in T \mid |x_<| = n\}$ das *n*-te *Level* von T. Nun definieren wir einen Pfad $\{x_n \mid n \in \mathbb{N}\}$ mit $x_n \in T(n)$ für jedes $n \in \mathbb{N}$, sodass x_n unendlich viele Nachfolger besitzt, rekursiv wie folgt:

- x_0 ist die Wurzel von T (da T ein unendlicher Baum ist, besitzt x_0 offensichtlich unendlich viele Nachfolger).
- Sei $x_n \in T(n)$ gegeben, sodass x_n unendlich viele Nachfolger besitzt. Da x_n nur endlich viele direkte Nachfolger besitzt, gibt es gemäß dem unendlichen Schubfachprinzip direkte Nachfolger von x_n, die unendlich viele Nachfolger besitzen. Um ein solches x_n zu wählen (insgesamt werden ja unendlich viele Elemente ausgewählt und auf jeder Ebene kann es mehrere Möglichkeiten geben!), verwenden wir das Auswahlaxiom: Wenden wir dieses beispielsweise auf die die Menge aller nichtleeren Teilmengen von T an, so können wir aus $T(n+1)$ ein geeignetes Element $x_{n+1} \in T(n+1)$ auswählen, welches einen direkten Nachfolger von x_n mit unendlich vielen Nachfolgern darstellt.

Somit gilt $x_0 \prec x_1 \prec x_2 \prec \ldots$, und jedes x_{n+1} ist ein direkter Nachfolger von x_n. Offensichtlich ist $\{x_n \mid n \in \mathbb{N}\}$ linear geordnet, also ein unendlicher Pfad von T. □

Insbesondere zeigt der Beweis, dass jeder abzählbar unendliche, endlich verzweigte Baum einen Ast besitzt. Dies lässt sich nicht auf beliebig große Bäume verallgemeinern; es gibt überabzählbare Bäume, bei denen jedes Level abzählbar ist, die aber keinen überabzählbaren Ast besitzen. Solche Bäume werden nach ihrem Entdecker Aronszajn als *Aronszajn-Bäume* bezeichnet.

Für den Beweis des Lemmas von Kőnig haben wir nur eine schwache Form des Auswahlaxioms verwendet: Jede abzählbare Menge von nichtleeren endlichen Mengen besitzt eine Auswahlfunktion. Es lässt sich sogar zeigen, dass dieses Auswahlprinzip äquivalent zum Lemma von Kőnig ist; somit kann das Lemma von Kőnig selbst als „schwaches Auswahlprinzip" aufgefasst werden (siehe [29, Proposition 6.12]).

Eine schöne Anwendung ist die folgende (Denés Kőnig [43]):

Dieses hiermit bewiesene Unendlichkeitslemma läßt sich nicht nur in der Graphentheorie [...], sondern in den verschiedensten mathematischen Disziplinen anwenden, da es oft eine nützliche Methode liefert, um gewisse Resultate aus dem Endlichen ins Unendliche zu übertragen [...]. Das erste Beispiel bezieht sich auf *Verwandtschaftsbeziehungen*, welche in der Form der *Stammbäume* eine alte und wohlbekannte Anwendungsmöglichkeit der Graphen ergeben. Wir zeigen nämlich, daß, *wenn man als Hypothese annimmt, daß die Menschheit niemals aussterben wird, sicherlich ein heute lebender Mensch existiert, welcher der Ahne einer unendlichen Folge von Nachkommen ist.*"

Aufgabe 7.13 Zeigen Sie: In einem Zweipersonenspiel, in dem jeder Spieler bei jedem Zug nur endlich viele Zugmöglichkeiten hat, ist es entweder möglich, dass ein Spiel niemals endet, oder es eine natürliche Zahl n gibt, sodass jede Partie nach höchstens n Zügen endet.

Aufgabe 7.14 Wir spielen folgendes Spiel: Zur Verfügung steht ein Vorrat an Murmeln, jede mit einer natürlichen Zahl versehen, zu jeder Zahl unbegrenzt viele. Anfangs liegt eine der Kugeln in einer Urne. In einem Zug darf man eine beliebige Murmel M aus der Urne entfernen und durch eine beliebige (endliche) Anzahl von Murmeln ersetzen, die alle eine kleinere Zahl tragen müssen als M. Zeigen Sie, dass die Urne irgendwann, unabhängig von der Spielweise, leer ist.

7.3 Anwendungen in der Unterhaltungsmathematik

Bevor wir im nächsten Abschnitt die wohl bekannteste Anwendung des Auswahlaxioms betrachten, nämlich das *Banach-Tarski Paradoxon*, stellen wir in diesem Abschnitt ein paar Rätsel vor, für deren Lösung das Auswahlaxiom benötigt wird. Zunächst betrachten wir aber ein Rätsel, welches sich ohne Auswahlaxiom lösen lässt:

Aufgabe 7.15 In einem Zwergendorf wohnen 100 Zwerge. Eines Tages kommt der böse Riese vorbei und lässt die Zwerge in einer Reihe aufstellen, sodass jeder nur noch die Zwerge vor ihm sieht. Danach setzt der Riese jedem Zwerg entweder eine rote oder eine blaue Zipfelmütze auf den Kopf. Jeder Zwerg darf jetzt nacheinander eine Farbe sagen, wobei der Zwerg, der alle anderen 99 Zwerge vor ihm sieht, beginnen muss. Die Zwerge können hören, was die vorherigen Zwerge geraten haben. Wenn ein Zwerg die Farbe seiner Zipfelmütze errät, kommt er frei, sagt er jedoch die falsche Farbe, wird er vom Riesen verspeist. Die Zwerge dürfen sich vor dem Aufsetzen der Mützen auf eine Strategie einigen, danach dürfen sie aber nicht mehr kommunizieren. Mit welcher Strategie können möglichst viele (wie viele?) der Zwerge überleben?

Ein Riese besucht ein Zwergendorf, in dem abzählbar unendlich viele Zwerge leben. Dort lässt er alle Zwerge in einer Reihe antreten. Er erklärt ihnen, dass er gekommen ist, um sie zu verspeisen, jedoch schlägt er ein Spiel vor, wodurch einige Zwerge ihr Leben durch etwas Glück retten können sollen. Das Spiel geht wie folgt: Der Riese gewährt den Zwergen einige Zeit, um sich abzusprechen, und setzt dann jedem Zwerg entweder eine rote oder blaue Mütze auf. Nach einiger Bedenkzeit der Zwergen fragt der Riese jeden Zwerg nach der Farbe seiner Mütze. Falls der Zwerg die richtige Farbe errät, dann bleibt er am Leben. Falls der Zwerg die falsche Farbe nennt, so wird er vom Riesen gefressen. Zudem erklärt der Riese den Zwergen noch die Regeln:

1. *Den Zwergen ist es nicht erlaubt, die Farbe ihrer eigenen Mütze nachzuschauen, jedoch sehen sie die Farbe der Mützen der anderen Zwerge.*
2. *Nachdem der Riese den Zwergen die Mützen aufgesetzt hat, dürfen sie sich nicht mehr untereinander absprechen bzw. allgemein miteinander kommunizieren.*
3. *Nach der Bedenkzeit der Zwerge fragt der Riese sie alle gleichzeitig nach der Farbe ihrer Mütze und alle Zwerge müssen gleichzeitig ihre Antwort sagen.*

Da der Riese den Zwergen nun die Regeln erklärt hat, gibt er ihnen jetzt einige Zeit sich abzusprechen. Nachdem die Zwerge sich abgesprochen haben, setzt er, so wie angekündigt, jedem Zwerg eine rote oder blaue Mütze auf. Nach einiger Bedenkzeit der Zwerge fragt der Riese nun alle Zwerge gleichzeitig nach der Farbe ihrer Mütze. Er geht davon aus, dass ca. die Hälfte der Zwerge falsch raten wird und er somit trotz des Spiels unendlich viele Zwerge mit sich nehmen kann. Doch zu seiner Verwunderung haben nur endlich viele Zwerge die falsche Farbe genannt. Wie haben sie das geschafft?

Wir kommen nun zur Lösung des Rätsels. Wir fassen jede Mützenverteilung als unendliche Binärfolge, d.h. als Element von $A = {}^{\mathbb{N}}\{0, 1\}$ auf, wobei wir eine rote Mütze mit einer Null und eine blaue Mütze mit einer Eins identifizieren. Nun betrachten wir die folgende Äquivalenzrelation auf A:

$$(a_n) \sim (b_n) :\Leftrightarrow \{n \in \mathbb{N} \mid a_n \neq b_n\} \text{ ist endlich}$$

Aufgabe 7.16 Zeigen Sie, dass $\sim$ eine Äquivalenzrelation auf $^{\mathbb{N}}\{0, 1\}$ darstellt.

Nun können die Zwerge mithilfe des Auswahlaxiom ein Repräsentantensystem C wählen, d.h. eine Menge $C \subseteq A$ mit $|C \cap [(a_n)]_\sim| = 1$ für alle $(a_n) \in A$ (siehe Aufgabe 7.7). Diese Wahl treffen die Zwerge vor dem Aufsetzen der Mützen.

Nun setzt der Riese den Zwergen ihre Mütze auf. Die Zwerge sehen unendlich viele Zwerge vor ihnen, können also den Repräsentanten (a_n) der Äquivalenzklasse der tatsächlichen Mützenverteilung (b_n) bestimmen. Nun rät jeweils der n-te Zwerg diejenige Farbe, die der Zahl (a_n) zugeordnet ist. Da $(a_n) \sim (b_n)$, unterscheiden sich die Mützenverteilungen (a_n) und (b_n) nur an endlich vielen Stellen, sodass nur endlich viele Zwerge falsch raten.

Wir betrachten nun noch eine Variante dieses Rätsels:

Aufgabe 7.17 Wieder stehen abzählbar unendlich viele Zwerge in einer Reihe, wobei jedem entweder eine rote oder blaue Mütze aufgesetzt wird. Alle Zwerge sehen nur die Zwerge, die vor ihnen stehen, und müssen der Reihe nach ihre Farbe erraten. Die Zwerge können sich vorab auf eine Strategie einigen und hören, was die vorherigen Zwerge geraten haben.

Zeigen Sie, dass alle Zwerge bis auf den ersten mit einer geeigneten Strategie definitiv überleben können und der erste Zwerg eine Überlebenswahrscheinlichkeit von 50% hat.

Wir wenden uns nun der Lösung des Rätsels zu, welches wir zu Beginn des Kapitels gestellt haben (siehe Seite 103). Sei $A = {}^{\mathbb{N}}\mathbb{R}$ die Menge aller Folgen reeller Zahlen. Wir betrachten auch hier wieder eine Äquivalenzrelation:

$$(a_n) \sim (b_n) :\Leftrightarrow \exists N \in \mathbb{N} \, \forall n \geq N : a_n = b_n$$

Nun einigen sich die 100 Mathematikerinnen, auf ein Repräsentantensystem C von $\sim$. Zudem einigen sich die Mathematikerinnen auf die folgende Strategie: Die k-te Mathematikerin – wobei die Mathematikerinnen von 0 bis 99 nummeriert sind – öffnet alle Umschläge bis auf die $(100n + k)$-ten Umschläge für $n \in \mathbb{N}$. Damit kennt sie den Inhalt aller ungeöffneten Umschläge aller anderen Mathematikerinnen. Die Zahlen in den ungeöffneten Umschlägen der j-ten Mathematikerin für $j \neq k$ bildet jeweils eine unendliche Folge von reellen Zahlen (a_{100n+j}), welche der k-ten Mathematikerin bekannt ist. Nach der Konstruktion von $\sim$ gibt es einen Index

$m_j = f(j)$, ab dem die Folge der ungeöffneten Umschläge mit dem Repräsentanten der entsprechenden Äquivalenzklasse übereinstimmt, d.h. für alle $m \geq m_j$ gilt $a_{100m+j} = c_m$, falls $(c_n) \in C$ und $(c_n) \sim (a_n)$.

Setzen wir zum Beispiel $k = 3$: Die Mathematikerin mit der Nummer 3 öffnet also alle Umschläge außer die Umschläge mit den Nummern $3, 103, 203, 303, \ldots$ Insbesondere öffnet sie die Umschläge mit den Nummern $j, 100 + j, 200 + j, 300 + j, \ldots$ für $j \neq 3$, welche von der Mathematikerin mit der Nummer j nicht geöffnet wurden. Für jedes $j \neq 3$ kann nun die Mathematikerin mit der Nummer 3 bestimmen, ab welchem Umschlag die Folge der reellen Zahlen in den Umschlägen $j, 100 + j, 200 + j, 300 + j, \ldots$ mit dem entsprechenden Repräsentanten übereinstimmt. Das heißt, die Mathematikerin mit der Nummer 3 kann für alle $j \neq 3$ den Wert von $f(j)$ bestimmen.

Nachdem die Mathematikerin mit der Nummer k nun $f(j)$ für alle $j \in \{0, \ldots, 99\}$ mit $j \neq k$ bestimmt hat, setzt sie

$$g(k) := \max \{ f(j) \mid j \in \{0, \ldots, 99\}, j \neq k \}.$$

Ab dem $g(k)$-ten Folgenglied stimmt dann für jedes $j \neq k$ die Folge der ungeöffneten Umschläge der Mathematikerin mit der Nummer j mit dem entsprechenden Repräsentanten überein. Nun öffnet die k-te Mathematikerin alle Umschläge mit Nummern $100n + k$ für $n > g(k)$. Nun kennt sie auch den Repräsentanten der Folge der von ihr ursprünglich nicht geöffneten Umschläge, da sie die Folge ab dem $(g(k) + 1)$-ten Glied kennt und der Repräsentant nicht von den endlich vielen nicht geöffneten Umschlägen abhängt. Nun rät sie den Inhalt des Umschlags mit der Nummer $100 g(k) + k$.

Angenommen, die Mathematikerin mit der Nummer 3 berechnet $g(3) = 9$. Also öffnet sie die noch ungeöffneten Umschläge ab der Nummer $100 \cdot (g(3) + 1) + 3$, d.h. sie öffnet die Umschläge $1003, 1103, 1203, \ldots$. Unter der Berücksichtigung, dass die Folgenglieder der Umschläge $3, 103, 203, \ldots, 903$ unbekannt sind, bestimmt sie den Repräsentanten der Folge der Zahlen in den Umschlägen $3, 103, 203, \ldots$ Nun rät sie als Inhalt des Umschlags 903 das Folgenglied des Repräsentanten an der Stelle 9.

Wir wollen zeigen, dass unter der Anwendung dieser Strategie mindestens 99 der 100 Mathematikerin richtig raten. Raten alle korrekt, so ist nichts zu zeigen. Wir nehmen nun an, dass zum Beispiel die Mathematikerin mit der Nummer 3 falsch rät und zeigen, dass dann notwendigerweise alle anderen richtig raten. Rät die Mathematikerin mit der Nummer 3 falsch, so stimmt der Inhalt des Umschlags 903 (im Beispiel von oben) nicht überein mit dem Folgenglied des Repräsentanten an der Stelle 9. Dies ist aber nur dann der Fall wenn $f(3) > 9$, und damit gilt:

$$f(3) > \max \{ f(j) \mid j \in \{0, \ldots, 99\}, j \neq 3 \}$$

Allen anderen Mathematikerinnen ist aber $f(3)$ bekannt und zudem gilt $g(j) > f(3)$ für alle $j \neq 3$. Insbesondere ist für $j \neq 3$, $f(j) < g(j)$, und damit rät für $j \neq 3$, die Mathematikerin mit der Nummer j den Inhalt des Umschlags $100 g(j) + j$ richtig. Wir sehen also, dass höchstens eine Mathematikerin falsch rät, und dass im Fall, wenn es mindestens zwei $k \in \{0, \ldots, 99\}$ gibt mit $g(k) = \max \{f(j) \mid j \in \{0, \ldots, 99\}\}$ sogar alle 100 Mathematikerinnen richtig raten.

Kapitel 8
Das Banach-Tarski-Paradoxon

Was ist ein Anagramm von Banach-Tarski? Banach-Tarski Banach-Tarski.

(Mathematikwitz)

In diesem Kapitel zeigen wir das sogenannte *Banach-Tarski-Paradoxon*. Um dieses Paradoxon zu formulieren, brauchen wir den Begriff der *Zerlegungsgleichheit*, und für den Beweis müssen wir zuerst das *Hausdorff-Paradoxon* zeigen.

8.1 Zerlegungsgleichheit

Definition 8.1 Zwei geometrische Figuren A und A' (d.h., zwei Punktmengen auf der Geraden $\mathbb{R}$, in der Ebene $\mathbb{R}^2$, oder im dreidimensionalen Raum $\mathbb{R}^3$) heißen *kongruent*, bezeichnet mit $A \cong A'$, falls A durch Translation (d.h. Verschiebung) und/oder Rotation aus A' erhalten werden kann; Spiegelungen sind nicht zugelassen.

Zwei geometrische Figuren A und A' heißen *zerlegungsgleich*, bezeichnet mit $A \simeq A'$, falls es eine positive natürliche Zahl n und Partitionen

$$A = A_1 \cup \ldots \cup A_n \quad \text{und} \quad A' = A'_1 \cup \ldots \cup A'_n$$

gibt, sodass für alle $1 \leq i \leq n$ gilt:

$$A_i \cong A'_i$$

Um auszudrücken, dass A und A' zerlegungsgleich sind, wobei die Partitionen höchstens n Teile haben, schreiben wir $A \simeq_n A'$.

Bevor wir einen allgemeinen Satz über zerlegungsgleiche Figuren beweisen, möchten wir den Begriff an drei Bespielen demonstrieren.

1. Sei k der Einheitskreis in $\mathbb{C}$ (bzw. in $\mathbb{R}^2$) mit Mittelpunkt 0 und sei $P = 1$ ein Punkt auf k. Dann ist $k \simeq_2 k \setminus \{P\}$. Um dies zu sehen, partitionieren wir k zum Beispiel in die beiden Teile

$$A_1 := \{e^{li} \mid l \in \mathbb{N}\} \qquad \text{und} \qquad A_2 := k \setminus A_1$$

Da π irrational ist und $1 = e^0 = e^{2\pi i}$, gilt $e^i \cdot A_1 := \{e^i \cdot x \mid x \in A_1\} = A_1 \setminus \{P\}$ und für $A_1' := e^i \cdot A_1$ gilt

$$k = A_1 \cup A_2 \quad \text{und} \quad k \setminus \{P\} = A_1' \cup A_2 \quad \text{mit} \quad A_i \cong A_i' \quad \text{für } i = 1, 2.$$

2. Sei wieder k der Einheitskreis in $\mathbb{C}$ mit Mittelpunkt 0 und sei $Q = 0$ ein Punkt. Dann ist $k \simeq_3 k \cup \{Q\}$. Um dies zu sehen partitionieren wir k zum Beispiel in die drei Teile

$$A_1 := \{1\}, \qquad A_2 := \{e^{(l+1)i} \mid l \in \mathbb{N}\} \qquad \text{und} \qquad A_3 := k \setminus (A_1 \cup A_2)$$

Dann ist, analog zum vorherigen Beispiel, $e^{-i} \cdot A_2 = A_1 \cup A_2$ und für $A_1' := \{Q\}$, $A_2' := e^{-i} \cdot A_2$ und $A_3' := A_3$ gilt

$$k = A_1 \cup A_2 \cup A_3 \quad \text{und} \quad k \cup \{Q\} = A_1' \cup A_2 \cup A_3' \quad \text{mit} \quad A_i \cong A_i' \quad \text{für } i = 1, 2, 3.$$

Für das dritte Beispiel, welches wir als Lemma formulieren, brauchen wir den Begriff der 2-*Sphäre*:

Definition 8.2 Die Oberfläche einer Kugel in $\mathbb{R}^3$ heißt 2-Sphäre und wird mit $S_2(r)$ bezeichnet, wobei r der Radius der Kugel ist. Für $r = 1$ schreiben wir S_2. D.h. S_2 ist kongruent zur Menge

$$\{(x, y, z) \in \mathbb{R}^3 \mid x^2 + y^2 + z^2 = 1\}.$$

Um hervorzuheben, dass $A \cup B$ eine Vereinigung *disjunkter* Mengen ist (d.h. $A \cap B = \emptyset$), schreiben wir $A \mathbin{\dot\cup} B$.

Lemma 8.3 *Sei $F \subseteq S_2$ eine abzählbare Menge. Dann ist*

$$S_2 \simeq_3 S_2 \mathbin{\dot\cup} F.$$

Mit anderen Worten, S_2 und S_2 mit einer disjunkten Kopie von F sind zerlegungsgleich.

Streng genommen ist F eine Teilmenge von S_2, weswegen aus mengentheoretischer Sicht $S_2 \cup F = S_2$ gilt. Dies kann man aber leicht umgehen, indem man beispielsweise F durch $F \times \{0\}$ ersetzt, um so eine disjunkte Kopie von F zu erhalten.

Beweis Weil F abzählbar und S_2 überabzählbar ist, existieren antipodische (d.h. gegenüberliegende) Punkte P und P' auf S_2, sodass weder P noch P' in F liegt. Sei a die Gerade durch P und P' und für jedes $0 < \alpha < 2\pi$, d.h. für jedes α im offenen Intervall $(0, 2\pi)$, sei ρ_α die Drehung mit Drehachse a um α. Für jedes $x \in F$ sei

$$A_x := \left\{ \alpha \in (0, 2\pi) \mid \exists k \in \mathbb{Z}\, \exists y \in F : \rho_\alpha^k(x) = y \right\}.$$

Weil für jedes $x \in F$ die Menge A_x abzählbar ist, ist auch die Menge $\bigcup_{x \in F} A_x$ abzählbar, und weil $(0, 2\pi)$ überabzählbar ist, existiert ein

$$\beta \in (0, 2\pi) \setminus \bigcup_{x \in F} A_x$$

sodass für alle $x, y \in F$ und alle $k \in \mathbb{Z} \setminus \{0\}$ gilt $\rho_\beta^k(x) \neq y$.

Wir definieren nun

$$\bar{F} := \bigcup_{k \geq 1} \left\{ \rho_\beta^k(x) \mid x \in F \right\} \qquad \text{und} \qquad S := S_2 \setminus (F \cup \bar{F}).$$

Dann ist $S_2 = S \,\dot\cup\, F \,\dot\cup\, \bar{F}$, und weil

$$\rho_\beta^{-1}[\bar{F}] := \left\{ \rho_\beta^{-1}(y) \mid y \in \bar{F} \right\} = F \cup \bar{F}$$

ist $\bar{F} \cong F \cup \bar{F}$. Somit ist $F \cup \bar{F} \simeq_2 (F \cup \bar{F}) \,\dot\cup\, F$ und wir erhalten $S_2 \simeq_3 S_2 \,\dot\cup\, F$. $\quad\square$

Aufgabe 8.4 Seien

$$Q := \left\{ (x, y) \in \mathbb{R}^2 \mid 0 \leq x, y \leq 1 \right\} \quad \text{und} \quad Q' := \left\{ (x, y) \in \mathbb{R}^2 \mid 0 < x, y < 1 \right\},$$

und sei

$$R := \left\{ (x, y) \in \mathbb{R}^2 \mid 0 \leq x \leq 2 \,\wedge\, 0 \leq y \leq 1/2 \right\}$$

(a) Zeigen Sie, dass gilt: $Q \simeq Q'$.
(b) Zeigen Sie, dass gilt: $Q \simeq R$.

Die folgenden beiden Resultate werden im Beweis des Banach-Tarski Paradoxons eine zentrale Rolle spielen. Zuerst zeigen wir, dass die Zerlegungsgleichheit eine transitive Relation ist.

Theorem 8.5 *Seien A, B, C drei Mengen in $\mathbb{R}^3$. Dann gilt:*

$$A \simeq_m B \wedge B \simeq_n C \Rightarrow A \simeq_{mn} C$$

> *Daraus folgt unmittelbar:*
>
> $$A \simeq B \land B \simeq C \Rightarrow A \simeq C$$

Beweis Es genügt den ersten Teil des Theorems zu zeigen. Mit $A \simeq_m B$ und $B \simeq_n C$ haben wir

$$\left.\begin{array}{l} A = A_1 \cup \ldots \cup A_m \\[4pt] B = B_1 \cup \ldots \cup B_m \end{array}\right\} \text{ mit } A_i \cong B_i \text{ für } 1 \leq i \leq m,$$

und

$$\left.\begin{array}{l} B = B_1' \cup \ldots \cup B_n' \\[4pt] C = C_1 \cup \ldots \cup C_n \end{array}\right\} \text{ mit } B_j' \cong C_j \text{ für } 1 \leq j \leq n.$$

Für alle Paare i, j mit $1 \leq i \leq m$ und $1 \leq j \leq n$ definieren wir

$$B_{i,j}'' := B_i \cap B_j'.$$

Dann ist

$$A_i \cong \bigcup_{1 \leq j \leq n} B_{i,j}'' \qquad \text{für alle } 1 \leq i \leq m$$

und

$$C_j \cong \bigcup_{1 \leq i \leq m} B_{i,j}'' \qquad \text{für alle } 1 \leq j \leq n.$$

Für jedes $1 \leq i \leq m$ und $1 \leq j \leq m$ existiert eine (eventuell leere) Teilmenge $A_{i,j} \subseteq A_i$ sodass $A_{i,j} \cong B_{i,j}''$, und analog existiert $C_{j,i} \subseteq C_j$ mit $C_{j,i} \cong B_{i,j}''$. Somit gilt für alle Paare i, j, $A_{i,j} \cong C_{j,i}$. Betrachten wir nun nur die Paare i, j, für die $B_{i,j}''$ nicht leer ist, so erhalten wir eine Partition von A und C in höchstens mn paarweise kongruente Teile, und somit ist $A \simeq_{mn} C$. $\qquad\square$

Lemma 8.6 *Seien A, K, B drei Mengen in $\mathbb{R}^3$. Dann gilt:*

$$A \supseteq K \supseteq B \land A \simeq_n B \Rightarrow A \simeq_{n+1} K$$

Beweis Nach Voraussetzung ist

$$\left.\begin{array}{l} A = A_1 \cup \ldots \cup A_n \\[4pt] B = B_1 \cup \ldots \cup B_n \end{array}\right\} \text{ mit } A_i \cong B_i \text{ für } 1 \leq i \leq n.$$

Für jedes $1 \leq i \leq n$ sei $\phi_i : A_i \to B_i$ die Kongruenzabbildung welche die Mengen A_i bijektiv auf die Menge B_i abbildet, und sei ϕ die Bijektion zwischen A und B, welche definiert ist durch $\phi(x) := \phi_i(x)$ für $x \in A_i$. Weil $\phi[A] := \{\phi(x) \mid x \in A\} = B \subseteq A$, ist für $k \in \mathbb{N}$, $\phi^k[A] \subseteq A$, wobei ϕ^0 die Identitätsabbildung ist und $\phi^{k+1} := \phi \circ \phi^k$. Insbesondere ist $\phi^k[A \setminus K] \subseteq A$. Sei nun

$$A' := \bigcup_{k \in \mathbb{N}} \phi^k[A \setminus K] = (A \setminus K) \cup \phi[A \setminus K] \cup \phi^2[A \setminus K] \cup \ldots$$

Dann ist offensichtlich $A' \subseteq A$. Wir definieren $A'' := A \setminus A'$ und $K' := \phi[A']$. Dann ist $A = A' \,\dot\cup\, A''$ und wegen $K' = \phi[A'] \subseteq \phi[A] = B \subseteq K$ gilt $K' \subseteq K$. Weiter ist nach Definition von A'

$$A' = (A \setminus K) \cup \phi[A'] = (A \setminus K) \cup K' = A \setminus (K \setminus K').$$

Daraus folgt $K \setminus K' = A''$ und wir erhalten:

$$K = K' \,\dot\cup\, A''$$

Wegen $A = (A \cap A') \,\dot\cup\, A''$ und $A = A_1 \,\dot\cup\, \ldots \,\dot\cup\, \ldots A_n$, haben wir aufgrund des Distributivgesetzes:

$$A = (A' \cap A_1) \,\dot\cup\, \ldots \,\dot\cup\, (A' \cap A_n) \,\dot\cup\, A''$$

Nach Definition von K', ϕ_i und ϕ gilt

$$\phi[A' \cap A_i] = \phi[A'] \cap \phi_i[A_i] = K' \cap B_i \qquad \text{für } 1 \le i \le n.$$

Andererseits haben wir, nach Definition von ϕ und weil $A' \cap A_i \subseteq A_i$, dass für alle $1 \le i \le n$ gilt $\phi[A' \cap A_i] = \phi_i[A' \cap A_i]$, und somit erhalten wir:

$$A' \cap A_i \cong K' \cap B_i,$$

wobei die Mengen $K' \cap B_i$ paarweise disjunkt sind. Weil $K' \subseteq K \subseteq A$, $A = A' \,\dot\cup\, A''$ gilt und $\phi : A \to B$ eine Bijektion ist, muss gelten

$$\bigcup_{1 \le i \le n} (K' \cap B_i) = K'$$

und somit ist $K' = K' \cap B$, also $K' \subseteq B$. Mit $K = K' \,\dot\cup\, A''$ erhalten wir schließlich

$$K = (K' \cap B) \,\dot\cup\, A'' = \underbrace{(K' \cap B_1)}_{\cong A' \cap A_1} \,\dot\cup\, \ldots \,\dot\cup\, \underbrace{(K' \cap B_n)}_{\cong A' \cap A_n} \,\dot\cup\, \underbrace{A''}_{A''}$$

und damit $K \simeq_{n+1} A$. $\qquad\qquad\qquad\qquad\qquad\qquad\qquad\qquad\qquad$ $\square$

8.2 Das Hausdorff-Paradoxon

Der Beweis des Banach-Tarski Paradoxons beruht im Wesentlichen auf einem Satz von Hausdorff, dem sogenannten *Hausdorff-Paradoxon*, bzw. einer Folgerung dieses scheinbaren Paradoxons. Im Beweis des Hausdorff-Paradoxons setzen wir voraus,

dass die Leserin bzw. die Leserin vertraut ist mit einigen Begriffen der Gruppen-
theorie und der linearen Algebra. Insbesondere werden wir die *spezielle orthogonale
Gruppe* SO(3) auf der 2-Sphäre operieren lassen und Produkte von 3×3-Matrizen
untersuchen.

Theorem 8.7 (Hausdorff Paradoxon) *Es existiert eine abzählbare Menge
F auf der 2-Sphäre S_2, sodass gilt:*

$$(S_2 \setminus F) \simeq_4 (S_2 \setminus F) \mathbin{\dot\cup} (S_2 \setminus F)$$

Beweis Der Beweis ist wie folgt aufgebaut: In einem ersten Schritt definieren wir
eine unendliche Untergruppe H von SO(3), wobei SO(3) die spezielle orthogonale
Gruppe aller Rotationen in $\mathbb{R}^3$ ist, welche den Ursprung fest halten (d.h. SO(3) ist die
Gruppe aller Rotationen in $\mathbb{R}^3$ um Rotationsachsen, die durch den Ursprung gehen).
Die Untergruppe H werden wir so konstruieren, dass sie durch nur zwei Rotationen
φ und ψ erzeugt wird, d.h. jede Rotation aus H ist ein endliches Produkt aus φ und
ψ.

In einem zweiten Schritt markieren wir jede Rotation in H mit einem der drei
Label ❶, ❷ oder ❸.

In einem dritten Schritt benutzen wir, dass die Gruppe H, als Untergruppe von
SO(3), auf natürliche Weise auf der 2-Sphäre S_2 (mit Mittelpunkt im Ursprung)
operiert. D.h. jede Rotation $\rho \in H$ bildet S_2 bijektiv auf S_2 ab. Diese Abbildungen
induzieren eine Äquivalenzrelation "~" auf S_2 durch:

$$x \sim y \iff \text{es existiert ein } \rho \in H \text{ mit } \rho(x) = y.$$

Bezüglich dieser Äquivalenzrelation zerfällt dann S_2 in paarweise disjunkte Äquivalenzklassen, d.h. $x \sim y$ gilt genau dann, wenn x und y derselben Äquivalenzklasse
angehören. Mit Hilfe des Auswahlaxioms wählen wir dann aus jeder Äquivalenzklasse ein Element aus. Die Menge der ausgewählten Elemente bezeichnen wir
mit M.

Im letzten Schritt definieren wir dann mit Hilfe der Label ❶, ❷, ❸ und der
Menge M vier Mengen $A, B, C, F \subseteq S_2$, wobei F abzählbar ist und für A, B, C gilt

$$A \cong B \cong C \quad \text{und} \quad A \cong B \mathbin{\dot\cup} C,$$

und zeigen schließlich, dass daraus $(S_2 \setminus F) \simeq_4 (S_2 \setminus F) \mathbin{\dot\cup} (S_2 \setminus F)$ folgt.

Wir beginnen nun mit der Konstruktion der Untergruppe H von SO(3). Zunächst
erinnern wir daran, wie sich Drehmatrizen in der Ebene darstellen lassen: Ist φ eine
Drehung um den Ursprung mit Drehwinkel α, so ist die darstellende Matrix von φ
gegeben durch:

$$\varphi = \begin{pmatrix} \cos\alpha & -\sin\alpha \\ \sin\alpha & \cos\alpha \end{pmatrix}$$

Dabei identifizieren wir jeweils eine Drehung mit ihrer Darstellungsmatrix.

Aufgabe 8.8 Beweisen Sie, dass die darstellende Matrix einer Drehung um den Ursprung mit Drehwinkel α die obige Form hat.

Für Matrizen, deren Drehachse eine der Koordinatenachsen ist, lässt sich dies leicht auf den Raum übertragen: Dreht man beispielsweise um die z-Achse mit Drehwinkel α, so erhält man die folgende darstellende Matrix:

$$\begin{pmatrix} \cos\alpha & -\sin\alpha & 0 \\ \sin\alpha & \cos\alpha & 0 \\ 0 & 0 & 1 \end{pmatrix}$$

Nun konstruieren wir unsere Untergruppe H, indem wir sie durch zwei Rotationen erzeugen. Seien φ und ψ, geschrieben als 3×3-Matrizen, folgende Rotationen aus SO(3):

1. Wir wählen φ als Drehung um $180° = \pi$ um diejenige Achse, die durch Verbinden des Ursprungs mit dem Punkt $(1, 0, 1)$ entsteht. Wir überlegen uns, worauf die Einheitsvektoren abgebildet werden:

$$\begin{pmatrix} 1 \\ 0 \\ 0 \end{pmatrix} \mapsto \begin{pmatrix} 0 \\ 0 \\ 1 \end{pmatrix}, \quad \begin{pmatrix} 0 \\ 1 \\ 0 \end{pmatrix} \mapsto \begin{pmatrix} 0 \\ -1 \\ 0 \end{pmatrix}, \quad \begin{pmatrix} 0 \\ 0 \\ 1 \end{pmatrix} \mapsto \begin{pmatrix} 1 \\ 0 \\ 0 \end{pmatrix}$$

Das ergibt uns dann die Darstellungsmatrix

$$\varphi = \begin{pmatrix} 0 & 0 & 1 \\ 0 & -1 & 0 \\ 1 & 0 & 0 \end{pmatrix}.$$

2. Wir wählen ψ als Drehung um $120° = \frac{2\pi}{3}$ um die z-Achse. Nun lässt sich die Darstellungsmatrix von ψ leicht berechnen, indem wir in der obigen Formel einfach $\alpha = \frac{2\pi}{3}$ einsetzen. Es gilt $\cos(\frac{2\pi}{3}) = -\frac{1}{2}$ und $\sin(\frac{2\pi}{3}) = \frac{\sqrt{3}}{2}$, also erhalten wir

$$\psi = \begin{pmatrix} -\frac{1}{2} & -\frac{\sqrt{3}}{2} & 0 \\ \frac{\sqrt{3}}{2} & -\frac{1}{2} & 0 \\ 0 & 0 & 1 \end{pmatrix} = \frac{1}{2} \begin{pmatrix} -1 & -\sqrt{3} & 0 \\ \sqrt{3} & -1 & 0 \\ 0 & 0 & 2 \end{pmatrix}.$$

Offensichtlich gilt aufgrund der gewählten Drehwinkel für die Identitätsabbildung ι:

$$\varphi^2 = \iota, \quad \psi^3 = \iota$$

Aufgabe 8.9 Beweisen Sie mittels Induktion nach n, dass für alle natürlichen Zahlen $n \geq 1$ und $\epsilon_1, \ldots, \epsilon_n \in \{\pm 1\}$ gilt

$$\psi^{\epsilon_1}\varphi \ldots \psi^{\epsilon_n}\varphi = \frac{1}{2^n}\begin{pmatrix} a_{11} & a_{12}\sqrt{3} & a_{13} \\ a_{21}\sqrt{3} & a_{22} & a_{23}\sqrt{3} \\ a_{31} & a_{32}\sqrt{3} & a_{33} \end{pmatrix},$$

wobei $a_{11}, a_{21}, a_{31}, a_{32}, a_{33} \in \mathbb{Z}$ gerade und $a_{12}, a_{22}, a_{13}, a_{23} \in \mathbb{Z}$ ungerade sind.

Aus Aufgabe 8.9 folgt, dass für alle $n \geq 1$ gilt:

$$\psi^{\epsilon_1}\varphi \ldots \psi^{\epsilon_n}\varphi \notin \{\iota, \varphi\}$$

Somit haben wir für alle $n \geq 1$, für alle $\epsilon_k = \pm 1$ mit $1 \leq k \leq n$, sowie für $\epsilon_0 \in \{0, 1\}$ und $\epsilon_{n+1} \in \{0, \pm 1\}$:

$$\varphi^{\epsilon_0} \cdot \left(\psi^{\epsilon_1}\varphi \ldots \psi^{\epsilon_n}\varphi\right) \cdot \psi^{\epsilon_{n+1}} \neq \iota \qquad (*)$$

Mit anderen Worten: Die einzigen Relationen zwischen φ und ψ sind $\varphi^2 = \psi^3 = \iota$.

Sei nun H diejenige Gruppe von Rotationen in $\mathbb{R}^3$, welche durch die beiden Rotationen φ und ψ erzeugt wird, d.h. H ist die kleinste Untergruppe von $SO(3)$, welche φ und ψ enthält. Dann folgt aus $(*)$, dass jede Rotation in H sich eindeutig schreiben lässt in der Form

$$\varphi^{\epsilon_0}\psi^{\epsilon_1}\varphi \cdot \psi^{\epsilon_n}\varphi\psi^{\epsilon_{n+1}}$$

wobei $n \geq 0$, $\epsilon_k = \pm 1$ (für alle $1 \leq k \leq n$), $\epsilon_0 \in \{0, 1\}$, und $\epsilon_{n+1} \in \{0, \pm 1\}$. Dass H genau aus den so darstellbaren Rotationen besteht, liegt daran, dass all diese Rotationen aufgrund der Untergruppeneigenschaften in H sind, aber zugleich selbst eine Untergruppe bilden.

Nun betrachten wir den sogenannten *Cayley-Graphen* von H: Der Cayley-Graph von H ist ein gerichteter Graph, bei dem die Punkte die Elemente von H sind und zwei Punkte $\rho_1, \rho_2 \in H$ durch eine gerichtete Kante von ρ_1 nach ρ_2 miteinander verbunden sind, wenn entweder $\rho_2 = \varphi\rho_1$ oder $\rho_2 = \psi\rho_1$. Im ersten Fall ist die gerichtete Kante mit φ bezeichnet, im zweiten Fall mit ψ. Zum Beispiel haben wir $\psi\varphi \xrightarrow{\varphi} \varphi\psi\varphi$ oder $\psi^2\varphi \xrightarrow{\psi} \varphi$ (bzw. $\psi^{-1}\varphi \xrightarrow{\psi} \varphi$).

Jeden Punkt des Cayley-Graphen von H (d.h. jedes Element aus H) markieren wir mit einem Label ❶, ❷, oder ❸, entsprechend den folgenden Regeln:

- Die Identitätsabbildung ι wird mit ❶ markiert.
- Ist $\rho \in H$ mit ❷ oder ❸ markiert und $\sigma = \varphi\rho$, dann wird σ mit ❶ markiert.
- Ist $\rho \in H$ mit ❶ markiert und $\sigma = \varphi\rho$, dann wird σ entweder mit ❷ oder mit ❸ markiert.
- Ist $\rho \in H$ mit ❶ (bzw. ❷ bzw. ❸) markiert und $\sigma = \psi\rho$, dann wird σ mit ❷ (bzw. ❸ bzw. ❶) markiert.

Diese Regeln werden durch die folgende Diagramme illustriert:

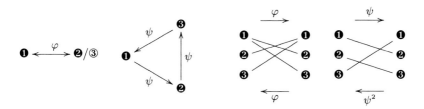

Das Label ③ soll ausdrücken, dass falls ρ mit ❶ markiert ist und von der Form $\psi^\epsilon \rho'$ (für $\epsilon = \pm 1$) ist, dann ist $\varphi\rho$ immer mit ❷ (und nicht mit ❸) markiert. Das ist, damit die Markierungen eindeutig werden, denn die Regeln lassen uns gewisse Freiheiten beim Setzen der Labels.

Die folgende Figur zeigt einen Ausschnitt aus dem markierten Cayley-Graphen von H, wobei das etwas größere Label ❶ das Label von ι ist:

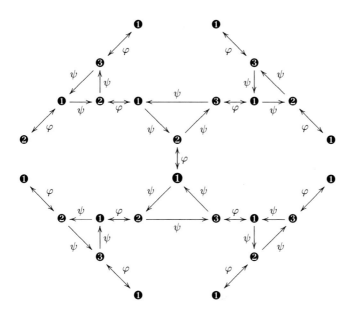

Auf der 2-Sphäre S_2 definieren wir nun eine Äquivalenzrelation „$\sim$" durch:

$$x \sim y \iff \exists \rho \in H : \rho(x) = y$$

Aufgabe 8.10 Beweisen Sie, dass die oben definierte Relation eine Äquivalenzrelation darstellt.

Bezüglich dieser Äquivalenzrelation zerfällt dann S_2 in paarweise disjunkte Äquivalenzklassen. Bezeichnen wir die Äquivalenzklasse von x mit $[x]$, so gilt also $x \sim y$ genau dann wenn $[x] = [y]$.

Jede Drehung $\rho \in H \setminus \{\iota\}$ hält genau zwei gegenüberliegende Punkte auf S_2 fest. Diese beiden Punkte sind also *Fixpunkte* bzgl. der Rotation ρ. Sei nun $F \subseteq S_2$ die Menge aller Fixpunkte von Rotationen aus $H^* := H \setminus \{\iota\}$, d.h.

$$F = \{y \in S_2 \mid \exists \rho \in H^* : \rho(y) = y\}.$$

Weil die Gruppe H abzählbar ist und jede Rotation $\rho \in H^*$ genau zwei Fixpunkte hat, ist auch F abzählbar. Wir zeigen nun, dass jeder Punkt auf S_2, der äquivalent zu einem Fixpunkt ist, selber ein Fixpunkt ist. Anders ausgedrückt, ist $x \in S_2 \setminus F$, dann ist $[x] \subseteq S_2 \setminus F$. Um dies zu sehen, sei $y \in F$, d.h. $\rho(y) = y$ für ein $\rho \in H^*$. Dann ist

$$\sigma \rho \sigma^{-1}(\sigma(y)) = \sigma(y).$$

D.h. ist y ein Fixpunkt bzgl. ρ, dann ist $\sigma(y)$ ein Fixpunkt bzgl. $\sigma \rho \sigma^{-1}$, wobei $\sigma \in H$ beliebig ist. Damit besteht eine Äquivalenzklasse entweder nur aus Fixpunkten oder nur aus nicht-Fixpunkten.

Sei $\mathcal{F}$ die Menge aller Äquivalenzklassen $[x] \neq F$, d.h.

$$\mathcal{F} = \{[x] \mid x \in S_2 \setminus F\}.$$

Mit dem Auswahlaxiom existiert eine Funktion f mit

$$f : \mathcal{F} \longrightarrow \bigcup \mathcal{F}$$
$$[x] \longmapsto f([x]) \in [x]$$

und wir definieren

$$M := \{f([x]) \mid x \in S_2 \setminus F\}.$$

Wir markieren nun die Punkte $x \in S_2 \setminus F$ wie folgt: Ist $x \in S_2 \setminus F$, dann gibt es genau ein Element $y \in M$ und genau eine Rotation $\rho \in H$, sodass $\rho(y) = x$. Beachte, dass M aus jeder Äquivalenzklasse $[x] \neq F$ genau ein Element enthält, es gilt somit $\{y\} = M \cap [x]$. Wir markieren nun den Punkt x mit dem Label von ρ des markierten Cayley-Graphen von H. Weil die Identitätsabbildung ι mit dem Label ❶ markiert wurde, sind alle Punkte in M mit ❶ markiert.

Die Markierungen der Punkte $x \in S_2 \setminus F$ mit den drei Labels ❶, ❷ und ❸ gibt uns eine Partition der Menge $S_2 \setminus F$ in folgende drei Teile:

$$A = \{x \in S_2 \setminus F \mid x \text{ ist mit } ❶ \text{ markiert}\},$$
$$B = \{x \in S_2 \setminus F \mid x \text{ ist mit } ❷ \text{ markiert}\},$$
$$C = \{x \in S_2 \setminus F \mid x \text{ ist mit } ❸ \text{ markiert}\}.$$

Somit ist $S_2 = A \dot{\cup} B \dot{\cup} C \dot{\cup} F$ und mit der Markierung der Elemente des Cayley-Graphen von H erhalten wir

$$\psi[A] = B, \qquad \psi^{-1}[A] = C, \qquad \varphi[A] = B \dot{\cup} C,$$
$$\text{bzw.} \qquad A \cong B, \qquad A \cong C, \qquad A \cong B \dot{\cup} C.$$

Insbesondere gilt $A = \psi^{-1}[B]$ und $A = \psi[C]$, woraus folgt

$$A = \psi^{-1}[B] \quad \text{und} \quad B \dot{\cup} C = (\varphi \circ \psi)[C].$$

Setzen wir $A' := \varphi[C]$ und $A'' := \varphi[B]$, so ist $A = A' \dot{\cup} A''$, $C = \varphi[A']$ und $B = \varphi[A'']$, und wir erhalten

$$A = (\psi \circ \varphi)[A'] \quad \text{und} \quad B \dot{\cup} C = (\varphi \circ \psi^{-1} \circ \varphi)[A''].$$

Damit haben wir

$$(S_2 \setminus F) \qquad = \quad A' \,\dot{\cup}\quad A'' \quad \dot{\cup}\, B \,\dot{\cup}\quad C$$
$$(S_2 \setminus F) \dot{\cup} (S_2 \setminus F) \quad = \quad A \,\dot{\cup}\, (B \cup C) \,\dot{\cup}\, A \,\dot{\cup}\, (B \cup C)$$

mit

$$A' \cong A, \qquad A'' \cong B \dot{\cup} C, \qquad B \cong A, \qquad C \cong B \dot{\cup} C,$$

und somit gilt $(S_2 \setminus F) \simeq_4 (S_2 \setminus F) \dot{\cup} (S_2 \setminus F)$. $\qquad\qquad\square$

Korollar 8.11 *Sei K eine Kugel. Dann gilt $K \simeq K \dot{\cup} K$.*

Beweis Es genügt das Korollar für Kugeln mit Radius $r = 1$ zu beweisen. Sei also $K \subseteq \mathbb{R}^3$ eine Kugel mit Radius $r = 1$ und Mittelpunkt M und sei S_2 die Oberfläche von K. Mit Theorem 8.7 gibt es eine abzählbare Menge $F \subseteq S_2$, sodass

$$(S_2 \setminus F) \simeq (S_2 \setminus F) \dot{\cup} (S_2 \setminus F)$$

und mit Lemma 8.3 gilt

$$S_2 \simeq S_2 \dot{\cup} F.$$

Somit erhalten wir mit Theorem 8.5:

$$S_2 \simeq S_2 \dot{\cup} F \simeq \big((S_2 \setminus F) \dot{\cup} F\big) \dot{\cup} F \simeq (S_2 \setminus F) \dot{\cup} (S_2 \setminus F) \dot{\cup} (F \dot{\cup} F) \simeq S_2 \dot{\cup} S_2$$

Sei M der Mittelpunkt der Kugel und sei $\dot{K} := K \setminus \{M\}$. Für jeden Punkt $x \in S_2$ sei $\bar{x}$ die Menge der Punkte der Strecke von M nach x ohne den Punkt M, d.h.

$$\bar{x} := \{t \cdot x \mid t \in (0, 1]\}.$$

Dann ist $\bigcup\{\bar{x} \mid x \in S_2\} = \dot{K}$ und aus $S_2 \simeq S_2 \overset{.}{\cup} S_2$ folgt

$$\dot{K} \simeq \dot{K} \overset{.}{\cup} \dot{K}.$$

Sei k ein Kreis auf der Kugeloberfläche S_2. Wie in Beispiel 2. können wir zeigen, dass gilt $k \simeq k \overset{.}{\cup} \{M\}$. Mit Theorem 8.5 gilt dann

$$\dot{K} \simeq (\dot{K} \setminus S_2) \overset{.}{\cup} (S_2 \setminus k) \overset{.}{\cup} k \simeq (\dot{K} \setminus S_2) \overset{.}{\cup} (S_2 \setminus k) \overset{.}{\cup} (k \overset{.}{\cup} \{M\}) \simeq$$
$$(\dot{K} \setminus S_2) \overset{.}{\cup} S_2 \overset{.}{\cup} \{M\} \simeq \dot{K} \overset{.}{\cup} \{M\} \simeq K,$$

und nochmals mit Theorem 8.5 erhalten wir schließlich

$$K \simeq \dot{K} \overset{.}{\cup} \{M\} \simeq (\dot{K} \overset{.}{\cup} \dot{K}) \overset{.}{\cup} \{M\} \simeq (\dot{K} \overset{.}{\cup} \{M\}) \overset{.}{\cup} (\dot{K} \overset{.}{\cup} \{M\}) \simeq K \overset{.}{\cup} K,$$

was zu zeigen war.   □

8.3 Das Banach-Tarski Paradoxon

Um das folgende Lemma zu formulieren, brauchen wir den Begriff der *Beschränktheit* von Mengen in R^3:

Definition 8.12 Eine Menge $A \subseteq \mathbb{R}^3$ heißt *beschränkt*, falls ein $M \in \mathbb{R}$ existiert mit $\|x\| < M$ für alle $x \in A$, wobei wir für $x = (x_1, x_2, x_3) \in \mathbb{R}^3$ definieren:

$$\|x\| := \sqrt{x_1^2 + x_2^2 + x_3^2}.$$

Lemma 8.13 *Ist $A \subseteq \mathbb{R}^3$ eine beschränkte Menge, welche eine Kugel K_0 enthält (d.h. es existiert eine Kugel K_0 mit $K_0 \subseteq A$), so ist $A \simeq K_0$.*

Beweis Sei r der Radius der Kugel K_0. Weil A beschränkt ist, existieren endliche viele paarweise disjunkte Würfel W_i ($1 \leq i \leq n$ für ein $n \geq 1$), deren Diagonale jeweils die Länge $2r$ hat, so dass

$$A \subseteq W_1 \overset{.}{\cup} W_2 \overset{.}{\cup} \ldots \overset{.}{\cup} W_n.$$

Weiter seien $K_1, \ldots, K_n$ paarweise disjunkte Kugeln mit $K_i \simeq K_0$ (für $1 \leq i \leq n$). Durch sukzessive Anwendung von Korollar 8.11 erhalten wir $K_0 \simeq K_1 \overset{.}{\cup} K_2$, $K_0 \simeq K_1 \overset{.}{\cup} (K_2 \overset{.}{\cup} K_3)$, und schließlich $K_0 \simeq K_1 \overset{.}{\cup} K_2 \overset{.}{\cup} \ldots \overset{.}{\cup} K_n$. Sei $A_i := A \cap W_i$ (für $1 \leq i \leq n$). Weil es in jeder Kugel K_i einen Würfel W_i' gibt mit $W_i' \cong W_i$, existiert für jedes i ein $A_i' \subseteq K_i$ sodass $A_i \cong A_i'$. Somit haben wir:

$$A = A_1 \,\dot{\cup}\, \ldots \,\dot{\cup}\, A_n \simeq \underbrace{A_1' \,\dot{\cup}\, \ldots \,\dot{\cup}\, A_n'}_{=:A'} \subseteq \underbrace{K_1 \,\dot{\cup}\, \ldots \,\dot{\cup}\, K_n}_{\simeq K_0}.$$

Also ist $A \simeq A'$ und es existiert mit Theorem 8.5 ein $A'' \subseteq K_0$ mit $A'' \simeq A'$, d.h.

$$A \simeq A'' \subseteq K_0 \subseteq A$$

und mit Lemma 8.6 folgt $A \simeq K_0$.   □

Mit diesen Vorarbeiten können wir nun folgenden Satz beweisen.

Theorem 8.14 (Banach-Tarski Paradoxon) *Seien $A, B \subseteq \mathbb{R}^3$ zwei beschränkte Mengen, welche jeweils eine Kugel K_1 bzw. K_2 enthalten. Dann gilt $A \simeq B$.*

Beweis Ohne Einschränkung der Allgemeinheit dürfen wir annehmen, dass $K_1 \cong K_2$ gilt – wenn nötig, verkleinern wir die größere der beiden Kugeln. Mit Lemma 8.13 erhalten wir $A \simeq K_1$ und $B \simeq K_2$, und wegen $K_1 \cong K_2$ folgt mit Theorem 8.5 $A \simeq B$.   □

Kapitel 9
Axiome der Mengenlehre

„Unter einer „Menge" verstehen wir jede Zusammenfassung M von bestimmten wohlunterschiedenen Objekten m unserer Anschauung oder unseres Denkens (welche die „Elemente" von M genannt werden) zu einem Ganzen."

(Georg Cantor [12])

9.1 Axiome der Mengenlehre

Nachdem wir im vorherigen Kapitel bereits das Auswahlaxiom kennen gelernt haben, führen wir in diesem Kapitel nun auch die anderen Axiome der Mengenlehre ein. Die Methode, alle Aussagen auf Axiome zurückzuführen, wurde bereits in der Antike in den „*Elementen*" von Euklid [22] eingeführt und seine „*Elementen*" gelten bis heute als Prototyp, wie eine ideale Wissenschaft aufgebaut werden sollte. Euklids axiomatischer Aufbau der Geometrie war so gut, dass es mehr als zwei Jahrtausende dauerte, bis David Hilbert 1899 in seinem berühmten Werk „*Grundlagen der Geometrie*" [34] eine moderne Axiomatisierung der euklidischen Geometrie vorgelegt hat, welche unseren heutigen Ansprüchen an Formalität genügt.

Als Ernst Zermelo 1904 den *Wohlordnungssatz* bewiesen hat, welcher besagt, dass sich jede Menge wohlordnen lässt, hat er dazu das *Auswahlaxiom* eingeführt. Das Auswahlaxiom wurde allerdings nicht von Anfang an akzeptiert, sondern führte zu heftigen Diskussionen in den Grundlagen der Mathematik. Insbesondere war im Gegensatz zur Geometrie keine Axiomatisierung der Mengenlehre allgemein anerkannt. Aus diesem Grunde hat Zermelo in einem weiteren Artikel (siehe [69]) im Jahre 1908 ein Axiomensystem der Mengenlehre vorgelegt, welches bis auf einige Ergänzungen durch Abraham Fraenkel (siehe [25]) und Thoralf Skolem bis heute als Fundament der gesamten Mathematik betrachtet wird.

Allerdings wird – aus historischer Sicht fälschlicherweise – auch heute noch an den meisten Universitäten eine andere Version der Geschichte gelehrt, nämlich folgende:

© Der/die Autor(en), exklusiv lizenziert an
Springer-Verlag GmbH, DE, ein Teil von Springer Nature 2023
L. Halbeisen und R. Krapf, *Eine Entdeckungsreise in die Welt des Unendlichen*, https://doi.org/10.1007/978-3-662-68094-0_9

In der Mengenlehre führte die Entdeckung des folgenden Paradoxons durch Betrand Russell im Jahre 1901 zu einer Grundlagenkrise, welche die Mathematik zutiefst erschütterte.

Paradoxon 9.1 (Die Russellsche Antinomie) In der *naiven Mengenlehre* erlaubt man die Bildung einer Menge der Form $\{x \mid P(x)\}$, wobei $P(x)$ eine Eigenschaft des Objekts x ist.

Falls das geht, so können wir die Menge

$$R = \{x \mid x \notin x\}$$

betrachten. Dies ist aber widersprüchlich, denn es gilt

$$R \in R \iff R \in \{x \mid x \notin x\} \iff R \notin R.$$

Insbesondere reagierte Gottlob Frege, der in seinen *„Grundlagen der Arithmetik"* die Arithmetik rein aus der Logik und Mengenlehre aufzubauen versuchte, in dem er die Mengenbildung der Form $\{x \mid P(x)\}$ uneingeschränkt erlaubte, zutiefst erschüttert (1903):

> „Einem wissenschaftlichen Schriftsteller kann kaum etwas Unerwünschteres begegnen, als daß ihm nach Vollendung einer Arbeit eine der Grundlagen seines Baues erschüttert wird. In diese Lage wurde ich durch einen Brief des Herrn Bertrand Russell versetzt, als der Druck dieses Bandes sich seinem Ende näherte."

Es wird weiter gesagt, dass die Entdeckung der Russellschen Antinomie führte dann zur Axiomatisierung der Mengenlehre durch Ernst Zermelo und Abraham Fraenkel. Korrekt ist allerdings, dass Freges Werk in den Grundlagen der Mathematik damals keine große Beachtung fand; die Widersprüche in Freges Axiomatisierung waren für Zermelo nicht ausschlaggebend; für ihn war die Rechtfertigung des Auswahlaxioms zentral.

Im Folgenden listen wir die Axiome der Zermelo-Fraenkelschen Mengelehre (ZF)[1] in moderner Darstellung auf. Nimmt man zu den unten präsentierten Axiomen das Auswahlaxiom hinzu, so bezeichnet man das Axiomensystem mit ZFC.

Axiom der leeren Menge: Es gibt eine Menge ohne Elemente, die sogenannte *leere Menge*, d.h.

$$\exists x \forall y : y \notin x$$

Wir werden später sehen, dass diese Menge x eindeutig ist, weswegen wir sie mit dem Symbol $\emptyset$ darstellen und als *leere Menge* bezeichnen können.

---

[1] Das „Z" steht für „Zermelo", das „F" für „Fraenkel".

Extensionalitätsaxiom: Zwei Mengen sind genau dann gleich, wenn sie dieselben Elemente besitzen, d.h.

$$A = B \Leftrightarrow \forall x : (x \in A \Leftrightarrow x \in B).$$

Das Extensionalitätsaxiom wir daher oft benutzt um die Gleichheit zweier Mengen zu beweisen, indem man beweist, dass die eine Menge in der anderen enthalten ist („$\subseteq$") und umgekehrt („$\supseteq$").

Mit dem Extensionalitätsaxiom kann man nun zeigen, dass die leere Menge wirklich eindeutig ist: Angenommen, x_1, x_2 sind zwei Mengen ohne Elemente, d.h.

$$\forall y : y \notin x_1 \text{ und } \forall y : y \notin x_2,$$

so gilt

$$\forall y : (y \in x_1 \Leftrightarrow y \in x_2).$$

Aus dem Extensionalitätsaxiom folgt dann $x_1 = x_2$.

Paarmengenaxiom: Zu je zwei Mengen gibt es eine Menge, die genau diese Mengen als Elemente besitzt, d.h. für Mengen x und y gibt es eine Menge $\{x, y\}$, deren Elemente genau x und y sind. Die Menge $\{x, y\}$ wird als *ungeordnetes Paar* bezeichnet.

Insbesondere lässt sich die Existenz *ein-elementiger* Mengen herleiten, denn mit dem Extensionalitätsaxiom gilt für jede Menge x:

$$\{x, x\} = \{x\}$$

Auch *geordnete Paare* (x, y) lassen sich damit konstruieren. Die geläufigste Konstruktion stammt von Kazimierz Kuratowski aus dem Jahre 1921 [45][2]:

$$(x, y) := \{\{x\}, \{x, y\}\}$$

Aufgabe 9.2 Beweisen Sie die charakteristische Eigenschaft geordneter Paare: Für alle Mengen x, y, w, z gilt

$$(x, y) = (w, z) \Leftrightarrow x = w \wedge y = z.$$

Die Konstruktion der geordneten Paaren aus ungeordneten Paaren ist ein gutes Beispiel für das Prinzip des *mengentheoretischen Reduktionismus*, die Auffassung, dass sich alle mathematischen Objekte als Mengen konstruieren lassen.

---

[2] Alternative, allerdings kompliziertere Konstruktionen von geordneten Paaren wurden bereits von NORBERT WIENER [67] und Felix Hausdorff [31] im Jahre 1914 veröffentlicht.

Vereinigungsaxiom: Zu jeder Menge A gibt es eine Menge, welche die *Vereinigung* aller Elemente von A ist. D.h. für jede Menge A existiert die Menge

$$\bigcup_{x \in A} x := \{y \mid \exists z \in x : y \in z\},$$

wobei wir für $\bigcup_{x \in A} x$ manchmal auch einfach $\bigcup A$ schreiben. Im Spezialfall von zwei Mengen x und y definiert man

$$x \cup y := \bigcup \{x, y\}.$$

Aussonderungsaxiom: Für jede Formel $\varphi(x, x_1, \ldots, x_n)^3$ und für alle Mengen A und $p_1, \ldots, p_n$ (dies sind sogenannte *Parameter*) gibt es eine Menge X, deren Elemente genau diejenigen Elemente von A sind, für die $\varphi(x, p_1, \ldots, p_n)$ gilt, d.h.

$$X = \{x \in A \mid \varphi(x, p_1, \ldots, p_n)\}.$$

Damit lässt sich der *Durchschnitt* zweier Mengen A und B definieren als

$$A \cap B := \{x \in A \mid x \in B\},$$

und allgemein

$$\bigcap A := \{z \in \bigcup A \mid \forall x \in A : z \in x\}.$$

Hier ist also $\varphi(x, x_1)$ die Formel $x \in x_1$ und B ist der Parameter, der für x_1 eingesetzt wird. Die Einschränkung auf A in der Mengenbildung $\{x \in A \mid \varphi(x)\}$ ist dabei notwendig, um das RUSSELLsche Paradoxon zu umgehen. Analog definiert man die mengentheoretische *Differenz* von A und B als

$$A \setminus B := \{x \in A \mid x \notin B\}.$$

Potenzmengenaxiom: Zu jeder Menge A gibt es eine Menge $\mathcal{P}(A)$, deren Elemente genau die Teilmengen von A sind, d.h.

$$\mathcal{P}(A) := \{X \mid X \subseteq A\}.$$

Mit Hilfe des Aussonderungsaxioms, des Vereinigungsaxioms und des Potenzmengenaxioms lässt sich nun das kartesische Produkt zweier Mengen A und B einführen. Für mit $x \in A$ und $y \in B$ gilt:

$$\{x\}, \{x, y\} \subseteq A \cup B \Rightarrow \{x\}, \{x, y\} \in \mathcal{P}(A \cup B)$$
$$\Rightarrow \{\{x\}, \{x, y\}\} \subseteq \mathcal{P}(A \cup B)$$
$$\Rightarrow \{\{x\}, \{x, y\}\} \in \mathcal{P}(\mathcal{P}(A \cup B))$$

---

[3] Eine *Formel* in der Prädikatenlogik erster Stufe ist aufgebaut aus den Symbolen der Logik, d.h. Junktoren und Quantoren sowie der Gleichheitsrelation = und der Elementrelation $\in$; siehe dazu Abschnitt 12.1

Damit können wir nun das *kartesische Produkt* von A und B definieren als

$$A \times B = \{z \in \mathcal{P}(\mathcal{P}(A \cup B)) \mid \exists x \in A \, \exists y \in B : z = (x, y)\}.$$

Binäre Relationen kann man somit definieren als Teilmengen von $A \times B$ und *Funktionen* $f : A \to B$ als Teilmengen $f \subseteq A \times B$ mit der Eigenschaft

$$\forall x \in A \, \exists! y : (x, y) \in f.$$

Damit erhalten wir die Menge aller Funktionen von A nach B als

$${}^{A}B = \{f \in \mathcal{P}(A \times B) \mid \forall x \in A \, \exists! y \in B : (x, y) \in f\}.$$

Für eine Funktion $f \in {}^{A}B$ definiert man $\mathrm{dom}(f) := A$ als *Definitionsbereich*, B als *Wertebereich* und

$$f[A] := \{y \in B \mid \exists x \in A : f(x) = y\}$$

als *Bild* von f.

Unendlichkeitsaxiom: Es gibt eine *induktive* Menge, d.h. eine Menge I mit $\emptyset \in I$, sodass für jedes $x \in I$ auch $x \cup \{x\} \in I$ ist.

Eine induktive Menge ist immer unendlich. Dadurch lässt sich ω als „kleinste induktive Menge" konstruieren: Um dies zu sehen, sei I eine induktive Menge. Dann definiert man

$$\omega := \{x \in I \mid x \in J \text{ für jede induktive Menge } J \subseteq I\}.$$

Diese Menge existiert gemäß dem Aussonderungsaxiom. In Kapitel 10 werden wir die Ordinalzahlen einführen und zeigen, dass ω eine Ordinalzahl ist. Wir werden auch sehen, dass ω der Menge $\mathbb{N}$ der natürlichen Zahlen entspricht.

Ersetzungsaxiom: Falls $p_1, \ldots, p_n$ Mengen (sogenannte *Parameter*) sind und $\varphi(x, y, x_1, \ldots, x_n)$ eine *funktionale* Formel ist, d.h. eine Formel für die gilt

$$\forall x \in A \, \exists! y : \varphi(x, y, p_1, \ldots, p_n),$$

so gibt es eine Menge B, für die gilt

$$\forall x \in A \, \exists! y \in B : \varphi(x, y, p_1, \ldots, p_n).$$

Aus dem Ersetzungsaxiom sowie den anderen Axiomen folgt bereits das Aussonderungsaxiom:

Aufgabe 9.3   Zeigen Sie, dass das Aussonderungsaxiom aus den anderen Axiomen folgt.

Man könnte also das Aussonderungsaxiom aus dem Axiomensystem streichen; da dieses aber sehr intuitiv ist und aus historischen Gründen wird es dennoch beibehalten. Zudem folgt das Aussonderungssystem in schwächeren Axiomensystemen, beispielsweise dasjenige, welches durch Weglassen des Potenzmengenaxioms entsteht, nicht aus dem Ersetzungsaxiom (siehe dazu [27]).

Fundierungsaxiom: Für jede Menge $A \neq \emptyset$ gibt es ein $x \in A$, das keine gemeinsamen Elemente mit A hat, d.h. $x \cap A = \emptyset$.

Dieses Axiom erscheint auf den ersten Blick mysteriös; es hat allerdings wichtige Konsequenzen:

1. Eine Umformulierung besagt: Jede Menge A besitzt ein $\in$-minimales Element; denn ein Element $x \in A$ ist genau dann $\in$-minimal, wenn $x \cap A = \emptyset$.

2. Die $\in$-Relation ist irreflexiv, d.h. $x \notin x$ für alle Mengen x: Dazu betrachtet man die Menge $\{x\}$; da deren einziges Element x ist, folgt $x \cap \{x\} = \emptyset$, also $x \notin x$.

3. Es gibt keine unendlichen absteigenden Folgen bzgl. $\in$, d.h. es gibt keine Folge der Form
$$x_0 \ni x_1 \ni x_2 \ni x_3 \ni \ldots$$
Falls doch, so betrachte $A := \{x_0, x_1, x_2, \ldots\}$. Nun besitzt A ein $\in$-minimales Element x_n. Aber es gilt $x_{n+1} \in A \cap x_n$, ein Widerspruch.

Zermelos ursprüngliches Axiomensystem, auch als *Zermelo-Mengenlehre* Z bezeichnet, wie in [69] eingeführt, enthielt lediglich das Axiom der leeren Menge, das Extensionalitätsaxiom, das Paarmengenaxiom, das Vereinigungsaxiom, das Aussonderungsaxiom, das Potenzmengenaxiom, das Unendlichkeitsaxiom, sowie das Auswahlaxiom. Das Ersetzungsaxiom wurde 1922 von Abraham Fraenkel in [25] vorgeschlagen[4] und das Fundierungsaxiom 1925 von John von Neumann in [54], basierend auf Vorarbeiten von Mirimanoff und Abraham Fraenkel.

Es ist zu beachten, dass die Axiomatisierung der Mengenlehre erst *nach* der Entdeckung der Ordinal- und Kardinalzahlen und vieler fundamentaler Sätze wie der Satz von Cantor-Bernstein erfolgte. Dies ist ein keineswegs ungewöhnliches Phänomen in der Mathematik; auch in der Entwicklung der Analysis wurde der Kalkül der Differential- und Integralrechnung durch Leibniz und Newton vor der Konsolidierung der Grundlagen durch Cauchy, Weierstraß und Bolzano eingeführt. David Hilbert drückt dies in [36] wie folgt aus:

„Es ist in der Entwicklungsgeschichte der Wissenschaft wohl immer so gewesen, dass man ohne viele Scrupel eine Disciplin zu bearbeiten begann und soweit vordrang wie möglich,

---

[4] allerdings bereits 1917 von Dmitry Mirimanoff und ebenfalls 1922 von Thoralf Skolem.

dass man dabei aber, oft erst nach langer Zeit, auf Schwierigkeiten stieß, durch die man gezwungen wurde, umzukehren und sich auf die Grundlagen der Disciplin zu besinnen. Das Gebäude der Wissenschaft wird nicht aufgerichtet wie ein Wohnhaus, wo zuerst die Grundmauern fest fundamentiert werden und man dann erst zum Auf- und Ausbau der Wohnräume schreitet; die Wissenschaft zieht es vor, sich möglichst schnell wohnliche Räume zu verschaffen, in denen sie schalten kann, und erst nachträglich, wenn es sich zeigt, dass hier und da die locker zusammengefügten Fundamente den Ausbau der Wohnräume nicht zu tragen vermögen, geht sie daran, dieselben zu stützen und zu befestigen. Das ist kein Mangel, sondern die richtige und gesunde Entwicklung."

Kapitel 10
Ordinalzahlen

„[Der Begriff der Cantorschen Ordnungszahl] wird nach Cantors Vorgang gewöhnlich als ‚Abstraktion' einer gemeinsamen Eigenschaft aus gewissen [Äquivalenz]Klassen gewonnen. Dieses etwas vages Vorgehen wollen wir durch ein anderes auf eindeutigen Mengenoperationen beruhendes, ersetzen. [. . .] Wir wollen eigentlich den Satz: ‚Jeder Ordnungszahl ist der Typus der Menge aller ihr vorangehenden Ordinalzahlen' zur Grundlage unserer Überlegungen machen. Damit der vage Begriff ‚Typus' vermieden werde, in dieser Form: ‚Jede Ordnungszahl ist die Menge der ihr vorgehenden Ordnungszahlen.'"

(John von Neumann, 1923 [53])

10.1 Axiomatische Konstruktion der Ordinalzahlen

Es gibt verschiedene Möglichkeiten die Zahlbereiche zu erweitern: Aus den natürlichen Zahlen konstruiert man die ganzen und rationalen Zahlen, und durch die Vervollständigung der rationalen Zahlen gelangt man zu den reellen Zahlen, welche insbesondere für die Analysis von großer Bedeutung sind. Dabei muss man das Endliche verlassen, denn reelle Zahlen sind unendliche mathematische Objekte. Ein wichtiger Aspekt der natürlichen Zahlen besteht darin, dass man sie zum Zählen verwenden kann. Eine weitere Art die Zahlen ins Unendliche zu verallgemeinern ist demnach das Weiterzählen im Unendlichen. Dies führt zum Begriff der *Ordinalzahlen*, wobei die endlichen Ordinalzahlen genau den natürlichen Zahlen entsprechen.

Wir haben bereits in Kapitel: 6 Wohlordnungstypen als Äquivalenzklassen von Wohlordnungen bezüglich der Isomorphie kennengelernt. Problematisch ist dabei, dass bereits der Wohlordnungstyp **1** einer einelementigen Menge eine echte Klasse darstellt, da ja die Klasse aller einelementigen Mengen keine Menge ist (siehe Paradoxon 6.3). Aus diesem Grund konstruieren wir die Ordinalzahlen als kanonische Repräsentanten von Wohlordnungstypen. Dazu betrachten wir eine besondere Relation, die *Elementrelation* $\in$ auf der Klasse aller Mengen. Diese Relation ist im Allgemeinen keine Wohlordnung, sie ist nicht mal linear, denn beispielsweise gilt weder $\{1\} \in \{2\}$ noch $\{2\} \in \{1\}$. Auf gewissen Mengen ist sie allerdings eine Wohlordnung, und genau diese Mengen bezeichnet man als *Ordinalzahlen*. Zu beachten ist, dass diese mengentheoretische Konstruktion der Ordinalzahlen nicht von Cantor selbst stammt; Cantor hat die Ordinalzahlen stattdessen als Äquivalenzklassen von Wohlordnungen aufgefasst. Die Konstruktion der Ordinalzahlen, die wir im Folgenden angeben, wird auf den ungarischen Mathematiker John von Neumann zurückgeführt (im Jahre 1923).

Definition 10.1 Eine Menge X heißt *transitiv*, falls für alle $\alpha \in X$ und für alle $\beta \in \alpha$ gilt $\beta \in X$. In anderen Worten: Jedes Element von X ist auch eine Teilmenge von X.

Eine *Ordinalzahl* ist eine Menge, die transitiv und wohlgeordnet bezüglich der Elementrelation $\in$ ist. Die Klasse aller Ordinalzahlen wird mit Ω bezeichnet. Zudem schreiben wir oft $\alpha < \beta$ statt $\alpha \in \beta$ für $\alpha, \beta \in \Omega$. zz

Wieso sprechen wir von der „Klasse aller Ordinalzahlen"? Ganz einfach, weil wir im Folgenden zeigen werden, dass es keine Menge gibt, die alle Ordinalzahlen enthält.

Definition 10.1 scheint auf den ersten Blick verwirrend: Wieso braucht man die zusätzliche Eigenschaft der Transitivität? Wohlordnungen sind ja insbesondere transitiv. Es muss hier also unterschieden werden zwischen der Transitivität einer *Menge* und einer *Ordnung*.

- Eine Menge X ist transitiv, falls für alle α, β gilt

$$\alpha \in \beta \in X \Rightarrow \alpha \in X.$$

- Die Ordnung $\in$ auf X ist transitiv, falls für alle $\alpha, \beta, \gamma \in X$ gilt

$$\alpha \in \beta \in \gamma \Rightarrow \alpha \in \gamma.$$

Eine Ordinalzahl ist wohlgeordnet bezüglich der Elementrelation; dies bedeutet aber, dass die Elemente eines Elements auch wieder Elemente der Ordinalzahl sind. Zunächst halten wir fest, dass die leere Menge $\emptyset$ trivialerweise eine Ordinalzahl ist. Zudem besitzt jede Ordinalzahl α einen *Nachfolger* $\alpha + 1 = \alpha \cup \{\alpha\}$:

Lemma 10.2 *Ist α eine Ordinalzahl, so ist auch $\alpha + 1 = \alpha \cup \{\alpha\}$ eine Ordinalzahl.*

Beweis Offensichtlich gilt für jedes Element von $\beta \in \alpha$ auch $\beta \in \alpha+1$, sowie $\alpha \in \alpha+1$. Damit ist die Ordnung auf $\alpha + 1$ einfach die Ordnung auf α mit einem zusätzlichen größten Element α. Da α wohlgeordnet ist, ist damit auch $\alpha + 1$ wohlgeordnet.

Zudem ist $\alpha + 1$ transitiv: Es gelte also $\beta \in \gamma \in \alpha + 1$. Dann gibt es zwei Fälle:

1. Fall: $\gamma \in \alpha$. Dann gilt aber $\beta \in \gamma \in \alpha$, und da α transitiv ist, folgt $\beta \in \alpha$ und wegen $\alpha \subseteq \alpha + 1$ folgt $\beta \in \alpha + 1$.

2. Fall: $\gamma = \alpha$. Dann ist aber offensichtlich $\beta \in \alpha$ und wie oben auch $\beta \in \alpha + 1$. □

Offensichtlich ist $\alpha + 1$ minimal (bzgl. der Elementrelation $\in$) mit der Eigenschaft $\alpha \in \alpha + 1$, denn wäre β eine Ordinalzahl mit $\alpha \in \beta \in \alpha + 1$, so müsste $\beta \in \alpha$ oder $\beta = \alpha$ gelten, was beides dem Fundierungsaxiom widerspricht.

Wir werden im Folgenden einige Resultate über Ordinalzahlen beweisen, nämlich dass die Klasse Ω aller Ordinalzahlen zwar selbst wohlgeordnet bzgl. $\in$ ist, aber selbst keine Ordinalzahl ist. Wie ist dies möglich? Der Grund besteht darin, dass Ω zu „groß" ist um selbst eine Menge und damit eine Ordinalzahl zu sein. Bevor wir uns damit befassen, zeigen wir aber zuerst, wie man die natürlichen Zahlen unter Verwendung des Paarmengenaxioms und des Vereinigungsaxioms konstruieren kann:

$$0 := \emptyset$$
$$1 := 0 \cup \{0\} = \{0\} = \{\emptyset\}$$
$$2 := 1 \cup \{1\} = \{0, 1\} = \{\emptyset, \{\emptyset\}\}$$
$$\vdots$$

und allgemein $\quad n + 1 := n \cup \{n\} = \{0, 1, \ldots, n\}$.

Wegen Lemma 10.2 ist damit jede natürliche Zahl eine Ordinalzahl. Gemäß unseren Ausführungen in Kapitel 6 sollte ω die nächste Ordinalzahl sein. Diese können wir aber erst konstruieren, wenn wir einige Eigenschaften der Ordinalzahlen bewiesen haben.

Lemma 10.3 *Für alle $\alpha \in \Omega$ gilt $\alpha \notin \alpha$.*

Beweis Dies folgt direkt aus dem Fundierungsaxiom, kann aber auch ohne das Fundierungsaxiom gezeigt werden: Wir nehmen per Widerspruchsbeweis an, dass $\alpha \in \alpha$. Dann folgt $\{\alpha\} \subseteq \alpha$. Nun besitzt aber $\{\alpha\}$ ein $\in$-minimales Element; dieses muss aber α sein, da $\{\alpha\}$ nur ein Element enthält. Dies ist aber ein Widerspruch, denn $\alpha \in \{\alpha\}$ und $\alpha \in \alpha$. □

Lemma 10.4 *Für alle $\alpha, \beta \in \Omega$ gilt genau einer der drei Bedingungen*

$$\alpha \in \beta \quad oder \quad \alpha = \beta \quad oder \quad \beta \in \alpha.$$

In anderen Worten, Ω ist linear geordnet bzgl. $\in$.

Beweis Der Fall $\alpha \in \beta$ schließt die beiden anderen Fälle wegen Lemma 10.3 aus: Angenommen $\alpha \in \beta$ und $\beta \in \alpha$, so folgt aus der Transitivität von α auch $\alpha \in \alpha$, ein Widerspruch. Es bleibt zu zeigen, dass immer einer der drei Fälle eintritt.

Dazu nehmen wir an, dass $\alpha \neq \beta$. Dann gilt entweder $\alpha \setminus \beta \neq \emptyset$ oder $\beta \setminus \alpha \neq \emptyset$. Ohne Beschränkung der Allgemeinheit nehmen wir an, dass $\alpha \setminus \beta \neq \emptyset$. Da α wohlgeordnet ist, enthält $\alpha \setminus \beta$ ein $\in$-minimales Element γ. Wir zeigen $\gamma = \alpha \cap \beta$ und somit insbesondere $\alpha \cap \beta \in \alpha$. Dann folgt aber $\beta \setminus \alpha = \emptyset$, denn sonst wäre nach dem analogen Argument $\alpha \cap \beta \in \beta$ und damit $\alpha \cap \beta \in \alpha \cap \beta$, ein Widerspruch. Aus $\beta \setminus \alpha = \emptyset$ folgt aber $\beta \subseteq \alpha$ und damit $\beta = \beta \cap \alpha \in \alpha$.

Wir zeigen also $\gamma = \alpha \cap \beta$.

„$\subseteq$" Sei $\delta \in \gamma$. Wegen $\gamma \in \alpha$ folgt aus der Transitivität von α auch $\delta \in \alpha$. Wäre $\delta \notin \beta$, so wäre $\delta \in \alpha \setminus \beta$, was aber der Annahme widerspricht, dass γ in $\alpha \setminus \beta$ minimal ist.

„$\supseteq$" Sei $\delta \in \alpha \cap \beta$. Da α linear geordnet ist, folgt $\delta \in \gamma$ oder $\gamma \in \delta$. Wäre aber $\gamma \in \delta$, so wäre wegen der Transitivität von β auch $\gamma \in \beta$, ein Widerspruch. $\square$

Lemma 10.5 *Für alle $\alpha \in \Omega$ und für alle $\beta \in \alpha$ gilt $\beta \in \Omega$.*

Aufgabe 10.6 Beweisen Sie Lemma 10.5.

In anderen Worten, Elemente von Ordinalzahlen sind ebenfalls Ordinalzahlen und somit ist die Klasse Ω aller Ordinalzahlen selbst transitiv.

Lemma 10.7 *Jede nichtleere Menge von Ordinalzahlen besitzt ein $\in$-minimales Element.*

In anderen Worten, Ω ist wohlgeordnet bzgl. $\in$. Für den Beweis benötigen wir zunächst folgendes Resultat:

Lemma 10.8 *Falls X eine Menge von Ordinalzahlen ist, so ist $\bigcup X$ eine Ordinalzahl.*

Beweis Sei X eine Menge von Ordinalzahlen und $\delta = \bigcup X$.

- Sei $\beta \in \delta$ und $\gamma \in \beta$. Da $\beta \in \delta$, gibt es ein $\alpha \in X$ mit $\beta \in \alpha$. Nun ist aber α eine Ordinalzahl und somit transitiv, also folgt $\gamma \in \delta$.
- Seien $\beta, \gamma \in \delta$. Nun gibt es $\alpha_1, \alpha_2 \in X$ mit $\beta \in \alpha_1$ und $\gamma \in \alpha_2$. Nun gilt gemäß Theorem 10.4 entweder $\alpha_1 \in \alpha_2, \alpha_1 = \alpha_2$ oder $\alpha_2 \in \alpha_1$. Wir nehmen ohne Beschränkung der Allgemeinheit an, dass $\alpha_1 \in \alpha_2$. Dann folgt aus der Transitivität von α_2 schon $\alpha_1 \subseteq \alpha_2$ und damit $\beta, \gamma \in \alpha_2$. Da α_2 linear geordnet ist, gilt entweder $\beta \in \gamma, \beta = \gamma$ oder $\gamma \in \beta$. Insbesondere ist damit $\delta = \bigcup X$ ebenfalls linear geordnet bzgl. $\in$.
- Sei $Y \subseteq \delta$ eine Teilmenge. Sei $\alpha \in Y$ ein beliebiges Element. Falls α bereits $\in$-minimal ist, so bleibt nichts zu beweisen. Andernfalls ist $\alpha \cap Y \neq \emptyset$. Da aber α wohlgeordnet ist, gibt es ein $\in$-minimales Element $\beta \in \alpha \cap Y$. Da δ transitiv ist, folgt $\beta \in \delta$. Wir zeigen, dass β ein $\in$-minimales Element von Y ist: Sei also $\gamma \in \beta$. Wäre $\gamma \in Y$, so wäre $\gamma \in \alpha \cap Y$ wegen der Transitivität von α, ein Widerspruch zur Minimalität von $\beta \in \alpha \cap Y$. $\square$

Beweis (Lemma 10.7) Sei X eine Menge von Ordinalzahlen. Dann ist aber $\alpha = \bigcup X$ eine Ordinalzahl und somit auch $\alpha + 1$. Es folgt aber $X \subseteq \alpha + 1$ und da $\alpha + 1$ wohlgeordnet ist, enthält X ein $\in$-minimales Element. $\square$

Lemmata 10.5,10.4 und 10.7 zeigen, dass Ω transitiv und wohlgeordnet bzgl. $\in$ ist. Dies führt nun zum folgenden Paradoxon:

Paradoxon 10.9 (Das Burali-Forti-Paradoxon: Ist Ω eine Ordinalzahl?)
Ω weist alle Eigenschaften einer Ordinalzahl auf, also folgt, dass Ω eine Ordinalzahl ist und somit $\Omega \in \Omega$, ein Widerspruch zu Lemma 10.3.

Des Rätsels Lösung liegt darin, dass Ω keine *Menge* ist; Ω ist schlichtweg „zu groß" um eine Menge zu sein. Daher bezeichnet man Ω auch als Klasse aller Ordinalzahlen.

Für eine ausführliche historische Elaboration des Burali-Forti-Paradoxons siehe [51].

Wir haben zwei Arten gesehen, wie man neue Ordinalzahlen aus gegebenen Ordinalzahlen bilden kann, nämlich durch die +1-Operation (Lemma; 10.2) und durch Bildung einer Vereinigungsmenge (Lemma 10.8) – ganz analog zu den beiden Erzeugungsprinzipien von Cantor. Es gibt somit zwei Arten von Ordinalzahlen:

Definition 10.10 Eine Ordinalzahl α heißt

- *Nachfolger-Ordinalzahl*, falls es ein $\beta \in \Omega$ gibt mit $\alpha = \beta + 1$;
- *Limes-Ordinalzahl*, falls $\alpha = \bigcup_{\beta < \alpha} \beta$.

Diese beiden Arten von Ordinalzahlen schließen sich gegenseitig aus, und umfassen bereits alle Ordinalzahlen:

Aufgabe 10.11 Zeigen Sie, dass jede Ordinalzahl entweder eine Nachfolger-Ordinalzahl oder eine Limes-Ordinalzahl ist und sich die beiden Arten von Ordinalzahlen gegenseitig ausschließen.

Die Nachfolger-Ordinalzahlen sind demnach diejenigen Ordinalzahlen, die einen direkten Vorgänger besitzen, und die Limes-Ordinalzahlen diejenigen, für die ein solcher Vorgänger nicht existiert.

Die natürlichen Zahlen außer 0 sind allesamt Nachfolger-Ordinalzahlen. Eine Frage haben wir aber noch gar nicht geklärt: Gibt es überhaupt Limes-Ordinalzahlen außer 0? Falls ja, was könnte die erste positive Limes-Ordinalzahl sein? Der offensichtliche Kandidat ist ω. Nun sind wir bereit, ω mithilfe des Unendlichkeitsaxioms und des Aussonderungsaxioms zu konstruieren. Zunächst folgt aus dem Unendlich-keitsaxiom, dass es eine induktive Menge I gibt, d.h.

$$\emptyset \in I \text{ und } x \in I \Rightarrow x \cup \{x\} \in I.$$

Diese induktive Menge enthält offensichtlich alle natürlichen Zahlen, könnte aber auch noch „überflüssige" Elemente haben. Daher betrachten wir

$$\omega = \{x \in I \mid x \in J \text{ für jede induktive Menge } J\} = \bigcap \{J \mid J \text{ induktiv}\}.$$

Damit haben wir ω also als kleinste induktive Menge eingeführt. Doch wieso handelt es sich hier um eine Ordinalzahl? Zunächst sieht man leicht, dass auch $\omega \cap \Omega$ eine induktive Menge ist, also gilt $\omega \cap \Omega = \omega$. Damit ist ω offensichtlich wohlgeordnet bzgl. $\in$ und es bleibt nur noch zu zeigen, dass ω auch transitiv ist. Dazu betrachten wir

$$X := \{n \in \omega \mid n \subseteq \omega\}$$

Nun gilt offensichtlich $\emptyset \in X$ und aus $n \in X$ folgt $n \in \omega$ und $n \subseteq \omega$. Da ω induktiv ist, gilt auch $n + 1 = n \cup \{n\} \in \omega$ und $n + 1 \subseteq \omega$, also $n + 1 \in X$. Damit ist X ebenfalls induktiv und wegen $X \subseteq \omega$ muss $X = \omega$ gelten. Dies beweist aber die Transitivität von ω.

Nun gilt

$$\omega = \{0, 1, 2, 3, \ldots\}.$$

Die nächsten Ordinalzahlen sind dann die folgenden:

$$\omega + 1 = \omega \cup \{\omega\} = \{0, 1, 2, \ldots, \omega\}$$
$$\omega + 2 = (\omega + 1) \cup \{\omega + 1\} = \{0, 1, 2, \ldots, \omega, \omega + 1\}$$
$$\vdots$$

Die nächste Limes-Ordinalzahl ist dann

$$\omega + \omega = \omega \cdot 2 = \bigcup_{n \in \omega} \omega + n = \{0, 1, 2, \ldots, \omega, \omega + 1, \omega + 2, \ldots\},$$

was die nächste Limes-Ordinalzahl darstellt. Wir haben auch im Kapitel 6 Bei-spiele für Wohlordnungstypen gesehen, deren kanonische Repräsentanten Limes-Ordinalzahlen sind:

$$0, \omega, \omega \cdot 2, \omega \cdot 3, \ldots, \omega^2, \ldots, \omega^\omega, \ldots, \varepsilon_0, \ldots, \omega_1, \ldots$$

Um diese Ordinalzahlen aber formal einzuführen, müssen wir zunächst Rechen-operationen auf den Ordinalzahlen definieren. Dies erfolgt im Abschnitt 10.2.

Allgemein ist jede Ordinalzahl die Menge ihrer Vorgänger bezüglich der Ele-mentrelation $\in$. Wir können hier auch einen Zusammenhang zu Cantors Erzeu-gungsprinzipien erkennen: Das erste Erzeugungsprinzip von Cantor (siehe Kapitel 6) entspricht genau der Bildung von $\alpha + 1$ aus α und somit der Erzeugung von Nachfolger-Ordinalzahlen. Das zweite Erzeugungsprinzip entspricht der Bildung von $\bigcup X$ für eine Menge X von Ordinalzahlen ohne maximales Element. Wie sieht es nun mit dem dritten Beschränkungsprinzip aus? Wie wir in Kapitel 6 gesehen haben, folgt aus dem Satz von Hartogs 6.26, dass es auch überabzählbare wohlgeordnete Mengen gibt; aber kann man daraus auch auf die Existenz überabzählbarer Ordinalzahlen schließen? Diese Frage wird im Abschnitt 10.4 beantwortet, wo wir mit Hilfe transfiniter Rekursion zeigen, dass die Ordinalzahlen genau den Ordnungstypen wohlgeordneter Mengen entsprechen.

10.2 Transfinite Rekursion und Induktion

Cantor hat die Ordinalzahlen zunächst als Hilfsmittel für den Beweis einer Aussage über Mengen reeller Zahlen, dem sogenannten Cantor-Bendixson-Theorem, eingeführt und sie zunächst nicht als *Zahlen* aufgefasst. Erst durch die Einführung der Theorie über Wohlordnungen und der Definition arithmetischer Operationen auf Ordinalzahlen und der Erkenntnis, dass Ordinalzahlen eine natürliche Verallgemeinerung der natürlichen Zahlen darstellen, hat er sie tatsächlich als Zahlen verstanden.

Möchte man eine Funktion f für alle natürlichen Zahlen definieren (d.h. eine Funktion mit Definitionsbereich $\mathbb{N}$), so geht man *rekursiv* vor:

1. Man definiert $f(0)$ (*Rekursionsanfang*).
2. Man gibt eine Formel an, um $f(n+1)$ mit Hilfe des als bekannt angenommenen Wertes $f(n)$ zu definieren (*Rekursionsschritt*).

Damit ist $f(n)$ für jedes $n \in \mathbb{N}$ definiert. Dieses Prinzip der Rekursion wurde zuerst ausführlich von Dedekind in [18] behandelt. Insbesondere hat er die Definition der Addition und Multiplikation auf die „+1-Operation" zurückgeführt.

Beispiel 10.12 1. Ein einfaches Beispiel ist die *Fakultät*:

$$0! := 1$$
$$(n+1)! := n! \cdot (n+1).$$

2. Die Potenzen einer Zahl $x \in \mathbb{R}$ lassen sich rekursiv aus der Multiplikation definieren als

$$x^0 := 1$$
$$x^{n+1} := x^n \cdot x.$$

Wie kann nun eine Funktion rekursiv für alle Ordinalzahlen definieren? Dazu verwendet man den sogenannten *Rekursionssatz*. Um diesen zu formulieren, benötigen wir zunächst den Begriff einer *Klassenfunktion*: Jeder Ausdruck der Form

$$\{x \mid \varphi(x)\}$$

ist eine Klasse. Gewisse Klassen wie zum Beispiel $\{x \mid x \neq x\} = \emptyset$ sind Mengen, andere wie $\{x \mid x$ ist eine Ordinalzahl$\}$ sind *echte Klassen*. Eine *Klassenfunktion* ist nun eine Klasse F, deren Elemente geordnete Paare sind und für die gilt:

$$(x, y), (x, y') \in F \Rightarrow y = y'$$

Theorem 10.13 (Rekursionssatz) *Sei G eine Klassenfunktion, die auf allen Mengen definiert ist. Dann gibt es eine eindeutige Klassenfunktion F definiert auf Ω, sodass für alle $\alpha \in \Omega$ gilt:*

$$F(\alpha) = G(F{\restriction}_\alpha) \text{ für } F{\restriction}_\alpha := \{(\beta, F(\beta)) \mid \beta < \alpha\}$$

Beweis Falls es eine solche Klassenfunktion F gibt, so ist $F{\restriction}_\alpha$ für jedes $\alpha \in \Omega$ eine Funktion – und zwar eine Menge! – mit Definitionsbereich α, weswegen $G(F{\restriction}_\alpha)$ definiert ist. Wir können uns $F{\restriction}_\alpha$ als Approximation für die Klassenfunktion F vorstellen. Daher definieren wir, dass eine Funktion f eine δ-*Approximation* für ein $\delta \in \Omega$ ist, falls gilt:

$$\forall \beta \in \delta : \left(f(\beta) = G(f{\restriction}_\beta) \right)$$

Insbesondere gilt $g(0) = G(\emptyset)$. Damit ist $\{(0, G(\emptyset))\}$ eine 1-Approximation. Eine 2-Approximation sieht dann wie folgt aus:

$$\left\{ (0, G(\emptyset)), (1, G(\{(0, G(\emptyset))\})) \right\}$$

Behauptung Ist f eine δ-Approximation und f' eine δ'-Approximation, so gilt $f \subseteq f'$ (falls $\delta \leq \delta'$) oder $f' \subseteq f$ (falls $\delta' \leq \delta$).

Beweis der Behauptung Sei $\delta \leq \delta'$. Wir nehmen nun per Widerspruch an, dass $\beta \in \delta$ minimal ist, sodass $f(\beta) \neq f'(\beta)$. Dann gilt aber $f(\gamma) = f'(\gamma)$ für alle $\gamma < \beta$. Das bedeutet, dass $f{\restriction}_\beta = f'{\restriction}_\beta$. Dann folgt aber nach der Definition von δ-Approximationen

$$f(\beta) = G(f{\restriction}_\beta) = G(f'{\restriction}_\beta) = f'(\beta),$$

ein Widerspruch. Also gilt $f(\beta) = f'(\beta)$ für alle $\beta \in \delta$ und damit $f \subseteq f'$.   □

Damit ist insbesondere gezeigt, dass δ-Approximationen – falls sie existieren – eindeutig sind.

Behauptung Für jedes $\delta \in \Omega$ gibt es eine δ-Approximation.

Beweis der Behauptung Wir nehmen per Widerspruch an, dass $\delta \in \Omega$ minimal ist, sodass es keine δ-Approximation gibt. Wir machen eine Fallunterscheidung:

1. Fall: $\delta = \beta + 1$ ist eine Nachfolger-Ordinalzahl. Dann gibt es eine β-Approximation f. Dann ist aber

$$f \cup \{(\beta, G(g))\}$$

eine δ-Approximation, ein Widerspruch.

2. Fall: δ ist eine Limes-Ordinalzahl. Dann gibt es für jedes $\beta < \delta$ eine eindeutige β-Approximation f_β. Nun ist gemäß dem Ersetzungsaxiom

$$A = \{f_\beta \mid \beta < \delta\}$$

eine Menge und somit auch

$$g = \bigcup A.$$

Dann ist aber g eine δ-Approximation, ein Widerspruch. □

Nun definieren wir $F(\alpha) = f(\alpha)$, wobei f eine δ-Approximation für ein $\delta \in \Omega$ mit $\alpha \in \delta$ ist. Dies ist dann die gewünschte Klassenfunktion. □

Im Vergleich zur rekursiven Definition einer Funktion auf den natürlichen Zahlen, benötigt man bei der rekursiven Definition einer Klassenfunktion auf den Ordinal-zahlen einen weiteren Beweisschritt, den sogenannten *Limesschritt*, der festlegt, wie man $f(\alpha)$ aus $f(\beta)$ für alle $\beta < \alpha$ erhält.

1. Man definiert $F(0)$ (*Rekursionsanfang*).
2. Man definiert $F(\alpha + 1)$ aus dem als bekannt angenommenen Wert $F(\alpha)$ (*Nachfolgerschritt*).
3. Im Falle einer Limes-Ordinalzahl α definiert man $F(\alpha)$ aus den als bekannt angenommenen Werten $F(\beta)$ für alle $\beta < \alpha$ (*Limesschritt*).

Dieses Prinzip wird als *transfinite Rekursion* bezeichnet.

Damit können wir nun die für die natürlichen Zahlen bekannten Rechenoperatio-nen der Addition, Multiplikation und Potenzierung auf Ordinalzahlen übertragen:

Addition: Man definiert

$$\alpha + 0 := \alpha$$
$$\alpha + (\beta + 1) := (\alpha + \beta) + 1$$
$$\alpha + \beta := \bigcup_{\gamma < \beta} (\alpha + \gamma), \text{ falls } \beta \text{ eine Limes-Ordinalzahl ist.}$$

Dabei ist, wie bereits erwähnt, $\alpha + 1 := \alpha \cup \{\alpha\}$ für alle $\alpha \in \Omega$. Zu beachten ist, dass sich die *Subtraktion* kleinerer Ordinalzahlen von größeren Ordinalzahlen nicht allgemein definieren lässt, denn Limes-Ordinalzahlen besitzen keinen direkten Vorgänger; so ist beispielsweise $\omega - 1$ nicht definiert.

Multiplikation: Man definiert

$$\alpha \cdot 0 := 0$$
$$\alpha \cdot (\beta + 1) := (\alpha \cdot \beta) + \alpha$$
$$\alpha \cdot \beta := \bigcup_{\gamma < \beta} (\alpha \cdot \gamma), \text{ falls } \beta \text{ eine Limes-Ordinalzahl ist.}$$

Potenzierung: Man definiert

$$\alpha^0 := 1$$
$$\alpha^{\beta+1} := (\alpha^\beta) \cdot \alpha$$
$$\alpha^\beta := \bigcup_{\gamma < \beta}(\alpha^\gamma), \text{ falls } \beta \text{ eine Limes-Ordinalzahl ist.}$$

Aufgabe 10.14 Zeigen Sie: Wenn $\alpha, \beta \in \Omega$ und β eine Limes-Ordinalzahl ist, so ist auch $\alpha + \beta$ eine Limes-Ordinalzahl.

Mit demselben Argument wie in Aufgabe 10.14 kann man auch zeigen, dass $\alpha \cdot \beta$ und α^β Limes-Ordinalzahlen sind, falls β eine Limes-Ordinalzahl ist.

Analog kann man auch die sogenannte *Tetration* definieren:

$$\alpha \uparrow\uparrow 0 := 1$$
$$\alpha \uparrow\uparrow (\beta + 1) := \alpha^{\alpha \uparrow\uparrow \beta}$$
$$\alpha \uparrow\uparrow \beta := \bigcup_{\beta < \alpha} \alpha \uparrow\uparrow \beta, \text{ falls } \beta \text{ eine Limes-Ordinalzahl ist.}$$

Damit gilt:
$$\omega \uparrow\uparrow 0 = 1, \omega \uparrow\uparrow 1 = \omega^\omega, \omega \uparrow\uparrow 2 = \omega^{\omega^\omega}, \ldots$$

Daraus können wir nun ε_0 als $\omega \uparrow\uparrow \omega$ definieren. Es gilt also:

$$\varepsilon_0 = \sup\left\{\omega, \omega^\omega, \quad \omega^{\omega^\omega}, \omega^{\omega^{\omega^\omega}}, \omega^{\omega^{\omega^{\omega^\omega}}}, \ldots\right\}$$

Das Besondere an ε_0 ist, dass sie ein *Fixpunkt* der Exponentiation zur Basis ω ist, und zwar der kleinste (daher auch der Index 0); es gilt

$$\varepsilon_0 = \omega^{\varepsilon_0}.$$

Eine Ordinalzahl ε heißt *ε-Zahl*, falls sie die Eigenschaft $\varepsilon = \omega^\varepsilon$ besitzt. Somit ist ε_0 die kleinste ε-Zahl. Die weiteren ε-Zahlen werden nun mit den Ordinalzahlen im Index durchnummeriert, also

$$\varepsilon_0, \varepsilon_1, \ldots, \varepsilon_\omega, \ldots, \varepsilon_{\varepsilon_0}, \ldots$$

Aufgabe 10.15 Die zweitkleinste ε-Zahl wird als ε_1 bezeichnet. Finden Sie eine Darstellung für ε_1.

Die Gesamtheit dieser Rechenoperation umfasst die sogenannte *Ordinalzahl-Arithmetik*. Wie kann man nun Rechenregeln der Ordinalzahl-Arithmetik beweisen? Wir überlegen dazu zunächst, wie wir für die endlichen Ordinalzahlen, d.h. die natürlichen Zahlen, vorgehen würden.

Um eine Aussage für *alle* natürliche Zahlen zu beweisen, verwendet man oft das Beweisprinzip der *vollständigen Induktion*. Dieses besagt, dass man lediglich

1. $\varphi(0)$ (*Induktionsanfang*).
2. $\varphi(n) \Rightarrow \varphi(n + 1)$ für alle $n \in \mathbb{N}$ (*Induktionsschritt*).

beweisen muss, um $\varphi(n)$ für jedes $n \in \mathbb{N}$ nachzuweisen. Das Prinzip der vollständigen Induktion lässt sich anhand von Dominosteinen veranschaulichen:

Möchte man nun eine Aussage für alle Ordinalzahlen beweisen, so kann man ähnlich vorgehen. Zu beachten ist lediglich, dass man zusätzlich – analog wie bei der Rekursion – einen *Limes-Schritt* erhält.

Theorem 10.16 (Induktionssatz) *Sei $X \subseteq \Omega$ eine Klasse von Ordinalzahlen mit den folgenden Eigenschaften:*

(1) Falls $\alpha \in X$, so gilt auch $\alpha + 1 \in X$.
(2) Falls α eine Limes-Ordinalzahl ist und $\beta \in X$ für alle $\beta < \alpha$, so gilt auch $\alpha \in X$.

Dann gilt $X = \Omega$.

Beweis Angenommen $X \neq \Omega$. Dann gibt es eine minimale Ordinalzahl $\alpha \in \Omega$ mit $\alpha \notin X$. Nun machen wir eine Fallunterscheidung:

1. Fall: $\alpha = \beta + 1$ ist eine Nachfolger-Ordinalzahl. Dann gilt $\beta \in X$ aufgrund der Minimalität von α und damit gemäß (1) auch $\alpha \in X$, ein Widerspruch.

2. Fall: α ist eine Limes-Ordinalzahl. Dann gilt $\beta \in X$ für alle $\beta < \alpha$ aufgrund der Minimalität von α. Dann folgt aber auch in diesem Fall $\alpha \in X$ aufgrund von (2), sodass wir auch hier einen Widerspruch erhalten.   □

Um eine Eigenschaft $\varphi(\alpha)$ für alle Ordinalzahlen zu beweisen, kann man demnach wie folgt vorgehen: Man beweist

1. $\varphi(0)$ (*Induktionsanfang*).
2. $\varphi(\alpha) \Rightarrow \varphi(\alpha + 1)$ für alle $\alpha \in \Omega$ (*Nachfolger-Schritt*).
3. $\forall \beta < \alpha : \varphi(\beta) \Rightarrow \varphi(\alpha)$ für alle Limes-Ordinalzahlen α (*Limes-Schritt*).

Dies folgt direkt aus dem Induktionssatz (Theorem 10.16), wenn man

$$X = \{\alpha \in \Omega : \varphi(\alpha)\}$$

betrachtet.

Mit dem Induktionsanfang und den Nachfolger-Schritten stößt man zwar alle Dominosteine, die mit natürlichen Zahlen nummeriert sind, um, jedoch bleibt der Dominostein ω stehen. Damit trotzdem alle Dominosteine umgeworfen werden, benötigt man also auch Limes-Schritte, d.h. man muss zusätzlich sicher stellen, dass, wenn alle Dominosteine β für $\beta < \alpha$ umgefallen sind, auch Dominostein α umfällt. Dieses Beweisprinzip wird als *transfinite Induktion* bezeichnet. Als Beispiel formulieren und beweisen wir eine Rechenregel der Ordinalzahlarithmetik:

Beispiel 10.17 Wir beweisen das Assoziativgesetz der Addition, d.h.

$$(\alpha + \beta) + \gamma = \alpha + (\beta + \gamma)$$

für alle $\alpha, \beta, \gamma \in \Omega$. Seien $\alpha, \beta \in \Omega$ fest gewählte Ordinalzahlen. Wir führen einen Beweis durch transfinite Induktion über γ.

1. Es gilt $(\alpha + \beta) + 0 = \alpha + \beta = \alpha + (\beta + 0)$.
2. Wir nehmen an, dass die Behauptung für γ gilt. Dann folgt

$$\begin{aligned}
(\alpha + \beta) + (\gamma + 1) &= ((\alpha + \beta) + \gamma) + 1 \\
&= (\alpha + (\beta + \gamma)) + 1 \\
&= \alpha + ((\beta + \gamma) + 1) \\
&= \alpha + (\beta + (\gamma + 1))
\end{aligned}$$

wie gewünscht.
3. Wir nehmen an, dass die Behauptung für jedes $\delta < \gamma$ gilt, wobei γ eine Limes-Ordinalzahl ist. Dann gilt

$$(\alpha + \beta) + \gamma = \bigcup_{\delta < \gamma} ((\alpha + \beta) + \delta)$$
$$= \bigcup_{\delta < \gamma} (\alpha + (\beta + \delta))$$
$$= \alpha + \bigcup_{\delta < \gamma} (\beta + \delta)$$
$$= \alpha + (\beta + \gamma).$$

Für den Beweis der letzten Gleichheit sei zu bemerken, dass, weil γ eine Limes-Ordinalzahl ist, auch $\beta + \gamma$ eine solche ist (Aufgabe 10.14). Damit gilt

$$\bigcup_{\delta < \gamma} (\alpha + (\beta + \delta)) = \bigcup_{\mu < \beta + \gamma} (\alpha + \mu) = \alpha + (\beta + \gamma).$$

Es gelten auch einige andere Rechengesetze:

Aufgabe 10.18 Beweisen Sie folgende Rechenregeln für $\alpha, \beta, \gamma \in \Omega$:

(a) $\alpha \cdot (\beta + \gamma) = \alpha \cdot \beta + \alpha \cdot \gamma$
(b) $\alpha \cdot (\beta \cdot \gamma) = (\alpha \cdot \beta) \cdot \gamma$
(c) $\alpha^\beta \cdot \alpha^\gamma = \alpha^{\beta + \gamma}$

Es ist daher naheliegend zu vermuten, dass sich alle Rechenregeln von den natürlichen Zahlen auf die Ordinalzahlen übertragen lassen. Dies ist allerdings nicht der Fall: Das Kommutativgesetz gilt nicht für Ordinalzahlen – und zwar weder für die Addition noch für die Multiplikation von Ordinalzahlen:

- Wir zeigen $\omega + 1 \neq 1 + \omega$: Es gilt

$$\omega + 1 = \omega \cup \{\omega\} = \{0, 1, 2, \ldots, \omega\}$$
$$1 + \omega = \bigcup_{n < \omega} (1 + n) = \omega = \{0, 1, 2, \ldots\}.$$

Da $\omega \in \omega + 1$, aber $\omega \notin 1 + \omega$, folgt $\omega + 1 \neq 1 + \omega$.
- Wir zeigen $\omega \cdot 2 \neq 2 \cdot \omega$: Es gilt

$$\omega \cdot 2 = \omega \cdot (1 + 1) = \omega \cdot 1 + \omega = \omega + \omega$$
$$2 \cdot \omega = \bigcup_{n < \omega} 2n = \omega,$$

und somit folgt die Behauptung, da $\omega \cdot 2 = \omega + \omega = \bigcup_{n < \omega} \underbrace{\omega + n}_{> \omega \text{ für } n > 0} > \omega.$

Es gibt noch weitere Rechenregeln für $\mathbb{N}$, welche sich nicht ins Unendliche übertragen lassen:

Aufgabe 10.19 Beweisen Sie und geben Sie an, welche (für natürliche Zahlen gültige) Rechengesetze hier verletzt werden:

(a) $(\omega + 1) \cdot 2 \neq \omega \cdot 2 + 1 \cdot 2$;

(b) $(\omega \cdot 2)^2 \neq (\omega^2) \cdot 2^2$.

Das Gegenbeispiel (a) von Aufgabe 10.19 lässt sich verallgemeinern:

Aufgabe 10.20 (a) Überlegen Sie sich intuitiv, was $(\omega + 1) \cdot n$ für $n \in \omega$ ist, und beweisen Sie Ihre Vermutung mittels (üblicher) Induktion. Finden Sie zudem eine allgemeine Formel für $(\omega + k) \cdot n$ für $k, n \in \omega$.

(b) Widerlegen Sie die erste binomische Formel.

Neben den arithmetischen Operationen lassen sich auch andere Begriffe aus der Zahlentheorie auf unendliche Ordinalzahlen übertragen:

Aufgabe 10.21 Eine Ordinalzahl α heißt *gerade*, falls sie von der Form $\alpha = \beta + n$ ist für eine Limes-Ordinalzahl β und ein $n \in \omega$, welches gerade ist.

(a) Zeigen Sie, dass für Limes-Ordinalzahlen α gilt $2 \cdot \alpha = \alpha$.

(b) Zeigen Sie: Eine Ordinalzahl ist genau dann gerade, wenn sie von der Form 2β für ein $\beta \in \Omega$ ist.

(c) Gilt dies auch für Ordinalzahlen der Form $\alpha \cdot 2$? Betrachten Sie dazu ω und $(\omega + 1) \cdot 2$.

Auch der Begriff einer Primzahl lässt sich verallgemeinern.

Aufgabe 10.22 Eine Ordinalzahl $\alpha > 1$ wird als *Primzahl* bezeichnet, falls es keine Ordinalzahlen β und γ gibt $1 < \beta, \gamma < \alpha$ mit $\alpha = \beta \cdot \gamma$.

(a) Geben Sie alle Primzahlen $< \omega \cdot 2$ an und geben Sie eine Vermutung an, welches alle Primzahlen $< \omega^\omega$ sind.

(b) Es lässt sich zeigen, dass jede Ordinalzahl als Produkt von endlich vielen Primfaktoren darstellbar ist. Ist diese Darstellung eindeutig?

Das Prinzip des unendlichen Abstiegs lässt sich auch auf Ordinalzahlen ausweiten: Es gibt keine unendliche absteigende Folge von Ordinalzahlen: Falls doch, so sei $\alpha_0 > \alpha_1 > \alpha_2 \ldots$ eine solche Folge. Dann besitzt aber $\{\alpha_n \mid n \in \omega\}$ ein minimales Element, und dieses wird nach endlich vielen Schritten erreicht.

10.3 Der Wohlordnungssatz

Wir haben gesehen, dass sich jede Menge von Ordinalzahlen wohlordnen lässt. Insbesondere ist die Menge der natürlichen Zahlen wohlgeordnet. Wie sieht es mit den ganzen Zahlen $\mathbb{Z}$ aus?

Die übliche Ordnung $<$ auf $\mathbb{Z}$ ist keine Wohlordnung, denn beispielsweise $\mathbb{Z}$ hat kein kleinstes Element. Dennoch lässt sich $\mathbb{Z}$ leicht wohlordnen, indem wir $\mathbb{Z}$ anders anordnen durch

$$0 < 1 < -1 < 2 < -2 < \ldots$$

Analog lässt sich leicht erkennen, dass man jede abzählbare Menge wohlordnen kann; denn ist $f : \mathbb{N} \to M$ bijektiv, so lässt sich M wohlordnen durch

$$f(0) < f(1) < f(2) < f(3) < \ldots$$

Wie sieht es nun mit der Menge der reellen Zahlen $\mathbb{R}$ aus? Lässt sich diese wohlordnen? Auch wenn man die negativen Zahlen weglässt, findet man viele Beispiele von nicht-wohlgeordneten Mengen, beispielsweise alle offenen Intervalle. Es stellt sich heraus: Ohne das Auswahlaxiom lässt sich $\mathbb{R}$ nicht wohlordnen! Mit dem Auswahlaxiom erhalten wir sogar eine stärkere Aussage:

Theorem 10.23 (AC, Wohlordnungssatz) *Jede Menge lässt sich wohlordnen, d.h. auf jeder Menge gibt es eine Ordnung, bezüglich derer die Menge wohlgeordnet ist.*

Auch hier versuchen wir den Satz erst einmal informell zu beweisen: Sei A eine beliebige nichtleere Menge.

- Man wählt ein $x_0 \in A$.
- Falls $A \setminus \{x_0\} \neq \emptyset$, so wählt man ein $x_1 \in A \setminus \{x_0\}$.

  $\vdots$

Allgemein: Ist $A \setminus \{x_\beta \mid \beta < \alpha\} \neq \emptyset$, so wählt man ein $x_\alpha \in A \setminus \{x_\beta \mid \beta < \alpha\}$. Wenn dieser Prozess aufhört, so ist

$$x_\beta \prec x_\alpha :\Leftrightarrow \beta < \alpha$$

eine Wohlordnung von A. Auch hier werden unendlich viele Objekte ausgewählt und somit benötigt man das Auswahlaxiom.

Beweis (von Theorem 10.23) Sei $\mathcal{P}^*(A)$ die Menge aller nichtleeren Teilmengen einer Menge A. Mit dem Auswahlaxiom erhalten wir eine Auswahlfunktion g mit $g(X) \in X$ für alle $X \in \mathcal{P}^*(A)$. Wir verwenden transfinite Rekursion bezüglich der Klassenfunktion $F : \Omega \to A$, welche wie folgt definiert ist:

- $F(0) := g(A)$.
- Ist $F(\gamma)$ definiert für alle $\gamma < \beta$ (für ein $\beta \in \Omega$), so setzen wir

$$F(\beta) := \begin{cases} g\big(A \setminus \{F(\gamma) \mid \gamma < \beta\}\big) & \text{falls } A \setminus \{F(\gamma) \mid \gamma < \beta\} \neq \emptyset, \\ \{A\} & \text{sonst.} \end{cases}$$

Existiert ein $\beta \in \Omega$ mit $F(\beta) = \{A\}$, so ist die Menge $\{\alpha \leq \beta \mid F(\alpha) = \{A\}\}$ nicht leer und besitzt ein $\in$-minimales Element α_0, und die Klassenfunktion F eingeschränkt auf α_0 ist dann eine Bijektion zwischen α_0 und A. Definieren wir für $x, y \in A$ nun

$$x \prec_A y :\Leftrightarrow F^{-1}(x) \in F^{-1}(y),$$

so ist $(\alpha_0, \in) \cong (A, \prec_A)$. Insbesondere ist A durch $\prec_A$ wohlgeordnet.

Existiert kein $\beta \in \Omega$ mit $F(\beta) = \{A\}$, so ist F eine Funktion $\Omega \to A$ die injektiv ist und somit eine Umkehrfunktion F^{-1} besitzt mit

$$F^{-1}(x) = \begin{cases} \beta & F(\beta) = x \\ 0 & \neg \exists \beta \in \Omega : F(\beta) = x. \end{cases}$$

Dann wäre aber nach dem Ersetzungsaxiom $\Omega = F^{-1}[A]$ eine Menge, was dem Burali-Forti-Paradoxon widerspricht. $\qquad \square$

Umgekehrt lässt sich auch zeigen, dass das Auswahlaxiom aus dem Wohlordnungssatz folgt. Daraus können wir folgern, dass der Wohlordnungssatz zum Auswahlaxiom äquivalent ist.

Theorem 10.24 *Aus dem Wohlordnungssatz folgt das Auswahlaxiom.*

Beweis Sei A eine Menge nichtleerer Mengen. Sei $Y := \bigcup A = \bigcup_{X \in A} X$. Gemäß dem Wohlordnungssatz gibt es eine Wohlordnung $<$ auf Y. Nun können wir eine Auswahlfunktion von A durch

$$F(X) = \min {}_{\prec}(X) \in X,$$

definieren, d.h. $F(X)$ ist das kleinste Element von X bzgl. $\prec$. □

Eine weitere nützliche Formulierung des Auswahlaxioms ist das *Teichmüllerprinzip*; dieses hat beispielsweise viele Anwendungen in der Algebra. Auch wenn Algebraiker:innen oftmals das – ebenfalls zum Auswahlaxiom äquivalente – *Lemma von Zorn* verwenden, so sind die meisten Beweise deutlich einfacher, wenn man stattdessen das Teichmüllerprinzip benutzt. Zunächst benötigen wir die folgende Definition:

Definition 10.25 Sei $\mathcal{F}$ eine Menge. Man sagt, dass $\mathcal{F}$ *endlichen Charakter* hat, falls für jede Menge X gilt:

$$X \in \mathcal{F} \Leftrightarrow \text{jede endliche Teilmenge von } X \text{ ist ein Element von } \mathcal{F}$$

Das *Teichmüllerprinzip* besagt nun: Jede nichtleere Familie $\mathcal{F}$ von Mengen, die endlichen Charakter hat, besitzt ein maximales Element bezüglich der Inklusion $\subseteq$, d.h. eine Menge $X \in \mathcal{F}$, sodass es kein $Y \in \mathcal{F}$ gibt mit $X \subsetneq Y$.

Theorem 10.1 *Die folgenden Aussagen sind äquivalent:*

(a) Auswahlaxiom

(b) Wohlordnungssatz

(c) Teichmüllerprinzip

Beweis Wir müssen drei Implikationen nachweisen.

(a) $\Rightarrow$ (b)   Dies ist genau die Aussage von Theorem 10.23.

(b) $\Rightarrow$ (c)   Wir nehmen an, dass der Wohlordnungssatz gilt. Sei nun $\mathcal{F}$ eine Familie mit endlichem Charakter. Gemäß dem Beweis des Wohlordnungssatzes lässt sich $\mathcal{F}$ als $\mathcal{F} = \{X_\beta \mid \beta < \alpha\}$ darstellen. Nun konstruieren wir rekursiv ein Element von $\mathcal{F}$, welches maximal bezüglich der Inklusion ist.

- Wir setzen $Y_0 := X_0$.
- Ist $Y_\beta \in \mathcal{F}$ gegeben, so setzen wir

$$Y_{\beta+1} := \begin{cases} Y_\beta \cup X_\beta, & Y_\beta \cup X_\beta \in \mathcal{F}, \\ Y_\beta, & \text{sonst.} \end{cases}$$

- Ist $Y_\gamma \in \mathcal{F}$ gegeben für alle $\gamma < \beta$ und ist β eine Limes-Ordinalzahl, so setze

$$Y_\beta := \bigcup_{\gamma < \beta} Y_\gamma.$$

Dann gilt auch $Y_\beta \in \mathcal{F}$: Sei $Z \subseteq Y_\beta$ eine endliche Teilmenge. Dann gibt es $\gamma < \beta$, sodass $Z \subseteq Y_\gamma$ gilt. Da $Y_\gamma \in \mathcal{F}$ gilt und $\mathcal{F}$ endlichen Charakter hat, gilt $Z \in \mathcal{F}$. Da Z eine beliebige endliche Teilmenge von Y_β ist, können wir erneut anwenden, dass $\mathcal{F}$ endlichen Charakter hat und folgern, dass $Y_\beta \in \mathcal{F}$ gilt.

Nun setzen wir $Y := Y_\alpha$. Nach Konstruktion gilt $Y \in \mathcal{F}$. Es bleibt zu zeigen, dass Y maximal bezüglich der Inklusion ist. Sei $Z \in \mathcal{F}$ mit $Z \supseteq Y$. Nun gibt es $\beta < \alpha$ mit $Z = X_\beta$. Daraus folgt $Y_\beta \subseteq Y \subseteq X_\alpha$, also $Y_\beta \cup X_\beta = Z \in \mathcal{F}$. Dann gilt aber $X_\beta \subseteq Y_\beta \cup X_\beta = Y_{\beta+1} \subseteq Y$, also $Z = Y$.

(c) $\Rightarrow$ (a)   Es gelte das Teichmüllerprinzip. Sei $\mathcal{A}$ eine Menge nichtleerer Mengen. Sei $\mathcal{F}$ die Menge aller Funktionen $F : \mathrm{dom}(F) \to \bigcup \mathcal{A}$ mit $\mathrm{dom}(F) \subseteq \mathcal{A}$ und $F(X) \in X$ für alle $X \in \mathrm{dom}(F)$. Man kann leicht nachweisen, dass $\mathcal{F}$ endlichen Charakter hat. Mit dem Teichmüllerprinzip erhalten wir eine Funktion $F \in \mathcal{F}$, die maximal bezüglich der Inklusion ist. Wir zeigen, dass F eine Auswahlfunktion von $\mathcal{A}$ darstellt. Sei dazu $X \in \mathcal{A}$. Wäre $X \notin \mathrm{dom}(F)$, so wäre $F \cup \{(X, x_0)\} \in \mathcal{F}$ für ein beliebiges $x_0 \in X$, was der Maximalität von F entspricht. Daher gilt $\mathrm{dom}(F) = \mathcal{A}$ und F ist eine Auswahlfunktion. $\square$

Als Folgerung des Teichmüllerprinzips beweisen wir eine wichtige Anwendung aus der linearen Algebra. Dazu erinnern wir an den Begriff einer *Basis:*

Definition 10.26 Sei K ein Körper und $(V, +, \cdot)$ ein K-Vektorraum. Eine Menge $B \subseteq V$ ist eine *Basis* von V über K, falls sie die folgenden Eigenschaften erfüllt:

1. B ist *erzeugend*, d.h. für jedes $v \in V$ gibt es $v_1, \ldots, v_n \in B$ und $\lambda_1, \ldots, \lambda_n \in K$ mit $v = \sum_{i=1}^n \lambda_i v_i$;
2. B ist *linear unabhängig*, d.h. falls $\sum_{i=1}^n \lambda_i v_i = 0$ für $v_1, \ldots, v_n \in B$ und $\lambda_1, \ldots, \lambda_n \in K$, so gilt $\lambda_1 = \ldots = \lambda_n = 0$.

In anderen Worten: Eine Basis ist eine Teilmenge des Vektorraums, sodass sich jedes Element des Vektorraums eindeutig als *Linearkombination* von Basiselementen darstellen lässt. Das einfachste Beispiel einer Basis ist die *Standardbasis* des Vektorraums $\mathbb{R}^n$ über dem Körper $\mathbb{R}$ gegeben durch $(e_1, \ldots, e_n)$ mit

$$e_i = (0, \ldots, \underbrace{0, 1}_{i-1}, 0, \ldots, 0).$$

Der folgende Satz stammt vom Bonner Mathematiker Felix Hausdorff [32]:

Theorem 10.27 (AC) *Jeder Vektorraum besitzt eine Basis.*

Beweis Sei $(V, +, \cdot)$ ein Vektorraum über einem Körper K. Sei $\mathcal{B}$ die Menge aller linear abhängigen Teilmengen von V. Nach Definition der linearen Unabhängigkeit hat $\mathcal{B}$ endlichen Charakter. Gemäß dem Teichmüllerprinzip gibt es ein maximales Element $B \in \mathcal{B}$ bezüglich der Inklusion. Da $B \in \mathcal{B}$, ist B linear unabhängig. Wäre B nicht erzeugend, so gäbe es einen Vektor $v \in V$, welcher sich nicht als Linearkombination von Elementen aus B darstellen lässt. Dann ist aber auch $B \cup \{v\}$ linear unabhängig, ein Widerspruch zur Maximalität von B. Somit ist B auch erzeugend und damit eine Basis von V. $\square$

Andreas Blass bewies (erst!) im Jahre 1984, dass auch die Umkehrung von Theorem 10.27 gilt, d.h. das Auswahlaxiom ist äquivalent zur Aussage, dass jeder Vektorraum eine Basis besitzt (siehe [3]). Die Menge $\mathbb{R}$ der reellen Zahlen lässt sich als Vektorraum über dem Körper $\mathbb{Q}$ auffassen. Gemäß Theorem 10.27 besitzt damit $\mathbb{R}$ eine Basis über $\mathbb{Q}$. Eine solche Basis wird als *Hamel-Basis* bezeichnet.

Aufgabe 10.28 Beweisen Sie, dass $\{1, \sqrt{2}, \sqrt{3}\} \subseteq \mathbb{R}$ linear unabhängig, aber nicht erzeugend über $\mathbb{Q}$ ist.

Mit etwas mehr Aufwand kann man zeigen, dass $\{\sqrt{p} \mid p \in \mathbb{P} \cup \{1\}\}$ linear unabhängig, aber nicht erzeugend über $\mathbb{Q}$ ist. Diese Menge ist abzählbar und daher ist es natürlich naheliegend, dass es sich nicht um eine Hamel-Basis von $\mathbb{R}$ handelt. Man kann leicht zeigen, dass es keine abzählbare Hamel-Basis gibt. Man kann sogar zeigen, dass es eine Hamel-Basis von $\mathbb{R}$ gibt, die gleichmächtig zur Menge $\mathbb{R}$ ist:

Aufgabe 10.29 Sei $\{q_n \mid q \in \mathbb{Q}\} = \mathbb{Q}$ eine Abzählung von $\mathbb{Q}$. Für jedes $r \in \mathbb{R}$ setzen wir

$$x_r = \sum_{q_n < r} \frac{1}{n!} \in \mathbb{R}.$$

Zeigen Sie, dass $\{x_r \mid r \in \mathbb{R}\}$ linear unabhängig über $\mathbb{Q}$ ist.

Hinweis: Erinnern Sie sich an den Beweis der Irrationalität von e und verwenden Sie ein Teilbarkeitsargument.

Damit ist zwar nur gezeigt, dass die Menge $\{x_r \mid r \in \mathbb{R}\}$ linear unabhängig ist über $\mathbb{Q}$, aber sie lässt sich zu einer Hamel-Basis erweitern.

Aufgabe 10.30 (AC) Eine Funktion $f : \mathbb{R} \to \mathbb{R}$ mit $f(x+y) = f(x)+f(y)$ für alle $x, y \in \mathbb{R}$ wird als *additiv* bezeichnet.

(a) Zeigen Sie, dass jede stetige additive Funktion linear ist, d.h. $f(x) = ax$ für ein $a \in \mathbb{R}$.

(b) Zeigen Sie unter Verwendung einer Hamel-Basis, dass es überabzählbar viele nicht-lineare additive Funktionen gibt.

Aufgabe 10.31 (AC) Beweisen Sie, dass jeder Graph einen Spannbaum besitzt. Unter einem *Spannbaum* versteht man dabei einen Teilgraphen, der einen Baum darstellt und alle Knoten des Graphen enthält.

10.4 Ordnungstypen von Wohlordnungen

In Kapitel 6 haben wir Wohlordnungen untersucht und im Theorem 6.21 haben wir gezeigt, dass $\lhd$ eine Wohlordnung auf den Äquivalenzklassen bezüglich der Isomorphie von Wohlordnungen ist. Der folgende Satz besagt nun, dass wir die Ordinalzahlen als kanonische Repräsentanten solcher Äquivalenzklassen auffassen können. D.h. jede Wohlordnung entspricht genau einer Ordinalzahl und umgekehrt entspricht jede Ordinalzahl genau einer Äquivalenzklasse von Wohlordnungen bzw. genau einem Wohlordnungstyp.

Theorem 10.32 *Jede wohlgeordnete Menge $(A, <)$ ist isomorph zu genau einer Ordinalzahl $\alpha \in \Omega$.*

Die Ordinalzahl α, deren Existenz Theorem 10.32 garantiert, wird als *Ordnungstyp* von $(A, <)$ bezeichnet und man schreibt $\alpha = \mathrm{otp}(A, <)$. Geht aus dem Kontext eindeutig hervor, um welche Ordnungsrelation es sich handelt, so schreibt man auch einfach $\alpha = \mathrm{otp}(A)$.

Beweis (Theorem 10.32) Die Eindeutigkeit folgt direkt aus Aufgabe 10.33.b. Somit bleibt die Existenz nachzuweisen – dies geschieht analog zum Beweis vom Wohlordnungssatz 10.23. Ist $A = \emptyset$, so ist $\mathrm{otp}(A, <) = \emptyset$ mit $\emptyset \in \Omega$. Ist $A \neq \emptyset$, so verwenden wir transfinite Rekursion bezüglich der Klassenfunktion $F : \Omega \to A \cup \{A\}$, welche wie folgt definiert ist:

- $F(0) := \min_<(A)$.
- Ist $F(\gamma)$ definiert für alle $\gamma < \beta$ (für ein $\beta \in \Omega$), so setzen wir

$$F(\beta) := \begin{cases} \min_<(A \setminus \{F(\gamma) \mid \gamma < \beta\}), & \text{falls } A \setminus \{F(\gamma) \mid \gamma < \beta\} \neq \emptyset, \\ \{A\}, & \text{sonst.} \end{cases}$$

Wie im Beweis des Wohlordnungssatzes 10.23 lässt sich zeigen, dass ein $\beta \in \Omega$ existiert mit $F(\beta) = \{A\}$. Insbesondere ist die Menge $\{\alpha \leq \beta \mid F(\alpha) = \{A\}\}$ nicht-leer und besitzt ein $\in$-minimales Element α_0. Die Klassenfunktion F eingeschränkt auf α_0 ist dann ein Ordnungsisomorphismus zwischen $(\alpha_0, \in)$ und $(A, <)$. $\square$

Die folgende Aufgabe soll nun die Eindeutigkeit in Theorem 10.32 nachweisen:

Aufgabe 10.33 (a) Sei $(A, <)$ eine Wohlordnung. Zeigen Sie, dass $(A, <)$ nicht isomorph zu einem Abschnitt $(A_x, <)$ ist.

(b) Folgern Sie, dass verschiedene Ordinalzahlen nie isomorph zueinander sein können.

Da es gemäß dem Satz von Hartogs (siehe Theorem 6.26) auch überabzählbare wohlgeordnete Mengen gibt, muss es auch überabzählbare Ordinalzahlen geben. Wir bezeichnen nun ω_1 als die kleinste überabzählbare Ordinalzahl. Gemäß unserer mengentheoretischen Konstruktion der Ordinalzahlen gilt also:

$$\omega_1 = \{\alpha \in \Omega \mid \alpha \text{ ist abzählbar}\}$$

Analog kann man ω_2 als Menge aller Ordinalzahlen definieren, die gleichmächtig zu ω_1 sind, d.h. ω_2 ist die kleinste Ordinalzahl, deren Mächtigkeit größer als die-jenige von ω_1 ist. Analog kann man ω_n für eine beliebige natürliche Zahl $n \in \omega$ konstruieren. Mit dem Ersetzungsaxiom existiert die Menge

$$X = \{\omega_n \mid n \in \omega\}$$

und wir können ω_ω als $\bigcup X$ konstruieren. All diese hier genannten Ordinalzahlen haben eines gemeinsam: Jede kleinere Ordinalzahl hat eine kleinere Mächtigkeit. Solche Ordinalzahlen werden wir in Kapitel 11 als *Kardinalzahlen* bezeichnen.

Aufgabe 10.34 Bestimmen Sie den Ordnungstyp der folgenden Wohlord-nungen:

(a) die lexikographische Ordnung auf $\mathbb{N}^2$;

(b) die Menge aller *geraden* Ordinalzahlen $< \omega \cdot 2 + 5$. Dabei ist eine Ordinalzahl der Form $\alpha + n$ für eine Limes-Ordinalzahl α und $n \in \omega$ genau dann gerade, wenn n gerade ist.

10.5 Die Cantor-Normalform

In den natürlichen Zahlen lässt sich jede Zahl im Dezimalsystem oder auch allgemeiner auf eindeutige Weise in *b-adischer Darstellung* angeben für $b \in \mathbb{N}$ mit $b \geq 2$ (siehe auch [44]):

$$n = n_k b^k + n_{k-1} b^{k-1} + \ldots + n_1 b + n_0 = \sum_{i=0}^{k} n_i b^i$$

Wie sieht es nun mit Ordinalzahlen aus? Dies lässt sich auch auf Ordinalzahlen verallgemeinern. Insbesondere erhalten wir dann auch mehr Möglichkeiten für Basen; so können wir beispielsweise als Basis ω wählen. Dies führt zur sogenannten *Cantor-Normalform*:

Definition 10.35 Die *Cantor-Normalform* einer Ordinalzahl $\alpha \in \Omega$ ist eine Darstellung

$$\alpha = \omega^{\alpha_1} \cdot n_1 + \ldots + \omega^{\alpha_k} \cdot n_k$$

mit $\alpha_1, \ldots, \alpha_k \in \Omega$ und $\alpha \geq \alpha_1 > \ldots > \alpha_k$ und $n_1, \ldots, n_k \in \omega$. Für $\alpha < \varepsilon_0$ gilt zusätzlich $\alpha > \alpha_1$.

Auch hier lässt sich beweisen, dass jede Ordinalzahl eine Darstellung in Cantor-Normalform besitzt. Wir beschränken uns allerdings auf Ordinalzahlen $< \varepsilon_0$.

Theorem 10.36 *Jede Ordinalzahl $\alpha \in \Omega \setminus \{0\}$ besitzt eine eindeutige Darstellung in Cantor-Normalform.*

Beweis Wir beweisen zunächst die Existenz mittels transfiniter Induktion. Für $\alpha = 0$ und für Nachfolger-Ordinalzahlen ist die Behauptung einfach. Sei also α eine Limes-Ordinalzahl und wir nehmen an, dass jede Ordinalzahl $\beta < \alpha$ eine Darstellung in Cantor-Normalform besitzt. Wir zeigen, dass es ein maximales $\alpha_1 \in \Omega$ gibt, sodass $\omega^{\alpha_1} \leq \alpha$ ist. Dazu betrachten wir die Menge $X := \{\beta \in \Omega \mid \omega^\beta > \alpha\}$. Nun ist X nichtleer, da für jede Ordinalzahl $\beta > \alpha$ offensichtlich $\beta \in X$ gilt. Daher besitzt X ein minimales Element $\beta \in X$. Wäre β eine Limes-Ordinalzahl, so wäre

$$\alpha < \omega^\beta = \bigcup_{\gamma < \beta} \omega^\gamma$$

und damit $\alpha < \omega^\gamma$ für ein $\gamma < \beta$, ein Widerspruch. Sei also $\beta = \alpha_1 + 1$ für ein $\alpha_1 \in \Omega$. Dann ist α_1 wie gewünscht. Ist $\alpha < \varepsilon_0$, so gilt $\omega^\alpha > \alpha$ und daher $\alpha_1 < \alpha$. Analog sei nun $n_1 \in \omega$ maximal mit $\omega^{\alpha_1} \cdot n_1 \leq \alpha$. Nun muss es eine Ordinalzahl γ

geben mit $\omega^{\alpha_1} \cdot n_1 + \gamma = \alpha$ (siehe Aufgabe 10.37). Zudem gilt $\gamma < \omega^{\alpha_1}$: Ansonsten wäre

$$\alpha = \omega^{\alpha_1} \cdot n_1 + \gamma \geq \omega^{\alpha_1} \cdot n_1 + \omega^{\alpha_1} = \omega^{\alpha_1} \cdot (n_1 + 1),$$

was der Maximalität von n_1 widerspricht. Da somit $\gamma < \omega^{\alpha_1} \leq \alpha$, besitzt γ eine Darstellung

$$\gamma = \omega^{\alpha_2} \cdot n_2 + \ldots + \omega^{\alpha_k} \cdot n_k$$

in Cantor-Normalform mit $\alpha_2 < \alpha_1$. Somit folgt

$$\alpha = \omega^{\alpha_1} \cdot n_1 + \gamma = \omega^{\alpha_1} \cdot n_1 + \omega^{\alpha_2} \cdot n_2 + \ldots + \omega^{\alpha_k} \cdot n_k.$$

Es bleibt die Eindeutigkeit nachzuweisen. Wir nehmen per Widerspruch an, dass $\alpha \in \Omega$ die kleinste Ordinalzahl ist, deren Darstellung in Cantor-Normalform nicht eindeutig ist. Es gelte also

$$\alpha = \omega^{\alpha_1} \cdot n_1 + \ldots + \omega^{\alpha_k} \cdot n_k = \omega^{\beta_1} \cdot m_1 + \ldots + \omega^{\beta_l} \cdot m_l$$

mit Ordinalzahlen $\alpha_1 > \ldots > \alpha_k$ und $\beta_1 > \ldots > \beta_l$ sowie $n_1, \ldots, n_k, m_1, \ldots, m_l \in \omega \setminus \{0\}$. Wir zeigen nun, dass $\alpha_1 = \alpha_2$ gilt. Wäre nun $\alpha_1 > \beta_1$ (der umgekehrte Fall verläuft analog), so wäre

$$\alpha \geq \omega^{\alpha_1} \geq \omega^{\beta_1 + 1} = \omega^{\beta_1} \cdot \omega$$
$$> \omega^{\beta_1}(m_1 + \ldots + m_l) \geq \omega^{\beta_1} \cdot m_1 + \ldots + \omega^{\beta_l} \cdot m_l = \alpha,$$

ein Widerspruch. Also gilt $\alpha_1 = \beta_1$. Ein ähnliches Argument zeigt $n_1 = m_1$. Somit gilt

$$\omega^{\alpha_2} \cdot n_2 + \ldots + \omega^{\alpha_k} \cdot n_k = \omega^{\beta_2} \cdot m_2 + \ldots + \omega^{\beta_l} \cdot m_l,$$

da dies aber eine kleinere Ordinalzahl als α ist, folgt aus der Minimalität von α wie gewünscht $k = l$, $\alpha_i = \beta_i$ und $n_i = m_i$ für alle $i \in \{1, \ldots, k\}$, ein Widerspruch. □

Aufgabe 10.37 Zeigen Sie, dass es für Ordinalzahlen $\alpha, \beta \in \Omega$ mit $\beta \leq \alpha$ ein $\gamma \in \Omega$ gibt mit $\beta + \gamma = \alpha$.

Theorem 10.36 lässt sich auch auf andere Basen statt ω verallgemeinern. Dies werden wir an dieser Stelle allerdings nicht weiterverfolgen.

Die übliche Addition und Multiplikation von Ordinalzahlen erfüllt nicht das Kommutativgesetz. Es gibt aber durchaus auch andere Möglichkeiten, entsprechende Rechenoperationen auf Ω zu definieren, die das Kommutativgesetz erfüllen. Dazu verwendet man die Cantor-Normalform.

Sind $\alpha, \beta \in \Omega$ gegeben in Cantor-Normalform

$$\alpha = \omega^{\alpha_1} \cdot n_1 + \ldots + \omega^{\alpha_k} \cdot n_k$$
$$\beta = \omega^{\alpha_1} \cdot m_1 + \ldots + \omega^{\alpha_k} \cdot m_k$$

(wobei $n_i \in \omega$ für alle $i \in \{1, \ldots, k\}$[1])so definiert man die *Hessenberg-Summe* von α und β als

$$\alpha \oplus \beta := \omega^{\alpha_1} \cdot (n_1 + m_1) + \ldots + \omega^{\alpha_k} \cdot (n_k + m_k) = \sum_{i=1}^{k} \omega^{\alpha_i} \cdot (n_i + m_i)$$

Für die *Hessenberg-Multiplikation* ist es nicht nötig, die gleichen Potenzen von ω für α und β zu betrachten, d.h. die Cantor-Normalform von α und β hat dann die beliebige Form

$$\alpha = \omega^{\alpha_1} \cdot n_1 + \ldots + \omega^{\alpha_k} \cdot n_k$$
$$\beta = \omega^{\beta_1} \cdot m_1 + \ldots + \omega^{\beta_l} \cdot m_l$$

Nun definiert man

$$\alpha \odot \beta := \sum_{i=1}^{k} \sum_{j=1}^{l} \omega^{\alpha_i \oplus \beta_j} \cdot (n_i \cdot m_j).$$

Diese Operationen wurden von Gerhard Hessenberg eingeführt.

Beispiel 10.38 Es gilt:

$$(\omega^2 + \omega \cdot 2 + \omega \cdot 2) \oplus (\omega^2 + \omega + 1) = \omega^2 \cdot 2 + \omega \cdot 2 + \omega \cdot 3 + 1$$
$$(\omega^2 \cdot 2 + 3) \odot (\omega^\omega + \omega) = \omega^{\omega+2} \cdot 2 + \omega^\omega \cdot 3 + \omega^3 \cdot 2 + \omega \cdot 3$$

Insbesondere gilt $1 \oplus \omega = \omega + 1 = \omega \oplus 1$ und $2 \odot \omega = \omega \cdot 2 = \omega \odot 2$.

Allgemein erkennen wir, dass die Hessenberg-Operationen das Kommutativgesetz erfüllen:

Aufgabe 10.39 Beweisen Sie, dass die Hessenberg-Addition sowie die Hessenberg-Multiplikation das Kommutativgesetz und Assoziativgesetz erfüllen.

---

[1] Hier lassen wir den Koeffizienten 0 zu, damit man α und β in Cantor-Normalform mit denselben Exponenten darstellen kann.

10.6 Der Satz von Goodstein

Wozu sind Ordinalzahlen nützlich? Es gibt Beispiele von Sätzen über natürliche Zahlen, die mit Hilfe von Ordinalzahlen bewiesen werden können, obwohl in der Formulierung des Satzes nur natürliche Zahlen vorkommen! Ein solches Beispiel stellt der Satz von Goodstein dar, dessen Beweis auf dem Prinzip des unendlichen Abstiegs für Ordinalzahlen basiert. Noch erstaunlicher ist, dass dieser Satz nicht mit Hilfe der üblichen Axiome der natürlichen Zahlen, der sogenannten *Peano-Arithmetik*, bewiesen werden kann! Dass dies nicht möglich ist, haben Laurie Kirby und Jeff Paris 1982 in [42] bewiesen.

Dies kann man nun verallgemeinern zur *iterierten b-adischen Darstellung*, die folgendermaßen rekursiv definiert ist:

Definition 10.40 Eine Zahl ist in *iterierter b-adischer Darstellung*, falls sie in b-adischer Darstellung ist und alle vorkommenden Exponenten ebenfalls in iterierter b-adischer Darstellung sind.

Beispiel 10.41 Wir stellen die Zahl $n = 41$ in iterierter Binärdarstellung an. Es gilt

$$41 = 32 + 8 + 1$$
$$= 2^5 + 2^3 + 2^0$$
$$= 2^{2^{2^1}+2^0} + 2^{2^1+2^0} + 2^0.$$

Wir wenden wir uns nun dem Satz von Goodstein zu, für dessen Beweis wir die Cantor-Normalform verwenden werden.

Definition 10.42 (Der Goodstein-Prozess) Man beginnt mit einer natürlichen Zahl $n_0 \in \omega$ und stellt diese in iterierter Binärdarstellung, dar.
- Sei n_1 die Zahl, die entsteht, wenn man in der iterierten Binärdarstellung jede 2 durch eine 3 ersetzt und 1 (in der iterierten Darstellung zur Basis 3) subtrahiert.
- Sei n_2 die Zahl, die entsteht, wenn man in der iterierten Darstellung von n_1 zur Basis 3 jede 3 durch eine 4 ersetzt und 1 subtrahiert.

$\vdots$

Auf den ersten Blick scheint dieser Prozess eine gegebene Zahl in jedem Schritt zu vergrößern, denn die Subtraktion um Eins verkleinert die Zahl anscheinend deutlich geringer als die Vergrößerung der Basis die Zahl vergrößert. Dies wird anhand des folgenden Beispiels illustriert:

Beispiel 10.43 Wir beginnen mit der Zahl 7 und erhalten:

Zahl	Basis	Darstellung
n_0	2	$2^2 + 2^1 + 2^0$
n_1	3	$3^3 + 3^1$
n_2	4	$4^4 + 3 \cdot 4^0$
n_3	5	$5^5 + 2 \cdot 5^0$
n_4	6	$6^6 + 1 \cdot 6^0$
n_5	7	7^7
n_6	8	$7 \cdot 8^7 + 7 \cdot 8^6 + 7 \cdot 8^5 + 7 \cdot 8^4 + 7 \cdot 8^3 + 7 \cdot 8^2 + 7 \cdot 8^1 + 7 \cdot 8^0$

Obwohl die Zahl in jedem Schritt ansteigt, wird deutlich, dass ab n_6 der höchste Exponent nicht mehr weiterwächst, während er in den vorangehenden Schritten immer gewachsen ist. Da nun die Basis nicht mehr im Exponenten vorkommt, werden die Exponenten nicht mehr wachsen.

Obwohl der letzte Schritt des Beispiels dies etwas suggeriert, erscheint das folgende Resultat zunächst erstaunlich:

Theorem 10.44 (Satz von Goodstein) *Der Goodstein-Prozess endet für jede natürliche Zahl nach endlich vielen Schritten.*

Beweis Wir übersetzen jede Darstellung zur Basis $b \in \omega$ zur Cantor-Normalform, d.h. zur Basis ω, wobei wir die natürlichen Zahlen, mit denen wir die potenzierten Basen multiplizieren hinten schreiben[2]
Wir veranschaulichen dies am Beispiel 10.43:

Basis	Zahl	Darstellung in Cantor-Normalform
2	n_0	$\omega^\omega + \omega + 1$
3	n_1	$\omega^\omega + \omega$
4	n_2	$\omega^\omega + 3$
5	n_3	$\omega^\omega + 2$
6	n_4	$\omega^\omega + 1$
7	n_5	ω^ω
8	n_6	$\omega^7 \cdot 7 + \omega^6 \cdot 7 + \omega^5 \cdot 7 + \omega^4 \cdot 7 + \omega^3 \cdot 7 + \omega^2 \cdot 7 + \omega \cdot 7 + 7$

Dabei verringert sich die entsprechende Ordinalzahl in jedem Schritt, denn der Basiswechsel verändert die Ordinalzahl nicht (da in der Ordinalzahl die Basis konstant gleich ω ist), aber die Subtraktion um 1 führt zu einer kleineren Ordinalzahl:

- Im Falle einer Nachfolger-Ordinalzahl, verringert sich die Ordinalzahl um 1.

---

[2] Dies ist wichtig, da die Multiplikation von Ordinalzahlen – anders als die Multiplikation natürlicher Zahlen – nicht kommutativ ist.

- Im Falle einer Limes-Ordinalzahl mit letztem Summanden $\omega^{\alpha} \cdot n$, entsprechend $b^{e} \cdot n$ mit $e \geq 1$, verringert sich entweder n zu $n-1$, oder im Falle $n = 1$ verringert sich der Exponent.

Da jede absteigende Folge von Ordinalzahlen endlich ist, endet der Prozess nach endlich vielen Schritten. Dies bedeutet, dass nach endlich vielen Schritten die Darstellung in Cantor-Normalform die Null erreicht, und somit gelangt auch der Goodstein-Prozess zur Null. □

Aufgabe 10.45 Stellen Sie den Goodstein-Prozess für $n_0 = 3$ tabellarisch dar, indem Sie jeweils in einer Spalte die natürliche Zahl und in einer anderen Spalte die entsprechende Ordinalzahl angeben.

Aufgabe 10.46 Stellen Sie die ersten Schritte des Goodstein-Prozesses von $n_0 = 4$ tabellarisch dar. Wann wird die entsprechende Ordinalzahl kleiner als

(a) $\omega^2 \cdot 2 + \omega$;
(b) $\omega^2 \cdot 2$;
(c) $\omega^2 + \omega \cdot 23$;
(d) $\omega^2 + \omega \cdot 22$;
(e) ω^2?

Aufgabe 10.47 Sei $n_0 = 17$. Geben Sie n_6 in der 8-adischen Darstellung sowie die entsprechende Darstellung in Cantor-Normalform an.

Kapitel 11
Kardinalzahlen

In der Tat hat ja alles, was man erkennen kann, Zahl. Denn es ist nicht möglich, irgend etwas mit dem Gedanken zu erfassen oder zu erkennen ohne diese.

(Philolaos aus Kroton)

11.1 Kardinalitäten als Ordinalzahlen

Oft wird zwischen dem „ordinalen" und dem „kardinalen" Aspekt einer Menge unterschieden. Während sich der ordinale Aspekt einer Menge darauf bezieht, wie die Elemente der Menge in einer Wohlordnung ange*ordnet* sind, so bezieht sich der kardinale Aspekt einer Menge nur auf die *Anzahl* ihrer Elemente bzw. der *Kardinalität* der Menge. Cantor spricht beim ordinalen und kardinalen Aspekt einer Menge M von einer zweistufigen Abstraktion: Zuerst wird beim ordinalen Aspekt von den Elementen von M abstrahiert und nur der Typ der Wohlordnung der Elemente von M betrachtet. Der Ordnungstyp der Menge M wird von Cantor mit $\overline{M}$ bezeichnet. In einer zweiten Abstraktionsstufe wird auch vom Ordnungstyp abstrahiert und nur noch die Größe bzw. Kardinalität von M betrachtet. Die Kardinalität der Menge M wird von Cantor mit $\overline{\overline{M}}$ bezeichnet – wir verwenden die Notation $|M|$.

Wie wir im Kapitel 10 gesehen haben, entspricht der Ordnungstyp einer wohlgeordneten Menge immer einer Ordinalzahl, und in diesem Kapitel werden wir sehen, dass die Kardinalität einer Menge immer einer Kardinalzahl entspricht, wobei Kardinalzahlen nichts anderes sind als spezielle Ordinalzahlen. Im Endlichen stimmen die Begriffe „Kardinalzahl" und „Ordinalzahl" sogar überein, was daran liegt, dass eine endliche Menge nur auf eine Art wohlgeordnet werden kann – dies ist im Unendlichen natürlich nicht mehr der Fall. Im Unendlichen unterscheidet sich auch die Arithmetik von Kardinal- und Ordinalzahlen, sogar in ihren Rechengesetzen!

Wir können die Kardinalität einer Menge als Kardinal*zahl* wie folgt definieren:

Definition 11.1 Eine Ordinalzahl $\kappa \in \Omega$ heißt *Kardinalzahl*, falls es keine Ordinalzahl $\alpha < \kappa$ gibt mit $|\alpha| = |\kappa|$.

Allgemein definieren wir für eine wohlgeordnete Menge A die *Kardinalität* von A als

$$|A| = \min \left\{ \alpha \in \Omega \mid \text{es gibt eine Bijektion zwischen } A \text{ und } \alpha \right\}$$

oder etwas kürzer

$$|A| = \min \left\{ \alpha \in \Omega \mid |A| = |\alpha| \right\}.$$

Diese Definition geht auf John von Neumann zurück. Kardinalzahlen sind damit Ordinalzahlen, die sich nicht bijektiv auf eine kleinere Ordinalzahl abbilden lassen. Somit gilt also:

- $|\kappa| = \kappa$ für Kardinalzahlen κ
- $|\alpha| < \alpha$ für Ordinalzahlen α, welche keine Kardinalzahlen sind.

Bemerkung 11.2 Mit dieser Definition ist also die Kardinalität einer Menge immer eine Kardinalzahl und damit auch eine Ordinalzahl. Insbesondere ist, weil Ordinalzahlen wohlgeordnet sind, jede Kardinalität ein $\aleph$ (siehe Kap. 6).

Der Ausgangspunkt zur Untersuchung von Kardinalzahlen bildet folgender Satz, der – ohne Beweis – bereits 1878 von Cantor in [7] formuliert[1], aber erst mit Hilfe des Wohlordnungssatzes 1904 von Zermelo in [68] bewiesen wurde. Man beachte, dass der Satz durchaus auch ohne Definition von Kardinalzahlen auskommt, denn wir haben $|A| \le |B|$ in Kapitel 5 dadurch definiert, dass es eine Injektion $A \to B$ gibt.

Theorem 11.3 (Vergleichssatz für Kardinalzahlen, AC) *Für alle Mengen A und B gilt entweder $|A| \le |B|$ oder $|B| \le |A|$.*

Beweis Seien A, B Mengen. Gemäß dem Wohlordnungssatz 10.23 gibt es Ordinalzahlen α und β, sodass es Bijektionen $A \to \alpha$ und $B \to \beta$ gibt. Nun gilt aber gemäß Theorem 10.4 entweder $\alpha \le \beta$ oder $\beta \le \alpha$. Im ersten Fall folgt $|A| \le |B|$, im zweiten Fall folgt $|B| \le |A|$. □

Ohne das Auswahlaxiom gilt der Vergleichssatz für Kardinalzahlen nur, wenn man ihn auf wohlgeordnete Mengen einschränkt.

Beispiel 11.4 Wir betrachten nun einige Beispiele für Kardinalzahlen:

---

[1] Cantor war sich zu dieser Zeit nicht bewusst, dass dies nicht offensichtlich ist

1. Alle endlichen Ordinalzahlen – d.h. die natürlichen Zahlen – sind Kardinalzahlen; denn sind $n, m \in \mathbb{N}$ mit $n < m$, so gibt es keine Bijektion von n nach m, d.h. von $\{0, \ldots, n-1\}$ nach $\{0, \ldots, m-1\}$.

2. Offensichtlich ist ω eine Kardinalzahl, denn keine Zahl $n < \omega$ lässt sich ω bijektiv zuordnen. Die Ordinalzahl $\omega + 1$ ist allerdings keine Kardinalzahl, denn $\omega + 1$ ist abzählbar und somit $|\omega + 1| = |\omega| = \omega$. Dies lässt sich leicht verallgemeinern: Keine unendliche Nachfolger-Ordinalzahl ist eine Kardinalzahl. Im Kontext von Kardinalzahlen schreibt man $\aleph_0$ für ω; $\aleph_0$ ist die *kleinste unendliche Kardinalzahl* (vgl. Kap. 6).

3. Die Kardinalität der reellen Zahlen wird als $2^{\aleph_0}$ bezeichnet. Da $|\mathbb{R}| = |\mathcal{P}(\mathbb{N})|$ und für endliche Mengen A gilt $|\mathcal{P}(A)| = 2^{|A|}$, verallgemeinert diese Notation diejenige für endliche Mengen.

4. Jede Kardinalzahl κ besitzt einen Nachfolger κ^+, definiert als

$$\kappa^+ := \{\alpha \in \Omega \mid |\alpha| \le \kappa\}.$$

Nach Definition ist κ^+ ebenfalls eine Kardinalzahl, und zwar die kleinste Kardinalzahl, die größer als κ ist (vgl. Satz von Hartogs 6.26): Gäbe es nun ein $\alpha < \kappa^+$ mit $|\alpha| = |\kappa^+|$, so wäre $|\kappa^+| = |\alpha| \le \kappa$ und damit $\kappa^+ \in \kappa^+$, ein Widerspruch. Zudem kann es keine Kardinalzahl zwischen κ und κ^+ geben, denn für jedes $\alpha < \kappa^+$ gilt $|\alpha| \le \kappa$.

Zum Beispiel ist

$$\aleph_1 := \aleph_0^+ = \{\alpha \in \Omega \mid \alpha \text{ ist abzählbar}\}$$

die *kleinste überabzählbare Kardinalzahl* und es gilt $\aleph_1 = \omega_1$ (vgl. Kap. 6).

5. Falls K eine Menge von Kardinalzahlen ist, so ist auch $\kappa = \bigcup K$ eine Kardinalzahl: Sei $\alpha \in \kappa$. Dann gibt es ein $\lambda \in K$ mit $\alpha \in \lambda$, d.h. $|\alpha| < \lambda$, da λ eine Kardinalzahl ist. Da aber $\lambda \subseteq \kappa$, folgt $\lambda \le \kappa$ und damit $|\alpha| < \kappa$. Damit ist gezeigt, dass κ eine Kardinalzahl ist.

Wir definieren Card als die Klasse aller Kardinalzahlen. Wir werden zeigen, dass es sich hier tatsächlich um eine echte Klasse handelt, da es eine Bijektion zwischen Ω und Card gibt, d.h. auch den Kardinalitäten von Ordinalzahlen ist keine Grenze gesetzt.

Definition 11.5 Eine Kardinalzahl κ heißt

- *Nachfolger-Kardinalzahl*, falls es eine Kardinalzahl λ gibt mit $\kappa = \lambda^+$;
- *Limes-Kardinalzahl*, falls

$$\kappa = \bigcup_{\substack{\lambda < \kappa \\ \lambda \in \text{Card}}} \lambda.$$

Beispielsweise ist $\aleph_0$ eine Limes-Kardinalzahl, denn $\aleph_0 = \bigcup_{n \in \omega} n$.

Aufgabe 11.6 Zeigen Sie, dass jede Kardinalzahl entweder eine Nachfolger-oder Limes-Kardinalzahl ist und sich diese beiden Arten von Kardinalzahlen gegenseitig ausschließen.

Bisher haben wir nur Mengen angetroffen, deren Kardinalität endlich, $\aleph_0$ oder $2^{\aleph_0}$ ist. Dies sind aber keineswegs alle Kardinalzahlen. Die Kardinalzahlen werden, der Größe nach, mit den Ordinalzahlen durchnummeriert; verwendet wird dazu der erste Buchstabe $\aleph$ (ausgesprochen „Aleph") des hebräischen Alphabets:

$$\aleph_0, \aleph_1, \aleph_2, \ldots \quad \text{und allgemein } \aleph_\alpha, \alpha \in \Omega.$$

Wir haben die Alephs bereits in Definition 6.27 eingeführt, allerdings nur $\aleph_n$ für $n \in \omega$. Wir können aber tatsächlich $\aleph_\alpha$ für jede Ordinalzahl α definieren. Formal lässt sich dies mit transfiniter Rekursion umsetzen:

$$\aleph_0 = \omega$$
$$\aleph_{\alpha+1} = \aleph_\alpha^+$$
$$\aleph_\alpha = \bigcup_{\beta < \alpha} \aleph_\beta, \text{ falls } \alpha \text{ eine Limes-Ordinalzahl ist.}$$

Nun kommt jede Kardinalzahl in der $\aleph$-Hierarchie vor. Damit gibt es eine Bijektion $\alpha \mapsto \aleph_\alpha$ zwischen Ω und den unendlichen Kardinalzahlen, also ist die Klasse aller Kardinalzahlen in der Tat eine echte Klasse.

Wir haben nun Kardinalzahlen als Ordinalzahlen eingeführt. Wir werden im nächsten Abschnitt Rechenoperationen für Kardinalzahlen einführen, die sich von denjenigen für Ordinalzahlen unterscheiden. Daher werden wir für die Kardinalzahl $\aleph_\alpha$ stattdessen ω_α schreiben, falls wir sie als Ordinalzahl auffassen und entsprechend die Ordinalzahlarithmetik statt der Kardinalzahlarithmetik betrachten.

11.2 Kardinalzahlarithmetik

In diesem Abschnitt definieren wir, wie Kardinalzahlen addiert, multipliziert und potenziert werden und welche Rechenregeln gelten. Für beliebige Kardinalzahlen κ und λ definieren wir:

$$\kappa + \lambda := \left|(\kappa \times \{0\}) \cup (\lambda \times \{1\})\right|, \qquad \kappa \cdot \lambda := |\kappa \times \lambda|, \qquad \kappa^{\lambda} := \left|{}^{\lambda}\kappa\right|,$$

wobei ${}^{\lambda}\kappa$ die Menge aller Funktionen $f : \lambda \to \kappa$ bezeichnet.

Für das Rechnen mit Kardinalzahlen gelten dieselben Gesetze wie für natürliche Zahlen. Insbesondere gelten für Potenzen von Kardinalzahlen die Potenzgesetze.

Theorem 11.7 *Die Addition und Multiplikation von Kardinalzahlen ist assoziativ und kommutativ und es gilt das Distributivgesetz für die Multiplikation über der Addition. Weiter haben wir für alle Kardinalzahlen κ, λ, μ die folgenden Potenzgesetze:*

$$\kappa^{\lambda+\mu} = \kappa^{\lambda} \cdot \kappa^{\mu} \qquad \kappa^{\mu \cdot \lambda} = (\kappa^{\lambda})^{\mu} \qquad (\kappa \cdot \lambda)^{\mu} = \kappa^{\mu} \cdot \lambda^{\mu}$$

Beweis Aus den obigen Definitionen folgt sofort, dass die Addition und Multiplikation von Kardinalzahlen assoziativ und kommutativ ist und dass das Distributivgesetz gilt. Um die Potenzgesetze nachzuweisen, seien κ, λ, μ beliebige Kardinalzahlen. Für jede Funktion $f : (\lambda \times \{0\}) \cup (\mu \times \{1\}) \to \kappa$ seien die Funktionen $f_{\lambda} : (\lambda \times \{0\}) \to \kappa$ und $f_{\mu} : (\mu \times \{1\}) \to \kappa$ so, dass für jedes $x \in (\lambda \times \{0\}) \cup (\mu \times \{1\})$ gilt:

$$f(x) = \begin{cases} f_{\lambda}(x) & \text{falls } x \in \lambda \times \{0\}, \\ f_{\mu}(x) & \text{falls } x \in \mu \times \{1\}. \end{cases}$$

Es ist leicht nachzuprüfen, dass jeder Funktion $f : (\lambda \times \{0\}) \cup (\mu \times \{1\}) \to \kappa$ genau ein Paar von Funktionen $\langle f_{\lambda}, f_{\mu} \rangle$ entspricht, und dass umgekehrt jedes Paar von Funktionen $\langle f_{\lambda}, f_{\mu} \rangle$ genau eine Funktion $f : (\lambda \times \{0\}) \cup (\mu \times \{1\}) \to \kappa$ definiert. Somit haben wir eine Bijektion zwischen $\kappa^{\lambda+\mu}$ und $\kappa^{\lambda} \cdot \kappa^{\mu}$.

Für jede Funktion $f : \mu \to {}^{\lambda}\kappa$, sei $\tilde{f} : \mu \times \lambda \to \kappa$ so, dass für alle $\alpha \in \mu$ und alle $\beta \in \lambda$ gilt

$$\tilde{f}(\langle \alpha, \beta \rangle) = f(\alpha)(\beta).$$

Es ist leicht nachzuprüfen, dass die Abbildung

$$\begin{aligned} {}^{\mu}({}^{\lambda}\kappa) &\longrightarrow {}^{\mu \times \lambda}\kappa \\ f &\longmapsto \tilde{f} \end{aligned}$$

bijektiv ist, und somit haben wir auch $\kappa^{\mu \cdot \lambda} = (\kappa^{\lambda})^{\mu}$ gezeigt.

Für jede Funktion $f : \mu \to \kappa \times \lambda$ seien die Funktionen $f_{\kappa} : \mu \to \kappa$ und $f_{\lambda} : \mu \to \lambda$ so, dass für jedes $\alpha \in \mu$ gilt $f(\alpha) = \langle f_{\kappa}(\alpha), f_{\lambda}(\alpha) \rangle$. Es ist wieder leicht nachzuprüfen, dass die Abbildung

$$\begin{aligned} {}^{\mu}(\kappa \times \lambda) &\longrightarrow {}^{\mu}\kappa \times {}^{\mu}\lambda \\ f &\longmapsto \langle f_{\kappa}, f_{\lambda} \rangle \end{aligned}$$

bijektiv ist, und somit haben wir auch die Gleichung $(\kappa \cdot \lambda)^\mu = \kappa^\mu \cdot \lambda^\mu$ gezeigt. □

Das nächste Resultat zeigt, dass die Addition und Multiplikation von Kardinalzahlen sehr einfach ist.

Theorem 11.8 *Für alle Ordinalzahlen $\alpha, \beta \in \Omega$ gilt*

$$\aleph_\alpha + \aleph_\beta = \aleph_\alpha \cdot \aleph_\beta = \aleph_{\alpha \cup \beta} = \max\{\aleph_\alpha, \aleph_\beta\}.$$

Insbesondere gilt $\kappa^2 = \kappa$ für jede unendliche Kardinalzahl κ.

Beweis Es genügt zu zeigen, dass für alle $\alpha \in \Omega$ die Beziehung $\aleph_\alpha \cdot \aleph_\alpha = \aleph_\alpha$ gilt, denn daraus folgt für $\max\{\aleph_\alpha, \aleph_\beta\} = \aleph_\alpha$:

$$\aleph_\alpha \leq \aleph_\alpha + \aleph_\beta \leq \aleph_\alpha + \aleph_\alpha = \aleph_\alpha \cdot 2 \leq \aleph_\alpha \cdot \aleph_\beta \leq \aleph_\alpha \cdot \aleph_\alpha = \aleph_\alpha$$

Für $\alpha = 0$ wissen wir bereits, dass $|\aleph_0 \times \aleph_0| = \aleph_0$ gilt, und somit haben wir $\aleph_0 \cdot \aleph_0 = \aleph_0$. Für einen Widerspruch nehmen wir an, dass ein $\alpha \in \Omega$ existiert, sodass $\aleph_\alpha \cdot \aleph_\alpha > \aleph_\alpha$. Weil die Ordinalzahlen wohlgeordnet sind, existiert eine kleinste Ordinalzahl α_0 mit dieser Eigenschaft, d.h. $\aleph_{\alpha_0} \cdot \aleph_{\alpha_0} > \aleph_{\alpha_0}$ und für alle $\beta \in \alpha_0$ ist $\aleph_\beta \cdot \aleph_\beta = \aleph_\beta$. Auf der Menge $\aleph_{\alpha_0} \times \aleph_{\alpha_0}$ definieren wir die Ordnungsrelation $\prec$ durch

$$\langle \gamma_1, \delta_1 \rangle \prec \langle \gamma_2, \delta_2 \rangle \quad \Longleftrightarrow \quad \begin{cases} \max\{\gamma_1, \delta_1\} < \max\{\gamma_2, \delta_2\}, \text{ oder} \\ \max\{\gamma_1, \delta_1\} = \max\{\gamma_2, \delta_2\} \wedge \gamma_1 < \gamma_2, \text{ oder} \\ \max\{\gamma_1, \delta_1\} = \max\{\gamma_2, \delta_2\} \wedge \gamma_1 = \gamma_2 \wedge \delta_1 < \delta_2. \end{cases}$$

Bezüglich der Ordnungsrelation $\prec$ sind die kleinsten Elemente von $\aleph_{\alpha_0} \times \aleph_{\alpha_0}$

$$\langle 0, 0 \rangle \prec \langle 0, 1 \rangle \prec \langle 1, 0 \rangle \prec \langle 1, 1 \rangle \prec \langle 0, 2 \rangle \prec$$
$$\langle 1, 2 \rangle \prec \langle 2, 0 \rangle \prec \langle 2, 1 \rangle \prec \langle 2, 2 \rangle \prec \langle 0, 3 \rangle \prec \cdots$$

und allgemein haben wir für $\alpha < \beta < \aleph_{\alpha_0}$ immer $\langle \alpha, \beta \rangle \prec \langle \beta, \alpha \rangle$.

Die folgende Graphik soll die Ordnungsstruktur von $\aleph_{\alpha_0} \times \aleph_{\alpha_0}$ (bzgl. $\prec$) veranschaulichen:

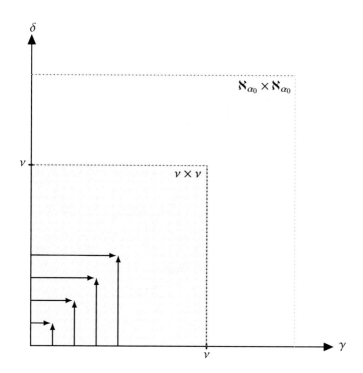

Es ist leicht nachzuprüfen, dass die Ordnungsrelation $\prec$ eine lineare Ordnung auf $\aleph_{\alpha_0} \times \aleph_{\alpha_0}$ ist, und weil $\aleph_{\alpha_0}$ eine Ordinalzahl ist, lässt sich zeigen, dass $\prec$ sogar eine Wohlordnung auf $\aleph_{\alpha_0} \times \aleph_{\alpha_0}$ ist: Sei $X \subseteq \aleph_{\alpha_0} \times \aleph_{\alpha_0}$ eine nicht-leere Menge. Aus all den Paaren $\langle \gamma, \delta \rangle \in X$ mit kleinstem $\max\{\gamma, \delta\}$ wählen wir zuerst die Paare mit der kleinsten ersten Koordinate γ_0 aus, und aus diesen Paaren wiederum das Paar mit der kleinsten zweiten Koordinate δ_0. Das Paar $\langle \gamma_0, \delta_0 \rangle \in X$ ist dann das $\prec$-minimale Element von X.

Aus Theorem 10.32 folgt, dass es eine (und nur eine) Ordinalzahl $\eta \in \Omega$ gibt, sodass eine Bijektion $\Gamma : \eta \to \aleph_{\alpha_0} \times \aleph_{\alpha_0}$ existiert mit der Eigenschaft, dass für alle $\alpha, \alpha' \in \eta$ gilt:

$$\alpha < \alpha' \iff \Gamma(\alpha) \prec \Gamma(\alpha')$$

Da mit unserer Annahme die Ungleichung $\aleph_{\alpha_0} < |\aleph_{\alpha_0} \times \aleph_{\alpha_0}|$ gilt, haben wir $\aleph_{\alpha_0} < |\eta|$ und damit $\aleph_{\alpha_0} \in \eta$. Sei nun

$$\langle \gamma_0, \delta_0 \rangle := \Gamma(\aleph_{\alpha_0}).$$

Da $\aleph_{\alpha_0} \in \eta$ ist, gibt es solch ein Paar $\langle \gamma_0, \delta_0 \rangle \in \aleph_{\alpha_0} \times \aleph_{\alpha_0}$. Insbesondere sind $\gamma_0, \delta_0 \in \aleph_{\alpha_0}$, und für $\nu = \max\{\gamma_0, \delta_0\}$ haben wir

$$|v| < \aleph_{\alpha_0} \quad \text{und} \quad \aleph_{\alpha_0} \leq |v \times v|.$$

Schließlich sei $\aleph_\beta = |v|$. Dann ist $\beta < \alpha_0$ und mit der Wahl von von $\aleph_{\alpha_0}$ gilt $\aleph_\beta \cdot \aleph_\beta = \aleph_\beta$. Andererseits ist $\aleph_\beta \cdot \aleph_\beta \geq \aleph_{\alpha_0}$ und da $\aleph_{\alpha_0} > \aleph_\beta$ erhalten wir den gewünschten Widerspruch.   □

Als eine Folgerung aus Theorem 11.8 erhalten wir folgendes Resultat.

Korollar 11.9 *Ist κ eine unendliche Kardinalzahl, so gilt:*

(a) *Für alle $n \in \omega$ ist $\kappa^{n+1} = \kappa$.*

(b) $\kappa^\kappa = 2^\kappa$

Beweis (a) Der Beweis erfolgt mittels Induktion über $n \in \omega$: Ist $n = 0$, dann gilt nach Definition $\kappa^1 = \kappa$. Ist $n = 1$, dann erhalten wir mit Theorem 11.8, $\kappa^2 = \kappa$. Sei die Aussage $\kappa^{n+1} = \kappa$ bewiesen für ein $n \in \omega$. Dann ist $\kappa^{n+2} = \kappa \cdot \kappa^{n+1}$ und mit der Voraussetzung erhalten wir $\kappa^{n+2} = \kappa \cdot \kappa$. Mit Theorem 11.8 erhalten wir schließlich $\kappa^{n+2} = \kappa$.

(b) Weil κ unendlich ist, gilt $\kappa^\kappa = |{}^\kappa \kappa| \geq |{}^\kappa 2| = 2^\kappa$. Andererseits ist jede Funktion $f \in {}^\kappa \kappa$ eine Teilmenge von $\kappa \times \kappa$. Somit ist $|{}^\kappa \kappa| \leq |\mathcal{P}(\kappa \times \kappa)|$ und weil $|\kappa \times \kappa| = \kappa$, erhalten wir $\kappa^\kappa \leq |\mathcal{P}(\kappa)| = 2^\kappa$. Mit dem Satz von Cantor-Bernstein 5.11 folgt somit $\kappa^\kappa = 2^\kappa$.   □

11.3 Der Satz von Kőnig

Der Satz von Kőnig, welcher unabhängig von Julius Kőnig auch von Philip E. B. Jourdain und Zermelo bewiesen wurde, gibt eine Größenbeziehung zwischen Summen und Produkten von Kardinalzahlen an. Um den Satz zu formulieren, definieren wir zuerst allgemeine Vereinigungen und kartesische Produkte von Mengen.

Sei I eine nichtleere Indexmenge und für jedes $i \in I$ sei A_i eine Menge. Die verallgemeinerte Vereinigung und das verallgemeinerte kartesische Produkt der Mengen A_i sei definiert durch:

$$\bigcup_{i \in I} A_i := \bigcup \{A_i \mid i \in I\}$$

$$\prod_{i \in I} A_i := \{f : I \to \bigcup_{i \in I} A_i \mid f(i) \in A_i\}$$

Damit lässt sich nun die Addition und Multiplikation von Kardinalzahlen verallgemeinern:

Definition 11.10 Sei I eine nichtleere Indexmenge und κ_i eine Kardinalzahl für jedes $i \in I$. Dann definieren wir:

$$\sum_{i \in I} \kappa_i := \left| \bigcup_{i \in I} (\kappa_i \times \{i\}) \right|$$

$$\prod_{i \in I} \kappa_i := \left| \prod_{i \in I} \kappa_i \right|$$

Aufgabe 11.11 Beweisen Sie für unendliche Kardinalzahlen κ:

$$\sum_{n \in \omega} \kappa^n = \kappa$$

Mit Hilfe des Auswahlaxioms können wir nun den Satz von Kőnig beweisen. Der Beweis verwendet eine Variante des Diagonalarguments, ähnlich wie beim Beweis des Satzes von Cantor (siehe Theorem 6.1):

Theorem 11.12 (Satz von Kőnig) *Sei I eine Menge und seien κ_i und λ_i Kardinalzahlen mit der Eigenschaft $\kappa_i < \lambda_i$ für alle $i \in I$. Dann gilt:*

$$\sum_{i \in I} \kappa_i < \prod_{i \in I} \lambda_i$$

Beweis Seien A_i und B_i Mengen mit $|A_i| = \kappa_i$ und $|B_i| = \lambda_i$ für alle $i \in I$. Wir nehmen ohne Beschränkung der Allgemeinheit an, dass die A_i's paarweise disjunkt sind, sonst können sie durch $A_i \times \{i\}$ ersetzt werden ohne dass sich ihre Kardinalität ändert. Nun betrachten wir die Mengen

$$A := \bigcup_{i \in I} A_i \quad \text{und} \quad B := \prod_{i \in I} B_i .$$

Es gilt $|A| = \sum_{i \in I} \kappa_i$ und $|B| = \prod_{i \in I} \lambda_i$. Wir zeigen nun, dass es keine surjektive Funktion von A nach B gibt. Dazu nehmen wir per Widerspruch an, dass $f : A \to B$ eine surjektive Funktion ist. Mit dem Auswahlaxiom besitzt B eine Wohlordnung $\prec$. Nun betrachten wir $b \in B$ definiert durch $b_i = \min_\prec(X_i)$ für

$$X_i = \big\{ b \in B_i \mid b \notin \{ f(x)(i) \mid x \in A_i \} \big\},$$

wobei für $x \in A$ und $i \in I$, $f(x)(i)$ die Projektion von $f(x)$ auf B_i ist. Die Menge X_i ist für kein $i \in I$ leer, denn sonst wäre

$$A_i \to B_i, \quad x \mapsto f(x)(i)$$

eine Surjektion und damit $|B_i| = \lambda_i \leq \kappa_i$, was aber der Voraussetzung $\kappa_i < \lambda_i$ widerspricht. Sei nun $b \in B$ gegeben durch $b(i) = b_i$. Da wir angenommen haben, dass f surjektiv ist, gibt es $x \in A$ mit $f(x) = b$, und weil $A = \bigcup_{i \in I} A_i$ existiert ein $i_0 \in I$ mit $x \in A_{i_0}$. Daraus folgt $b_{i_0} = f(x)(i_0)$, ein Widerspruch zur Konstruktion von b.

Damit gilt $|A| \not\geq |B|$, und weil mit Theorem 11.3 $|A| \leq |B|$ oder $|A| \geq |B|$ gelten muss, erhalten wir $|A| < |B|$, d.h. $\sum_{i \in I} \kappa_i < \prod_{i \in I} \lambda_i$.   □

Bemerkung 11.13 Der Satz von Cantor 6.1 ist eine offensichtliche Folgerung aus dem Satz von Kőnig 11.12, denn er kann für $A = I$ wie folgt formuliert werden:

$$|A| = \sum_{i \in A} 1 < \prod_{i \in A} 2 = |\mathcal{P}(A)|$$

11.4 Die Kontinuumshypothese

Nachdem wir uns nun eingehend mit Kardinalitäten beschäftigt haben, wollen wir nun die Frage angehen, welche Kardinalitäten für unendliche Mengen reeller Zahlen in Frage kommen. Cantor äußert in [7] die Vermutung, dass es nur zwei verschiedene unendliche Kardinalitäten von Mengen reeller Zahlen gibt. In anderen Worten:

Kontinuumshypothese CH (1. Version): Jede unendliche Menge von reellen Zahlen kann bijektiv auf $\mathbb{N}$ oder auf $\mathbb{R}$ abgebildet werden.

Mit der Einführung der Ordinalzahlen und damit $\aleph_1$ als kleinste überabzählbare Kardinalzahl, d.h. als Kardinalität der Menge aller abzählbaren Ordinalzahlen, hat Cantor 1883 in [9] die Kontinuumshypothese umformuliert zu der folgenden Version, welche er bereits in einem Brief im Jahre 1882 an Dedekind erwähnt:

„So viel ich sehen kann, lassen sich unsere endlichen Irrationalzahlen verhältnismäßig einfach unter Zuhülfenahme der [Ordinal-]Zahlen α bestimmen, was ich noch weiter verfolgen will."

In anderen Worten:

Kontinuumshypothese CH (2. Version): Es gilt $2^{\aleph_0} = \aleph_1$.[a]

---

[a] Die $\aleph$-Notation wurde jedoch erst 1895 in [11] eingeführt; die Aussage ist aber dieselbe wie diejenige aus dem Jahre 1883.

Cantor versuchte lange Zeit verglich die Kontinuumshypothese zu beweisen. Sie wurde zu einem prominenten offenen Problem der Mathematik, sodass sie David Hilbert um 1900 an die erste Stelle seiner Liste [35] der 23 wichtigsten ungelösten Probleme setzte. Umso erstaunlicher erschien es, als Julius Kőnig basierend auf der Doktorarbeit von Cantors Schüler Felix Bernstein auf dem Mathematiker-Kongress in Heidelberg im Jahre 1904 „bewiesen" hat, dass die Kardinalität von $\mathbb{R}$ nicht in der Aleph-Hierarchie vorkommt und somit unmöglich $\aleph_1$ sein kann; insbesondere hätte $\mathbb{R}$ damit auch keine Wohlordnung, denn alle wohlgeordneten Mengen haben einen Ordnungstyp und somit auch eine Kardinalzahl. Kurz danach stellte sich dieser Beweis allerdings als falsch heraus, da Bernsteins Dissertation an der entsprechenden Stelle fehlerhaft war.

Cantor hat später die Kontinuumshypothese verallgemeinert zu

$$2^{\aleph_0} = \aleph_1 \quad \text{und} \quad 2^{\aleph_1} = \aleph_2,$$

d.h. die Mengen $\mathbb{N}$, $\mathcal{P}(\mathbb{N})$ und $\mathcal{P}(\mathcal{P}(\mathbb{N}))$ bilden die kleinsten „Unendlichkeiten". Die Mathematiker Charles Sanders Peirce (siehe [56]) und Felix Hausdorff [31] haben die Kontinuumshypothese wie folgt verallgemeinert:

Verallgemeinerte Kontinuumshypothese GCH: Es gilt

$$2^{\aleph_\alpha} = \aleph_{\alpha+1}$$

für jede Ordinalzahl α.

Neben Cantor haben zahlreiche Mathematiker versucht die Kontinuumshypothese zu beweisen, darunter David Hilbert, Felix Bernstein und Paul Tannery (siehe [52]). Ein erster Erfolg gelang Kurt Gödel, der 1940 in [28] bewiesen hat, dass wenn die Axiome ZFC widerspruchsfrei sind, so auch ZFC + CH und sogar ZFC + GCH. Das bedeutet, dass wir die Kontinuumshypothese CH (bzw. die Verallgemeinerte Kontinuumshypothese GCH) widerspruchsfrei zu den Axiomen ZFC hinzufügen können. Insbesondere lässt sich die Negation der Kontinuumshypothese nicht aus den Axiomen von ZFC beweisen.

Andererseits hat Paul Cohen hat im Jahre 1963 in [14] und [15] bewiesen, dass auch die Negation der Kontinuumshypothese, also ¬CH, widerspruchsfrei zu den Axiomen ZFC hinzufügt werden kann. Somit kann die Kontinuumshypothese mit den

Axiomen von ZFC weder bewiesen noch widerlegt werden. Aussagen, die bezüglich einem Axiomensystem weder beweisbar noch widerlegbar sind, sind *unabhängig* vom Axiomensystem. Es gilt also:

Theorem 11.14 (Gödel–Cohen 1940/1963) *Die Kontinuumshypothese* CH *ist unabhängig von* ZFC.

Die Frage, ob $2^{\aleph_0} = \aleph_1$ gilt, lässt sich also alleine mit den Axiomen von ZFC nicht entscheiden. Der Beweis von Theorem 11.14 ist zu kompliziert, um ihn an dieser Stelle zu präsentieren. Dieser findet sich aber beispielsweise in [29]. Die Idee besteht darin, unter der Annahme, dass es ein Modell von ZFC gibt, ein Modell von ZFC + CH sowie ein Modell von ZFC + ¬CH zu konstruieren. Cohen hat dazu eine neue Methode entwickelt, sie sogenannte *Forcingmethode*, mit welcher man solche Unabhängigkeitsbeweise führen kann.

In der Mengenlehre werden viele sogenannte *Kardinalzahlcharakteristika* untersucht; das sind Kardinalzahlen, die kombinatorisch definiert werden und allesamt mindestens $\aleph_1$ und höchstens $2^{\aleph_0}$ sind. Zwei solche Charakteristika sollen in den folgenden Aufgaben analysiert werden:

Aufgabe 11.15 Für zwei Funktionen $f, g \in \omega^\omega$ schreibt man

$$f \leq^* g :\Leftrightarrow \left|\{n \in \omega \mid f(n) > g(n)\}\right| < \aleph_0.$$

Die *bounding number* $\mathfrak{b}$ und die *dominating number* $\mathfrak{d}$ sind folgendermaßen definiert:

$$\mathfrak{b} := \min\left\{|\mathcal{F}| \mid \mathcal{F} \subseteq \omega^\omega, \forall f \in \omega^\omega \exists g \in \mathcal{F} : g \not\leq^* f\right\}$$

$$\mathfrak{d} := \min\left\{|\mathcal{F}| \mid \mathcal{F} \subseteq \omega^\omega, \forall f \in \omega^\omega \exists g \in \mathcal{F} : f \leq^* g\right\}$$

Beweisen Sie die Ungleichung

$$\aleph_1 \leq \mathfrak{b} \leq \mathfrak{d} \leq 2^{\aleph_0}.$$

Unter der Annahme, dass die Kontinuumshypothese gilt, sind die beiden Kardinalzahlcharakteristika gleich, d.h. dann gilt $\aleph_1 = \mathfrak{b} = \mathfrak{d} = 2^{\aleph_0}$. Man kann allerdings zeigen, dass die Aussage $\mathfrak{b} = \mathfrak{d}$ unabhängig von ZFC ist.

11.5 Große Kardinalzahlen

In der Mengenlehre spielen sogenannte *große Kardinalzahlen* eine wichtige Rolle. Dabei handelt es sich um Kardinalzahlen, deren Existenz nicht mithilfe der ZFC-Axiome gezeigt werden können. Beispielsweise gibt es große Kardinalzahlen, mit deren Existenz man beweisen kann, dass die ZFC-Axiome widerspruchsfrei sind und dass es Modelle der Mengenlehre gibt, bei denen alle Mengen von reellen Zahlen messbar sind, etwas, das man mit ZFC alleine nicht beweisen kann. Beweise mit großen Kardinalzahlen verlaufen oft nach dem folgenden Schema: Wenn es eine gewisse große Kardinalzahl gibt, dann ist eine bestimmte Theorie (beispielsweise ZFC) widerspruchsfrei.

Dabei stellt sich dann natürlich die Frage nach der Widerspruchsfreiheit der Existenz solcher großer Kardinalzahlen – diese Frage werden wir im nächsten Kapitel untersuchen. In diesem Abschnitt wird ein Beispiel für eine – sehr kleine! – große Kardinalzahl geben. Dazu benötigen wir die Unterteilung der Kardinalzahlen in *reguläre* und *singuläre* Kardinalzahlen, welche auf den Bonner Mathematiker Felix Hausdorff zurückgeht.

Definition 11.16 Sei κ eine Kardinalzahl. Eine Menge $X \subseteq \kappa$ wird als *konfinal*[a], falls für jedes $\lambda < \kappa$ ein $\mu \in X$ existiert mit $\lambda \leq \mu$. Die *Konfinalität* von κ ist dann definiert als

$$\mathrm{cf}(\kappa) := \min \left\{ |X| \mid X \subseteq \kappa \text{ ist konfinal} \right\}.$$

Eine Kardinalzahl κ heißt
- *regulär*, falls $\mathrm{cf}(\kappa) = \kappa$;
- *singulär*, falls $\mathrm{cf}(\kappa) < \kappa$.

---

[a] auch „kofinal"; diese Variante setzt sich mittlerweile aufgrund des englischen Ausdrucks „cofinal" durch.

Beispiel 11.17 (a) Die kleinste unendliche Kardinalzahl $\aleph_0$ ist regulär, da eine endliche Menge von natürlichen Zahlen immer ein Maximum besitzt, was eine natürliche Zahl ist.

(b) Die Kardinalzahl $\aleph_\omega$ ist singulär, da die Menge $\{\aleph_n \mid n \in \omega\}$ eine konfinale Teilmenge der Kardinalität $\aleph_0$ ist, d.h. $\mathrm{cf}(\aleph_\omega) = \aleph_0 < \aleph_\omega$.

(c) Jede unendliche Nachfolger-Kardinalzahl ist regulär: Sei κ eine Kardinalzahl und sei $X \subseteq \kappa^+$ konfinal. Wir nehmen per Widerspruch an, dass $|X| \leq \kappa$ gilt. Zudem wissen wir, dass jedes $\alpha \in X$ selbst maximal Kardinalität κ hat. Also folgt

$$\left| \bigcup X \right| = \left| \bigcup_{\mu \in X} \mu \right| \leq |X| \cdot \kappa \leq \kappa \cdot \kappa = \kappa$$

wegen Theorem 11.8.[2] Dann ist $\alpha = \bigcup X \in \Omega$ mit $|\alpha| \leq \kappa$, ein Widerspruch zur Konfinalität von X.

Aus dem Satz von Kőnig 11.12 folgt unmittelbar das folgende Lemma:

Lemma 11.18 *Für jede unendliche Kardinalzahl κ gilt* $\mathrm{cf}(2^\kappa) > \kappa$.

Beweis Sei $X \subseteq 2^\kappa$ mit $|X| \leq \kappa$. Setze $X = \{\lambda_\alpha \mid \alpha < \kappa\}$. Dann folgt aus dem Satz von Kőnig 11.12:

$$\sup\{\lambda_\alpha \mid \alpha < \kappa\} \leq \sum_{\eta < \kappa} \lambda_\eta < \prod_{\eta < \kappa} 2^\kappa = (2^\kappa)^\kappa = 2^{\kappa \cdot \kappa} = 2^\kappa$$

Damit kann X aber nicht konfinal sein.   □

Bemerkung 11.19 Um zu zeigen, dass unendliche Nachfolger-Kardinalzahlen regulär sind, haben wir Theorem 11.8 und damit das Auswahlaxiom verwendet! Tatsächlich ist diese Aussage ohne das Auswahlaxiom nicht beweisbar, denn sogar die Aussage „$\aleph_1$ ist singulär" ist von ZFC unabhängig.

> **Definition 11.20** Eine überabzählbare reguläre Kardinalzahl κ heißt *unerreichbar*, falls $2^\lambda < \kappa$ gilt für alle $\lambda < \kappa$.

Der Begriff einer unerreichbaren Kardinalzahl geht ebenfalls auf HAUSDORFF zurück. Der Zusatz „überabzählbar" dient dem Ausschluss von $\aleph_0$, da ja $2^n < \aleph_0$ für jede natürliche Zahl n gilt. Wie kann man sich eine unerreichbare Kardinalzahl vorstellen? Sie ist so groß, dass sie nicht durch Potenzbildung kleinerer Kardinalzahlen „erreicht" werden kann. Es stellt sich also die Frage, ob eine solche Kardinalzahl existieren kann. Falls eine solche existiert, so kann dies auf jeden Fall nicht mithilfe der Axiome von ZFC alleine bewiesen werden, wie wir im nächsten Kapitel sehen werden.

---

[2] Dabei gilt die erste Ungleichung, da $\bigcup X \to X \times \kappa$, $\alpha \mapsto (\mu, f_\mu(\alpha))$ injektiv, wobei $f_\alpha : \mu \to \kappa$ injektiv ist.

Kapitel 12
Modelle der Mengenlehre

„Anstelle von Punkten, Geraden und Ebenen kann man jederzeit auch Tische, Stühle und Bierseidel sagen; es komme nur darauf an, dass die Axiome erfüllt sind."

(David Hilbert)

12.1 Ein kurzer Exkurs in die Modelltheorie

Um Modelle der Mengenlehre zu konstruieren, sollte zunächst geklärt werden, was unter einem *Modell* überhaupt zu verstehen ist. Intuitiv kann man sich darunter ein konkretes Mengenuniversum vorstellen, welches alle Axiome des entsprechenden Axiomensystems erfüllt. Doch was bedeutet überhaupt Erfüllbarkeit? Dazu machen wir einen kleinen Exkurs in die Logik.

Als erstes definieren wir den Begriff einer *Formel* (in der Sprache der Mengenlehre); dazu gehen wir rekursiv vor:

(F1) Falls x, y Variablen sind, so sind $x = y$ und $x \in y$ Formeln (sogenannte *atomare* Formeln).

(F2) Falls φ eine Formel ist, so ist auch $\neg\varphi$ eine Formel.

(F3) Falls φ und ψ Formeln sind, so ist auch $\varphi \wedge \psi$ eine Formel.

(F4) Falls φ eine Formel ist und x eine Variable, so ist auch $\exists x \varphi$ eine Formel.

Dabei gehen wir von einer festen, abzählbaren Menge von Variablen aus. Wie sieht es mit der Diskunktion, der Implikation, der Äquivalenz und dem Allquantor aus? Diese lassen sich nun als Abkürzungen einführen:

$$\varphi \vee \psi :\Leftrightarrow \neg(\neg\varphi \wedge \neg\psi)$$
$$\varphi \rightarrow \psi :\Leftrightarrow \neg\varphi \vee \psi$$
$$\varphi \leftrightarrow \psi :\Leftrightarrow (\varphi \rightarrow \psi) \wedge (\psi \rightarrow \varphi)$$
$$\forall x \varphi :\Leftrightarrow \neg\exists x : \neg\varphi$$

© Der/die Autor(en), exklusiv lizenziert an
Springer-Verlag GmbH, DE, ein Teil von Springer Nature 2023
L. Halbeisen und R. Krapf, *Eine Entdeckungsreise in die Welt des Unendlichen*, https://doi.org/10.1007/978-3-662-68094-0_12

Kommt x in einer Formel φ vor, so sagt man, dass x in der Formel $\exists x\varphi$ (bzw. $\forall x\varphi$) im Bereich eines Quantors liegt und damit *gebunden* vorkommt. Man sagt, dass jede gebundene Variable durch den innersten Quantor, in dessen Bereich sie liegt, gebunden wird. Eine Variable, die nicht gebunden ist, wird als *frei* bezeichnet. Hier gilt es zu beachten, dass eine Variable in einer Formel an unterschiedlichen Stellen frei und gebunden vorkommen kann: Dazu betrachten wir die Formel

$$\exists z(x = z) \wedge \forall x(x = y).$$

In dieser Formel kommt die Variable x einmal frei und einmal gebunden vor, die Variable y kommt nur frei und die Variable z nur gebunden vor. Sind die freien Variablen einer Formel φ gegeben durch $x_1, \dots, x_n$, so schreibt man oft auch $\varphi(x_1, \dots, x_n)$ für φ.

Eine *Struktur* $\mathbf{M}$ (für die Mengenlehre) besteht dann aus einer nichtleeren Menge A, als *Trägermenge* von $\mathbf{M}$ bezeichnet, und einer Menge $\in^{\mathbf{M}} \subseteq A^2$, wobei $A^2 = A \times A$. Der Einfachheit halber schreiben wir $a \in^{\mathbf{M}} b$, falls (a, b) ein Element der Menge $\in^{\mathbf{M}}$ ist. Eine *Belegung* ist eine Funktion j, welche jeder Variablen ein Element von A zuordnet. Eine *Interpretation* ist dann ein Paar $(\mathbf{M}, j)$, wobei $\mathbf{M}$ eine Struktur und j eine Belegung darstellt.

Für eine Variable x, ein Element $a \in A$, und eine Belegung j, definieren wir die Belegung $j\frac{a}{x}$ durch

$$j\frac{a}{x}(y) = \begin{cases} a & \text{falls } x = y, \\ j(y) & \text{sonst.} \end{cases}$$

Für eine Interpretation $\mathbf{I} = (\mathbf{M}, j)$ und ein Element $a \in A$ definieren wir dann

$$\mathbf{I}\frac{a}{x} := (\mathbf{M}, j\frac{a}{x}).$$

Nun können wir definieren, wann eine Formel φ in einer Interpretation $\mathbf{I} = (\mathbf{M}, j)$ *erfüllt* ist. Dafür schreiben wir $\mathbf{I} \models \varphi$ (ausgesprochen „$\mathbf{I}$ erfüllt φ"). Dazu gehen wir rekursiv über den Formelaufbau vor:

$$\mathbf{I} \models x = y \quad :\Leftrightarrow \quad j(x) = j(y)$$
$$\mathbf{I} \models x \in y \quad :\Leftrightarrow \quad j(x) \in^{\mathbf{M}} j(y)$$
$$\mathbf{I} \models \neg\varphi \quad :\Leftrightarrow \quad \text{Es gilt nicht } \mathbf{I} \models \varphi$$
$$\mathbf{I} \models \varphi \wedge \psi \quad :\Leftrightarrow \quad \text{Es gilt } \mathbf{I} \models \varphi \text{ und } \mathbf{I} \models \psi$$
$$\mathbf{I} \models \exists x\varphi \quad :\Leftrightarrow \quad \text{Es gibt ein } a \text{ aus } A \text{ mit } \mathbf{I}\frac{a}{x} \models \varphi$$

Zu beachten ist, dass bereits eine Art Mengenlehre im Hintergrund vorhanden sein muss, damit diese Definitionen überhaupt sinnvoll sind; beispielsweise benötigen wir bereits die Existenz von $A^2 = A \times A$ für eine Menge A.

Nun sind wir bereit zu definieren, was ein Modell ist:

Definition 12.1 Sei Φ eine Menge von Formeln. Dann ist eine Struktur **M** ein *Modell* von Φ, falls für jede Belegung j und für jede Formel $\varphi \in \Phi$ gilt

$$(\mathbf{M}, j) \models \varphi.$$

Man sagt dann auch, dass φ in **M** *wahr* ist.

In vielen Fällen verwendet man die folgende vereinfachte Schreibweise: Für $a_1, \ldots, a_n \in A$ und eine Formel $\varphi(x_1, \ldots, x_n)$ mit den freien Variablen $x_1, \ldots, x_n$ schreiben wir

$$\mathbf{M} \models \varphi(a_1, \ldots, a_n),$$

falls für jede Belegung j gilt

$$(\mathbf{M}, j \tfrac{a_1}{x_1} \cdots \tfrac{a_n}{x_n}) \models \varphi(x_1, \ldots, x_n).$$

12.2 Die kumulative Hierarchie

Es lässt sich nun mittels transfiniter Rekursion die sogenannte *kumulative Hierarchie* der Mengenlehre konstruieren, was üblicherweise John von Neumann zugeschrieben wird, jedoch gemäß dem Mathematikhistoriker Gregory Moore auf Zermelo zurückgeht (siehe [70] und [50]).

$$V_0 = \emptyset$$

$$V_{\alpha+1} = \mathcal{P}(V_\alpha)$$

$$V_\alpha = \bigcup_{\beta < \alpha} V_\beta, \text{ falls } \alpha \text{ eine Limes-Ordinalzahl ist.}$$

Dann definiert man

$$\mathbf{V} := \bigcup_{\alpha \in \Omega} V_\alpha,$$

was eine echte Klasse darstellt. Die Klasse V wird auch als *Universum der Mengenlehre* bezeichnet, was durch folgendes Resultat motiviert wird:

Theorem 12.2 *Für jede Menge x gibt es eine Ordinalzahl α mit $x \in V_\alpha$. In anderen Worten, **V** enthält alle Mengen.*

Die minimale Ordinalzahl $\alpha \in \Omega$ mit $x \subseteq V_\alpha$ (also $x \in V_{\alpha+1}$) bezeichnet man als *Rang* von x.

Bemerkung 12.3 Es gilt auch: Der Rang von x ist die minimale Ordinalzahl $\alpha \in \Omega$ mit $x \in V_{\alpha+1}$: Wir nehmen per Widerspruch an, dass $x \in V_\alpha$ (dies reicht, da V_α transitiv ist, siehe Aufgabe 12.6). Falls $\alpha = \beta + 1$ eine Nachfolger-Ordinalzahl ist, so wäre $x \in V_{\beta+1} = \mathcal{P}(V_\beta)$, d.h. $x \subseteq V_\beta$, ein Widerspruch zur Minimalität von α. Wäre α eine Limes-Ordinalzahl, so wäre $x \in V_\beta$ für ein $\beta < \alpha$ und damit auch $x \subseteq V_{\beta+1}$, ebenfalls ein Widerspruch.

Für den Beweis von Theorem 12.2 benötigen wir noch eine Definition:

Definition 12.4 Der *transitive Abschluss* einer Menge x, in Zeichen $\mathrm{tc}(x)^a$, ist folgendermaßen rekursiv definiert:

$$x_0 = x$$
$$x_{n+1} = \bigcup x_n$$

Dann definiert man

$$\mathrm{tc}(x) = \bigcup_{n \in \omega} x_n.$$

---

^{a} kurz für „transitive closure"

Bemerkung 12.5 Der transitive Abschluss einer Menge x kann man sich folgendermaßen vorstellen: Die Menge x_0 enthält alle Elemente von x, die Menge x_1 enthält alle Elemente von Elementen von x, x_2 enthält alle Elemente von Elementen von Elementen von x usw. Insbesondere ist $\mathrm{tc}(x)$ transitiv und ist sogar die kleinste transitive Menge, die x enthält: Seien z, y Mengen mit

$$z \in y \in \mathrm{tc}(x) = \bigcup_{n \in \omega} x_n.$$

Dann gibt es ein $n \in \omega$ mit $y \in x_n$. Da $z \in y \in x_n$, folgt $z \in \bigcup x_n = x_{n+1} \subseteq \mathrm{tc}(x)$.

Beweis (Theorem 12.2) Wir führen einen Beweis per Widerspruch und nehmen an, dass es eine Menge x gibt mit $x \notin \mathbf{V}$. Sei $\bar{x} = \mathrm{tc}(\{x\})$ der transitive Abschluss von $\{x\}$. Sei nun $y := \{u \in \bar{x} \mid u \notin \mathbf{V}\}$. Wegen $x \in y$ folgt $y \neq \emptyset$. Das Fundierungsaxiom impliziert nun die Existenz eines $z \in y$ mit $z \cap y = \emptyset$. Somit ist aber jedes Element von z in $\mathbf{V}$, denn sonst wäre es wegen der Transitivität von $\bar{x}$ auch in y, ein Widerspruch. Wir betrachten nun die Funktion auf z definiert durch

$$u \mapsto \alpha_u := \min \{\alpha \in \Omega \mid u \in V_\alpha\}.$$

Wegen dem Ersetzungsaxiom bilden die α_u's eine Menge und somit ist $\alpha := \bigcup_{u \in z} \alpha_u$ als Vereinigung einer Menge von Ordinalzahlen wieder eine Ordinalzahl. Nun gilt aber $z \subseteq \bigcup_{u \in z} V_{\alpha_u} \subseteq V_\alpha$ und somit

$$z \in V_{\alpha+1},$$

ein Widerspruch. □

Die ersten paar Stufen der kumulative Hierarchie lassen sich wie folgt visualisieren:

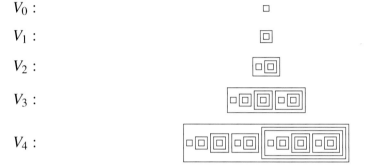

Möchte man die gesamte kumulative Hierarchie visualisieren, so gelingt dies mit folgendem Bild:

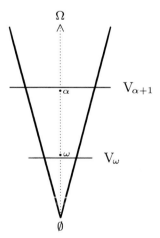

Da **V** alle Mengen enthält, kann **V** selbst keine Menge sein, da dies ansonsten zum Russellschen Paradoxon führen würde. Es handelt sich also um eine echte Klasse. Diese ist sogar transitiv, wie die folgende Aufgabe zeigt:

Aufgabe 12.6 (a) Beweisen Sie, dass die Menge V_α für jedes $\alpha \in \Omega$ transitiv ist.
(b) Beweisen Sie, dass die Klasse $\mathbf{V}$ transitiv ist, d.h. aus $x \in y \in \mathbf{V}$ folgt $x \in \mathbf{V}$.
(c) Bestimmen Sie den Rang der Ordinalzahl $\alpha \in \Omega$.

12.3 Zur Existenz eines Modells von ZFC

Wenn ein Modell von ZFC existiert, so muss es, wie wir im vorherigen Abschnitt gesehen haben, die Struktur einer kumulativen Hierarchie haben. Die Frage ist nun, ob wir zeigen können, dass solch eine kumulative Hierarchie existiert, und falls ja, ob diese kumulative Hierarchie eindeutig ist. Mit dem *Gödelschen Vollständigkeitssatz*, auf den wir hier nicht eingehen wollen (siehe z.B. [30]), hat das Axiomensystem ZFC genau dann ein Modell, wenn ZFC widerspruchsfrei ist. Andererseits folgt aus dem *Zweiten Gödelschen Unvollständigkeitssatz*, auf den wir hier ebenfalls nicht eingehen wollen, dass wir die Widerspruchsfreiheit von ZFC in ZFC nicht beweisen können. Insbesondere können wir die Existenz eines Modells von ZFC in ZFC nicht beweisen. Damit können wir nun leicht zeigen, dass die Existenz unerreichbarer Kardinalzahlen aus ZFC nicht beweisbar ist.

Theorem 12.7 *Die Existenz unerreichbarer Kardinalzahlen ist aus* ZFC *nicht beweisbar.*

Wir zeigen, dass, falls κ eine unerreichbare Kardinalzahl ist, die Menge V_κ ein Modell von ZFC ist. Wäre nun die Existenz einer unerreichbaren Kardinalzahl aus ZFC beweisbar, so würde das Axiomensystem ZFC seine eigene Widerspruchsfreiheit beweisen, was aber dem *Zweiten Gödelschen Unvollständigkeitssatz* widerspricht. Um zu zeigen, dass V_κ ein Modell von ZFC ist, brauchen wir das folgende

Lemma 12.8 *Sei κ eine unerreichbare Kardinalzahl. Falls $X \subseteq V_\kappa$, so gilt $|X| < \kappa$ genau dann, wenn $X \in V_\kappa$.*

Beweis Sei $X \subseteq V_\kappa$ mit $|X| < \kappa$. Wir betrachten

$$\alpha = \bigcup_{y \in X} \mathrm{rk}(y),$$

wobei $\mathrm{rk}(y)$ der Rank von y ist. Damit ist $\alpha \subseteq \kappa$ mit $|\alpha| < \kappa$, also kann α nicht konfinal sein, da κ regulär ist. Allerdings ist α als Vereinigung von Ordinalzahlen eine Ordinalzahl. Nun gilt $X \subseteq V_\alpha$ und damit $X \in \mathcal{P}(V_\alpha) = V_{\alpha+1} \subseteq V_\kappa$.

Umgekehrt zeigen wir, dass $|V_\alpha| < \kappa$ für alle $\alpha \in \Omega$: Für $\alpha = 0$ ist das offensichtlich. Der ist α Nachfolgerordinalzahl, so gilt $|V_{\alpha+1}| = |\mathcal{P}(V_\alpha)| = 2^{|V_\alpha|} < \kappa$, da κ unerreichbar ist, und ist α Limesordinalzahl, so folgt die Behauptung wieder aus der Regularität von κ. □

Beweis (Theorem 12.7) Sei κ eine unerreichbare Kardinalzahl. Dann ist insbesondere κ auch eine Ordinalzahl, also ist V_κ eine Menge, nämlich die Menge aller Mengen vom Rang kleiner als κ. Dann ist V_κ selbst schon ein Modell von ZFC, d.h. erfüllt alle Axiome von ZFC. Wir zeigen dies nur exemplarisch das Potenzmengenaxiom und das Ersetzungsaxiom:

• *Potenzmengenaxiom:* Ist $X \in V_\kappa$, dann ist $X \in V_\alpha$ für ein $\alpha < \kappa$, und somit ist

$$\mathcal{P}(X) \in \mathcal{P}(V_\alpha) = V_{\alpha+1} \subseteq V_\kappa .$$

• *Ersetzungsaxiom:* Sei $F : X \rightarrow V_\kappa$ eine Funktion mit $X \in V_\kappa$. Dann gilt $|X| < \kappa$, also auch $|F(X)| < \kappa$ und aus Lemma 12.8 folgt $F(X) \in V_\kappa$. □

Aufgabe 12.9 Zeigen Sie, dass V_κ (für κ eine unerreichbare Kardinalzahl) auch die übrigen Axiome von ZFC erfüllt.

Aufgabe 12.10 Zeigen Sie: Wenn ZFC widerspruchsfrei ist, so ist auch ZFC zusammen mit dem Axiom „Es gibt keine unerreichbare Kardinalzahl" widerspruchsfrei.

Hinweis: Betrachten Sie das Modell V_κ, wobei κ die kleinste unerreichbare Kardinalzahl ist, und zeigen Sie, dass es in V_κ keine unerreichbaren Kardinalzahlen gibt.

Aufgabe 12.11 Zeigen Sie: Jede überabzählbare reguläre Limes-Kardinalzahl[a] ist ein Fixpunkt bezüglich der Abbildung $\alpha \mapsto \aleph_\alpha$. Gibt es auch singuläre Fixpunkte?

---

[a] Reguläre überabzählbare Limes-Kardinalzahlen werden als *schwach unerreichbare Kardinalzahlen* bezeichnet.

12.4 Die erblich endlichen Mengen

In diesem Abschnitt betrachten wir Subsysteme von ZFC, nämlich Mengenlehre ohne das Unendlichkeitsaxiom und ohne das Potenzmengenaxiom. Zunächst halten wir fest, welche Axiome in welchen Stufen der kumulativen Hierarchie erfüllt sind:

Lemma 12.12 *Sei* V *ein Modell von* ZFC *und sei* $\alpha \in \Omega$. *Dann gilt:*

(a) V_α erfüllt das Extensionalitätsaxiom, das Vereinigungsaxiom, das Aussonderungsaxiom und das Fundierungsaxiom.

(b) Falls α eine Limes-Ordinalzahl ist, so erfüllt V_α zusätzlich auch das Paarmengenaxiom, das Potenzmengenaxiom und das Auswahlaxiom.

(c) Falls $\alpha > \omega$ gilt, so erfüllt V_α das Unendlichkeitsaxiom.

Aufgabe 12.13 Beweisen Sie Lemma 12.12.

Einen besonderen Standpunkt nimmt das Ersetzungsaxiom ein. Dieses ist üblicherweise dasjenige Axiom, was am schwierigsten nachzuweisen ist.

Sei nun ZFC$_{\text{fin}}$ das Axiomensystem bestehend aus ZFC, wobei jedoch das Unendlichkeitsaxiom durch dessen Negation ersetzt wird, d.h. durch das Axiom, welches besagt, dass es keine induktive Menge gibt.

Theorem 12.14 *Es gilt* $V_\omega \models$ ZFC$_{\text{fin}}$.

Beweis Aufgrund von Lemma 12.12.(2) reicht es zu zeigen, dass V_ω das Ersetzungsaxiom, aber nicht das Unendlichkeitsaxiom erfüllt. Mittels vollständiger Induktion über $n \in \omega$ kann man leicht zeigen, dass V_n nur endliche Mengen enthält. Somit enthält auch $V_\omega = \bigcup_{n < \omega} V_n$ nur endliche Mengen. Eine induktive Menge ist aber immer unendlich, also enthält V_ω keine induktive Menge. Damit ist gezeigt, dass V_ω das Unendlichkeitsaxiom nicht erfüllt.

Sei $\varphi(x, y)$ eine Formel (möglicherweise mit Parametern aus V_ω) und es gelte

$$V_\omega \models \forall x \in A \; \exists! y \, \varphi(x, y)$$

für jede Menge $A \in V_\omega$, d.h. für jedes $x \in A$ gibt es ein eindeutiges $y \in V_\omega$ mit $\varphi(x, y)$. Sei nun

$$B := \big\{ y \mid \exists x \in A : \varphi(x, y) \big\}.$$

Offensichtlich ist $B \subseteq V_\omega$. Da nun nach der obigen Überlegung A endlich ist, muss auch B endlich sein. Also gibt es ein $m \in \omega$ mit $B \subseteq V_m$ und damit $B \in V_{m+1}$, und somit ist das Ersetzungsaxiom erfüllt.   □

Die Menge V_ω wird auch als Menge der *erblich endlichen* Mengen bezeichnet. Dabei ist eine Menge erblich endlich, falls sie endlich ist und alle Elemente des transitiven Abschlusses ebenfalls endlich sind.

Der Mathematiker Wilhelm Ackermann (siehe [1]) hat 1937 einen schönen Zusammenhang zwischen V_ω und $\mathbb{N}$ angegeben. Da V_n endlich ist für jedes $n \in \omega$, ist V_ω abzählbar unendlich und damit sind V_ω und $\mathbb{N}$ gleichmächtig. Wir definieren rekursiv unter Verwendung der Existenz der Binärdarstellung natürlicher Zahlen:

$$F(0) := \emptyset$$
$$F(2^{n_1} + \ldots + 2^{n_k}) := \{F(n_1), \ldots, F(n_k)\} \quad \text{für} \quad n_1 < \ldots < n_k \in \mathbb{N}$$

Dies bedeutet also, dass man eine natürliche Zahl n in Binärdarstellung angibt und dann die Menge der Funktionswerte der Exponenten betrachtet. Wir erhalten also beispielsweise:

$$F(0) = \emptyset$$
$$F(1) = F(2^0) = \{F(0)\} = \{\emptyset\}$$
$$F(2) = F(2^1) = \{F(1)\} = \{\{\emptyset\}\}$$
$$F(3) = F(2^0 + 2^1) = \{F(0), F(1)\} = \{\emptyset, \{\emptyset\}\}$$

Wir behaupten, dass die Funktion F eine Bijektion zwischen $\mathbb{N}$ und V_ω darstellt: Aufgrund der Eindeutigkeit der Binärdarstellung ist F injektiv. Angenommen, F sei nicht surjektiv und $x \in V_\omega$ sei ein Element von minimalem Rang m, welches nicht im Bild von F liegt. Dann gilt $x = \{x_1, \ldots, x_k\}$, wobei der Rang von $x_1, \ldots, x_k$ jeweils kleiner als m ist. Dann gibt es paarweise verschiedene natürliche Zahlen $n_1, \ldots, n_k$ mit $F(n_1) = x_1, \ldots, F(n_k) = x_k$. Durch Umnummerieren der $x_i \in x$ dürfen wir annehmen, dass gilt $n_1 < \ldots < n_k$. Somit erhalten wir

$$x = \{x_1, \ldots, x_k\} = \{F(n_1), \ldots, F(n_k)\} = F(2^{n_1} + \ldots + 2^{n_k}),$$

ein Widerspruch.

Ein Modell von $\mathsf{ZFC}_{\mathsf{fin}}$ kann man sich auch als Graph, nämlich dem sogenannten *Rado-Graph* oder *Zufallsgraph* vorstellen. Dazu verwendet man Ackermanns Bijektion und wählt die Menge $\mathbb{N}$ als Knotenmenge. Ist nun $n = 2^{n_1} + \ldots + 2^{n_k}$ in Binärdarstellung, so verbindet man den Knoten n mit den Knoten $n_1, \ldots, n_k$. Die ersten acht Knoten mit entsprechenden Kanten sind unten abgebildet:

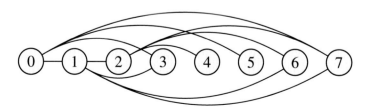

Entsprechend erhält man einen Graphen mit Knotenmenge V_ω: Man verbindet genau diejenigen Knoten x und y miteinander, für die $x \in y$ oder $y \in x$ gilt. Der Rado-Graph visualisiert also genau die Elementrelation auf V_ω. Nun betrachten wir ein paar schöne Eigenschaften dieses Graphen:

Lemma 12.15 *Der Rado-Graph hat die folgende Erweiterungseigenschaft: Sind A und B zwei disjunkte endliche Teilmengen der Knotenmenge* $\mathbb{N}$, *so gibt es einen Knoten n, der zu allen Knoten in A, aber zu keinem Knoten in B adjazent ist.*

Ein Knoten ist dabei zu einem weiteren Knoten adjazent, falls es eine Kante gibt, die diese beiden Knoten verbindet. Wie kann man sich diese Erweiterungseigenschaft vorstellen?

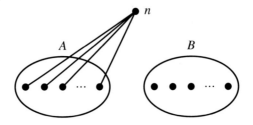

Beweis (Lemma 12.15) Ist $A = \{n_1, \ldots, n_m\}$, so wählen wir

$$n = 2^{\max(A \cup B)+1} + \sum_{k=1}^{m} 2^{n_k}.$$

Nach Konstruktion ist n adjazent zu jedem Knoten in A. Weiterhin kommt kein Element von B als Exponent in der Binärdarstellung von n vor, und umgekehrt kann n aufgrund des Summanden $2^{\max(A \cup B)+1}$ nicht als Exponent in der Binärdarstellung von Elementen von B vorkommen.   □

Aufgabe 12.16 Wie oben erwähnt, kann man den Rado-Graph auch mit Knotenmenge V_ω konstruieren, wobei man $x, y \in V_\omega$ genau dann verbindet, wenn $x \in y$ oder $y \in x$ gilt. Zeigen Sie, dass dieser Graph ebenfalls die Eigenschaft aus Lemma 12.15 erfüllt.

Nun kann man zeigen, dass der Rado-Graph – bis auf Isomorphie – der einzige abzählbare Graph mit dieser Erweiterungseigenschaft ist.

> **Theorem 12.17** *Sind $G_1 = (V, E)$ und $G_2 = (W, F)$ zwei abzählbare Graphen mit Knotenmengen V, W und Kantenmengen E, F, die die Erweiterungseigenschaft aus Lemma 12.15 besitzen, so sind sie isomorph.*

Dabei sind die Graphen genau dann *isomorph*, wenn es eine bijektive Funktion $f : V \to W$ gibt mit der Eigenschaft

$$\{v_1, v_2\} \in E \Leftrightarrow \{f(v_1), f(v_2)\} \in F.$$

Für den Beweis benötigen wir noch die folgende Definition:

> **Definition 12.18** Sei $G = (V, E)$ ein Graph. Für $V' \subseteq V$ und $E' \subseteq E$ ist $H = (V', E')$ genau dann ein *induzierter Teilgraph* von G, wenn E' jede Kante aus E enthält, die zwei Knoten aus V' verbindet.

Beweis (Theorem 12.17) Offensichtlich müssen V und W unendlich sein, da sonst die Erweiterungseigenschaft nicht erfüllt ist. Seien $V = \{v_n \mid n \in \mathbb{N}\}$ und $W = \{w_n \mid n \in \mathbb{N}\}$. Wir konstruieren einen Isomorphismus f mit einem „Hin- und Her-Argument". Dazu konstruieren wir schrittweise Isomorphismen f_n auf induzierten Teilgraphen von V und W.

Wir beginnen mit $f_0 = \emptyset$. Angenommen, f_n sei ein Isomorphismus zwischen zwei induzierten Teilgraphen von G_1 und G_2. Wir konstruieren nun mittels einer Fallunterscheidung f_{n+1}:

1. Fall: n ist gerade. Sei nun $m \in \mathbb{N}$ minimal, sodass $f_n(v_m)$ nicht definiert ist. Sei nun A die Menge aller Knoten im Definitionsbereich $\mathrm{dom}(f_n)$ von f_n, die zu v_m adjazent sind und B die Menge aller Knoten in $\mathrm{dom}(f_n)$, die nicht zu v_m adjazent sind. Da A und B disjunkt sind und f_n injektiv ist, sind auch $f_n[A]$ und $f_n[B]$ disjunkt. Nun gibt es aufgrund der Erweiterungseigenschaft einen Knoten $w \in W$, der zu allen Knoten in $f_n[A]$, aber zu keinem Knoten in $f_n[B]$, adjazent ist. Nun setzen wir $f_{n+1} = f_n \cup \{(v_m, w)\}$, d.h. es gilt $f_{n+1}(v_m) = w$.

2. Fall: n ist ungerade. Nun führen wir ein analoges Argument wie im 1. Fall durch, wobei wir aber die Rolle der beiden Graphen vertauschen. Sei nun $m \in \mathbb{N}$ minimal, sodass y_m nicht in $\mathrm{ran}(f_n)$ liegt. Sei $A \subseteq \mathrm{ran}(f_n)$ die Menge aller Knoten, die zu w_m adjazent sind und sei $B = \mathrm{ran}(f_n) \setminus A$. Dann sind $f_n^{-1}[A]$ und $f_n^{-1}[B]$ disjunkt und die Erweiterungseigenschaft liefert $v \in V$ mit $v \notin \mathrm{dom}(f_n)$, sodass v zu allen Knoten in $f_n^{-1}[A]$, aber zu keinem von $f_n^{-1}[B]$ adjazent ist. Nun setzen wir $f_{n+1} = f_n \cup \{(v, w_m)\}$.

In beiden Fällen gilt, dass wenn f_n ein Isomorphismus zwischen induzierten Teilgraphen von V bzw. W ist, so auch f_{n+1}. Nach Konstruktion ist jede der Funktionen

f_n injektiv und es gilt

$$f_0 \subseteq f_1 \subseteq f_2 \subseteq \ldots$$

Wir betrachten nun

$$f := \bigcup_{n \in \mathbb{N}} f_n.$$

Dann ist f nach Konstruktion surjektiv, aber auch injektiv, denn für je zwei verschiedene Elemente $v_i, v_j \in V$ gibt es $n \in \mathbb{N}$ mit $v_i, v_j \in \mathrm{dom}(f_n)$. Da f_n injektiv ist, gilt $f(v_i) = f_n(v_i) \neq f_n(v_j) = f(v_j)$. Analog zeigt man, dass f ein Isomorphismus ist.□

Damit ist die Eindeutigkeit des Rado-Graphen bewiesen. Nun zeigen wir noch eine weitere Eigenschaft des Rado-Graphen:

Theorem 12.19 *Jeder abzählbare Graph ist isomorph zu einem induzierten Teilgraph des Rado-Graphen.*

Beweis Sei $G = (V, E)$ mit $V = \{v_n \mid n \in \mathbb{N}\}$ ein abzählbar unendlicher Graph (dies ist der schwierigere Fall). Wir definieren rekursiv einen Isomorphismus f, der V auf einen induzierten Teilgraph des Rado-Graphs abbildet. Zur Erinnerung: Die Knotenmenge des Rado-Graphs sind einfach die natürlichen Zahlen (oder äquivalent die erblich endlichen Mengen). Sei $f_0 = \emptyset$. Angenommen, $f_n : \{v_1, \ldots, v_n\} \to \mathbb{N}$ sei ein Isomorphismus zwischen dem induzierten Teilgraph von G mit Knotenmenge $\{v_1, \ldots, v_n\}$ und einem induzierten Teilgraphen des Rado-Graphen. Nun betrachten wir v_{n+1}: Sei $A \subseteq \{v_1, \ldots, v_n\}$ die Menge aller Knoten, die zu v_{n+1} adjazent sind und sei $B = \{v_1, \ldots, v_n\} \setminus A$. Nun sind A und B disjunkt und dasselbe gilt für $f_n[A]$ und $f_n[B]$. Also gibt es aufgrund der Erweiterungseigenschaft $x \in \mathbb{N}$, sodass x zu jedem Knoten in $f_n[A]$, aber zu keinem Knoten von $f_n[B]$ adjazent ist. Damit definieren wir $f_{n+1} = f_n \cup \{(v_{n+1}, x)\}$. Wie im Beweis von Theorem 12.17 können wir dann

$$f = \bigcup_{n \in \mathbb{N}} f_n$$

wählen.

Aufgrund der soeben bewiesenen Eigenschaft wird der Rado-Graph manchmal auch als *universeller Graph* bezeichnet. Wie schon bemerkt, wird er oft auch *Zufallsgraph* genannt. Dies liegt daran, dass er auch eine probabilistische Konstruktion besitzt: Dazu betrachtet man die Knotenmenge $\mathbb{N}$ und verbindet jeweils zwei Knoten x und y unabhängig mit einer Wahrscheinlichkeit von $\frac{1}{2}$. Dann erfüllt dieser Graph die Erweiterungseigenschaft aus Lemma 12.15 und ist aufgrund von Theorem 12.17 isomorph zum Rado-Graph.

Aufgabe 12.20 Statt den erblich endlichen Mengen kann man auch die *erblich abzählbaren* Mengen betrachten: Sei **V** ein Modell von ZFC. Dann heißt eine Menge $x \in \mathbf{V}$ *erblich abzählbar*, falls $\mathrm{tc}(\{x\})$ abzählbar ist. Man bezeichnet die Menge aller erblich abzählbaren Menge mit H_{ω_1}. Zeigen Sie, dass H_{ω_1} alle Axiome von ZFC außer dem Potenzmengenaxiom erfüllt.

12.5 Modelle der Mengenlehre mit Atomen

Während man bei der kumulative Hierarchie mit der leeren Menge beginnt und alle weiteren Mengen durch Potenzmengenbildung aus der leeren Menge gebildet werden, beginnt man bei der *Mengenlehre mit Atomen*, wie der Name schon sagt, mit einer Menge A von *Atomen*; das sind Mengen, die zwar keine Elemente besitzen, aber trotzdem nicht die leere Menge sind.

Die Axiome der Mengenlehre mit Atomen, bezeichnet mit ZFA, sind dieselben wie ZF, aber mit modifizierten Versionen des Axioms der leeren Menge und des Extensionalitätsaxioms, und dem zusätzlichen Axiom der Atome:

Axiom der leeren Menge in ZFA: Es gibt eine Menge ohne Elemente, welche kein Atom ist.

$$\exists x : (x \notin A \wedge \forall z : z \notin x)$$

Extensionalitätsaxiom in ZFA: Haben zwei Mengen, die keine Atome sind, dieselben Elemente, so sind sie gleich.

$$x, y \notin A \Rightarrow (x \subseteq y \wedge y \subseteq x \Leftrightarrow x = y)$$

Axiom der Atome: Atome sind Mengen die keine Elemente haben, aber von der leeren Menge $\emptyset$ verschieden sind.

$$x \in A \Leftrightarrow (x \neq \emptyset \wedge \neg \exists y : y \in x)$$

Bemerkung 12.21 Falls die Menge A der Atome leer ist, d.h. wenn wir keine Atome haben, ist das Axiomensystem ZFA dasselbe wie ZF und jedes Modell von ZF (bzw. ZFC) ist ein Modell von ZFA (bzw. von ZFA + AC). Weiter lässt sich leicht zeigen, dass das Axiomensystem ZFA genau dann widerspruchsfrei ist, wenn ZFC widerspruchsfrei ist. Aus logischer Sicht ist die Einführung von Atomen also unproblematisch.

Wir wählen nun eine beliebige Menge von Atomen A. Analog zur kumulativen Hierarchie basierend auf der leeren Menge $\emptyset$, kann man auch auf der Menge A eine Hierarchie aufbauen. Dazu definieren wir allgemein für eine beliebige Menge S:

$$\mathcal{P}^0(S) := S,$$

$$\mathcal{P}^{\alpha+1}(S) := \mathcal{P}^\alpha(S)),$$

$$\mathcal{P}^\alpha(S) := \bigcup_{\beta < \alpha} \mathcal{P}^\alpha(S), \quad \text{falls } \alpha \text{ eine Limesordinalzahl ist.}$$

Zusätzlich definiert man die Klasse

$$\mathcal{P}^\infty(S) := \bigcup_{\alpha \in \Omega} \mathcal{P}^\alpha(S).$$

Es ist nun leicht zu zeigen, dass für die Menge A, die Klasse $\mathbf{M} := \mathcal{P}^\infty(A)$ ein Modell von ZFA ist, d.h. $\mathbf{M}$ erfüllt alle Axiome von ZFA. Beachte, dass im Fall $A = \emptyset$ die Klasse $\mathbf{M}$ identisch mit der kumulativen Hierarchie $\mathbf{V}$ ist.

Ist $\mathbf{M}$ von dieser Form, dann heißt die Teilklasse $\hat{\mathbf{V}} := \mathcal{P}^\infty(\emptyset)$ von $\mathbf{M}$ der *Kern* von $\mathbf{M}$. Insbesondere ist $\hat{\mathbf{V}}$ ein Modell von ZF.

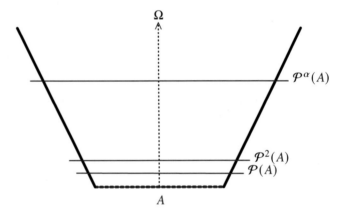

In Kapitel 6 werden wir zeigen, wie man Modelle von ZFA konstruieren kann welche das Auswahlaxiom verletzen, d.h. welche Modelle von ZFA + ¬AC sind.

Kapitel 13
Permutationsmodelle

„Um aus unendlich vielen Paaren von Socken jeweils eine Socke auszuwählen, ist das Auswahlaxiom erforderlich, aber für Schuhe wird das Axiom nicht benötigt." (*engl.* „To choose one sock from each of infinitely many pairs of socks requires the Axiom of Choice, but for shoes the Axiom is not needed.")

(Bertrand Russell)

Nachdem wir immer wieder gesehen haben, was man alles mit dem Auswahlaxiom beweisen kann, möchten wir nun untersuchen, wie die Mengenlehre *ohne das Auswahlaxiom* aussieht. Dazu betrachten wir sogenannte *Permutationsmodelle*, welche besondere Modelle von ZFA, d.h. der Mengenlehre mit Atomen, sind.

13.1 Konstruktion von Permutationsmodellen

Die Grundidee bei der Konstruktion von Permutationsmodellen besteht darin, dass es in ZFA – anders als in ZF – nichttriviale Automorphismen des Mengenuniversums geben kann. Diese erhält man, indem man die Atome permutiert. Unter einem Automorphismus versteht man dabei eine Klassenfunktion $F : \mathbf{V} \to \mathbf{V}$ von einem Modell $\mathbf{V}$ der Mengenlehre in sich, mit der Eigenschaft

$$F(x) = \{F(y) \mid y \in x\}$$

Sei nun F ein Automorphismus von $\mathbf{V}$. Wir zeigen induktiv, dass $F(x) = x$ für alle $x \in \mathbf{V}$ gilt. Offensichtlich gilt dies für die leere Menge $\emptyset$. Ist nun $x \in \mathbf{V}$, sodass $F(y) = y$ für alle $y \in x$, so gilt:

$$F(x) = \{F(y) \mid y \in x\} = \{y \mid y \in x\} = x$$

Wir werden nun zeigen, wie man nichttriviale Automorphismen auf Modellen von ZFA konstruiert.

Wir arbeiten nun – falls nicht anders angegeben – in einem beliebigen aber festen Modell $\mathbf{M}$ von ZFA + AC mit der nichtleeren Atommenge A. Sei nun G eine Gruppe

© Der/die Autor(en), exklusiv lizenziert an
Springer-Verlag GmbH, DE, ein Teil von Springer Nature 2023
L. Halbeisen und R. Krapf, *Eine Entdeckungsreise in die Welt des Unendlichen*, https://doi.org/10.1007/978-3-662-68094-0_13

von Permutationen von A, d.h. G ist eine Untergruppe der *symmetrischen Gruppe*

$$S_A := \{\pi : A \to A \mid \pi \text{ ist bijektiv}\}.$$

Für $a \in A$ und $\pi \in G$ schreiben wir üblicherweise πa für $\pi(a)$.

Definition 13.1 Sei $\mathcal{F}$ eine Menge von Untergruppen von G. Dann heißt $\mathcal{F}$ ein *normaler Filter* auf G, falls für alle Untergruppen H und K von G folgende Eigenschaften erfüllt sind:

(NF1) $G \in \mathcal{F}$
(NF2) $H \in \mathcal{F}$ und $H \subseteq K \Rightarrow K \in \mathcal{F}$
(NF3) $H \in \mathcal{F}$ und $K \in \mathcal{F} \Rightarrow H \cap K \in \mathcal{F}$
(NF4) $\pi \in G$ und $H \in \mathcal{F} \Rightarrow \pi H \pi^{-1} \in \mathcal{F}$
(NF5)   Für jedes $a \in A$ gilt $\{\pi \in G \mid \pi a = a\} \in \mathcal{F}$

Rekursiv definiert man für jedes $x \in \mathbf{M}$ und für jedes $\pi \in G$ die Menge πx durch

$$\pi x = \begin{cases} \emptyset & \text{falls } x = \emptyset, \\ \pi x & \text{falls } x \in A, \\ \{\pi y \mid y \in x\} & \text{sonst.} \end{cases}$$

Diese Art von Rekursion mag auf den ersten Blick ungewohnt wirken, ist aber unproblematisch: Die Idee dahinter ist, dass die Elemente von x alle einen kleineren *Rang* haben als x, wobei der Rang das minimale $\alpha \in \Omega$ ist mit $x \in \mathcal{P}^\alpha(A)$. Um also πx zu definieren, muss man nur annehmen, dass πy für y von kleinerem Rang bereits definiert sind.

Definition 13.2 Sei $\mathcal{F}$ ein normaler Filter auf G. Für $x \in \mathbf{M}$ definiert man die *Symmetriegruppe* von x als

$$\text{sym}(x) := \{\pi \in G \mid \pi x = x\}.$$

Des Weiteren heißt x

(a) *symmetrisch* bezüglich $\mathcal{F}$ auf G, falls $\text{sym}(x) \in \mathcal{F}$;
(b) *erblich symmetrisch* bezüglich $\mathcal{F}$, falls x sowie jedes Element von $\text{tc}(x)$ symmetrisch ist.

Man kann leicht zeigen, dass $\text{sym}(x)$ für jedes $x \in \mathbf{M}$ eine Untergruppe von G ist.

Lemma 13.3 *Seien x, y Mengen. Dann gelten die folgenden Bedingungen:*

(a) $\pi(x, y) = (\pi x, \pi y)$

(b) $\pi \bigcup x = \bigcup \pi x$

(c) $\mathrm{tc}(\pi x) = \pi \mathrm{tc}(x)$

Beweis (a) Dies folgt sofort aus der Definition geordneter Paare.

(b) Sei $y \in \bigcup x$. Wir zeigen, dass $\pi y \in \bigcup \pi x$ gilt. Dann gibt es $z \in x$ mit $y \in z$. Es folgt $\pi y \in \pi z$ und $\pi z \in \pi x$, also $\pi y \in \bigcup \pi x$. Damit ist gezeigt, dass $\pi \bigcup x \subseteq \bigcup \pi x$ gilt. Umgekehrt gilt:

$$\bigcup \pi x = \pi \pi^{-1} \bigcup \pi x \subseteq \pi \bigcup \pi^{-1} \pi x = \pi \bigcup x$$

(c) Sei $\mathrm{tc}(x) = \bigcup x_n, y = \pi x$ und $\mathrm{tc}(y) = \bigcup y_n$. Wir zeigen mittels vollständiger Induktion $\pi x_n = y_n$, denn dann folgt

$$\pi \mathrm{tc}(x) = \pi \bigcup_{n \in \omega} x_n = \bigcup_{n \in \omega} \pi x_n = \bigcup y_n = \mathrm{tc}(\pi x).$$

Offensichtlich gilt $\pi x_0 = \pi x = y = y_0$. Wir nehmen nun an, dass die Behauptung für $n \in \omega$ gilt. Dann folgt

$$\pi x_{n+1} = \pi \bigcup x_n = \bigcup \pi x_n = \bigcup y_n = y_{n+1},$$

wie gewünscht. $\qquad\qquad\qquad\qquad\qquad\qquad\qquad\qquad\qquad\qquad\qquad\qquad\qquad \square$

Lemma 13.4 *Seien G eine Gruppe von Permutationen von A und $\mathcal{F}$ ein normaler Filter auf G. Dann gelten folgende Bedingungen:*

(a) Jedes Atom $a \in A$ ist symmetrisch.

(b) Eine Menge x ist genau dann erblich symmetrisch, wenn πx erblich symmetrisch ist für jedes $\pi \in G$.

(c) Für jedes $x \in \hat{\mathbf{V}}$ und für jedes $\pi \in G$ gilt $\pi x = x$.

Beweis (a) Dies folgt direkt aus (NF5), da

$$\mathrm{sym}(a) = \{\pi \in G \mid \pi a = a\} \in \mathcal{F}.$$

(b) Wir zeigen zunächst, dass $\mathrm{sym}(\pi x) = \pi \mathrm{sym}(x) \pi^{-1}$ gilt. Dies gilt, denn für $\tau \in \mathrm{sym}(\pi x)$ gilt $\tau \pi x = \pi x$ und damit $\pi^{-1} \tau \pi x = \pi^{-1} \pi x = x$, also $\tau' := \pi^{-1} \tau \pi \in \mathrm{sym}(x)$. Somit folgt $\tau = \pi \tau' \pi^{-1} \in \pi \mathrm{sym}(x) \pi^{-1}$. Die Umkehrung ist leicht.

Sei nun x erblich symmetrisch und $\pi \in G$. Wir zeigen, dass dann auch πx erblich symmetrisch ist. Dann gilt $\mathrm{sym}(x) \in \mathcal{F}$. Wegen (NF4) gilt dann auch $\mathrm{sym}(\pi x) = \pi \mathrm{sym}(x) \pi^{-1} \in \mathcal{F}$, also ist auch πx symmetrisch. Sei nun $z \in \mathrm{tc}(\pi x) = \pi \, \mathrm{tc}(x)$, d.h. es gibt ein $y \in \mathrm{tc}(x)$ mit $z = \pi y$. Da x erblich symmetrisch ist, gilt $\mathrm{sym}(y) \in \mathcal{F}$ und es folgt $\mathrm{sym}(z) = \mathrm{sym}(\pi y) = \pi \mathrm{sym}(y) \pi^{-1} \in \mathcal{F}$.

Umgekehrt folgt aus der Annahme, dass πx symmetrisch ist, mit dem selben Argument, dass auch $x = \pi^{-1} \pi x$ erblich symmetrisch ist.

(c) Dies folgt aus der Tatsache, dass $\hat{\mathbf{V}}$ ein Modell von ZF darstellt und es in ZF keine nichttrivialen Automorphismen gibt. $\qquad\qquad\qquad\qquad\qquad\qquad \square$

Wir sind nun bereit, sogenannte *Permutationsmodelle* zu einzuführen. Üblicherweise konstruiert man diese so, dass in diesen gewisse Auswahlprinzipien verletzt sind. Wir starten mit einem Modell **M** von ZFA + AC. Nun sei $\mathcal{V}$ die Klasse aller erblich symmetrischen Mengen in **M**. Nach Konstruktion ist $\mathcal{V}$ transitiv, da Elemente erblich symmetrischer Mengen wieder erblich symmetrisch sind. Zudem kann man zeigen, dass $\mathcal{V}$ alle Axiome von ZFA erfüllt:

Theorem 13.1 *Die Klasse $\mathcal{V}$ ist ein Modell von* ZFA.

Beweis Wir zeigen exemplarisch das Vereinigungsaxiom, das Potenzmengenaxiom und das Ersetzungsaxiom.

Vereinigungsaxiom: Sei $x \in \mathcal{V}$ und sei $y = \bigcup x \in$ **M**. Nun ist x erblich symmetrisch und damit sind auch alle Elemente von y erblich symmetrisch. Es bleibt zu zeigen, dass y symmetrisch ist. Gemäß Lemma 13.3 gilt

$$\pi y = \pi\left(\bigcup x\right) = \bigcup \pi x = \bigcup x = y,$$

also gilt $\mathrm{sym}(x) \subseteq \mathrm{sym}(y)$, und da $\mathrm{sym}(x) \in \mathcal{F}$ ist gemäß (NF2) auch $\mathrm{sym}(y) \in \mathcal{F}$.

Potenzmengenaxiom: Sei $x \in \mathcal{V}$. Wir müssen zeigen, dass die Menge aller erblich symmetrischen Teilmengen von x selbst erblich symmetrisch ist. Sei also $y = \mathcal{P}(x) \cap \mathcal{V}$. Dies ist eine Menge in **M**. Sei nun $\pi \in \mathrm{sym}(x)$. Wir zeigen $\pi y = y$. Sei $z \in y$. Dann gilt $\pi z \subseteq \pi x = x$. Außerdem folgt aus $z \in \mathcal{V}$ auch $\pi z \in \mathcal{V}$, also $\pi z \in y$. Die umgekehrte Inklusion gilt analog. Damit gilt $\mathrm{sym}(y) \subseteq \mathrm{sym}(x)$, also ist y symmetrisch. Die Elemente von z sind nach Konstruktion erblich symmetrisch, also auch y.

Ersetzungsaxiom: Zunächst zeigen wir:

$$\mathcal{V} \models \varphi(x_1, \ldots, x_n) \Leftrightarrow \mathcal{V} \models \varphi(\pi x_1, \ldots, \pi x_n)$$

für jede Formel φ mit n freien Variablen, $x_1, \ldots, x_n \in \mathcal{V}$ und $\pi \in G$. Für atomare Formeln ist dies offensichtlich erfüllt. Nehmen wir nun an, dies gelte für Formeln φ und ψ. Nun gilt

$$
\begin{aligned}
\mathcal{V} \models \neg\varphi(x_1, \ldots, x_n) &\Leftrightarrow \text{es gilt nicht } \mathcal{V} \models \varphi(x_1, \ldots, x_n) \\
&\Leftrightarrow \text{es gilt nicht } \mathcal{V} \models \varphi(\pi x_1, \ldots, \pi x_n) \\
&\Leftrightarrow \mathcal{V} \models \neg\varphi(\pi x_1, \ldots, \pi x_n)
\end{aligned}
$$

Analog zeigt man, dass die Eigenschaft auch für $\varphi \wedge \psi$ gilt. Sei nun ψ die Existenzaussage $\exists v : \varphi(v, x_1, \ldots, x_n)$ und es gelte

$$\mathcal{V} \models \exists v : \varphi(v, x_1, \ldots, x_n).$$

Dann gibt es $x_0 \in \mathcal{V}$ mit $\mathcal{V} \models \varphi(x_0, x_1, \ldots, x_n)$ und induktiv erhalten wir $\mathcal{V} \models \varphi(\pi x, \pi x_1, \ldots, \pi x_n)$. Aus Lemma 13.4 folgt $\pi x_0 \in \mathcal{V}$ und damit

$$\mathcal{V} \models \exists v : \varphi(v, \pi x_1, \dots, \pi x_n).$$

Die Umkehrung gilt analog. Sei nun φ eine funktionale Formel, sei $D \in \mathcal{V}$ und es gelte

$$\mathcal{V} \models \forall x \in D \exists! y : \varphi(x, y, p_1, \dots, p_n),$$

wobei $p_1, \dots, p_n \in V_0$ Parameter sind. Zu beachten ist hier, dass der Existenzquantor bedeutet, dass es für jedes $x \in \mathcal{V}$ ein entsprechendes $y \in \mathcal{V}$ gibt mit $\mathcal{V} \models \varphi(x, y, p_1, \dots, p_n)$. Da $D, p_1, \dots, p_n$ Mengen in $\mathcal{V}$ sind, liegen die entsprechenden Symmetriegruppen im Filter $\mathcal{F}$. Sei nun

$$H := \mathrm{sym}(D) \cap \mathrm{sym}(p_1) \cap \dots \cap \mathrm{sym}(p_n) \in \mathcal{F}$$

und sei $B := \{y \mid \exists x \in D : \varphi(x, y, p_1, \dots, p_n)\} \in \mathbf{M}$. Diese Menge existiert, da $\mathbf{M}$ ein Modell von ZFA ist und somit das Ersetzungsaxiom erfüllt. Ebenso können wir festhalten, dass $B \subseteq \mathcal{V}$ ist, da φ eine funktionale Formel ist. Es bleibt zu zeigen, dass $B \in \mathcal{V}$ ist. Dazu zeigen wir $H \subseteq \mathrm{sym}(B)$. Dies gilt, denn für jedes $\pi \in H$ ist:

$$\begin{aligned}
\pi B &= \{\pi y \mid \exists x \in D : \varphi(x, y, p_1, \dots, p_n)\} \\
&= \{\pi y \mid \exists x \in \pi D : \varphi(x, \pi y, \pi p_1, \dots, \pi p_n)\} \\
&= \{\pi y \mid \exists x \in D : \varphi(x, \pi y, p_1, \dots, p_n)\} \\
&= B
\end{aligned}$$

Damit ist B symmetrisch und wegen $B \subseteq \mathcal{V}$ sogar erblich symmetrisch. □

Aufgabe 13.5 Zeigen Sie, dass $\mathcal{V}$ auch die anderen Axiome von ZFA erfüllt.

Wir bezeichnen jedes auf diese Art konstruierte Modell als ein *Permutationsmodell*. Der *Satz von Jech-Sochor*, auf dessen Beweis wir hier nicht eingehen wollen, besagt: Ein Permutationsmodell lässt sich immer in ein Modell von ZF einbetten[1], d.h. wenn man zeigt, dass gewisse Eigenschaften in einem Permutationsmodell gelten, dann gibt es auch ein Modell von ZF mit denselben Eigenschaften. Insbesondere folgt, dass wenn wir zeigen können, dass gewisse Auswahlprinzipien in einem Permutationsmodell verletzt sind, diese Prinzipien keine Folgerungen von ZF sein können.

---

[1] Ein Modell eines Axiomensystems der Mengenlehre ist eine Klasse, in welcher diese Axiome erfüllt sind.

13.2 Ein Modell der Mengenlehre ohne Auswahlaxiom

Im Folgenden konstruieren wir ein Permutationsmodell, in welchem das Auswahl-axiom nicht erfüllt ist. Dazu müssen wir zuerst eine passende Menge von Atomen A mit einem passenden normalen Filter $\mathcal{F}$ auf einer Gruppe von Permutationen G konstruieren. Wir beginnen mit dem normalen Filter:

Definition 13.6 Sei $S \subseteq A$ eine Menge von Atomen. Dann bezeichnet man

$$\mathrm{fix}_G(S) := \{\pi \in G \mid \pi a = a \text{ für alle } a \in S\}$$

als die *Fixgruppe* von S.

Bemerkung 13.7 Man kann leicht zeigen, dass $\mathrm{fix}_G(S)$ eine Untergruppe von G ist.

Lemma 13.8 *Sei $S \subseteq A$ eine Menge von Atomen und sei $\mathcal{F}$ der von*

$$\{\mathrm{fix}_G(S) \mid S \subseteq A \text{ endlich}\}$$

erzeugte Filter, d.h.

$$H \in \mathcal{F} \Leftrightarrow \exists E \subseteq A \text{ endlich mit } \mathrm{fix}_G(E) \subseteq H.$$

Dann ist $\mathcal{F}$ ein normaler Filter auf G.

Aufgabe 13.9 Beweisen Sie Lemma 13.8.

Im Folgenden sei $\mathcal{F}$ der in Lemma 13.8 definierte normale Filter auf der Grup-pe G.

Lemma 13.10 *Eine Menge $x \in \mathbf{M}$ ist bzgl. $\mathcal{F}$ genau dann symmetrisch, wenn es ein eine endliche Teilmenge $E_x \subseteq A$ gibt mit $\mathrm{fix}_G(E_x) \subseteq \mathrm{sym}(x)$.*

Beweis Sei $x \in \mathbf{M}$ symmetrisch. Dann ist $\mathrm{sym}(x) \in \mathcal{F}$. Nach der Definition von $\mathcal{F}$ gibt es dann eine endliche Teilmenge $E \subseteq A$ mit $\mathrm{fix}_G(E) \subseteq \mathrm{sym}(x)$. Umgekehrt folgt aus $\mathrm{fix}_G(E) \subseteq \mathrm{sym}(x)$ mit (NF2), dass x symmetrisch ist.   □

Bemerkung 13.11 Falls $E_x \subseteq A$ eine endliche Menge ist mit $\mathrm{fix}_G(E_x) \subseteq \mathrm{sym}(x)$, so bezeichnet man E_x als einen *Träger* von x. Träger sind nicht eindeutig; es gilt sogar: Falls E ein Träger von x ist, so ist auch jede endliche Menge $F \supseteq E$ ein Träger, da

$$F \supseteq E \Rightarrow \mathrm{fix}_G(F) \subseteq \mathrm{fix}_G(E).$$

Im Folgenden präsentieren wir ein konkretes Beispiel eines Permutationsmodells, in welchem das Auswahlaxiom falsch ist – das sogenannte *Zweite Fraenkelsche Modell*, welches auf Abraham Fraenkel zurückgeht.

Für jedes $n \in \omega$ sei $P_n = \{a_n, b_n\}$ eine zwei-elementige Menge, sodass die P_n's paarweise disjunkt sind, d.h. $P_n \cap P_m = \emptyset$ für alle $n, m \in \omega$ mit $n \neq m$. Als Menge von Atomen wählen wir

$$A = \bigcup_{n \in \omega} P_n \, .$$

Als Gruppe G wählen wir die Gruppe aller Permutationen π von A mit $\pi P_n = P_n$ für alle $n \in \omega$, d.h. $\{\pi a_n, \pi b_n\} = \{a_n, b_n\}$. Das dadurch definierte Permutationsmodell heißt *Zweites Fraenkelsches Modell* und wird mit $\mathcal{V}_{F_2}$ bezeichnet.

Wie kann man sich dieses Modelle vorstellen? Man nehme an, P_n sei ein Paar von Socken für jedes $n \in \omega$. Dann ist A die Menge all dieser Socken und G ist die Gruppe aller Permutationen von Socken, wobei nur innerhalb der einzelnen Paare permutiert wird. Das Ziel ist es nun zu zeigen, dass es in $\mathcal{V}_{F_2}$ nicht möglich ist, aus jedem Paar von Socken einen Socken auszuwählen.

Lemma 13.12 *Im Modell $\mathcal{V}_{F_2}$ gilt Folgendes:*

(a) Für jedes $n \in \omega$ ist $P_n \in \mathcal{V}_{F_2}$.
(b) Es gilt $P = \{P_n \mid n \in \omega\} \in \mathcal{V}_{F_2}$.

Beweis (a) Nach Definition gilt $\pi P_n = P_n$ für alle $\pi \in G$, also gilt gemäß (NF1), $\mathrm{sym}(P_n) = G \in \mathcal{F}$. Damit ist gezeigt, dass P_n symmetrisch ist. Die Menge P_n ist aber auch erblich symmetrisch, da $\mathrm{sym}(a_n) = \{\pi \in G \mid \pi a_n = a_n\} = \mathrm{fix}_G(\{a_n\}) \in \mathcal{F}$ und analog auch $\mathrm{sym}(b_n) \in \mathcal{F}$.

(b) Für jedes $\pi \in G$ gilt

$$\pi P = \{\pi P_n \mid n \in \omega\} = \{P_n \mid n \in \omega\} = P,$$

also gilt $\mathrm{sym}(P) = G \in \mathcal{F}$ und damit ist P symmetrisch. Aus (a) folgt, dass P auch erblich symmetrisch ist. $\qquad\square$

Theorem 13.13 *Die Menge $P = \{P_n \mid n \in \omega\}$ besitzt keine Auswahlfunktion in $\mathcal{V}_{F_2}$, d.h. das Auswahlaxiom ist in $\mathcal{V}_{F_2}$ nicht erfüllt.*

Beweis Wir nehmen per Widerspruch an, dass es eine Auswahlfunktion $F \in \mathcal{V}_{F_2}$ von P gibt, d.h. $F : P \to \bigcup_{n \in \omega} P_n = A$ mit $F(P_n) \in P_n$ für alle $n \in \omega$. Wir erinnern uns daran, dass Funktionen in der Mengenlehre als Mengen von Paaren definiert wurden, d.h. in unserem Fall gilt $F \subseteq P \times A$. Es gilt dann für jedes $\pi \in \mathrm{sym}(F)$

$$\left\{\pi\bigl(P_n, F(P_n)\bigr) \mid n \in \omega\right\} = \pi F = F,$$

also $\pi(P_n, F(P_n)) \in F$, wobei $(P_n, F(P_n))$ ein geordnetes Paar ist. Es gilt aber

$$\pi(P_n, F(P_n)) = (\pi P_n, \pi F(P_n)) = (P_n, \pi F(P_n)).$$

Da $\pi(P_n, F(P_n)) \in F$ und F eine Funktion ist, muss also $F(P_n) = \pi F(P_n)$ für jedes $n \in \omega$ gelten.

Da F nach Annahme symmetrisch ist, gibt es gemäß Lemma 13.10 eine endliche Teilmenge $E \subseteq A$ mit $\mathrm{fix}_G(E) \subseteq \mathrm{sym}(F)$. Wir können ohne Beschränkung der Allgemeinheit annehmen, dass E von der Form $E = \{a_0, b_0, \ldots, a_n, b_n\}$ ist (siehe Bemerkung 13.11). Da $a_{n+1} \notin E$, gibt es ein $\pi_0 \in \mathrm{fix}_G(E)$ mit $\pi_0(a_{n+1}) = b_{n+1}$ und somit $\pi_0(b_{n+1}) = a_{n+1}$, Nach unserer Vorüberlegung gilt aber wegen $\pi_0 \in \mathrm{fix}_G(E) \subseteq \mathrm{sym}(F)$, dass $F(P_{n+1}) = \pi_0 F(P_{n+1})$. Andererseits ist $F(P_{n+1}) \in P_{n+1}$ und aus der Wahl von π_0 folgt $\pi_0 F(P_{n+1}) \neq F(P_{n+1})$, ein Widerspruch.   □

Aufgabe 13.14 (a) Zeigen Sie, dass die Menge P in $\mathcal{V}_{F_2}$ eine abzählbare Vereinigung von 2-elementigen Mengen ist, d.h. zeigen Sie, dass es in $\mathcal{V}_{F_2}$ eine bijektive Funktion $\omega \to \{P_n \mid n \in \omega\}$ und für jedes $n \in \omega$ eine bijektive Funktion $\{0, 1\} \to P_n$ gibt.

(b) Zeigen Sie, dass P in $\mathcal{V}_{F_2}$ eine überabzählbare Menge ist, d.h. zeigen Sie, dass es in $\mathcal{V}_{F_2}$ keine injektive Funktion $\omega \to P$ gibt.

Aufgabe 13.15 Zeigen Sie, dass das Lemma von Kőnig 7.10 in $\mathcal{V}_{F_2}$ nicht gilt.

Hinweis: Betrachten Sie die Knotenmenge $V = \bigcup_{n \in \omega} V_n$ mit

$$V_n := \left\{(s_0, \ldots, s_{n-1}) \in A^n \mid s_i \in P_i \text{ für alle } i < n\right\}$$

und konstruieren Sie damit einen Baum, der keinen unendlichen Ast besitzt.

Noch einfacher als das Zweite Fraenkelsche Permutationsmodell ist das *Erste Fraenkelsche Modell*. Dazu wählt man eine beliebige abzählbar unendliche Menge A als Menge von Atomen und wählt die Gruppe G als die gesamte Permutationsgruppe von A. Das so definierte Permutationsmodell, wieder mit dem in Lemma 13.8 definierten normale Filter, bezeichnen wir mit $\mathcal{V}_{F_1}$.

Aufgabe 13.16 Eine Menge $S \subseteq A$ heißt *ko-endlich*, falls $A \setminus S$ endlich ist.

(a) Beweisen Sie, dass jedes $S \subseteq A$ mit $S \in \mathcal{V}_{F_1}$ entweder endlich oder ko-endlich ist. Genauer: Es gilt sogar, dass für einen Träger E von S entweder $S \subseteq E$ oder $A \setminus S \subseteq E$ gilt.

(b) Folgern Sie aus (a), dass $A \in \mathcal{V}_{F_1}$ überabzählbar ist, d.h. zeigen Sie, dass es keine injektive Funktion $\omega \to A$ in $\mathcal{V}_{F_1}$ gibt.

Anmerkung: Teil (b) besagt, dass es eine unendliche Menge gibt, die keine abzählbare Teilmenge besitzt. Dies klingt paradox, da wir ja A als abzählbar unendliche Menge gewählt haben, d.h. in **M** gibt es eine Bijektion zwischen ω und A. Bedingung (b) besagt also, dass diese Bijektion nicht erblich symmetrisch und damit kein Element von $\mathcal{V}_{F_1}$ sein kann, was keinen Widerspruch darstellt.

Kapitel 14
Der Satz von Ramsey

„Völlige Unordnung ist unmöglich" (*engl.* „Complete disorder is impossible")

(Theodore S. Motzkin)

14.1 Der Satz von Ramsey

Wir beginnen mit dem folgenden kombinatorischen Problem: Nehmen wir an, wir hätten alle 2-elementigen Teilmengen der natürlichen Zahlen ω mit 2 Farben gefärbt, zum Beispiel mit rot und blau. Wir nennen nun eine Teilmenge $H \subseteq \omega$ bezüglich der Färbung *homogen*, falls jede 2-elementige Teilmenge von H dieselbe Farbe hat, d.h. entweder sind alle $\{n, m\} \subseteq H$ rot gefärbt, oder alle $\{n, m\} \subseteq H$ sind blau gefärbt. Die Frage stellt sich nun, wie groß eine homogene Menge $H \subseteq \omega$ sein kann; insbesondere, ob es unendliche homogene Mengen gibt.

Eine Antwort zu einer Verallgemeinerung dieser Frage liefert der Satz von Ramsey, welcher auf Frank Plumpton Ramsey zurückgeht und Folgendes besagt: Seien n und r zwei positive ganze Zahlen. Werden die n-elementigen Teilmengen von ω mit r Farben gefärbt, so existiert eine unendliche Menge $H \subseteq \omega$, sodass alle n-elementigen Teilmengen von H dieselbe Farbe haben.

Um den Satz von Ramsey etwas formaler zu formulieren, führen wir folgende Notation ein: Für $n \in \omega$ und eine Menge M sei $[M]^n$ die Menge aller n-elementigen Teilmengen von M, d.h.

$$[M]^n := \{X \in \mathcal{P}(M) \mid |X| = n\}.$$

Zu beachten gilt, dass für $n = 0$ oder $|M| < n$ die Menge $[M]^n$ leer ist. Wir können die Homogenität nun folgendermaßen allgemein definieren:

Definition 14.1 Sei $r \in \omega$ (d.h. $r = \{0, \ldots, r-1\}$) und sei $\pi : [\omega]^n \to r$ eine Färbung der n-elementigen Teilmengen von ω mit r Farben. Dann nennen wir eine Teilmenge $H \subseteq \omega$ *homogen* bezüglich π, falls $\pi \restriction [H]^n$ konstant ist. In diesem Fall nennen wir $[H]^n$ *monochromatisch* (d.h. einfarbig).

Eine Färbung mit r Farben werden wir auch als *r-Färbung* bezeichnen. Nun können wir den Satz von Ramsey allgemein formulieren:

Theorem 14.2 (Satz von Ramsey) *Für alle positiven ganzen Zahlen n und r, für jede unendliche Menge $S \subseteq \omega$, und für jede r-Färbung $\pi : [\omega]^n \to r$ der n-elementigen Teilmengen von ω mit r Farben, existiert eine unendliche Menge homogene Menge $H \subseteq S$, d.h. $[H]^n$ ist monochromatisch.*

Beweis Ist $r = 1$, so ist der Satz trivial, denn dann gibt es nur eine Farbe. Wir nehmen zunächst $r = 2$ an und zeigen den Satz mit Induktion nach n.

Für $n = 1$ und eine unendliche Menge $S \subseteq \omega$, entspricht $\pi : [S]^1 \to 2$ der 1-Färbung $\pi : S \to 2$, und mit dem unendlichen Schubfachprinzip (Lemma 7.11) erhalten wir eine unendliche Menge $H_1 \subseteq S$, sodass die Einschränkung $\pi \restriction [H_1]^1$ von π auf die 1-elementigen Teilmengen von H_1 konstant ist.

Nehmen wir nun an, dass der Satz von Ramsey bereits bewiesen sei für $r = 2$ und ein $n \geq 1$, und sei $\pi : [\omega]^{n+1} \to 2$ Färbung mit zwei Farben. Für jede unendliche Menge $S \subseteq \omega$ sei $S' := S \setminus \{\min(S)\}$. Weiter definieren wir die 2-Färbung $\tau_S : [S']^n \to 2$ der n-elementigen Mengen $\{b_1, \ldots, b_n\}$ von S' durch

$$\tau_S(\{b_1, \ldots, b_n\}) := \pi(\{\min(S), b_1, \ldots, b_n\}).$$

Wir definieren nun rekursiv Mengen S_i für $i \in \omega$ sowie $a_i \in S_i$ und eine Funktion ρ wie folgt: Wir beginnen mit $S_0 := \omega$ und definieren $a_i := \min(S_i)$. Nach Induktionsvoraussetzung wissen wir, dass es eine homogene Menge $S_{i+1} \subseteq S_i'$ gibt, die homogen bezüglich τ_{S_i} ist. Somit gibt es also eine Farbe $\rho(a_i) \in \{0, 1\}$, für die $\tau_{S_i} \restriction [S_{i+1}^n]$ konstant gleich $\rho(a_i)$ ist.

Dann hat die streng monoton wachsende Folge $a_0, a_1, \ldots, a_n, \ldots$ die Eigenschaft, dass für alle $i \in \omega$ und alle $\{b_1, \ldots, b_n\} \in [\{a_k : k > i\}]^n$ gilt:

$$\pi(\{a_i, b_1, \ldots, b_n\}) = \pi_{S_i}(\{b_1, \ldots, b_n\}) = \rho(a_i),$$

denn $\{b_1, \ldots, b_n\} \in [S_{i+1}]^n$. Für $A := \{a_k : k \in \omega\}$ ist dann

$$\rho : A \to 2$$
$$a_i \mapsto \rho(a_i)$$

eine 2-Färbung von A, und mit dem Schubfachprinzip existiert eine unendliche Teilmenge $H \subseteq A$, sodass $\rho \restriction_H$ konstant ist, woraus folgt, dass auch $\pi \restriction_{[H]^{n+1}}$ konstant ist. Damit ist der Satz von Ramsey für $r = 2$ und alle positiven $n \in \omega$ gezeigt.

Um zu sehen, dass der Satz von Ramsey auch für beliebige $r > 2$ gilt, gehen wir wie folgt vor: Sei der Satz von Ramsey bereits bewiesen für $r \geq 2$ und ein beliebiges $n \geq 1$, und sei $\pi : [\omega]^n \to \{0 \ldots, r\}$ eine $(r+1)$-Färbung. Dann ist

$$\pi' : [\omega]^n \to r$$

$$x \mapsto \pi'(x) := \begin{cases} 0 & \text{für } \pi(x) \in \{0, 1\}, \\ s - 1 & \text{für } \pi(x) = s \text{ und } s > 1, \end{cases}$$

eine r-Färbung; im Prinzip werden die beiden Farben 0 und 1 zu einer einzigen Farbe zusammengefasst. Mit der Induktionsvoraussetzung existiert dann eine unendliche Menge $H \subseteq \omega$, sodass $\pi' \restriction_{[H]^n}$ konstant gleich s_0 ist für ein $0 \leq s_0 < r$. Ist $s_0 \geq 1$, so sind wir fertig, denn dann ist $\pi \restriction_{[H]^n}$ ebenfalls konstant gleich s_0. Andernfalls ist $\pi' \restriction_{[H]^n}$ konstant gleich 0 und $\pi \restriction_{[H]^n}$ ist eine 2-Färbung von $[H]^n$ mit den Farben 0 und 1. Mit der Induktionsvoraussetzung existiert somit eine unendliche Menge $H' \subseteq H$, sodass $\pi \restriction_{[H']^n}$ konstant ist. $\qquad \square$

Aufgabe 14.3 Sei $\pi : \omega \to r$ eine r-Färbung von ω für ein positives $r \in \omega$.

(a) Zeigen Sie, dass es eine unendliche Menge von natürlichen Zahlen $\{x_n : n \in \omega\}$ gibt, sodass die Menge $\{x_i + x_j : i, j \in \omega \wedge i \neq j\}$ monochromatisch ist.

(b) Zeigen Sie, dass es eine unendliche Menge von natürlichen Zahlen $\{y_n : n \in \omega\}$ gibt, sodass die Menge $\{y_i \cdot y_j : i, j \in \omega \wedge i \neq j\}$ monochromatisch ist.

14.2 Folgerungen und Anwendungen des Satzes von Ramsey

In der endlichen Kombinatorik ist die wichtigste Folgerung aus dem Satz von Ramsey sicherlich die folgende endliche Version des Satzes von Ramsey:

Korollar 14.4 (Endlicher Satz von Ramsey) *Für alle* $m, n, r \in \omega$ *mit* $r \geq 1$ *und* $n \leq m$ *existiert ein* $N \in \omega$ *mit* $N \geq m$, *sodass für jede Färbung von* $[N]^n$ *mit* r *Farben eine* m-*elementige Menge* $H \in [N]^m$ *existiert welche homogen ist, d.h. all ihre* n-*elementigen Teilmengen haben dieselbe Farbe.*

Beweis Für einen Widerspruch nehmen wir an, dass der Endliche Satz von Ramsey falsch ist. Damit gibt es natürlich Zahlen $m, n, r \in \omega$ mit $r \geq 1$ und $n \leq m$, sodass für alle $N \in \omega$ mit $N \geq m$ eine r-Färbung $[N]^n \to r$ existiert, sodass für kein $H \in [N]^m$, die Menge $[H]^n$ monochromatisch ist. Wir werden nun eine r-Färbung π von $[\omega]^n$ konstruieren, sodass für keine unendliche Menge $I \subseteq \omega$ gilt, dass $[I]^n$ monochromatisch ist, was offensichtlich dem Satz von Ramsey widerspricht.

Die unendliche Menge I wird mithilfe des Lemmas von Kőnig (Theorem 7.10) erzeugt durch einen unendlichen Pfad in einem endlich verzweigten unendlichen Baum. Zuerst definieren wir nun einen Baum T wie folgt: Die Menge der Knoten von T besteht aus der leeren Menge sowie allen r-Färbungen $\pi : [N]^n \to r$, wobei $N \geq m$, sodass für kein $H \in [N]^m$ die Menge $[H]^n$ monochromatisch ist für π. Im Baum T existiert eine Kante zwischen $\emptyset$ und allen solchen r-Färbungen von $[m]^n$, und es existiert eine Kante zwischen den Färbungen $\pi : [N]^n \to r$ und $\tau : [N+1]^n \to r$ genau dann, wenn $\pi = \tau \restriction_N$ (d.h. für alle $x \in [N]^n$, $\tau(x) = \pi(x)$). Insbesondere, existieren keine Kanten zwischen verschiedenen r-Färbungen von $[N]^n$ und ist $\pi : [N+1]^n \to r$ ein Knoten in T, so auch $\pi \restriction_{[N]^n}$.

Nach unserer Annahme handelt es sich also tatsächlich um einen Baum mit Wurzel $\emptyset$. Außerdem ist der Baum T unendlich (d.h. T hat unendlich viele Knoten) und nach unserer Konstruktion ist T endlich verzweigt. Mit anderen Worten, T ist ein endlich verzweigter unendlicher Baum. Somit hat T mit dem Lemma von Kőnig einen unendlichen Pfad von r-Färbungen $(\emptyset, \pi_m, \pi_{m+1}, \ldots, \pi_{m+i}, \ldots)$, wobei für alle $i, j \in \omega$ die Färbung π_{m+i+j} eine Erweiterung der Färbung π_{m+i} ist.

Nun induziert der unendliche Pfad $(\emptyset, \pi_m, \pi_{m+1}, \ldots)$ eine r-Färbung π von $[\omega]^n$ induziert, gegeben durch

$$\pi : [\omega]^n \to r, \pi(x) = \pi_{m+i}(x) \text{ für } x \in [m+i]^n.$$

Nach Konstruktion gilt für keine m-elementige Teilmenge H von ω, dass $[H]^n$ monochromatisch ist, also existiert auch keine unendliche Menge $I \subseteq \omega$, sodass $[I]^n$ monochromatisch ist, was aber dem Satz von Ramsey widerspricht. $\qquad\square$

Aufgabe 14.5 Für $m \geq 2$ sei $R(m)$ die kleinste Zahl $N \geq m$, sodass für jede Färbung von $[N]^2$ mit 2 Farben eine homogene m-elementige Menge $H \in [N]^m$ existiert.

(a) Zeigen Sie, dass $R(2) = 2$ ist.

(b) Zeigen Sie, dass $R(3) = 6$ ist.

(c) Zeigen Sie, dass $R(4) > 17$ ist.

Hinweis: Betrachten Sie die Ecken eines regelmäßigen 17-Ecks und verbinden Sie alle Paare von Ecken mit einem zyklischen Abstand von 1, 2, 4 oder 8 mit einer roten Kante. Die übrigen Paare von Ecken (also diejenigen, mit einem zyklischen Abstand von 3, 5, 7 oder 11) verbinden Sie mit einer blauen Kante.

> *Bemerkung:* Schon für kleine m ist der exakte Wert von $R(m)$ schwierig zu bestimmen. Es ist bekannt, dass $R(4) = 18$ ist, aber schon für $m = 5$ ist zurzeit nur die Abschätzung $43 \leq R(5) \leq 48$ bekannt.

Das folgende Korollar ist eine geometrische Konsequenz des Endlichen Satzes von Ramsey:

Korollar 14.6 (Erdős-Szekerés) *Für jede positive ganze Zahl m gibt es ein $N \in \omega$ mit der folgenden Eigenschaft: Ist P eine Menge von N Punkten in der euklidischen Ebene, sodass keine drei Punkte auf einer Geraden liegen, dann finden wir m Punkte in der Menge P, welche ein konvexes m-Eck bilden.*

Dabei ist ein Polygon *konvex*, falls keine Strecke, die zwei Punkte auf dem Rand des Polygons verbindet, das Polygon verlässt.

Beweis Mit dem Endlichen Satz von Ramsey 14.4 für $n = 3$ existiert ein $N \geq m$, sodass es für jede 2-Färbung von $[N]^3$ ein $H \in [N]^m$ gibt, sodass $[H]^3$ monochromatisch ist. Seien nun N Punkte, nummeriert von 1 bis N, in der euklidischen Ebene gegeben, sodass keine drei Punkte auf einer Geraden liegen. Wir färben nun eine 3-elementige Menge von Punkten $\{i, j, k\}$ mit $i < j < k$ rot, wenn die drei Punkte in der Reihenfolge i, j, k im Uhrzeigersinn durchlaufen werden, sonst färben wir $\{i, j, k\}$ blau. Nach der Wahl von N existiert eine m-elementige Punktmenge $H = \{i_1, \ldots, i_m\} \subseteq N$ mit $i_1 < \ldots < i_m$, sodass jede Menge $\{i, j, k\}$ von Punkten aus H mit $i < j < k$ dieselbe Farbe hat; ohne Beschränkung der Allgemeinheit sie dies blau.

Nun bilden wir das konvexe Polygon mit kleinster Fläche, welches alle Punkte von H entweder auf dem Rand oder im Inneren enthält (die *konvexe Hülle* von H). Man erkennt leicht, dass alle Punkte von H auf dem Rand tatsächlich Eckpunkte sind und dass umgekehrt alle Eckpunkte Elemente von H sind, denn sonst könnte man das Polygon noch verkleinern. Wir müssen noch zeigen, dass kein Punkt im Inneren des Polygons liegt, denn dann sind die Punkte aus H genau die Eckpunkte des Polygons, was die Behauptung zeigt.

Um diese Behauptung nachzuweisen, nehmen wir an, dass es einen Punkt i_r gibt, der innerhalb des Polygons liegt. Dann gibt es drei Punkte i_s, i_t und i_u aus H, sodass i_r innerhalb des Dreiecks mit Eckpunkten i_s, i_t und i_u (mit $s < t < u$) liegt. Da $\{i_s, i_t, i_u\}$ blau gefärbt ist, sind die drei Punkte im Gegenuhrzeigersinn angeordnet. Die Situation sieht also wie folgt aus:

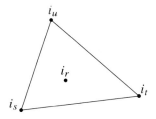

Gilt nun beispielsweise $r < s$, so werden aber die Punkte i_r, i_s, i_u im Uhrzeigersinn durchlaufen, was der Annahme, dass $\{i_r, i_s, i_u\}$ blau gefärbt ist, widerspricht. Die anderen Fälle kann man analog zum Widerspruch führen.   □

Das folgende Resultat wurde mehr als ein Jahrzehnt vor dem Satz von Ramsey von Issai Schur entdeckt:

Korollar 14.7 (Schur) *Werden die natürlichen Zahlen mit endlich vielen Farben gefärbt, dann gibt es drei paarweise verschiedene positive Zahlen* x, y, z *derselben Farbe, sodass gilt* $x + y = z$.

Beweis Sei r die Anzahl der Farben der endlichen Färbung der positiven natürlichen Zahlen. Mit dem Endlichen Satz von Ramsey 14.4 existiert ein N, sodass für jede r-Färbung von $[N]^2 \to r$ eine 4-elementige homogene Teilmenge der Menge $N = \{0, \dots, N-1\}$ existiert.

Sei nun $\pi : N \to r$ die Einschränkung unserer r-Färbung der natürlichen Zahlen auf N. Nun definieren wir die r-Färbung $\pi^* : [N]^2 \to r$ durch $\pi^*(\{i, j\}) := \pi(|i-j|)$. Nach der Wahl von N existiert eine 4-elementige Teilmenge $\{a, b, c, d\} \subseteq N$ welche homogen ist bezüglich π^*. Somit gilt

$$\pi^*(\{a, b\}) = \pi^*(\{a, c\}) = \pi^*(\{a, d\}) = \pi^*(\{b, c\}) = \pi^*(\{b, d\}) = \pi^*(\{c, d\}),$$

woraus folgt, dass

$$\pi(|a-b|) = \pi(|a-c|) = \pi(|a-d|) = \pi(|b-c|) = \pi(|b-d|) = \pi(|c-d|).$$

Durch Umbenennen der vier Elemente dürfen wir $a > b > c > d$ annehmen. Ist $a - b \neq b - c$, dann sind die Zahlen $x := a - b$, $y := b - c$, $z := a - c$ paarweise verschieden und haben die gewünschte Eigenschaft. Andernfalls, d.h. wenn $a - b = b - c$, gilt $a - b < b - d$. Daraus folgt $a - b \neq b - d$ und $x := a - b$, $y := b - d$, $z := a - d$ haben die gewünschte Eigenschaft.   □

14.3 Verallgemeinerungen des Satzes von Ramsey

In diesem Abschnitt betrachten wir verschiedene Verallgemeinerungen des Satzes von Ramsey und zeigen jeweils, dass diese Verallgemeinerungen nicht konsistent mit ZFC sind, d.h. dass diese unter Annahme der Axiome von ZFC zu einem Widerspruch führen.

(1) *2-Färbungen der endlichen Teilmengen von* ω. Nehmen wir an, wir hätten alle endlichen Teilmengen von ω mit zwei Farben gefärbt. Finden wir dann immer eine unendliche Teilmenge $I \subseteq \omega$, sodass alle endlichen Teilmengen von I dieselbe Farbe haben? Die Antwort ist nein, denn zum Beispiel finden wir für die Färbung

$$\pi(x) := \begin{cases} 0 & \text{falls } |x| \text{ gerade ist,} \\ 1 & \text{sonst,} \end{cases}$$

offensichtlich keine solche unendliche Teilmenge $I \subseteq \omega$.

Wir können die Frage auch etwas abschwächen: Finden wir immer eine unendliche Teilmenge $I \subseteq \omega$, sodass für jedes $n \in \omega$ die Menge $[I]^n$ monochromatisch ist? Auch in diesem Falle ist die Antwort nein, denn für die Färbung

$$\pi(x) := \begin{cases} 0 & \text{falls } |x| > \min(x), \\ 1 & \text{sonst,} \end{cases}$$

ist für jede unendliche Teilmenge $I \subseteq \omega$ mit $n := \min(I)$ die Menge $[I]^{n+1}$ dichromatisch (d.h. zweifarbig).

(2) *2-Färbungen der unendlichen Teilmengen von ω.* Nehmen wir an, wir hätten alle unendlichen Teilmengen von ω mit zwei Farben gefärbt. Finden wir dann immer eine unendliche Teilmenge $I \subseteq \omega$, sodass alle unendlichen Teilmengen von I dieselbe Farbe haben? Auch hier ist die Antwort nein, allerdings brauchen wir das Auswahlaxioms um ein Gegenbeispiel einer 2-Färbung zu konstruieren (eine abgeschwächte Version des Auswahlaxioms würde auch genügen, aber ganz ohne ein nicht-triviales Auswahlprinzip geht es nicht). Zuerst definieren wir auf der Menge $[\omega]^\omega$ der unendlichen Teilmengen von ω eine Äquivalenzrelation wir folgt: Für $x, y \in [\omega]^\omega$ sei

$$x \sim y \quad \Longleftrightarrow \quad x \bigtriangleup y \text{ ist endlich}$$

wobei $x \bigtriangleup y := (x \setminus y) \cup (y \setminus x)$ die *symmetrische Differenz* von x und y bezeichnet. Es ist leicht einzusehen, dass "$\sim$" eine Äquivalenzrelation auf der Menge $[\omega]^\omega$ ist. Mit dem Auswahlaxiom wählen wir nun aus jeder Äquivalenzklasse

$$[x] := \big\{ y \in [\omega]^\omega \mid x \sim y \big\}$$

einen Repräsentanten $r_x \in [x]$ aus (hier kommt das Auswahlaxiom ins Spiel!) und sei $\mathscr{A} := \{ r_x \mid x \in [\omega]^\omega \}$ die Menge aller Repräsentanten. Man beachte, dass die Menge $\mathscr{A}$ mit jeder Äquivalenzklasse genau ein Element gemeinsam hat. Nun färben wir eine unendliche Menge $x \in [\omega]^\omega$ blau, falls $|x \bigtriangleup r_x|$ gerade ist; sonst färben wir x rot. Weil nun zwei Mengen $x, y \in [\omega]^\omega$ mit einer endlichen symmetrischen Differenz immer äquivalent sind, enthält jede unendliche Teilmenge $I \subseteq \omega$ immer sowohl rot wie auch blau gefärbte unendliche Teilmengen, und somit hat I nicht die gewünschten Eigenschaften.

(3) *Der Satz von Ramsey für beliebige unendliche Mengen.* Anstelle der 2-elementigen Teilmengen von ω könnten wir auch die 2-elementigen Teilmengen einer beliebigen unendlichen Menge X mit endlich vielen Farben färben und fragen, ob es immer eine homogene unendliche Teilmenge $Y \subseteq X$ gibt. Hier ist die Situation umgekehrt als im vorherigen Beispiel: Mit Hilfe des Auswahlaxioms lässt sich zeigen, dass dies immer der Fall ist. Andererseits gibt es Modelle der Mengenlehre in denen es eine unendliche Menge X und eine Färbung $\pi : [X]^2 \to 2$ gibt, aber keine unendlichen homogenen Teilmengen $Y \subseteq X$ existieren. Solch ein Modell ist zum Beispiel das Zweite Fraenkelsche

Modell $\mathcal{V}_{F_2}$: Sei $X = \bigcup_{n \in \omega} P_n$ die Menge der Atome von $\mathcal{V}_{F_2}$ und sei die 2-Färbung $\pi : [X]^2 \to 2$ definiert durch

$$\pi(\{x, y\}) := \begin{cases} 0 & \text{falls } \{x, y\} = P_n \text{ für ein } n \in \omega, \\ 1 & \text{sonst.} \end{cases}$$

Dann lässt sich mit ähnlichen Argumenten wie in Aufgabe 13.15 zeigen, dass in $\mathcal{V}_{F_2}$ keine unendliche homogene Menge existiert.

Kapitel 15
Spiele und Gewinnstrategien

„Gott ist ein Kind, und als er zu spielen begann, trieb er Mathematik. Sie ist die göttlichste Spielerei unter den Menschen."

(V. Erath)

15.1 Endliche Spiele

In diesem Abschnitt geht es um *unendliche Spiele*; aber als Einstieg befassen wir uns mit endlichen Spielen. Doch wie kann man ein Spiel wie beispielsweise Schach mathematisch beschreiben? Wir treffen hier einige Annahmen:

1. Am Spiel nehmen genau zwei Spieler:innen teil: zum Beispiel Alice und Bob.

2. Alice und Bob verfügen über *vollständige Information*, d.h. es gibt beispielsweise keine verdeckten Karten, die das Gegenüber nicht sieht.

3. Das Spiel enthält keine Zufallselemente, d.h. es darf beispielsweise nicht gewürfelt werden.

4. Alice und Bob spielen abwechslungsweise ihren Spielzug, d.h. beispielsweise ist Schere-Stein-Papier damit ausgeschlossen.

5. Bei jedem Spiel gewinnt entweder Alice oder Bob, d.h. es gibt kein Unentschieden.

Eine *Strategie* für Alice (Bob) ist eine Funktion, die jedem Spielstand bei dem Alice (Bob) am Zug ist, einen Spielzug für Alice (Bob) zuordnet. Führt eine Strategie für Alice (Bob) unabhängig von der Spielweise von Bob (Alice) zu einem Gewinn für Alice (Bob), so wird sie als *Gewinnstrategie* für Alice (Bob) bezeichnet.

Eines der bekanntesten mathematischen Spiele ist das *Nim-Spiel*. Davon gibt es viele Varianten. Eine der einfachsten ist die folgende (genannt *Subtraktionsspiel*):

Aufgabe 15.1 Gegeben ist ein Haufen mit n Streichhölzern mit $n > 1$. Für ein festes m mit $2 \leq m < n$, sollen in jedem Zug zwischen 1 und m Streichhölzer vom Haufen entfernt werden. Wer das letzte Streichholz entfernt, hat gewonnen. Wer gewinnt das Spiel (in Abhängigkeit von n und m), wenn beide Spieler:innen perfekt spielen?

Die Spielregeln des klassischen *Nim-Spiel* lauten folgendermaßen: Gegeben ist eine endliche Anzahl Haufen von Streichhölzern. In jedem Zug darf eine beliebige Anzahl Streichhölzer *desselben* Haufens entfernt werden. Wer das letzte Streichholz entfernt, hat gewonnen. Um die Frage nach einer Gewinnstrategie für eine:n der Spieler:innen zu beantworten, benötigen wir die sogenannte *XOR-Operation* $\oplus$ (auch *exklusives ODER* genannt) von Binärzahlen, d.h. Zahlen im Binärsystem. Es gelte

$$0 \oplus 0 = 1 \oplus 1 = 0 \quad \text{und} \quad 0 \oplus 1 = 1 \oplus 0 = 1.$$

Sind zwei oder mehr Binärzahlen gegeben, so können wir $\oplus$ auch auf jedes Bit (d.h. jede Stelle) der Binärzahlen einzeln anwenden. Auch diese Operation bezeichnen wir mit $\oplus$; d.h. $\oplus$ entspricht einfach der Addition der einzelnen Bits der Binärzahlen ohne Übertrag.

Zum Beispiel ist $1011001 \oplus 1110 \oplus 10101 = 1000110$, was sich leicht überprüfen lässt:

$$
\begin{array}{c}
1\ 0\ 1\ 1\ 1\ 0\ 1 \\
0\ 0\ 0\ 1\ 1\ 1\ 0 \\
0\ 0\ 1\ 0\ 1\ 0\ 1 \\
\hline
1\ 0\ 0\ 0\ 1\ 1\ 0
\end{array}
$$

Theorem 15.2 (Satz von Bouton) *Stellt man in der Anfangsposition die Anzahl Streichhölzer in jedem Haufen als Binärzahl dar und addiert die Binärzahlen mithilfe von $\oplus$, so hat Alice eine Gewinnstrategie, falls diese Summe nicht nur aus Nullen besteht und sonst hat Bob eine Gewinnstrategie.*

Beweis Für den Beweis führen wir die Begriffe „Gewinnposition" (Spieler:in am Zug hat eine Gewinnstrategie) und „Verlierposition" (Gegenspieler:in hat eine Gewinnstrategie): Zuerst stellt man die Anzahl Streichhölzer in jedem Haufen als Binärzahl dar und addiert die Binärzahlen mithilfe von $\oplus$. Eine *Gewinnposition* für die Person, welche am Zug ist, ist eine Position, bei der diese Summe nicht nur aus Nullen besteht, andernfalls ist die Position eine *Verlierposition*. Wir zeigen:

(1) Eine Gewinnposition für Alice (Bob) kann durch Alice (Bob) immer in eine Verlierposition für Bob (Alice) überführt werden.

(2) Eine Verlierposition für Alice (Bob) wird durch Alice (Bob) immer in eine Gewinnposition für Bob (Alice) überführt.

Weil die Position, nachdem das letzte Streichholz entfernt wurde, eine Verlierposition ist, folgt: Wenn die Ausgangsposition eine Gewinnposition für Alice ist, wobei Alice mit dem Spiel beginnt, gewinnt Alice Spiel, sonst gewinnt Bob (wenn Alice bzw. Bob perfekt spielt).

Aussage (1) gilt offensichtlich, denn enthält die Summe mindestens eine 1, so kann man eine Binärzahlen wählen, die dort eine 1 hat, wo die vorderste 1 in der Summe steht. Dann vertauscht man bei dieser Zahl überall, wo in der Summe eine 1 steht, Nullen und Einsen, d.h. man ersetzt die Anzahl Streichhölzer im entsprechenden Haufen durch den Wert der neuen Binärzahl.

Für Aussage (2) nehmen wir an, dass die Summe nur aus Nullen besteht. Da nur von einem Haufen Streichhölzer entfernt werden dürfen, können sich nur die Ziffern einer einzigen Binärzahl ändern. Jede Änderung einer Ziffer führt zur Ersetzung einer 0 durch eine 1 in der Summe. □

Bemerkung 15.3 Ein besonders einfacher Spezialfall des Nim-Spiels ist der folgende: Gegeben sind zwei Haufen von Streichhölzern und Alice und Bob dürfen eine beliebige Anzahl Streichhölzer desselben Haufens entfernen. Wer gewinnt?

- Sind die beiden Haufen gleich groß, so gewinnt Bob (wenn Alice beginnt) aufgrund eines *Symmetriearguments*: Entfernt Alice n Streichhölzer von einem der Haufen, so entfernt Bob n Streichhölzer vom anderen Haufen. Daher sind beide Haufen immer gleich groß, wenn Alice am Zug ist, und damit gewinnt Bob.
- Sind die beiden Haufen verschieden groß, so gewinnt Alice, da sie so viele Streichhölzer vom größeren Haufen entfernt, dass nachher beide Haufen gleich groß sind. Ab dann kann sie dieselbe Strategie verwenden wie Bob vorher.

Diese Strategie, bei welcher der Vorgängerzug kopiert wird, nennt man auch *Spielbildstrategie*. Diese wird auch in Kapitel 17 wieder in Erscheinung treten.

Aufgabe 15.4 Für jedes Spiel kann man auch eine sogenannte *Misère-Variante* betrachten, bei der diejenige Person verliert, die den letzten Zug macht. Geben Sie eine Gewinnstrategie für die Misère-Varinate des Nim-Spiels an.

Aufgabe 15.5 Beim *Fibonacci-Nim-Spiel* entnehmen Alice und Bob abwechselnd Streichhölzer von einem Stapel. Beim ersten Zug dürfen nicht alle Streichhölzer entnommen werden. In jedem folgenden Zug kann die

Anzahl entnommener Streichhölzer höchstens zweimal so hoch sein wie im vorangehenden Zug. Derjenige, der das letzte Streichholz nimmt, hat gewonnen. Eine Gewinnstrategie bei diesem Spiel verwendet die *Fibonacci-Darstellung* einer natürlichen Zahl. Der Satz von Zeckendorf[a] besagt Folgendes: Jede natürliche Zahl $n \in \omega \setminus \{0\}$ lässt sich *eindeutig* darstellen als Summe

$$n = \sum_{i=2}^{k} n_i F_i \quad \text{mit } n_i \in \{0, 1\}$$

und $n_i \cdot n_{i+1} = 0$ (d.h. zwei aufeinanderfolgende Ziffern können nicht beide 1 sein). Man schreibt dann $n = (n_k \ldots n_2)_F$ und bezeichnet dies als *Fibonacci-Darstellung* von n.

(a) Geben Sie die Fibonacci-Darstellung der Zahlen 54 und 120 an.

(b) Zeigen Sie:

$$\sum_{k=1}^{n} F_{2k} = F_{2n+1} - 1, \quad \sum_{k=1}^{n} F_{2k-1} = F_{2n}$$

(c) Beweisen Sie, dass jede natürliche Zahl $n \in \omega \setminus \{0\}$ eine Fibonacci-Darstellung besitzt.

(d) Zeigen Sie, dass die Fibonacci-Darstellung eindeutig ist.

(e) Zeigen Sie, dass die folgende Strategie (sofern sie angewendet werden kann) eine Gewinnstrategie ist: Man entfernt bei gegebenen n Streichhölzern immer diejenige Anzahl von Streichhölzer, die der kleinsten Fibonacci-Zahl entspricht, die in der Fibonacci-Darstellung von n vorkommt.[b]

---

[a] nach dem belgischen Amateurmathematiker Edouard Zeckendorf, 1901–1983

[b] Ob die Strategie angewendet werden kann, hängt von der gegebenen Anzahl Streichhölzern ab. Jedoch kann immer einer der beiden Spieler:innen diese Strategie anwenden.

Eine weitere wichtige Strategie ist der sogenannte *Strategienklau*. Dazu betrachten wir das folgende Beispiel:

Beispiel 15.6 Wir nehmen an, dass Alice gleichzeitig gegen die beiden Top-Schachspieler Magnus Carlsen (Alice spielt Weiß) und Jan Nepomnjaschtschi (Alice spielt Schwarz) spielen. Was ist das beste Ergebnis, das Alice erzielen kann, falls sie über keine besonderen Schachkenntnisse verfügt?

Die Idee ist die folgende: Alice wartet, bis Nepomnjaschtschi den ersten Zug macht, kopiert diesen Zug daraufhin im Spiel gegen Carlsen, verwendet anschließend dessen Zug als Reaktion auf Nepomnaschtschi usw. Dies ergibt also folgende zwei Spielverläufe, wobei wir Spielzüge durch natürliche Zahlen kodieren (dies ist möglich, da es ja nur endlich viele Möglichkeiten gibt):

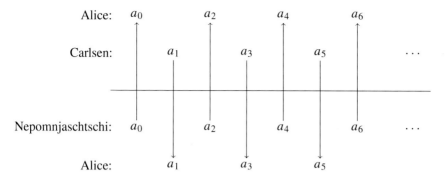

Nun gibt es drei Fälle:

1. Fall: Carlsen besiegt Alice. Da aber beide Spiele (mit vertauschter Rolle) genau gleich verlaufen, besiegt Alice dann Nepomnjaschtschi.

2. Fall: Das Spiel zwischen Carlsen und Alice endet Unentschieden. Dann endet auch das zweite Spiel Unentschieden.

3. Fall: Alice besiegt Carlsen. Dann verliert sie gegen Nepomnjaschtschi.

Insgesamt kann Alice also auf jeden Fall ein Spiel gewinnen oder zwei Unentschieden erzwingen – und das ohne jegliche Schachkenntnisse!

Neben den Nim-Spielen und ihren Varianten sind beispielsweise auch Tic-Tac-Toe und Schach Beispiele für endliche Spiele mit vollständiger Information. Dabei muss man aber das Unentschieden als Sieg entweder für Alice oder für Bob umdefinieren. Beim Tic-Tac-Toe gewinnt bei perfektem Spiel immer derjenige Spieler bzw. diejenige Spielerin, bei dem ein Unentschieden als Sieg gewertet wird, da ein Unentschieden immer erzwungen werden kann.

Wir möchten nun zeigen, dass sich alle Spiele in einem einfachen Setting darstellen lassen: Zwei Spieler wählen abwechselnd eine natürliche Zahl.

$$\text{Alice:} \quad x_0 \quad x_1 \quad x_1 \qquad x_{N-1}$$
$$\cdots$$
$$\text{Bob:} \quad\quad y_0 \quad y_1 \quad y_2 \qquad\quad y_{N-1}$$

Da das Spiel endlich ist, gibt es einen letzten Spielzug y_{N-1}; dabei ist N die Länge des Spiels. Insgesamt ergibt sich dann eine endliche Zahlenfolge $z = (x_0, y_0, \ldots, x_{N-1}, y_{N-1}) \in {}^{2N}\omega$. Für jedes Spiel wird eine Menge A von endlichen Zahlenfolgen der Länge $2N$ festgelegt. Wenn $z \in A$, so gewinnt Alice und im Falle $z \notin A$ gewinnt Bob. Dieses Setting wirkt auf den ersten Blick nicht geeignet, um alle gewünschten Zweipersonenspiele zu erfassen:

• Spiele können in der Praxis zwar oft unterschiedlich lange dauern, aber bei einem endlichen Spiel muss eine maximale Spieldauer festgelegt werden und bei Spielen, die schneller enden, kann man beispielsweise einfach Nullen hinzufügen.

• Bei vielen Spielen wie Schach oder Tic-Tac-Toe kann das Spiel auch unentschieden enden. In diesem Falle muss man ein Unentschieden als Sieg beispielsweise für Alice werten.

- Wie kann man ein Spiel wie beispielsweise Schach als Wahl von natürlichen Zahlen auffassen? Dies zum geht zum Beispiel wie folgt: Das Schachbrett besteht aus 64 Feldern und es gibt 32 Schachfiguren. Also gibt es im Schach maximal 32^{64} verschiedene Positionen[1], denn auf jedem Feld kann eine der 32 Figuren oder auch keine Figur stehen. Also kann jede Position als natürliche Zahl codiert werden. Analog geht dies auch bei den anderen bisher betrachteten Spielen.
- In einem Spiel gibt es üblicherweise Regeln, die festlegen, welche Spielzüge erlaubt sind, beispielsweise dürfen im Schach Läufer nur diagonal ziehen. Wie kann dies in unserem Modell erfasst werden? Dazu wählt man einfach die Menge A so, dass man bei nicht regelkonformen Zügen automatisch verliert.

Im Folgenden werden wir dieses Modell verallgemeinern, um auch *unendliche Spiele* zu erfassen.

Aufgabe 15.7 Wie kann man das Spiel Tic-Tac-Toe in diesem Modell formalisieren? Wie wählt man die Menge A? Welche Strategien besitzen die Spieler?

Bemerkung 15.8 Manchmal kann man ein Spiel in ein bereits bekanntes Spiel „übersetzen": Beim Spiel *3-zu-15* gibt es neun (unverdeckte) Karten, die mit den Zahlen 1 bis 9 beschriftet sind. Alice und Bob ziehen abwechselnd eine Karte. Die erste Person, die drei Karten gezogen hat, deren Summe 15 ist, gewinnt. Es lässt sich leicht zeigen, dass dieses Spiel nur eine andere Darstellung von Tic-Tac-Toe ist. Dazu konstruieren wir eine *Magisches Quadrat*, dessen Summe von Zeilen-, Spalten- und Diagonaleneinträge jeweils 15 ergibt, z.B. das folgende:

$$
\begin{array}{|c|c|c|}
\hline
4 & 9 & 2 \\
\hline
3 & 5 & 7 \\
\hline
8 & 1 & 6 \\
\hline
\end{array}
$$

Es gilt: Die Summe dreier Zahlen ergibt genau dann 15, wenn sie in derselben Zeile, Spalte oder Diagonale des magischen Quadrats vorkommen. Damit kann man das Spiel genau gleich wie Tic-Tac-Toe spielen und das Spiel endet Unentschieden, falls weder Alice noch Bob einen Fehler machen.

Aufgabe 15.9 Das *Northcott-Spiel* ist folgendermaßen definiert: Gegeben ist ein rechteckiges Spielfeld. In jeder Zeile befinden sich sowohl ein Kreuz (für Alice) und ein Kreis (für Bob). In einem Zug kann man einen Spielstein wahlweise nach rechts oder links bewegen, ohne über einen Spielstein des

---

[1] Da beispielsweise ein Läufer nur auf 32 Feldern stehen kann, und nicht zwei Figuren auf demselben Feld stehen können, ist die tatsächliche Anzahl deutlich geringer.

Gegenspielers zu überspringen. Wer sich nicht mehr bewegen kann, verliert. Zudem darf auf jedem Feld nur ein Spielstein stehen. Ein Spielfeld sieht beispielsweise wie folgt aus:

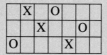

Finden Sie eine Gewinnstrategie für das Northcott-Spiel.

15.2 Unendliche Spiele

Wir wenden uns nun *unendlichen Spielen* mit vollständiger Information zu. Bei einem unendlichen Spiel wählen beide Spieler abwechselnd natürliche Zahlen, also Elemente aus ω (alternativ nur Nullen oder Einsen):

$$\text{Alice:} \qquad x_0 \quad x_1 \quad x_2$$
$$\cdots$$
$$\text{Bob:} \qquad y_0 \quad y_1 \quad y_2$$

Am Ende entsteht eine Folge $z = (x_0, y_0, x_1, y_1, x_2, y_2 \ldots) \in {}^{\omega}\omega$. Da sich (beispielsweise mithilfe der Kettenbruchdarstellung) eine Bijektion zwischen ${}^{\omega}\omega$ und $\mathbb{R}$ angeben lässt, wird eine solche Folge in der Mengenlehre als *reelle Zahl* aufgefasst; die Menge ${}^{\omega}\omega$ wird auch als *Baire-Raum* bezeichnet. Zu Beginn des Spiels wird nun eine Menge $A \subseteq {}^{\omega}\omega$ festgelegt. Falls $x \in A$, so gewinnt Alice; ansonsten gewinnt Bob. Das entsprechende Spiel wird als $\mathcal{G}_A$ bezeichnet. Wir führen jetzt ein paar hilfreiche Notationen ein:

Definition 15.10 Eine *Strategie für Alice* ist eine Funktion

$$\sigma : \bigcup_{n \in \omega} {}^{2n}\omega \to \omega.$$

Eine *Strategie für Bob* ist eine Funktion

$$\tau : \bigcup_{n \in \omega} {}^{2n+1}\omega \to \omega.$$

Also: Eine Strategie für Alice ist eine Funktion, die einer endlichen Zahlenfolge gerader Länge eine weitere natürliche Zahl (den nächsten Spielzug) zuordnet. Dabei kann man sich eine solche endliche Zahlenfolge der Länge $2n$ als Spielverlauf nach n Zügen beider Spieler vorstellen. Analog ist eine Strategie für Bob eine Funktion, die einer endlichen Zahlenfolge ungerader Länge eine natürliche Zahl zuordnet.

Definition 15.11 Sei σ eine Strategie für Alice. Für eine Zahlenfolge $y = (y_0, y_1, \ldots) \in {}^{\omega}\omega$ definiert man

$$\sigma * y := (x_0, y_0, x_1, y_1, \ldots),$$

wobei x_n folgendermaßen rekursiv definiert ist:

$$x_0 = \sigma(\emptyset)$$
$$x_{n+1} = \sigma(x_0, y_0, \ldots, x_n, y_n)$$

Analog definiert man für eine Strategie τ für Bob und eine Zahlenfolge $x = (x_0, x_1, \ldots) \in {}^{\omega}\omega$

$$x * \tau := (x_0, y_0, x_1, y_1, \ldots),$$

wobei y_n rekursiv folgendermaßen definiert ist:

$$y_0 = \sigma(x_0)$$
$$y_{n+1} = \sigma(x_0, y_0, \ldots, x_n, y_n, x_{n+1})$$

Man sagt, dass $\sigma * y$ ein *Spielverlauf gemäß* σ und $x * \tau$ ein *Spielverlauf gemäß* τ ist.

Ist $y \in {}^{\omega}\omega$ eine Folge von Zahlen, so ist $\sigma * y$ diejenige Zahlenfolge, die entsteht, wenn Alice immer die Strategie σ anwendet und Bob in seinem n-ten Zug jeweils die Zahl y_n wählt. Was ist nun eine *Gewinnstrategie*?

Definition 15.12 Sei $A \subseteq {}^{\omega}\omega$.

- Eine Strategie σ wird als *Gewinnstrategie für Alice* für das Spiel G_A bezeichnet, falls für jedes $y \in {}^{\omega}\omega$ gilt $\sigma * y \in A$.
- Eine Strategie τ wird als *Gewinnstrategie für Bob* für das Spiel G_A bezeichnet, falls für jedes $x \in {}^{\omega}\omega$ gilt $x * \tau \notin A$.

Beispiel 15.13 Wir betrachten ein einfaches Beispiel für ein solches Spiel: Alice und Bob spielen abwechselnd eine natürliche Zahl mit der Bedingung, dass die Zahl größer als die vorangehende sein muss. Wer diese Bedingung zuerst verletzt, verliert. Wird diese Bedingung nie verletzt, so gewinnt Bob. Wie kann man dieses Spiel in unserem Modell darstellen? Die Menge A gibt die Folgen an, bei denen Alice gewinnt. Also wählen wir

$$A = \big\{(x_0, y_0, x_1, y_1) \in {}^{\omega}\omega \mid \exists n \in \omega : y_n < x_n\big\}.$$

Wir betrachten nun ein paar einfache Beispiele für unendliche Spiele:

Aufgabe 15.14 Wer hat eine Gewinnstrategie für die folgenden Spiele $\mathcal{G}_A$, falls A eine der folgenden Mengen ist?

(a) die Menge aller periodischen Folgen
(b) die Menge aller Folgen, bei welchen jede natürliche Zahl mindestens einmal vorkommt
(c) die Menge aller Folgen, bei welchen jede natürliche Zahl unendlich oft vorkommt
(d) eine abzählbare Menge

Aufgabe 15.15 Beweisen Sie, dass Alice und Bob nicht beide gleichzeitig eine Gewinnstrategie besitzen können.

Eine naheliegende Frage, die man sich an dieser Stelle stellen sollte, ist, ob bei jedem Spiel entweder Alice oder Bob eine Gewinnstrategie besitzt. Dazu benötigen wir die folgende Definition:

Definition 15.16 Ein Spiel heißt *determiniert*, falls Alice oder Bob eine Gewinnstrategie besitzt. Eine Menge $A \subseteq {}^{\omega}\omega$ heißt *determiniert*, falls das Spiel $\mathcal{G}_A$ determiniert ist.

Alle in Aufgabe 15.14 aufgeführten Spiele sind determiniert. Die oben formulierte Frage lautet also, ob jedes Spiel determiniert ist. Wir möchten diese Frage zunächst für endliche Spiele beantworten. Man kann ein endliches Spiel auch als Spezialfall eines unendlichen Spiels auffassen, indem nach Ablauf der Spieldauer einfach nur noch Nullen gewählt werden.

Lemma 15.17 *Jedes endliche Spiel ist determiniert.*

Beweis Für den Beweis verwenden wir folgende logische Äquivalenzen:

$$\neg \forall x : \varphi \Leftrightarrow \exists x : \neg \varphi$$
$$\neg \exists x : \varphi \Leftrightarrow \forall x : \neg \varphi$$

Sei $2N$ die Länge des Spiels und A eine Menge von Folgen der Länge $2N$. Wir nehmen an, dass Alice keine Gewinnstrategie für das Spiel $\mathcal{G}_A$ besitzt und zeigen, dass dann Bob eine Gewinnstrategie besitzt. Dass Alice eine Gewinnstrategie besitzt, bedeutet, dass Alice eine Zahl x_0 spielen kann, sodass, egal welche Zahl y_0 Bob wählt, Alice wieder eine passende Zahl x_1 spielen kann usw., sodass Alice das Spiel gewinnt. Führt man dieses Argument fort und drückt dies mit Quantoren aus, so erhält man:

$$\exists x_0 \forall y_0 \exists x_1 \forall y_1 \ldots \exists x_{N-1} \forall y_{N-1} : (x_0, y_0, \ldots, x_{N-1}, y_{N-1}) \in A$$

Nun haben wir aber angenommen, dass Alice keine Gewinnstrategie besitzt. Dazu wenden wir *endlich oft* die oben erwähnten logischen Äquivalenzen an:

$$\neg \exists x_0 \forall y_0 \exists x_1 \forall y_1 \ldots \exists x_{N-1} \forall y_{N-1} : (x_0, y_0, \ldots, x_{N-1}, y_{N-1}) \in A$$
$$\Leftrightarrow \quad \forall x_0 \neg \forall y_0 \exists x_1 \forall y_1 \ldots \exists x_{N-1} \forall y_{N-1} : (x_0, y_0, \ldots, x_{N-1}, y_{N-1}) \in A$$
$$\Leftrightarrow \quad \forall x_0 \exists y_0 \neg \exists x_1 \forall y_1 \ldots \exists x_{N-1} \forall y_{N-1} : (x_0, y_0, \ldots, x_{N-1}, y_{N-1}) \in A$$
$$\vdots$$
$$\Leftrightarrow \quad \forall x_0 \exists y_0 \forall x_1 \exists y_1 \ldots \forall x_{N-1} \neg \forall y_{N-1} : (x_0, y_0, \ldots, x_{N-1}, y_{N-1}) \in A$$
$$\Leftrightarrow \quad \forall x_0 \exists y_0 \forall x_1 \exists y_1 \ldots \forall x_{N-1} \exists y_{N-1} : (x_0, y_0, \ldots, x_{N-1}, y_{N-1}) \notin A$$

Das bedeutet aber, dass Bob eine Gewinnstrategie besitzt.   □

Man bemerke an dieser Stelle, dass sich das Argument nicht ohne Weiteres ins Unendliche übertragen lässt, da man dann die logischen Äquivalenzen unendlich oft anwenden müsste, was aber in der Prädikatenlogik erster Stufe nicht zulässig ist, da Beweise nur aus endlich vielen Schritten bestehen.

Korollar 15.18 (Zermelo, 1913) *Im Schach hat entweder Weiß eine Gewinnstrategie oder Schwarz hat eine Gewinnstrategie oder beide besitzen eine Strategie, um Unentschieden zu spielen.*

Beweis Um Lemma 15.17 anwenden zu können, müssen wir das Unentschieden als Sieg für einen der beiden Spieler werten. Dazu betrachten wir zwei Varianten vom Schach:

1. *Weißes Schach:* Ein Unentschieden wird als Gewinn für Weiß gewertet.
2. *Schwarzes Schach:* Ein Unentschieden wird als Gewinn für Schwarz gewertet.

Gemäß Lemma 15.17 sind beide Spiele determiniert. Also gibt es vier Kombinationsmöglichkeiten für die Verteilung der Gewinnstrategien:

1. Fall: Weiß hat eine Gewinnstrategie für beide Spiele. Das bedeutet, dass Weiß insgesamt eine Gewinnstrategie für Schach besitzt.
2. Fall: Schwarz hat eine Gewinnstrategie für beide Spiele. Dann hat Schwarz eine Gewinnstrategie für Schach.

3. Fall: Weiß hat eine Gewinnstrategie für das Weiße Schach und Schwarz hat eine Gewinnstrategie für das Schwarze Schach. Das kann nur dann eintreten, wenn beide Spieler eine Strategie besitzen, um im Schach ein Unentschieden zu erzwingen.

4. Fall: Schwarz hat eine Gewinnstrategie für das Weiße Schach und Weiß hat eine Gewinnstrategie für das Schwarze Schach. Das würde aber bedeuten, dass sowohl Schwarz als auch Weiß eine Gewinnstrategie fürs Schach haben, was aber nicht möglich ist. Also kann dieser Fall nie eintreten. □

15.3 Determiniertheit offener Mengen

Wir möchten nun ein allgemeines Resultat beweisen, das uns eine Gewinnstrategie direkt für viele Spiele liefert. Dazu führen wir eine *Topologie* auf dem Baire-Raum $^{\omega}\omega$ ein:

Definition 15.19 Eine Menge $A \subseteq {}^{\omega}\omega$ heißt

- *offen*, falls es für jedes $x \in A$ eine endliche Folge $s \in {}^{<\omega}\omega$ von natürlichen Zahlen gibt mit $x \in I_s \subseteq A$, wobei

$$I_s := \big\{ y \in {}^{\omega}\omega \mid s \subseteq y \big\}.$$

- *abgeschlossen*, falls ihr Komplement offen ist.

Zur Erinnerung: Formal sind Folgen x von natürlichen Zahlen Menge von Paaren der Form (k, x_k), d.h. I_s ist die Menge aller Folgen, die mit der endlichen Folge s beginnen. Eine Menge der Form I_s mit $x \in I_s$ wird als *Umgebung* von x bezeichnet.

Beispiel 15.20 Man kann sich I_s tatsächlich wie ein Intervall vorstellen: Stellt man sich $^{\omega}\omega$ als Menge aller reellen Zahlen vor und die Folgen in $^{\omega}\omega$ als Dezimalbruchdarstellungen[2], dann gibt beispielsweise das Intervall $[x, y]$ für $x = 2,35$ und $y = 2,36$ auch die ersten paar Ziffern in der Dezimalbruchdarstellung an, nämlich 2 als Vorkommastelle, 3 als erste Nachkommastelle und 5 als zweite Nachkommastelle. In $^{\omega}\omega$ kann man sich das analog vorstellen wie das Intervall I_s für $s = \{(0, 2), (1, 3), (2, 5)\}$. Die Bedingung „$s \subseteq x$" bedeutet einfach, dass s ein Anfangsabschnitt von x, also eine endliche Teilfolge von x ist.

Wir benötigen noch einige weitere Notationen für endliche Folgen:

---

[2] Da es hier nur um die intuitive Vorstellung geht, klammern wir die Problematik mehrfacher Darstellungen an dieser Stelle aus und wir beachten auch nicht, dass bei $^{\omega}\omega$ beliebige natürliche Zahlen statt Ziffern zugelassen sind.

Definition 15.21 Die Menge aller endlichen Folgen natürlicher Zahlen wird mit

$$^{<\omega}\omega := \bigcup_{n \in \omega} {}^n\omega$$

bezeichnet. Für zwei endliche Folgen $s = (s_0, \ldots, s_{m-1})$ und $t = (t_0, \ldots, t_{n-1})$ setzen wir

$$s \frown t = (x_0, \ldots, s_{m-1}, t_0, \ldots, t_{n-1}).$$

Zudem sagen wir, dass s und t *kompatibel* sind, falls $s \subseteq t$ oder $t \subseteq s$; andernfalls sind s und t *inkompatibel*.

Aufgabe 15.22 Beweisen Sie:

(a) Jede Vereinigung offener Mengen ist offen.
(b) Falls A und B offene Mengen sind, so ist auch $A \cap B$ offen.
(c) Jede Menge der Form I_s für eine endliche Folge s ist zugleich offen und abgeschlossen.[a]

Anmerkung: Dies zeigt – zusammen mit der Tatsache, dass $^{\omega}\omega$ offen ist – dass es sich um eine *Topologie* auf $^{\omega}\omega$ handelt.

---

[a] Eine solche Menge bezeichnet man auch als *abgeschloffene Menge*.

Unser nächstes Ziel ist es nun zu beweisen, dass alle *offenen Spiele*, d.h. Spiele G_A für eine offene Menge A, determiniert sind.

Theorem 15.23 (Satz von Gale-Stewart) *Jede offene Menge ist determiniert.*

Um diesen Satz zu beweisen, benötigen wir noch eine Notation: Für

$$s = (x_0, y_0, \ldots, x_{n-1}, y_{n-1}),$$

setzen wir

$$A_s := \{(x_n, y_n, \ldots) \in {}^{\omega}\omega \mid (x_0, y_0, \ldots, x_{n-1}, y_{n-1}, x_n, y_n, \ldots) \in A\},$$

d.h. s steht für den Anfang eines Spiels und A_s für alle nachfolgenden Spielzüge.

Beweis (von Theorem 15.23) Wir nehmen an, dass Alice keine Gewinnstrategie besitzt und zeigen, dass dann Bob eine Gewinnstrategie besitzt. Offensichtlich besitzt Alice dann keine Gewinnstrategie für das Spiel $\mathcal{G}_{A_\emptyset} = \mathcal{G}_A$. Zusätzlich zeigen wir: Für alle $s = (x_0, y_0, \ldots x_{n-1}, y_{n-1})$, sodass Alice keine Gewinnstrategie für $\mathcal{G}_{A_s}$ besitzt, so gibt es für jedes x_n ein y_n, sodass Alice auch für $\mathcal{G}_{A_t}$ keine Gewinnstrategie besitzt, wobei $t = (x_0, y_0, \ldots, x_{n-1}, y_{n-1}, x_n, y_n)$. Um dies zu zeigen, nehmen wir per Widerspruch an, dass s gegeben ist und es ein $x_n \in \omega$ gibt, sodass Alice für alle y_n eine Gewinnstrategie für $\mathcal{G}_{A_t}$ besitzt. Dann ist aber die Wahl von x_n zusammen mit dieser Strategie eine Gewinnstrategie für $\mathcal{G}_{A_s}$, ein Widerspruch.

Also kann Bob für gegebenen Spielposition $(x_0, y_0, \ldots, x_n)$ ein y_n finden, sodass Alice keine Gewinnstrategie fürs Spiel $\mathcal{G}_{A_{(x_0, y_0, \ldots, x_n, y_n)}}$ besitzt. Dies ist eine Gewinnstrategie für Bob: Falls nicht, so gibt es einen Spielverlauf $z = (x_0, y_0, \ldots)$, bei welchem Bob diese Strategie anwendet und dennoch Alice gewinnt, d.h. $z \in A$. Da A offen ist, gibt es eine endliche Folge $s = (x_0, y_0, \ldots, x_n, y_n)^3$ mit $z \in I_s \subseteq A$. Damit hat aber Alice offensichtlich eine Gewinnstrategie fürs Spiel A_s, ein Widerspruch. $\square$

Aufgabe 15.24 Zeigen Sie, dass auch jede abgeschlossene Menge determiniert ist.

Hinweis: Betrachten Sie für eine gegebene abgeschlossene Menge $A \subseteq {}^\omega\omega$ die Menge $B = \bigcup_{n \in \omega} A_n$ für

$$A_n = \{(n, x_0, x_1, \ldots) \in {}^\omega\omega \mid x = (x_0, x_1, \ldots) \in A\}$$

und zeigen Sie, dass B ebenfalls abgeschlossen ist.

15.4 Existenz nicht-determinierter Spiele

Bisher haben wir nur determinierte Mengen gesehen. Eine naheliegende Frage ist also die folgende: Sind alle Spiele determiniert? Die Antwort ist „Nein":

Theorem 15.25 *Es gibt Spiele, die nicht determiniert sind.*

Beweis Die Idee des Beweises ist, dass es gleich viele Strategien wie reelle Zahlen und damit weniger Strategien als Mengen reeller Zahlen gibt.

---

[3] Man kann ohne Beschränkung der Allgemeinheit annehmen, dass s gerade Länge hat, da man sonst s einfach um den nachfolgenden Spielzug von Bob verlängern kann.

Offensichtlich ist die Menge aller Strategien für Alice bzw. für Bob als Funktion einer abzählbar unendlichen Menge in eine abzählbar unendliche Menge gleichmächtig zu $^{\omega}\omega$ bzw. zu $\mathbb{R}$ und hat damit Kardinalität $2^{\aleph_0}$. Mit dem Wohlordnungssatz 10.23 können wir die Menge der Strategien wohlordnen als

$$\{\sigma_\alpha \mid \alpha < 2^{\aleph_0}\} \quad \text{und} \quad \{\tau_\alpha \mid \alpha < 2^{\aleph_0}\}.$$

Nun definieren wir folgendermaßen rekursiv zwei Zahlenfolgen $(a_\alpha)_{\alpha < 2^{\aleph_0}}$ und $(b_\alpha)_{\alpha < 2^{\aleph_0}}$:

- Wir wählen ein beliebiges $y \in {}^{\omega}\omega$ und definieren $a_0 := \sigma_0 * y$. Weiter definieren wir $b_0 := x * \tau_0$ für ein $x \in {}^{\omega}\omega$, sodass $b_0 \neq a_0$.
- Angenommen, a_β und b_β seien bereits definiert für alle $\beta < \alpha$, wobei $\alpha \in \Omega$ mit $\alpha < 2^{\aleph_0}$. Dann gilt

$$|\{a_\beta \mid \beta < \alpha\}|, \ |\{b_\beta \mid \beta < \alpha\}| < 2^{\aleph_0}.$$

Also gibt es ein $y \in {}^{\omega}\omega$ sodass für $a_\alpha := \sigma_\alpha * y$ gilt, $a_\alpha \notin \{b_\beta \mid \beta < \alpha\}$. Analog finden wir ein $b_\alpha := x * \tau_\alpha$ für ein $x \in {}^{\omega}\omega$ mit $b_\alpha \notin \{a_\beta \mid \beta \leq \alpha\}$.

Seien nun

$$A = \{a_\alpha \mid \alpha < 2^{\aleph_0}\} \quad \text{und} \quad B = \{b_\alpha \mid \alpha < 2^{\aleph_0}\}.$$

Nach Konstruktion gilt $A \cap B = \emptyset$. Wir zeigen nun, dass die Menge B nicht determiniert ist, d.h. weder Alice noch Bob hat eine Gewinnstrategie. Ist σ irgend eine Strategie von Alice, so ist $\sigma = \sigma_\alpha$ für ein $\alpha < 2^{\aleph_0}$. Dann kann der Spielverlauf $a_\alpha \in A$ mithilfe von $\sigma_\alpha * y$ für ein $y \in {}^{\omega}\omega$ erhalten werden, und da $a_\alpha \notin B$ ist σ_α keine Gewinnstrategie für Alice. Ist andererseits τ_α (für ein $\alpha < 2^{\aleph_0}$) eine Strategie für Bob, dann kann der Spielverlauf $b_\alpha \in B$ mithilfe von $x * \tau_\alpha$ für ein $x \in {}^{\omega}\omega$ erhalten werden und τ_α ist keine Gewinnstrategie für Bob, der ja nur gewinnt wenn $b_\alpha \notin B$. Somit hat weder Alice noch Bob eine Gewinnstrategie und die Menge B ist nicht determiniert. $\square$

Aber: Wir haben den Wohlordnungssatz und damit das Auswahlaxiom verwendet! Wir haben also gesehen, dass unter der Annahme des Auswahlaxioms nichtdeterminierte Spiele existieren. Der Beweis von Theorem 15.25 gibt aber wenig Aufschluss darüber, wie ein nicht-determiniertes Spiel konkret aussieht. Daher möchten wir nun noch ein Beispiel für ein solches Spiel angeben.

Definition 15.26 Seien $x, y \in {}^{\omega}\{0,1\}$ unendliche Binärfolgen. Dann bezeichnet man den *Hamming-Abstand* $\mathrm{hd}(x, y)$ von x und y als die Anzahl an $k \in \omega$, für die $x_k \neq y_k$ gilt, d.h.

$$\mathrm{hd}(x, y) := |\{k \in \omega \mid x_k \neq y_k\}|.$$

Eine *Flip-Funktion* ist eine Funktion $f : {}^\omega\{0, 1\} \to \{0, 1\}$, sodass für alle unendlichen Binärfolgen x und y gilt:

$$\mathrm{hd}(x, y) = 1 \Rightarrow f(x) \neq f(y)$$

In anderen Worten: Unterscheiden sich zwei unendliche Binärfolgen in genau einem Bit, so werden sie von einer Flip-Funktion auf unterschiedliche Werte abgebildet. Dass solche Funktionen existieren, kann mit dem Auswahlaxiom gezeigt werden:

Lemma 15.27 (AC) *Es gibt Flip-Funktionen.*

Beweis Für zwei unendliche Binärfolgen $x, y \in {}^\omega\{0, 1\}$ setzen wir

$$x \sim y : \iff \mathrm{hd}(x, y) < \aleph_0,$$

d.h. x und y unterscheiden sich in endlich vielen Bits. Dies ist offensichtlich eine Äquivalenzrelation. Wir wählen nun ein *Repräsentantensystem* dieser Äquivalenzrelation, d.h. wir wählen eine Menge C die aus jeder Äquivalenzklasse genau ein Element enthält (siehe Aufgabe 7.7). Sei $c(x) \in C$ das Element des Repräsentantensystems mit $x \sim c(x)$. Dann definiert

$$f(x) := \begin{cases} 0 & \text{falls } \mathrm{hd}\big(x, c(x)\big) \text{ gerade ist,} \\ 1 & \text{sonst,} \end{cases}$$

eine Flip-Funktion: Seien $x, y \in {}^\omega\{0, 1\}$ mit $\mathrm{hd}(x, y) = 1$. Dann gilt offensichtlich $x \sim y$ und damit $c(x) = c(y)$. Also gilt

$$f(x) = \mathrm{hd}(x, c(x)) \neq \mathrm{hd}(y, c(x)) = \mathrm{hd}(y, c(y)) = f(y).$$

Damit ist gezeigt, dass f eine Flip-Funktion ist. □

Aufgabe 15.28 Wie viele Flip-Funktionen gibt es? Bestimmen Sie die Mächtigkeit der Menge aller Flip-Funktionen und begründen Sie Ihre Antwort.

Hinweis: Bestimmen Sie $|C|$ für ein Repräsentantensystem von $\sim$ und konstruieren Sie für jedes $\alpha \in {}^C\{0, 1\}$ eine Flip-Funktion f_α.

Nachdem wir nun die Existenz von Flip-Funktionen gezeigt haben, können wir mithilfe dieser nicht-determinierte unendliche Spiele konstruieren:

Sei f eine Flip-Funktion und sei $\mathcal{G}_f$ das Spiel, bei dem Alice und Bob abwechselnd nichtleere endliche Binärfolgen $a_0, b_0, a_1, b_1 \ldots \in \bigcup_{n \in \omega \setminus \{0\}} {}^n\{0, 1\}$ spielen[4].

$$\text{Alice:} \quad a_0 \quad a_1 \quad a_2$$
$$\cdots$$
$$\text{Bob:} \quad b_0 \quad b_1 \quad b_2$$

Dann setzen wir

$$x = a_0 \frown b_0 \frown a_1 \frown b_1 \ldots,$$

wobei für endliche Binärfolgen $s = (s_1, \ldots, s_m)$ und $t = (t_1, \ldots, t_n)$,

$$s \frown t := (s_1, \ldots, s_m, t_1, \ldots, t_n)$$

die *Konkatenation* von s und t ist. Alice gewinnt das Spiel $\mathcal{G}_f$, falls $f(x) = 1$ gilt für $x = a_0 \frown b_0 \frown a_1 \frown b_1 \ldots$

Theorem 15.29 *Falls f eine Flip-Funktion ist, so ist das Spiel $\mathcal{G}_f$ nicht determiniert.*

Beweis Wir zeigen dass im Spiel $\mathcal{G}_f$ weder Alice noch Bob eine Gewinnstrategie besitzt. Für den Beweis werden wir das Strategienklau-Argument verwenden:

1. Fall: Bob spielt mit der Strategie τ. Wir konstruieren zwei Strategien σ_1 und σ_2 für Alice und zeigen, dass Alice Bob mit einer der beiden Strategien besiegt, wenn Bob mit seiner Strategie τ spielt, d.h. τ ist keine Gewinnstrategie für Bob. Alice beginnt mit $a_0 = \sigma_1(\emptyset) = (0)$. Nun antwortet Bob mit $\tau(a_0) = b_0$. Bei ihrer zweiten Strategie beginnt Alice mit $\sigma_2(\emptyset) = (1) \frown b_0$. Nun antwortet Bob mit $\tau((1) \frown b_0) = a_1$, sodass Alice bei ihrer ersten Strategie $a_1 = \sigma_1(a_0, b_0) = a_1$ spielen kann. Darauf erwidert Bob wieder mit $\tau(a_0, b_0, a_1) = b_1$ und Alice spielt im nächsten Schritt $\sigma_2((1) \frown b_0, a_1) = b_1$. Allgemein erhalten wir also rekursiv:

$$\sigma_1(\emptyset) = a_0 = (0)$$
$$\sigma_2(\emptyset) = (1) \frown \tau(a_0)$$
$$\sigma_2((1) \frown b_0, a_1, \ldots, b_{n-1}, a_n) = \tau(a_0, b_0, \ldots, b_{n-1}, a_n)$$
$$\sigma_1(a_0, b_0, \ldots, a_n, b_n) = \tau((1) \frown b_0, a_1, \ldots, a_n, b_n)$$

Dies lässt sich auch folgendermaßen visualisieren:

---

[4] Da es eine Bijektion zwischen der Menge aller endlichen Binärfolgen und ω gibt, lässt sich dieses Spiel in unserem üblichen Setting darstellen.

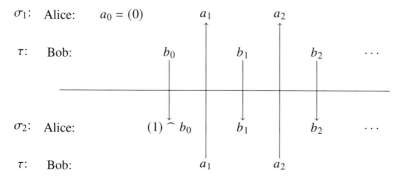

Beim ersten Spielverlauf entsteht die unendliche Binärfolge x und beim zweiten entsteht die Folge y, wobei

$$x = (0) \frown b_0 \frown a_1 \frown b_1 \frown a_2 \frown b_2 \frown \ldots$$
$$y = (1) \frown b_0 \frown a_1 \frown b_1 \frown a_2 \frown b_2 \frown \ldots,$$

woraus $\mathrm{hd}(x, y) = 1$ und damit $f(x) \neq f(y)$ folgt. Daher gilt entweder $f(x) = 1$ oder $f(y) = 1$, was bedeutet, dass Alice einen der beiden Spielverläufe gewinnt. Somit ist τ keine Gewinnstrategie für Bob.

2. Fall: Alice spielt mit der Strategie σ. Analog wie im ersten Fall konstruieren wir zwei Strategien für Bob, sodass Bob mit einer der Strategien Alice besiegen kann, wenn sie mit der Strategie σ spielt. Hier verzichten wir auf einen ausführlichen Beweis und stellen die Strategien lediglich graphisch dar:

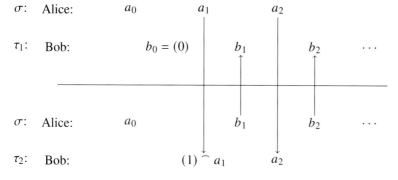

Kapitel 16
Determiniertheit unendlicher Spiele

„Ursprung aller Dinge ist das Unendliche."

(Anaximander)

16.1 Das Axiom der Determiniertheit

Einerseits haben wir in Lemma 15.17 gezeigt, dass alle endlichen Spiele determiniert sind. Wir haben aber andererseits Theorem 15.25 bewiesen, dass es nicht-determinierte Spiele gibt. Dabei haben wir allerdings das Auswahlaxiom verwendet. Verzichtet man auf das Auswahlaxiom, so kann man stattdessen das folgende Axiom (oder eine schwächere Form davon) verwenden:

> **Definition 16.1** Das *Axiom der Determiniertheit* AD besagt: Jede Menge $A \subseteq {}^{\omega}\omega$ ist determiniert.

Aus dem Axiom der Determiniertheit folgt insbesondere, dass jede Menge messbar ist! Es gilt also: Das Auswahlaxiom und das Axiom der Determiniertheit können nicht gleichzeitig erfüllt sein.

Wie kann man sich AD vorstellen? Wie bei endlichen Spielen gilt:

- Alice hat eine Gewinnstrategie, falls gilt:

$$\exists x_0 \forall y_0 \exists x_1 \forall y_1 \ldots : (x_0, y_0, x_1, y_1, \ldots) \in A$$

- Bob hat eine Gewinnstrategie, falls gilt:

$$\forall x_0 \exists y_0 \forall x_1 \exists y_1 \ldots : (x_0, y_0, x_1, y_1, \ldots) \notin A$$

© Der/die Autor(en), exklusiv lizenziert an
Springer-Verlag GmbH, DE, ein Teil von Springer Nature 2023
L. Halbeisen und R. Krapf, *Eine Entdeckungsreise in die Welt des Unendlichen*, https://doi.org/10.1007/978-3-662-68094-0_16

Das Axiom der Determiniertheit entspricht dann einer Art logischen Umformung einer unendlichen Aussage:

$$\neg\exists x_0 \forall y_0 \exists x_1 \forall y_1 \ldots : (x_0, y_0, x_1, y_1, \ldots) \in A \Leftrightarrow$$

$$\forall x_0 \exists y_0 \forall x_1 \exists y_1 \ldots : (x_0, y_0, x_1, y_1, \ldots) \notin A$$

Das heißt, Alice hat nur dann *keine* Gewinnstrategie wenn Bob eine Gewinnstrategie hat. Aus Theorem 15.25 folgt, dass sich das Auswahlaxiom und das Axiom der Determiniertheit gegenseitig ausschließen. Aber bedeutet das auch, dass in einem Modell von AD gar keine Auswahlprinzipien erfüllt sind? Tatsächlich ist dies nicht der Fall, wie das folgende Lemma zeigt:

Lemma 16.2 *Aus AD folgt, dass jede abzählbare Menge nichtleerer Mengen reeller Zahlen eine Auswahlfunktion besitzt.*

Beweis Sei $\{A_n \mid n \in \omega\}$ eine abzählbare Menge nichtleerer Teilmengen von ${}^\omega\omega$, wobei wir wie üblich ${}^\omega\omega$ mit $\mathbb{R}$ identifizieren. Nun betrachten wir das folgende Spiel: Alice spielt $x = (x_0, x_1, x_2, \ldots)$ und Bob spielt $y = (y_0, y_1, y_2, \ldots)$, wobei wir festlegen, dass Bob genau dann gewinnt, wenn $y \in A_{x_0}$. Alice hat keine Gewinnstrategie, da für jede Wahl $n = x_0$ die Menge A_n nichtleer ist und somit Bob gewinnen kann. Nach Annahme ist dieses Spiel determiniert, weswegen Bob eine Gewinnstrategie τ haben muss. Nun können wir eine Auswahlfunktion auf $\{A_n \mid n \in \omega\}$ wie folgt definieren:

$$f(A_n) := (y_0^n, y_1^n, y_2^n, y_3^n, \ldots)$$

wobei y_i^n die Züge von Bob im Spiel $\tau * (n, 0, 0, \ldots)$ sind. Da τ eine Gewinnstrategie für Bob ist, gilt wie gewünscht $f(A_n) \in A_n$. □

Wir geben noch eine Anwendung des Axioms der Determiniertheit an:

Lemma 16.3 (AD) *Es gibt keine Flip-Funktionen.*

Beweis Gäbe es eine Flip-Funktion, so gäbe es auch das Spiel $\mathcal{G}_f$. Mit AD wäre dann $\mathcal{G}_f$ determiniert, was aber Theorem 15.29 widerspricht. □

Aufgabe 16.4 Wir haben gesehen, dass das Auswahlaxiom AC und das Determiniertheitsaxiom AD sich gegenseitig widersprechen. Allerdings impliziert AD schwächere Formen des Auswahlaxioms. Zeigen Sie: Unter AD gibt es keine unendlichen Dedekind-endlichen Mengen.

Hinweis: Betrachten Sie dazu für eine Menge A das Spiel, bei dem Alice und Bob abwechselnd Elemente von $A \cup \{*\}$ spielen (für $* \notin A$), wobei die erste Person, die $*$ wählt, verliert.

16.2 Die Perfekte-Teilmengen-Eigenschaft

In diesem Abschnitt beweisen wir eine Folgerung aus dem Axiom der Determiniertheit, nämlich die sogenannte *Perfekte-Teilmengen-Eigenschaft*. Dazu benötigen wir zunächst ein paar Begriffe:

Definition 16.5 Sei $A \subseteq {}^{\omega}\omega$ eine Menge. Ein *isolierter Punkt* von A ist ein Punkt $x \in A$, sodass es eine Umgebung I_s von x gibt mit $I_s \cap A = \{x\}$. Ein Punkt $x \in {}^{\omega}\omega$ ist ein *Häufungspunkt* von A, falls für jede Umgebung I_s von x gilt $(I_s \setminus \{x\}) \cap A \neq \emptyset$. Man setzt

$$A' := \{x \in {}^{\omega}\omega \mid x \text{ ist ein Häufungspunkt von } A\}$$

und bezeichnet A' als *Ableitung* von A.
   Eine Menge A heißt *perfekt*, falls sie abgeschlossen ist und keine isolierten Punkte besitzt.

Bemerkung 16.6 Ist $A \subseteq {}^{\omega}\omega$ eine abgeschlossene Menge, so ist $A' \subseteq A$.

Beweis Sei $A \subseteq {}^{\omega}\omega$ eine abgeschlossene Menge und sei x ein Häufungspunkt von A. Sei $O := {}^{\omega}\omega \setminus A$. Wir nehmen per Widerspruch an, dass $x \in O$ gilt. Dann ist O offen und es gibt eine Umgebung I von x mit $I \subseteq O$. Andererseits gilt aber $(I \setminus \{x\}) \cap A \neq \emptyset$, ein Widerspruch.   □

Eine wichtige Charakterisierung perfekter Mengen ist die folgende:

Aufgabe 16.7 Ein Baum $(T, \subseteq)$ mit $T \subseteq {}^{<\omega}\omega$ wird als *perfekt* bezeichnet, falls jeder Knoten $t \in T$ zwei unvergleichbare Nachfolger besitzt, d.h. es gibt zwei Knoten $s_1, s_2 \in T$ mit $t < s_1$ und $t < s_2$, aber $s_1 \not\leq s_2$ und $s_2 \not\leq s_1$. Man schreibt dann auch $s_1 \perp s_2$. Sei $[T]$ die Menge aller Äste von T. Beweisen Sie: Eine Menge A ist genau dann perfekt, wenn es einen perfekten Baum T gibt mit $[T] = A$.

Hinweis: Ein Ast ist laut Definition 7.9 ein maximaler Pfad, d.h. eine maximale linear geordnete Teilmenge von T (bzgl. $\subseteq$).

Aufgabe 16.8 Zeigen Sie:

(a) Es gibt $2^{\aleph_0}$ perfekte Teilmengen von ${}^{\omega}\omega$.

(b) Eine perfekte Menge hat immer Kardinalität $2^{\aleph_0}$.

Definition 16.9 Eine Menge A erfüllt die *Perfekte-Teilmengen-Eigenschaft*, falls sie entweder abzählbar ist oder eine perfekte Teilmenge besitzt.

Der folgende Satz ist historisch wichtig, weil er Cantors ursprüngliche Motivation zur Einführung der Ordinalzahlen war.

Theorem 16.10 (Satz von Cantor-Bendixson) *Jede abgeschlossene Menge hat die Perfekte-Teilmengen-Eigenschaft.*

Für den Beweis wird eine iterierte Bildung von Ableitungen verwendet. Da es sich um einen unendlichen Prozess handelt, erkannte Cantor die Notwendigkeit nach unendlichen Zahlen – den Ordinalzahlen – zur Nummerierung all dieser Mengen. Zunächst verwendete Cantor das Symbol „∞" und zählte dann weiter als $\infty + 1, \infty + 2, \ldots, \infty + \infty \ldots$, ersetzte das Symbol ∞ aber später durch das Symbol „ω".

Beweis (Theorem 16.10) Sei $A \subseteq {}^{\omega}\omega$ eine überabzählbare abgeschlossene Menge. Wir definieren mittels transfiniter Rekursion:

$$A_0 = A$$
$$A_{\alpha+1} = A'_\alpha$$
$$A_\alpha = \bigcap_{\beta < \alpha} A_\beta, \text{ falls } \alpha \text{ eine Limes-Ordinalzahl ist}$$

Wir wollen zeigen, dass es ein $\alpha < \omega_1$ gibt mit $A_{\alpha+1} = A_\alpha$, d.h. die Folge stabilisiert sich. Dazu zeigen wir, dass die Menge

$$X = \bigcup_{\alpha < \omega_1} A_\alpha \setminus A_{\alpha+1}$$

abzählbar ist: Jedes $x \in X$ ist ein isolierter Punkt von A_α für ein $\alpha < \omega_1$. Sei nun $(s_n)_{n \in \omega}$ eine Abzählung von ${}^{<\omega}\omega$ und sei, für $x \in X$, $n_x \in \omega$ die kleinste natürliche Zahl mit $I_{s_{n_x}} \cap A_\alpha = \{x\}$. Falls wir zeigen können, dass die Funktion $f : X \to \omega, x \mapsto n_x$ injektiv ist, so ist X abzählbar, also muss es ein $\alpha < \omega_1$ geben mit $A_{\alpha+1} = A_\alpha$. Dann ist A_α eine perfekte Menge mit $A_\alpha \subseteq A$. Es bleibt zu zeigen, dass f injektiv ist. Seien dazu $x, y \in X$ mit $x \neq y$. Dann gibt es $\alpha, \beta < \omega_1$ mit $x \in A_{\alpha+1} \setminus A_\alpha$ und $y \in A_{\beta+1} \setminus A_\beta$.

1. Fall: $\alpha \neq \beta$. Ohne Beschränkung der Allgemeinheit gelte $\alpha < \beta$. Dann gilt $A_{\alpha+1} \supseteq A_\beta$ und damit $x \notin A_\beta$. Wäre nun $n_x = n_y = n$, so würde gelten

$$\{y\} = I_{s_n} \cap A_\beta \subseteq I_{s_n} \cap A_\alpha = \{x\},$$

ein Widerspruch.

2. Fall: $\alpha = \beta$. Wäre dann $n_x = n_y = n$, so würde folgen $\{x\} = I_{s_n} \cap A_\alpha = \{y\}$, ein Widerspruch. □

Als Cantor die Kontinuumshypothese beweisen wollte, verfolgte er (unter anderem) folgende Idee: Wenn man zeigen kann, dass *jede* Menge die Perfekte-Teilmengen-Eigenschaft erfüllt, so ist jede Menge reeller Zahlen abzählbar oder hat Kardinalität $2^{\aleph_0}$. Dies wiederum könnte verwendet werden, um die Kontinuumshypothese zu beweisen. Allerdings schlägt diese Beweisidee fehl, wie Cantors Schüler Felix Bernstein bewiesen hat:

Theorem 16.11 (Satz von Bernstein) *Es gibt Mengen, die die Perfekte-Teilmengen-Eigenschaft nicht haben.*

Beweis Gemäß Aufgabe 16.8 gibt es $2^{\aleph_0}$ perfekte Teilmengen von $^\omega\omega$. Daher können wir die perfekten Teilmengen als

$$\{P_\alpha \mid \alpha < 2^{\aleph_0}\}$$

aufzählen. Jetzt definieren wir rekursiv zwei Folgen $(a_\alpha)_{\alpha < 2^{\aleph_0}}$ und $(b_\alpha)_{\alpha < 2^{\aleph_0}}$ mit $a_\alpha \neq b_\alpha$ wie folgt: Falls a_β und b_β für alle $\beta < \alpha$ gegeben sind, so wählen wir a_α und b_β mit

$$a_\alpha \in P_\alpha \setminus (\{a_\beta \mid \beta < \alpha\} \cup \{b_\beta \mid \beta < \alpha\})$$

und

$$b_\alpha \in P_\alpha \setminus (\{a_\beta \mid \beta \leq \alpha\} \cup \{b_\beta \mid \beta < \alpha\}).$$

Dies ist möglich, da gemäß Aufgabe 16.8 jede perfekte Menge die Kardinalität $2^{\aleph_0}$ hat. □

Aber: Auch hier haben wir das Auswahlaxiom verwendet, jedoch nur eine schwache Form des Auswahlaxioms, da wir zur Wahl von a_α und b_α nur die Existenz einer Wohlordnung von $^\omega\omega$ benötigen. Wie sieht es aus, wenn man das Auswahlaxiom durch das Determiniertheitsaxiom ersetzt? Dazu betrachten wir eine Variante eines Spiels, das sogenannte *Perfekte-Mengen-Spiel* G_A^*: Alice spielt endliche Folgen $s_i \in {}^{<\omega}\omega$ und Bob spielt natürliche Zahlen x_i. Gegeben ist eine Menge $A \subseteq {}^\omega 2$.

Alice: s_0 s_1 s_2

Bob: x_1 x_2 x_3

$\cdots$

Alice gewinnt das Spiel, falls folgende zwei Bedingungen erfüllt sind:

1. Für alle $i \in \omega \setminus \{0\} : s_i(0) \neq x_i$;
2. $s_0 \frown s_1 \frown s_2 \ldots \in A$.

Es handelt sich also um ein *asymmetrisches* Spiel: Alice versucht eine geeignete Folge zu konstruieren, um in A zu landen und Bob versucht dies zu verhindern, indem er gewisse Folgenglieder ausschließt. Man kann zeigen, dass sich dieses Spiel auch als gewöhnliches Spiel der Form $\mathcal{G}_{A'}$ für eine geeignete Menge A darstellen lässt; auf einen Beweis möchten wir an dieser Stelle verzichten.

Theorem 16.12 (Davis, 1964) *Sei $A \subseteq {}^\omega\omega$ eine Menge. Dann gilt:*

(a) Falls Alice eine Gewinnstrategie besitzt, so hat A eine perfekte Teilmenge.

(b) Falls Bob eine Gewinnstrategie besitzt, so ist A abzählbar.

Unter der Annahme, dass das Axiom der Determiniertheit erfüllt ist, folgt somit, dass jede Menge die Perfekte-Teilmengen-Eigenschaft besitzt.

Beweis (Theorem 16.12)

(a) Wir nehmen zunächst an, dass Alice eine Gewinnstrategie σ besitzt. Ist $x \in {}^\omega\omega$ die Folge bestehend aus allen Spielzügen von Bob, so sei $\sigma * x$ diejenige Folge in ${}^\omega\omega$, die entsteht, wenn Alice immer die Strategie σ anwendet, entsprechend ist $\sigma * t$ für eine endliche Folge t der endliche Anteil des Spiels, falls Bob der Reihe nach die Folgenglieder von t spielt und Alice σ anwendet. Dann setzen wir

$$T := \{s \in {}^\omega\omega \mid s \subseteq \sigma * t \text{ für ein } t \in {}^\omega\omega\}.$$

Offensichtlich ist T ein Baum und es gilt $[T] \subseteq A$. Es bleibt zu zeigen, dass T ein perfekter Baum ist. Sei $u \in T$ und seien $s_0, \ldots, s_n \in {}^{<\omega}\omega$ mit $u \prec s_0 \frown s_1 \frown \ldots \frown s_n$. Bob spielt dann eine Zahl $x_{n+1} \in \omega$. Als nächstes spielt Alice eine Folge s_{n+1} mit $s_{n+1}(0) \neq x_{n+1}$. Hätte Bob hingegen $y_{n+1} := s_{n+1}(0)$ gespielt, so hätte die Gewinnstrategie σ von Alice eine andere Folge $t_{n+1} \in {}^{<\omega}\omega$ geliefert mit $t_{n+1}(0) \neq y_{n+1} = s_{n+1}(0)$. Insbesondere gilt also

$$s := s_0 \frown \ldots \frown x_n \frown s_{n+1}, t := s_0 \frown \ldots \frown s_n \frown t_{n+1} \in T, u \preceq s, u \preceq t \text{ und } s \perp t.$$

(b) Wir nehmen an, dass Bob eine Gewinnstrategie besitzt. Wir führen die folgende Notation ein: Sei $p = (s_0, x_1, \ldots, s_{i-1}, x_i)$ der Anfang eines Spiels. Wir setzen dann $p^* := s_0 \frown \ldots \frown s_{i-1}$ als den entsprechenden Anfang der resultierenden Folge.

- Wir sagen, dass p *kompatibel* mit $x \in {}^\omega\omega$ ist, falls ein $s_i \in {}^{<\omega}\omega$ mit $s_i(0) \neq x_i$ existiert mit $p \frown s_i \prec x$. Das bedeutet also, dass Alice zu diesem Zeitpunkt noch die Möglichkeit hat, die Folge x zu konstruieren.

- Wir sagen, dass p die Folge x *verhindert*, falls p maximal ist, sodass p kompatibel mit x ist, d.h. p ist zwar kompatibel mit x, aber $p^\frown(s_i, \tau(p^\frown(s_i)))$ ist nicht mehr kompatibel mit x.

Wir zeigen jetzt zwei Behauptungen, aus denen die Abzählbarkeit von A folgt:

(1) Für jedes $x \in A$ gibt es ein $p \in {}^{<\omega}\omega$, das x verhindert.
(2) Jedes Teilspiel p verhindert maximal ein $x \in A$.

Das bedeutet, dass es eine injektive Funktion $x \mapsto p$ gibt. Da die Menge aller Teilspiele p abzählbar ist, muss dann auch A abzählbar sein[1]. Es bleibt also noch (1) und (2) nachzuweisen. □

Aufgabe 16.13 Beweisen Sie die beiden Bedingungen (1) und (2) im Beweis von Theorem 16.12.

16.3 Das Lebesgue'sche Maß

Wir haben uns bereits im Abschnitt 4.6 informell mit der Messbarkeit von Mengen reeller Zahlen befasst. In diesem Abschnitt geben wir nun eine präzise Definition der Messbarkeit mithilfe des Lebesgue'schen Maßbegriffes. Im nächsten Abschnitt werden wir dann untersuchen, ob jede Menge reeller Zahlen messbar ist.

Bereits klar ist, wie

- Intervalle,
- disjunkte Vereinigungen von Intervallen und
- Komplemente von Intervallen

gemessen werden. Dies lässt sich weiter verallgemeinern, und man erhält, dass alle Mengen, die aus Intervallen durch Bildung von abzählbaren Vereinigungen und Komplementen entstehen, messbar sind. Wie aber kann man Messbarkeit für „komplizertere" Mengen definieren? Hier gibt es verschiedene Zugänge. Wir definieren zunächst das sogenannte *äußere Maß*:

Definition 16.14 Sei $A \subseteq \mathbb{R}$ eine Menge. Dann definieren wir das *äußere Maß* von A durch

---

[1] Das Teilspiel p ist zwar nicht eindeutig und muss ausgewählt werden. Dazu benötigt man das Auswahlaxiom aber nicht, da ${}^{<\omega}\omega$ wohlgeordnet werden kann.

$$\mu^*(A) := \inf\left\{\sum_{k=1}^{n} \mu(I_k) \mid \text{jedes } I_k \text{ ist ein Intervall}, A \subseteq \bigcup_{k=1}^{n} I_k\right\},$$

falls dieses Infimum existiert, und sonst $\mu^*(A) = \infty$. Außerdem führen wir folgende Rechenregeln für ∞ ein:

$$\infty + x = \infty$$

für alle $x \in \mathbb{R} \cup \{\infty\}$.

Die Idee besteht darin, das Maß einer Menge A durch die Summe von Maßen von Intervallen zu approximieren. Offensichtlich stimmt für Intervalle das Maß μ mit dem äußeren Maß μ^* überein, d.h. $\mu^*(I) = \mu(I)$. Nun können wir Messbarkeit für beliebige Mengen definieren:

Definition 16.15 Eine Menge $A \subseteq \mathbb{R}$ ist *(Lebesgue)-messbar*, falls für eine beliebige Menge $X \subseteq \mathbb{R}$ gilt:

$$\mu^*(X) = \mu^*(X \cap A) + \mu^*(X \setminus A)$$

In diesem Fall definieren wir das *Maß* von A als $\mu(A) = \mu^*(A)$.

Man beachte, dass das äußere Maß für jede beliebige Menge definiert ist, das Maß allerdings nur für solche, die auch messbar sind.

Bemerkung 16.16 Bei der Definition der Messbarkeit reicht es sogar, nur zu zeigen, dass

$$\mu^*(X \cap A) + \mu^*(X \setminus A) \le \mu^*(X)$$

gilt, denn man kann leicht zeigen, dass für Mengen A und B immer die Beziehung $\mu^*(A \cup B) \le \mu^*(A) + \mu^*(B)$ gilt (die sogenannte *Subadditivität*).

Offensichtlich ist diese Eigenschaft für Intervalle erfüllt; dies ist wichtig, da ansonsten Definition 16.15 nicht wohldefiniert wäre.

Aufgabe 16.17 Zeigen Sie, dass alle (offenen, halboffenen, abgeschlossenen) Intervalle messbar sind.

Nun zeigen wir, dass die Definition der Messbarkeit auch wirklich die gewünschten Eigenschaften erfüllt:

Lemma 16.18 *Die Messbarkeit hat folgende Eigenschaften:*

(a) Ist $A \subseteq \mathbb{R}$ messbar, so ist auch das Komplement $A^c = \mathbb{R} \setminus A$ messbar.

(b) Sind $A, B \subseteq \mathbb{R}$ messbar, so auch $A \cup B$ und $A \cap B$. Sind A und B disjunkt, so gilt zudem $\mu(A \cup B) = \mu(A) + \mu(B)$.

(c) Ist $A_n \subseteq \mathbb{R}$ messbar für jedes $n \in \omega$, so auch $\bigcup_{n \in \omega} A_n$ und $\bigcap_{n \in \omega} A_n$. Sind die A_n's zudem paarweise disjunkt, so gilt

$$\mu\left(\bigcup_{n \in \omega} A_n\right) = \sum_{n \in \omega} \mu(A_n).$$

Insbesondere folgt daraus, dass alle offenen Mengen messbar sind, denn offene Mengen lassen sich als abzählbare Vereinigungen disjunkter offener Intervalle darstellen.

Beweis (a) Sei $A \subseteq \mathbb{R}$ messbar und sei $X \subseteq \mathbb{R}$ eine beliebige Menge. Nach Annahme gilt $\mu(X) = \mu(X \cap A) + \mu(X \setminus A)$. Daraus folgt aber auch, dass A^c messbar ist, da $X \cap A^c = X \setminus A$ und $X \setminus A^c = X \cap A$.

(b) Seien $A, B \subseteq \mathbb{R}$ messbar und sei $X \subseteq \mathbb{R}$ eine beliebige Menge. Da A und B messbar sind gilt:

$$
\begin{aligned}
\mu^*(X \cap (A \cup B)) + \mu^*(X \setminus (A \cup B)) &\leq \mu^*((X \cap A) \setminus B) + \mu^*(X \cap A \cap B) \\
&\quad + \mu^*(X \cap (B \setminus A)) + \mu^*(X \setminus (A \cup B)) \\
&= (\mu^*((X \cap A) \cap B)) + \mu^*((X \cap A) \setminus B)) \\
&\quad + (\mu^*((X \setminus A) \cap B) + \mu^*((X \setminus A) \setminus B) \\
&= \mu^*(X \cap A) + \mu^*(X \setminus A) \\
&= \mu^*(X)
\end{aligned}
$$

Offensichtlich ist damit aufgrund von (a) auch $A \cap B$ messbar, denn es gilt $A \cap B = (A^c \cup B^c)^c$.

Wir nehmen nun zusätzlich an, dass A und B disjunkt sind. Dann gilt $(A \cup B) \cap A = A$ und $(A \cup B) \setminus A = B$. Nun folgt aus der Messbarkeit von A:

$$
\begin{aligned}
\mu(A \cup B) = \mu^*(A \cup B) &= \mu^*((A \cup B) \cap A) + \mu^*((A \cup B) \setminus A) \\
&= \mu^*(A) + \mu^*(B) = \mu(A) + \mu(B)
\end{aligned}
$$

(c) Sei $A_n \subseteq \mathbb{R}$ messbar für jedes $n \in \omega$ und sei $X \subseteq \mathbb{R}$ eine beliebige Menge. Wir setzen $A := \bigcup_{n \in \omega} A_n$. Offensichtlich gilt (b) auch für eine beliebige endliche Vereinigung von messbaren Mengen, was sich leicht mittels vollständiger Induktion zeigen lässt. Da $X \setminus A \subseteq X \setminus \bigcup_{i=n}^m A_n$, gilt nun:

$$\mu^*(X) = \mu^*\left(X \cap \bigcup_{n=1}^{m} A_n\right) + \mu^*\left(X \setminus \bigcup_{n=1}^{m} A_n\right)$$

$$= \mu^*\left(\bigcup_{n=1}^{m}(X \cap A_n)\right) + \mu^*\left(X \setminus \bigcup_{n=1}^{m} A_n\right)$$

$$\geq \sum_{n=1}^{m} \mu^*(X \cap A_i n) + \mu^*(X \setminus A)$$

Da diese Ungleichung für jedes $m \in \omega$ gilt, folgt:

$$\mu^*(X) \geq \sum_{n \in \omega} \mu^*(X \cap A_n) + \mu^*(X \setminus A) \geq \mu^*\left(\bigcup_{n \in \omega}(X \cap A_n)\right) + \mu^*(X \setminus A)$$

$$=^* (X \cap A) + \mu^*(X \setminus A)$$

Die Messbarkeit für den Durchschnitt folgt wie bei (b) aus der Messbarkeit der Vereinigung und von Komplementen. Es bleibt noch nachzuweisen, dass $\mu(A) = \sum_{n \in \omega} \mu(A_n)$ gilt. Offensichtlich gilt $\mu(A) \leq \sum_{n \in \omega} \mu(A_n)$. Für die umgekehrte Beziehung stellen wir fest, dass

$$\mu(A) = \mu\left(\bigcup_{n \in \omega} A_n\right) \geq \mu\left(\bigcup_{n=1}^{m} A_i\right)$$

gilt. Da dies aber für ein beliebiges $m \in \omega$ gilt, folgt wie gewünscht

$$\mu(A) \geq \sum_{n \in \omega} \mu(A_n).$$

Damit haben wir alle Eigenschaften nachgewiesen.   □

Bemerkung 16.19 Aus Lemma 16.18 folgt, dass für messbare Mengen A und B auch $A \setminus B$ messbar ist, denn es gilt $A \setminus B = A \cap B^c$.

Aufgabe 16.20 Seien $A_0, A_1, A_2, \ldots \subseteq \mathbb{R}$ messbare Mengen mit $A_0 \supseteq A_1 \supseteq A_2 \supseteq \ldots$, so gilt

$$\mu\left(\bigcap_{n \in \omega} A_n\right) = \inf\{\mu(A_n) \mid n \in \omega\}.$$

16.4 Zur Messbarkeit von Mengen reeller Zahlen

Henri Lebesgue hat als erster 1902 die Frage gestellt, ob alle Mengen reeller Zahlen messbar sind. Bereits 1905 hat dann Giuseppe Vitali in [66] gezeigt, dass es auch nicht-messbare Mengen gibt. Für den Beweis hat er allerdings das Auswahlaxiom verwendet. In der Abwesenheit des Auswahlaxioms ist es jedoch möglich, dass alle Mengen messbar sind. Diese Vermutung hat Paul Cohen 1963 in einem Vortrag geäußert, welche von Robert Solovay 1964 in [62] bewiesen wurde, indem er ein Modell der Mengenlehre konstruiert hat, in welchem nur eine schwache Form des Auswahlaxioms gilt, aber alle Mengen reeller Zahlen messbar sind.

Um zu zeigen, dass es nicht-messbare Mengen gibt, beweisen wir zuerst folgendes Lemma:

Lemma 16.21 *Für jede messbare Menge $A \subseteq \mathbb{R}$ und für jedes $x \in \mathbb{R}$ ist auch die Menge*

$$x + A := \{x + y \mid y \in A\}$$

messbar und es gilt $\mu(x + A) = \mu(A)$ (d.h. μ ist translationsinvariant).

Beweis Wir zeigen zunächst, dass $\mu^*(A+x) = \mu^*(A)$ gilt. Ist $A = [a, b]$ ein Intervall, so gilt:

$$\mu(x + A) = \mu([x + a, x + b]) = (x + b) - (x + a) = b - a = \mu(A)$$

Ebenso sieht man, dass die Translationsinvarianz auch für endliche Vereinigungen von Intervallen gilt.

Sei nun $A \subseteq \mathbb{R}$ eine beliebige messbare Menge und sei $x \in \mathbb{R}$. Wir nehmen per Widerspruch an, dass $\mu^*(A) < \mu^*(A + x)$ gilt (den umgekehrten Fall kann man analog behandeln). Sei dazu $\varepsilon = \mu^*(A + x) - \mu^*(A) > 0$. Nun gibt es gemäß der Definition des äußeren Maßes eine endliche Vereinigung von Intervallen I mit $\mu(I) < \mu^*(A) + \varepsilon$. Nun gilt aber

$$\mu^*(A + x) \leq \mu^*(I + x) = \mu^*(I) < \mu^*(A) + \varepsilon = \mu^*(A + x),$$

ein Widerspruch. Also muss $\mu^*(A + x) = \mu^*(A)$ gelten.

Es bleibt noch zu zeigen, dass $A + x$ tatsächlich messbar ist. Sei dazu $X \subseteq \mathbb{R}$ eine beliebige Menge. Wir setzen $Y := X - x$. Da A nach Annahme messbar ist, gilt:

$$\mu^*(Y) = \mu^*(Y \cap A) + \mu^*(Y \setminus A)$$

Nun gilt:

$$\begin{aligned}
\mu^*(X) = \mu^*(Y + x) &= \mu^*(Y) = \mu^*(Y \cap A) + \mu^*(Y \setminus A) \\
&= \mu^*((Y \cap A) + x) + \mu^*((Y \setminus A) + x) \\
&= \mu^*((Y + x) \cap (A + x)) + \mu^*((Y + x) \setminus (A + x)) \\
&= \mu^*(X \cap (A + x)) + \mu^*(X \setminus (A + x))
\end{aligned}$$

Also ist auch $A + x$ messbar.   □

Theorem 16.22 (AC) *Es gibt nicht-messbare Mengen.*

Beweis Wir konstruieren nun die nicht-messbare Menge von Vitali. Dazu betrachten wir die Relation

$$x \sim y :\Leftrightarrow x - y \in \mathbb{Q}$$

auf dem Intervall $[0, 1]$. Hierbei handelt es sich um eine Äquivalenzrelation, d.h. $\sim$ ist reflexiv, symmetrisch und transitiv.

Nun bildet jedes $x \in [0, 1]$ eine nichtleere *Äquivalenzklasse*

$$[x] := \{y \in [0, 1] \mid x \sim y\}.$$

Mit Hilfe des Auswahlaxioms wählen wir nun aus jeder Äquivalenzklasse einen Repräsentanten, und zeigen, dass die Menge V dieser Repräsentanten nicht messbar ist. Wir zeigen per Widerspruch, dass V nicht messbar ist. Nun liegt aber jedes Element $y \in [0, 1]$ in einer der Äquivalenzklassen, also gibt es ein $x \in V$ mit $y \sim x$ und daher $y = x + q$ für ein $q \in \mathbb{Q}$; da $x, y \in [0, 1]$ muss q zudem in $[-1, 1]$ liegen. Für $A := \mathbb{Q} \cap [-1, 1]$ gilt daher

$$[0, 1] \subseteq \bigcup_{q \in A} (V + q) \subseteq [-1, 2]$$

und daher

$$1 = \mu([0, 1]) \le \mu\left(\bigcup_{q \in A} (V + q)\right) \le \mu([-1, 2]) = 3.$$

Da es sich bei $\bigcup_{q \in A} (V + q)$ um eine disjunkte Vereinigung messbarer Mengen handelt, folgt

$$\mu\left(\bigcup_{q \in A} (V + q)\right) = \sum_{q \in A} \mu(V + q) = \sum_{q \in A} \mu(V).$$

Nun gibt es zwei Fälle:

1. Fall: $\mu(V) = 0$. Dann gilt aber $\sum_{q \in A} \mu(V) = 0$, ein Widerspruch.
2. Fall: $\mu(V) > 0$. Dann ist aber $\sum_{q \in A} \mu(V)$ divergent, was ebenfalls einen Widerspruch darstellt.

Da beide Fälle widersprüchlich sind, ist gezeigt, dass V nicht messbar sein kann. □

Aufgabe 16.23 Eine *Vitali-Menge* ist eine Teilmenge $V \subseteq [0,1]$, die aus jeder Äquivalenzklasse $[x]$ für $x \in [0,1]$ genau einen Repräsentanten enthält. Zeigen Sie, dass $[0,1]$ die abzählbare Vereinigung von Vitali-Mengen ist.

Im Folgenden zeigen wir mithilfe von AD, dass jede Menge Lebesgue-messbar ist. Der Beweis ist relativ kompliziert und deutlich schwieriger als die entsprechenden Beweise für die Perfekte-Teilmengen-Eigenschaft und für die Baire-Eigenschaft – welche wir im nächsten Abschnitt untersuchen.

Das hier verwendete Spiel wird als *Überdeckungsspiel* bezeichnet und geht auf Leo Harrington zurück. Dazu betrachten wir endliche Vereinigungen von Teilintervallen von $[0,1]$ mit rationalen Endpunkten. Da es abzählbar viele rationale Zahlen gibt, gibt es auch nur abzählbar viele Intervalle mit rationalen Endpunkten und somit auch nur abzählbar viele endliche Vereinigungen solcher Intervalle (da es nur abzählbar viele endliche Teilmengen einer abzählbaren Menge gibt). Sei also

$$\{J_n \mid n \in \omega\}$$

eine Aufzählung aller endlichen Vereinigungen von Teilintervallen von $[0,1]$ mit rationalen Endpunkten. Zudem setzen wir für eine Folge $x = (x_0, x_1, \dots) \in {}^\omega 2$

$$a(x) := \sum_{k=0}^{\infty} \frac{x_k}{2^{k+1}}.$$

Offensichtlich gilt $a(x) \in [0,1]$ und jedes $a \in [0,1]$ besitzt eine Darstellung der Form $a(x)$ – dies ist einfach die Dualbruchdarstellung. Wir können somit a als Funktion $a : {}^\omega 2 \to [0,1]$ auffassen mit Bildmenge $[0,1]$.

Nun führen wir das Überdeckungsspiel ein. Vorgegeben ist dabei eine Menge $A \subseteq [0,1]$ und eine positive reelle Zahl $\varepsilon > 0$. Beim Spiel $\mathcal{G}_{A,\varepsilon}$ wählt Alice Zahlen $x_n \in \{0,1\}$, während Bob natürliche Zahlen $y_n \in \omega$ wählt.

Alice:	x_0	x_1	x_2	
				$\dots$
Bob:	y_0	y_1	y_2	

Dabei wird von einer Gewinnmenge $A \subseteq {}^\omega 2$ für Alice ausgegangen, die schrittweise verkleinert wird. Die Idee ist folgende: Während Alice eine unendliche Binärfolge $x = (x_0, x_1, \dots)$ – und damit eine reelle Zahl $a(x) \in [0,1]$ – konstruiert, schränkt Bob in jedem Schritt die Gewinnmenge ein, d.h. spielt Bob y_n, so bedeutet dies, dass $a(x) \notin J_{y_n}$ liegen darf. Bob darf allerdings nur immer kleiner werdende Mengen J_{y_n} durch y_n auswählen. Es müssen also folgende Spielregeln erfüllt sein:

- $x_n \in \{0,1\}$ für alle $n \in \omega$
- $\mu(J_{y_n}) < \frac{\varepsilon}{2^{2n+2}}$

Wer als erster eine Spielregel verletzt, hat direkt verloren. Werden die Spielregeln von beiden eingehalten, so gewinnt Alice, falls

$$a(x) \in A \setminus \bigcup_{n \in \omega} J_{y_n}.$$

Theorem 16.24 *Sei $A \subseteq [0,1]$ und $\varepsilon > 0$. Dann gelten für das Überdeckungsspiel $\mathcal{G}_{A,\varepsilon}$ folgende Implikationen:*

(a) Falls Alice eine Gewinnstrategie hat, so gibt es eine messbare Menge $B \subseteq A$ mit $\mu(B) > 0$.

(b) Falls Bob eine Gewinnstrategie hat, so gibt es eine offene Menge $O \subseteq [0,1]$ mit $A \subseteq O$ und $\mu(O) < \varepsilon$.

Bevor wir Theorem 16.24 beweisen, zeigen wir das folgende

Korollar 16.25 (AD) *Jede Teilmenge von $[0,1]$ ist Lebesgue-messbar.*

Beweis Sei $A \subseteq [0,1]$ eine Menge. Nun betrachten wir das äußere Maß von A. Nach Definition des äußeren Maßes als Infimum gibt es für jedes $n \in \omega$ eine endliche Vereinigung $\tilde{I}_n$ von Intervallen mit $A \subseteq \tilde{I}_n$ und $\mu(\tilde{I}_n) < \mu^*(A) + \frac{1}{n}$.

Nun setzen wir

$$B := \bigcap_{n \in \omega} \tilde{I}_n.$$

Da $A \subseteq \tilde{I}_n$ für jedes $n \in \omega$, gilt auch $A \subseteq B$. Da aber $B \subseteq \tilde{I}_n$, gilt

$$\mu(B) \leq \inf\{\mu(\tilde{I}_n) \mid n \in \omega\} = \mu^*(A).$$

Also folgt $\mu^*(A) = \mu(B)$. Wir betrachten nun das Überdeckungsspiel $\mathcal{G}_{B \setminus A, \varepsilon}$ für beliebiges $\varepsilon > 0$. Da wir AD angenommen haben, gibt es zwei Fälle:

1. Fall: Alice besitzt eine Gewinnstrategie für $\mathcal{G}_{B \setminus A, \varepsilon}$ für mindestens ein $\varepsilon > 0$. Gemäß Theorem 16.24 gibt es dann eine messbare Menge $C \subseteq B \setminus A$ mit $\mu(C) > 0$. Daraus folgt aber:

$$\mu(B) = \mu^*(A) < \mu^*(A) + \mu^*(C) \leq \mu^*(A) + \mu^*(B \setminus A) = \mu^*(B) = \mu(B),$$

ein Widerspruch. Also kann Alice keine Gewinnstrategie haben.

2. Fall: Bob besitzt eine Gewinnstrategie in jedem Überdeckungsspiel $\mathcal{G}_{B \setminus A, \varepsilon}$. Gemäß Theorem 16.24 gibt es dann für jedes $n \in \omega$ eine offene Menge $U_n \subseteq [0,1]$ mit $B \setminus A \subseteq U_n$ und $\mu(U_n) < \frac{1}{n}$. Dies ist aber nur möglich, falls $\mu(B \setminus A) = 0$ gilt. Also ist $B \setminus A$ messbar und damit auch A.   □

Beweis (Theorem 16.24) Wir beweisen die beiden Bedingungen:

(a) Wir nehmen an, dass Alice eine Gewinnstrategie σ besitzt. Wir führen nun folgende Notation ein: Sei $x = \sigma(y)$ die Folge der Spielzüge von Alice, wenn Alice die Gewinnstrategie σ auf die Folge $y \in {}^{\omega}\omega$ der Spielzüge von Bob anwendet, d.h.

$$\sigma * y = (x_0, y_0, x_1, y_1, \ldots).$$

Nun betrachten wir die Menge

$$B := \{a(x) \mid \exists y \in {}^{\omega}\omega : x = \sigma(y)\}.$$

Man kann zeigen, dass diese Menge messbar ist. Dies folgt direkt aus einer allgemeineren Aussage, deren Beweis sich in [40, Theorem 12.2] findet und den Umfang dieses Buchs sprengen würde.

Die Menge B enthält also alle reellen Zahlen $a(x) = a(\sigma(y))$, die durch ein Spiel entstehen, bei dem Alice die Gewinnstrategie σ anwendet. Offensichtlich gilt $B \subseteq A$, da σ eine Gewinnstrategie darstellt und somit $a(\sigma(y)) \in A$ für jedes $y \in {}^{\omega}\omega$ gelten muss. Es bleibt zu zeigen, dass $\mu(B) > 0$ gilt.

Angenommen per Widerspruch, es gelte $\mu(B) = 0$. Dann gibt es aber endliche Vereinigungen J_{y_n} von Intervallen mit rationalen Endpunkten, sodass $B \subseteq \bigcup_{n \in \omega} J_{y_n}$, wobei $\mu(J_{y_n}) < \frac{\varepsilon}{2^{2n+2}}$. Spielt Bob genau die Folge der Indizes $y = (y_0, y_1, \ldots)$ dieser Mengen J_{y_n}, so gilt einerseits

$$a(x) \in A \setminus \bigcup_{n \in \omega} J_{y_n} \subseteq A \setminus B$$

für $x = \sigma(y)$, aber andererseits auch $a(x) \in B$, ein Widerspruch.

(b) Wir nehmen nun an, dass Bob eine Gewinnstrategie τ besitzt. Angenommen, Alice hat bereits $s = (x_0, \ldots, x_n)$ gespielt. Dann setze $J_s := J_{y_n}$, wobei y_n Bobs Spielzug gemäß der Strategie τ in Reaktion auf s ist. Nun ist τ aber eine Gewinnstrategie, d.h. falls $a = a(x) \in A$ gilt, so muss auch

$$a \in \bigcup_{n \in \omega} J_{y_n} = \bigcup_{\substack{s \in 2^{<\omega} \setminus \{\emptyset\} \\ s \subseteq x}} J_s$$

gelten, da sonst Alice gewinnen würde. Da nun aber Alice beliebige Binärfolgen spielen kann, gilt auch

$$A \subseteq \bigcup_{s \in 2^{<\omega} \setminus \{\emptyset\}} J_s.$$

Wir wählen daher $O := \bigcup_{s \in 2^{<\omega} \setminus \{\emptyset\}} J_s$.

Behauptung $\mu(0) < \varepsilon$

Beweis der Behauptung Wir betrachten zunächst nur Folgen der Länge $n + 1$ für $n \in \omega$, d.h. Folgen der Form $s = (x_0, \ldots, x_{n+1})$. Die Menge all dieser Folgen ist $\{0, 1\}^{n+1}$. Da τ eine Gewinnstrategie ist, hat Bob keine der Spielregeln verletzt und es muss gelten

$$\mu\Big(\bigcup_{s \in \{0,1\}^{n+1}} J_s\Big) < 2^{n+1} \cdot \frac{\varepsilon}{2^{2n+2}} = \frac{\varepsilon}{2^{n+1}}.$$

Hier haben wir aber J_s für Folgen s der Länge $n + 1$ betrachtet, daher bilden wir nun die Vereinigungen über alle Folgen positiver Länge, was genau O ergibt:

$$\mu(O) = \mu\Big(\bigcup_{n \in \omega} \bigcup_{s \in \{0,1\}^{n+1}} J_s\Big) \le \sum_{n=0}^{\infty} \frac{\varepsilon}{2^{n+1}} = \varepsilon \cdot \Big(\frac{1}{1 - \frac{1}{2}} - 1\Big) = \varepsilon$$

Nach Konstruktion ist O eine offene Menge mit $A \subseteq O$ und $\mu(O) < \varepsilon$.   □

16.5 Die Baire-Eigenschaft

In diesem Abschnitt untersuchen wir eine weitere topologische Regularitätseigenschaft, die sogenannte *Baire-Eigenschaft*. Dazu benötigen wir zunächst eine Definition:

Definition 16.26 Eine Menge $A \subseteq {}^\omega\omega$ heißt

- *dicht*, falls $A \cup A' = {}^\omega\omega$ gilt.
- *nirgends dicht*, falls es für jedes Intervall I_s ein Intervall $I_t \subseteq I_s$ gibt mit $I_t \cap A = \emptyset$, d.h. falls ${}^\omega\omega \setminus A$ eine offen dichte Menge enthält.
- *mager*, falls A eine abzählbare Vereinigung nirgends dichter Mengen ist.

Beispiel 16.27 Die gleichen Begriffe kann man auch auf $\mathbb{R}$ untersuchen. Dann gilt: Die Menge $\mathbb{Z}$ der ganzen Zahlen ist nirgends dicht, denn jedes offene Intervall enthält ein offenes Intervall ohne ganze Zahlen. Die Menge $\mathbb{Q}$ der rationalen Zahlen hingegen ist dicht in $\mathbb{R}$: Dazu genügt es zu zeigen, dass zwischen zwei beliebigen reellen Zahlen $x, y \in \mathbb{R}$ mit $x < y$ immer eine rationale Zahl $q \in \mathbb{Q}$ liegt, d.h. $x < q < y$ (siehe Aufgabe 2.20).

Aufgabe 16.28 Zeigen Sie, dass die Cantor-Menge nirgends dicht ist.

Aufgabe 16.29 Zeigen Sie, dass man das Intervall $[0, 1]$ mit einer mageren Menge und einer Nullmenge, d.h. einer Menge vom Maß 0, überdecken kann.

Der folgende Satz ist zentral um die Baire-Eigenschaft zu untersuchen.

Theorem 16.30 (Satz von Baire) *Für $\mathbb{R}$ und $^\omega\omega$ gilt, dass der Durchschnitt von abzählbar vielen dichten, offenen Mengen dicht ist.*

Beweis Wir zeigen den Satz nur für $\mathbb{R}$; der Beweis für $^\omega\omega$ ist analog. Für jedes $n \in \omega$ sei $D_n \subseteq \mathbb{R}$ eine offen dichte Menge und sei $I_0 \subseteq \mathbb{R}$ ein beliebiges offenes Intervall. Wir müssen zeigen, dass $I_0 \cap \bigcap_{n \in \omega} D_n \neq \emptyset$. Da D_0 dicht und offen ist, existiert ein offenes Intervall $I_1 = (a_1, b_1)$ mit $a_1 < b_1$, sodass $[a_1, b_1] \subseteq D_0 \cap I_0$. Ist das Intervall $I_n = (a_n, b_n)$ mit $a_n < b_n$ bereits konstruiert, so sei $I_{n+1} = (a_{n+1}, b_{n+1})$ ein Intervall mit $a_n < a_{n+1} < b_{n+1} < b_n$, sodass $[a_{n+1}, b_{n+1}] \subseteq D_n \cap I_n$. Aus der Vollständigkeit von $\mathbb{R}$ folgt, dass die Folge (a_n) konvergiert. Setzen wir $r := \lim_{n \to \infty} a_n$, so ist nach Konstruktion $r \in D_n$ für alle $n \in \omega$, und wegen $r \in I_0$ ist $r \in I_0 \cap \bigcap_{n \in \omega} D_n$, d.h. $I_0 \cap \bigcap_{n \in \omega} D_n \neq \emptyset$. $\qquad\square$

Aufgabe 16.31 Zeigen Sie Theorem 16.30 für $^\omega\omega$.

Mithilfe von Theorem 16.30 man zeigen, dass $^\omega\omega$ selbst nicht mager ist:

Korollar 16.32 *$^\omega\omega$ ist nicht mager.*

Beweis Wir nehmen per Widerspruch an, dass $^\omega\omega = \bigcup_{n \in \omega} A_n$ mager ist, wobei A_n nirgends dicht ist für jedes $n \in \omega$. Nach Definition von nirgends dicht können wir annehmen, dass die Mengen A_n abgeschlossen sind. Also gilt

$$\emptyset = (^\omega\omega)^c = \left(\bigcup_{n \in \omega} A_n \right)^c = \bigcap_{n \in \omega} A_n^c$$

und A_n^c ist offen, da A_n abgeschlossen ist. Zudem sind die Mengen A_n^c dicht, also ist $\emptyset$ gemäß dem Satz von Baire (Theorem 16.30) dicht, ein Widerspruch. $\qquad\square$

Magere Mengen sind in einem gewissen Sinne „klein", jedoch unterscheidet sich dies von den anderen bisher bekannten Begriffe der „Größe" einer Menge, da es einerseits abzählbare nicht-magere Mengen gibt und andererseits magere Mengen mit positivem Maß gibt.

Aufgabe 16.33 Gibt es Mengen mit positivem Maß, die nirgends dicht sind? Begründen Sie Ihre Antwort.

Definition 16.34 Eine Menge $A \subseteq {}^{\omega}\omega$ hat die *Baire-Eigenschaft*, falls es eine offene Menge $O \subseteq {}^{\omega}\omega$ gibt, sodass

$$A \triangle O = (A \setminus O) \cup (O \setminus A)$$

mager ist.

Eine Menge, welche die Baire-Eigenschaft hat, unterscheidet sich also nur um eine magere Menge von einer offenen Menge. Es handelt sich also um eine Verallgemeinerung des Begriffs einer offenen Menge.

Theorem 16.35 (AC) *Es gibt Mengen ohne die Baire-Eigenschaft.*

Beweis Der Beweis verwendet eine *Vitali-Menge*, also eine nicht-messbare Menge. Wir arbeiten auch hier in $\mathbb{R}$ statt in ${}^{\omega}\omega$; das Argument lässt sich aber auf ${}^{\omega}\omega$ übertragen.

Sei V die Vitali-Menge aus dem Beweis von Theorem 16.22. Wir zeigen, dass V die Baire-Eigenschaft nicht besitzt. Zunächst zeigen wir, dass V selbst nicht mager ist: Wäre V mager, so wäre auch $V + q$ mager für jedes $q \in \mathbb{Q}$, aber dann wäre auch

$$\mathbb{R} = \bigcup_{q \in \mathbb{Q}} V + q$$

als abzählbare Vereinigung magerer Mengen mager, ein Widerspruch. Nun nehmen wir an, dass V die Baire-Eigenschaft hat. Dann gibt es eine offene Menge O, sodass $V \triangle O = M$ mager ist. Dann gilt $V = O \triangle M$. Da V nicht mager ist, gilt $O \neq \emptyset$ und somit gibt es ein offenes Intervall $I = (a, b)$ mit $I \subseteq O$. Sei nun $q \in \mathbb{Q}$ mit $0 < q < b - a$. Dann ist auch $(I + q) \cap I$ ein offenes Intervall. Da M mager ist, ist auch $M + q$ mager und damit auch die Vereinigung $M \cup (M + q)$. Also gilt

$$\Big((I + q) \cap I\Big) \setminus \Big(M \cup (M + q)\Big) \neq \emptyset.$$

Nun gilt aber auch

$$\left((I + q) \cap I\right) \setminus \left(M \cup (M + q)\right) \subseteq (V + q) \cap V,$$

also insbesondere $(V + q) \cap V \neq \emptyset$. Nach Konstruktion von V ist aber, weil $q \neq 0$, $(V + q) \cap V \neq \emptyset$, ein Widerspruch. $\qquad\square$

Unter der Annahme des Auswahlaxioms gibt es also Mengen, die die Baire-Eigenschaft nicht besitzen. Aber wie sieht es aus, wenn wir AC durch AD ersetzen? Dazu betrachten wir das folgende Spiel, auch genannt *Banach-Mazur-Spiel*: Hierbei wählen Alice und Bob statt einer natürlichen Zahl jeweils eine nichtleere endliche Folge natürlicher Zahlen, d.h. ein Element von $^{<\omega}\omega \setminus \{\emptyset\}$.

$$\text{Alice:} \quad s_0 \quad s_1 \quad s_2$$
$$\dots$$
$$\text{Bob:} \quad\quad t_0 \quad t_1 \quad t_2$$

Verkettet man die einzelnen Folgen, so erhält man eine unendliche Folge, d.h. ein Element von $^{\omega}\omega$:

$$z = s_0 \,^\frown\, t_0 \,^\frown\, s_1 \,^\frown\, t_1 \,^\frown\, \dots$$

Auch hier wird zunächst eine Menge $A \subseteq {}^{\omega}\omega$ festgelegt und Alice gewinnt genau dann, wenn $z \in A$ gilt.

Bemerkung 16.36 Streng genommen handelt es sich hier um eine andere Darstellung eines Spiels. Allerdings kann man dieses Spiel leicht in ein übliches Spiel übersetzen, indem man eine Bijektion $^{<\omega}\omega \to \omega$ verwendet.

Theorem 16.37 *Sei $A \subseteq {}^{\omega}\omega$ eine Menge. Dann gelten für das Banach-Mazur-Spiel folgende Implikationen:*

(a) Falls Alice eine Gewinnstrategie besitzt, so ist A mager.

(b) Falls Bob eine Gewinnstrategie besitzt, so ist $I_s \setminus A$ mager für ein $s \in {}^{<\omega}\omega$.

Bevor wir Theorem 16.37 beweisen, zeigen wir das folgende

Korollar 16.38 (AD) *Jede Menge besitzt die Baire-Eigenschaft.*

Beweis Sei $A \subseteq {}^{\omega}\omega$ eine Menge. Da wir AD angenommen haben, ist das Banach-Mazur-Spiel für die Menge A determiniert. Nun gibt es zwei Fälle:

1. Fall: Alice besitzt eine Gewinnstrategie. Dann ist A mager und erfüllt damit die Baire-Eigenschaft.

2. Fall: Bob besitzt eine Gewinnstrategie. Wir setzen

$$O := \bigcup \{I_s \mid s \in {}^{<\omega}\omega, I_s \setminus A \text{ ist mager}\}.$$

Dann ist O als Vereinigung offener Mengen offen und es gilt $O \neq \emptyset$ aufgrund von Theorem 16.37. Es bleibt also zu zeigen, dass $A \triangle O$ mager ist. Nach Konstruktion gilt

$$O \setminus A = \bigcup \{A \setminus I_s \mid I_s \in {}^{<\omega}\omega, I_s \setminus A \text{ ist mager}\},$$

also ist $O \setminus A$ als abzählbare Vereinigung magerer Mengen mager. Wir zeigen noch, dass auch $A \setminus O$ mager ist. Wäre $A \setminus O$ nicht mager, so folgt aus Theorem 16.37, dass es ein $s \in {}^{<\omega}\omega$ gibt, für das $I_s \setminus (A \setminus O)$ mager ist. Dann ist aber $I_s \setminus A$ mager und damit $I_s = I_s \cap O \subseteq I_s \setminus (A \setminus O)$ mager, ein Widerspruch.   □

Es fehlt noch der Beweis von Theorem 16.37:

Beweis (Theorem 16.37) Wir zeigen die beiden Bedingungen (a) und (b).

(a) Wir nehmen an, dass Bob eine Gewinnstrategie τ besitzt und wir zeigen, dass dann die Menge A mager ist. Für eine endliche Folge $p = (s_0, t_0, \dots, s_{n-1}, t_{n-1})$ von Spielzügen (mit $n \geq 0$) setzen wir

$$\bar{p} = s_0 \frown t_0 \frown \dots \frown s_n \frown t_n.$$

Nun betrachten wir die folgende Menge:

$$A_p = \{z \in {}^{\omega}\omega \mid \bar{p} \subseteq z, \forall s \in {}^{<\omega}\omega \setminus \{\emptyset\} : \bar{p} \frown s \frown \tau(s_0, t_0, \dots, s_{n-1}, t_{n-1}, s) \not\subseteq z\}$$

Wie kann man sich diese Menge vorstellen? Die Menge A_p enthält alle unendlichen Folgen, die zwar mit $\bar{p}$ anfangen, aber unabhängig vom nächsten Spielzug von Alice nicht durch ein Spiel mit Spielbeginn p und Bobs Strategie τ zustande kommen kann, d.h. Bob kann mit seiner Strategie – unabhängig von den weiteren Spielzügen von Alice verhindern, dass die Folge z entsteht. Um zu zeigen, dass A mager ist, reicht es, die folgende Behauptung nachzuweisen:

Behauptung $A \subseteq \bigcup_p A_p$ und A_p ist nirgends dicht.

Beweis der Behauptung Wir zeigen zunächst, dass $A \subseteq \bigcup_p A_p$ gilt. Dazu nehmen wir per Widerspruch an, dass $z \in A$ mit $z \notin A_p$ für alle endlichen Folgen p von Spielzügen. Wir konstruieren rekursiv Spielzüge s_n von Alice und t_n von Bob wie folgt: Gegeben $p = (s_0, t_0, \dots, s_{n-1}, t_{n-1})$, so wählt Alice s_n mit

$$\bar{p} \frown s_{n+1} \frown \tau(s_0, t_0, \dots, s_{n-1}, t_{n-1}, s_n) \subseteq z.$$

Dies existiert, da wir angenommen haben, dass $z \notin A_p$ gilt. Dann entsteht die Folge $s_0 \frown t_0 \frown \dots = z \in A$, ein Widerspruch zur Annahme, dass τ eine Gewinnstrategie für Bob ist.

Wir zeigen noch, dass A_p nirgends dicht ist, wobei $p = (s_0, t_0, \dots, s_{n-1}, t_{n-1})$. Dazu nehmen wir an, dass $q \in {}^{<\omega}\omega$ und betrachten das Intervall I_q. Wir machen eine Fallunterscheidung:

1. Fall: $\bar{p} \not\subseteq q$. Dann kann man die Folge q so zu einer Folge r verlängern, dass $\bar{p}$ und r inkompatibel sind, d.h. $A_p \cap I_r = \emptyset$.

2. Fall: $\bar{p} \subseteq q$. Ohne Beschränkung der Allgemeinheit sei $\bar{p} \subsetneq q$. Dann sei s_n diejenige Folge, für die $\bar{p} \frown s_n = q$ gilt. Sei $t_n = \tau(s_0, t_0, \ldots, s_{n-1}, t_{n-1}, s_n)$. Dann gilt $r = \bar{p} \frown s_n \frown t_n \not\subseteq z$ für alle $z \in A_p$, also $A_p \cap I_r = \emptyset$.

Damit haben wir die Behauptung gezeigt.

(b) Wir nehmen nun an, dass Alice eine Gewinnstrategie σ besitzt. Die Idee besteht darin, dass Bob Alice' Strategie auf das Banach-Mazur-Spiel mit Gewinnmenge $I_s \setminus A$ für $s = \sigma(\emptyset)$ anwendet: Können wir nämlich zeigen, dass Bob eine Strategie für dieses Spiel besitzt, so ist gemäß 1. die Menge $I_s \setminus A$ mager. Wir nehmen nun an, dass Alice zuerst die Folge s_0 wählt. Wir machen zunächst eine Fallunterscheidung:

1. Fall: $s \not\subseteq s_0$. Dann kann Bob im nächsten Spielzug eine Folge t_0 wählen, sodass $s_0 \frown t_0$ und s inkompatibel sind. Somit gilt die resultierende unendliche Folge $z \notin I_s$, also gewinnt Bob das Spiel mit Gewinnmenge $I_s \setminus A$.

2. Fall: $s \subseteq s_0$. Dann wählt Bob $t_0 \in {}^{<\omega}\omega$ mit $s \frown t_0 = s_0$. Hat allgemein Alice s_n gewählt, so wählt Bob $t_n = \sigma(s, s_1, t_1, \ldots, s_n)$. Da σ eine Gewinnstrategie für Alice im Banach-Mazur-Spiel mit Gewinnmenge A ist, folgt für die resultierende Folge $z = (s, s_1, t_1, \ldots) \in A$, weswegen Bob das Spiel mit Gewinnmenge $I_s \setminus A$ mit dieser Strategie gewinnt. $\square$

Kapitel 17
Die surreellen Zahlen

„Früher hatte ich ein schlechtes Gewissen, weil ich den ganzen Tag mit Spielen verbrachte, während ich eigentlich Mathematik hätte machen sollen. Als ich dann die surreellen Zahlen entdeckte, wurde mir klar, dass Spielen Mathematik *ist*."
(*engl.* „I used to feel guilty that I spent all day playing games, while I was supposed to be doing mathematics. Then, when I discovered surreal numbers, I realized that playing games *is* mathematics.")

(John Conway)

17.1 Kombinatorische Spiele

In diesem Abschnitt befassen wir uns mit kombinatorischen Spielen, wie sie John Conway in seinem Werk „On numbers and games" [16] eingeführt hat. Anders als in den vorigen Kapiteln betrachten wir hier nur Spiele, die nach endlich vielen Schritten enden, bei denen allerdings auch eine überabzählbare Anzahl möglicher Spielzüge zugelassen ist. Die Definition erfolgt rekursiv:

Definition 17.1 Ein *(kombinatorisches)* *Spiel* ist ein geordnetes Paar (d.h. eine spezielle zwei-elementige Menge) der Form (L, R), wobei L und R Mengen von kombinatorischen Spielen sind (d.h. L und R sind wieder Mengen von geordneten Paaren). Man schreibt dabei üblicherweise $(L \mid R)$ für (L, R) und bezeichnet die Menge L als Menge der *linken Optionen* und R als Menge der *rechten Optionen*.

Die linken und rechten Optionen listet man einfach auf und schreibt beispielsweise

$$G = (G_1^L, G_2^L, \ldots \mid G_1^R, G_2^R, \ldots)$$

anstelle der Mengenschreibweise $G = (\{G_1^L, G_2^L, \ldots\} \mid \{G_1^R, G_2^R, \ldots\})$. Für eine (typische) Linke Option von G schreibt man oft auch einfach G^L und für eine rechte Option G^R, sodass man vereinfacht auch schreibt

$$G = (G^L \mid G^R).$$

Die einfachste Menge für L bzw. R ist die leere Menge und somit ist das einfachste kombinatorische Spiel das sogenannte *leere Spiel*, welches wir mit (|) oder einfach mit 0 bezeichnen. Man beachte, dass das leere Spiel das einzige Spiel ist, das weder linke noch rechte Optionen hat. Formal gesehen definiert man $0 := (L \mid R)$, wobei $L = R = \emptyset$ gilt.

Wie bei der kumulativen Hierarchie der Mengen gibt es auch eine Hierarchie der Spiele, nämlich die sogenannte *Geburtstagshierarchie*:

$$\mathcal{G}_0 = \emptyset$$
$$\mathcal{G}_{\alpha+1} = \{(L \mid R) \mid L, R \subseteq \mathcal{G}_\alpha\}$$
$$\mathcal{G}_\alpha = \bigcup_{\beta < \alpha} \mathcal{G}_\beta$$

Dann ist die Klasse aller Spiele gegeben durch

$$\mathcal{G} = \bigcup_{\alpha \in \Omega} \mathcal{G}_\alpha.$$

Ist $\alpha \in \Omega$ minimal mit $G \in \mathcal{G}_{\alpha+1}$, so sagen wir, dass α der *Geburtstag* von G ist und wir schreiben $\alpha = b(G)$ ($b(G)$ für *birthday* von G).

Offensichtlich ist $0 = (\ \mid\ )$ das einzige Spiel mit Geburtstag 0. Für die Spiele $(L \mid R)$ mit Geburtstag 1 können L und R die Mengen $\emptyset$ oder $\{0\}$ sein. Damit sind die Spiele mit Geburtstag 1 die folgenden drei Spiele, welche wir mit $1, *, -1$ bezeichnen:

$$1 := (0 \mid \ ), \quad * := (0 \mid 0), \quad -1 := (\ \mid 0)$$

Inwieweit kann man sich $G = (L \mid R)$ wirklich als Spiel vorstellen? Ganz einfach, man nehme an, dass Alice und Bob gegeneinander spielen. Alice wählt immer Spielzüge aus den linken Optionen und Bob wählt immer Spielzüge aus den rechten Optionen. Beginnt zum Beispiel Alice, so sieht ein Spielverlauf für das Spiel $G = (L \mid R)$ wie folgt aus: Zuerst wählt Alice ein Spiel $G_0 = (G_0^L \mid G_0^R)$ aus L (falls $L \neq 0$). Dann wählt Bob ein Spiel $G_1 = (G_1^L \mid G_1^R)$ aus G_0^R (falls $G_0^R \neq 0$). Dann wählt Alice ein Spiel $G_2 = (G_2^L \mid G_2^R)$ aus G_1^L (falls $G_1^L \neq 0$), und so weiter. Die erste Person, die am Zug ist und die keinen Spielzug mehr vornehmen kann verliert, im Fall $G_{2n+1}^L = 0$ ist das Alice, und im Fall $G_{2n}^R = 0$ ist das Bob. Wenn wir von Spielen sprechen, dann verwenden wir oft umgangssprachliche Formulierungen wie „Alice zieht auf G^L", um auszusagen, dass Alice den Spielzug G^L vornimmt. Zu beachten ist, dass in diesem Setting sowohl Alice als auch Bob beginnen kann.

Wenn man eine Behauptung für alle Spiele zeigen möchte, so kann man folgende Variante der vollständigen Induktion verwenden:

1. Man zeigt die Behauptung für das leere Spiel 0.
2. Man zeigt: Wenn die Behauptung für jede linke Option G^L und für jede rechte Option G^R eines Spiels G gilt, so auch für G.

Der Induktionsanfang, d.h. die Behauptung für das leere Spiel, ist in der Regel trivial, weswegen dieser Schritt üblicherweise weggelassen wird.

Nun möchten wir zeigen, dass jedes kombinatorische Spiel determiniert ist. Man beachte, dass dies nicht aus Lemma 15.17 folgt, denn kombinatorische Spiele enden zwar nach endlich vielen Spielzügen, aber es muss keine feste, endliche Maximaldauer eines Spiels geben.

Theorem 17.2 (Fundamentalsatz der kombinatorischen Spieltheorie)
Bei jedem kombinatorischen Spiel G hat entweder Alice eine Gewinnstrategie als erste Spielerin oder Bob hat eine Gewinnstrategie als zweiter Spieler.

Beweis Sei G ein kombinatorisches Spiel. Wir nehmen an, dass Alice beginnt. Betrachten wir nun eine linke Option G^L von G. Ausgehend vom Spiel G^L ist nun Bob der erste Spieler und Alice die zweite Spielerin. Nun gibt es induktiv zwei Möglichkeiten: Entweder hat Alice als zweite Spielerin eine Gewinnstrategie für mindestens eine solche linke Option G^L und hat damit eine Gewinnstrategie für G, oder Bob hat als erster Spieler für jede linke Option G^L eine Gewinnstrategie und damit eine Gewinnstrategie für G. □

Daher gibt es vier Möglichkeiten für den Gewinn eines Spiels:

1. Alice gewinnt, wenn sie optimal spielt, unabhängig davon, wer beginnt. Dies ist beim Spiel $1 = (0 \mid)$ der Fall, denn Bob hat keinen Spielzug und Alice kann das Spiel 0 wählen und gewinnt.
2. Bob gewinnt, wenn er optimal spielt, unabhängig davon, wer beginnt. Dies ist beim Spiel $-1 = (\mid 0)$ der Fall,
3. Die erste Spielerin gewinnt, wenn sie optimal spielt, unabhängig davon, wer dies ist. Dies ist beispielsweise beim Spiel $* = (0 \mid 0)$ der Fall.
4. Der zweite Spieler gewinnt, wenn er optimal spielt, unabhängig davon, wer dies ist. Dies ist beim Spiel $0 = (\mid)$ der Fall, da dort beide keinen Spielzug haben und daher die erste Person, die einen Zug machen muss, verliert.

Mit dem Fundierungsaxiom erhalten wir, dass das Spiel $G = (L \mid R)$, aufgefasst als Menge, fundiert ist. Insbesondere gibt es *keine* unendlich langen absteigenden Ketten der Form

$$L \ni G_0^L \ni G_1^R \ni \ldots \ni G_{2n}^L \ni G_{2n+1}^R \ni \ldots$$

Somit ist garantiert, dass jedes Spiel nach endlich vielen Spielzügen endet, auch wenn es unendlich viele mögliche Spielzüge gibt.

Beispiele für kombinatorische Spiele sind das Nim-Spiel (und seine Varianten wie beispielsweise Fibonacci-Nim), oder das weiße und schwarze Schach. Dies sind aber bei Weitem nicht alle kombinatorischen Spiele: Beim Nim kann man beispielsweise auch einen Stapel mit beliebig vielen Streichhölzern (z.B. ω_1) zulassen und es handelt sich immer noch um ein kombinatorisches Spiel.

17.2 Eine Ordnung und eine Gruppenstruktur auf $\mathcal{G}$

Wir wollen nun eine Ordnung und eine Gruppenstruktur auf der Klasse $\mathcal{G}$ aller kombinatorischen Spiele definieren:

Definition 17.3 Seien $G = (G^L \mid G^R)$ und $H = (H^L \mid H^R)$ zwei kombinatorische Spiele. Dann definieren wir rekursiv:

$$G \leq H :\Leftrightarrow \neg\exists G^L : H \leq G^L \ \wedge \ \neg\exists H^R : H^R \leq G$$

$$G \geq H :\Leftrightarrow H \leq G$$

$$G \doteq H :\Leftrightarrow G \leq H \wedge H \leq G$$

$$G < H :\Leftrightarrow G \leq H \wedge G \not\doteq H$$

$$G > H :\Leftrightarrow H < G$$

Wie funktioniert diese Rekursion? Schauen wir ein einfaches Beispiel an:

Beispiel 17.4 Wir zeigen $-1 < 1$, was ja offensichtlich gelten sollte, falls die Notation sinnvoll gewählt ist: Dies ist der Fall, wenn $-1 \leq 1$ und $-1 \not\doteq 1$ gilt.

- Es gilt $0 \leq 1$ weil das Spiel $0 = (\ \mid\ )$ keine linke und das Spiel $1 = (0 \mid\ )$ keine rechte Option hat, und weil für die linke Option 0 von 1 gilt $0 \doteq 0$, erhalten wir $0 < 1$.
- Weiter gilt $-1 \leq 0$ weil das Spiel $-1 = (\ \mid 0)$ keine linke und das Spiel 0 keine rechte Option hat, und weil für die rechte Option 0 von -1 gilt $0 \doteq 0$, erhalten wir $-1 < 0$.
- Weil das Spiel -1 keine linke und das Spiel 1 keine rechte Option besitzt, gilt $-1 \leq 1$.
- Umgekehrt ist $1 \leq -1$ falsch, denn für die linke Option 0 von 1 gilt $-1 \leq 0$ wie oben gezeigt.
- Somit ist $-1 \not\doteq 1$ und mit $-1 \leq 1$ gilt $-1 < 1$.

Wie kann man sich die Ordnung vorstellen? Gilt $G \leq H$, so ist H aus der Sicht von Alice vorteilhafter als G und umgekehrt schlechter aus der Sicht von Bob. Gilt hingegen $G \doteq H$, so hat keines der Spiele für Alice oder Bob einen Vorteil gegenüber der anderen Person.

Nun gelangt man vermutlich schnell zur Vermutung, dass es sich bei $\doteq$ um eine Äquivalenzrelation auf $\mathcal{G}$ und bei $\leq$ um eine Ordnungsrelation auf den Äquivalenzklassen von $\doteq$ handeln sollte:

Lemma 17.5 *Die Relation $\doteq$ stellt eine Äquivalenzrelation auf $\mathcal{G}$ dar. Die Relation $\leq$ stellt eine Ordnungsrelation auf den Äquivalenzklassen von $\doteq$ dar, wenn man sie für $G, H \in \mathcal{G}$ folgendermaßen erweitert:*

$$[G] \leq [H] :\Leftrightarrow G \leq H$$

Beweis Wir zeigen zunächst für beide Relationen die Reflexivität mittels Induktion. Sei also $G \in \mathcal{G}$ ein kombinatorisches Spiel. Zunächst gilt induktiv $G^R \not\leq G$ (wegen $G^R \leq G^R$) sowie $G \not\leq G^L$ (wegen $G^L \leq G^L$) für alle linken Optionen G^L und für alle rechten Optionen G^R. Dies zeigt $G \leq G$. Offensichtlich folgt daraus auch $G \doteq G$.

Kommen wir nun zur Transitivität. Seien $G, H, K \in \mathcal{G}$ mit $G \leq H$ und $H \leq K$. Angenommen, es gelte $G \not\leq K$. Dann gibt es zwei Möglichkeiten, entweder $K \leq G^L$ für eine linke Option G^L von G oder $K^R \leq G$ für eine rechte Option K^R von K. Im ersten Fall folgt aber induktiv aus $H \leq K$ und $K \leq G^L$ auch $H \leq G^L$, ein Widerspruch zu $G \leq H$. Analog kann man auch $K^R \leq G$ zum Widerspruch führen. Die Transitivität von $\doteq$ folgt nun direkt.

Die Wohldefiniertheit von $\leq$ auf den Äquivalenzklassen folgt direkt aus den bereits gezeigten Eigenschaften und die Symmetrie von $\doteq$ und die Antisymmetrie von $\leq$ sind offensichtlich. □

Wir werden der Einfachheit halber ab jetzt auch da nur Repräsentanten schreiben, wenn Äquivalenzklassen gemeint sind und werden mit $\mathcal{G}$ gleichermaßen die Klasse aller Spiele (also die Repräsentanten) und die Klasse aller Äquivalenzklassen bezeichnen.

Man ist jetzt vermutlich geneigt zu behaupten, dass $\leq$ sogar eine lineare Ordnung auf den Äquivalenzklassen von $\doteq$ darstellt. Dies ist allerdings nicht der Fall, da weder $* \leq 0$ noch $0 \leq *$ gilt.

Was sagt nun die Ordnung von Spielen über den Gewinn aus? Dazu beweisen wir das folgende Lemma:

Lemma 17.6 *Sei $G \in \mathcal{G}$ ein kombinatorisches Spiel. Dann gilt:*

(a) $G \doteq 0$ gilt genau dann, wenn der zweite Spieler bzw. die zweite Spielerin eine Gewinnstrategie besitzt.

(b) $G > 0$ gilt genau dann, wenn Alice eine Gewinnstrategie besitzt.

(c) $G < 0$ gilt genau dann, wenn Bob eine Gewinnstrategie besitzt.

Es folgt direkt, dass $G \geq 0$ genau dann gilt, wenn Alice als zweite Spielerin eine Gewinnstrategie besitzt, sowie dass $G \leq 0$ genau dann gilt, wenn Bob als zweiter Spieler eine Gewinnstrategie besitzt.

Beweis (von Lemma 17.6) Wir verwenden eine simultane Induktion, d.h. wir nehmen an, dass die Eigenschaften (a) bis (c) bereits für alle Optionen von G (sowie deren Optionen) bereits gilt. Da die Beweise analog erfolgen, zeigen wir nur (a). Nehmen wir zunächst an, dass $G \doteq 0$ gilt und dass Alice beginnt (das Argument für Bob verläuft analog). Wir wollen zeigen, dass Bob eine Gewinnstrategie besitzt. Sei nun G^L ein beliebiger Spielzug von Alice. Dann gilt $0 \not\leq G^L$, da sonst $G \leq 0$ falsch wäre. Nach Induktion bedeutet das aber, dass Alice als zweite Spielerin keine Gewinnstrategie für das Spiel G^L besitzt. Da G aber ein Spiel von endlicher Dauer ist, folgt mit demselben Argument wie in Lemma 15.17, dass Bob für G^L als erster Spieler eine Gewinnstrategie besitzt. Da die Option G^L beliebig war, besitzt Bob damit auch eine Gewinnstrategie für G als zweiter Spieler.

Es gelte nun umgekehrt $G \neq 0$, d.h. es gilt $G \not\leq 0$ oder $G \not\geq 0$. Da beide Fälle analog behandelt werden können, nehmen wir ohne Beschränkung der Allgemeinheit an, dass $G \not\leq 0$ gilt. Dann gibt es eine linke Option mit $0 \leq G^L$ (denn 0 besitzt keine rechte Option). Dies bedeutet aber induktiv, dass Alice als zweite Spielerin eine Gewinnstrategie für G^L und damit als erste Spielerin eine Gewinnstrategie für G besitzt.   □

Aufgabe 17.7 Beweisen Sie die Eigenschaften (b) und (c) von Lemma 17.6.

Bei Lemma 17.6 ist ein Fall jedoch noch nicht behandelt, nämlich dass diejenige Person eine Gewinnstrategie besitzt, die beginnt:

Aufgabe 17.8 Ein Spiel $G \in \mathcal{G}$ heißt *fuzzy*, falls weder $G \geq 0$ noch $G \leq 0$ gilt. Man schreibt $G \not\parallel 0$.

(a) Geben Sie Beispiele für Spiel an, die fuzzy sind.
(b) Zeigen Sie: Ein Spiel G ist genau dann fuzzy, wenn der erste Spieler oder die erste Spielerin eine Gewinnstrategie besitzt.

Nun wollen wir eine Addition auf $\mathcal{G}$ definieren:

Definition 17.9 Seien $G, H \in \mathcal{G}$ zwei Spiele. Dann definiert man rekursiv

$$G + H := (G^L + H, G + H^L \mid G^R + H, G + H^R)$$

als *Summe* von G und H.

Man beachte, dass hier kein Rekursionsanfang erforderlich ist: Da 0 weder linke noch rechte Optionen hat, gilt $0 + 0 = 0$. Formal gesehen ist die Menge der linken Optionen von $G + H$ gegeben durch

$\{G^L + H \mid G^L$ ist linke Option von $G\} \cup \{G + H^L \mid H^L$ ist linke Option von $H\}$

Ist nun $G = H = 0$, so ist diese Menge sowie auch die Menge der rechten Optionen leer, wodurch sich $0 + 0 = 0$ ergibt. Induktiv ergibt sich dann auch $G + 0 = G$, denn aus $G^L + 0 = G^L$ und $G^R + 0 = G^R$ ergibt sich

$$G + 0 = (G^L + 0 \mid G^R + 0) = (G^L \mid G^R) = G.$$

Welche Idee steckt hinter dieser Definition? Man stelle sich vor, dass Alice und Bob parallel zwei Spiele spielen, nämlich G und H, und dass man bei jedem Spielzug entweder einen Zug in G oder einen Zug in H vornehmen kann. Wie üblich verliert die erste Person, für die es keinen weiteren Spielzug gibt. Was sind also die Spielzüge in $G + H$ von Alice?

Entweder nimmt sie einen Spielzug G^L in G vor und zieht auf $G^L + H$ (H bleibt dabei unverändert) oder sie macht einen Spielzug in H und zieht auf $G + H^L$ (G bleibt dabei unverändert). Analog kann man sich die Optionen von Bob erschließen.

> **Definition 17.10** Sei $G = (G^L \mid G^R)$ ein Spiel. Dann definiert man rekursiv das *inverse Spiel* durch
>
> $$-G := (-G^R \mid -G^L).$$

Per Definition gilt also $-0 = 0$. Offensichtlich gilt außerdem $-(-G) = G$, wie man leicht induktiv sieht. Wie kann man sich das vorstellen? Ganz einfach, hier werden lediglich die Rollen von Alice und Bob vertauscht, d.h. Alice hat in $-G$ genau Spielzüge zur Auswahl, die den Spielzügen von Bob beim Spiel G entsprechen. Wir schreiben:

$$G - H := G + (-H)$$

Wir zeigen nun, dass die Addition eine Gruppenstruktur auf $\mathcal{G}$ (gemeint sind die Äquivalenzklassen!) definiert:

> **Theorem 17.11** *Das Paar* $(\mathcal{G}, +)$ *bildet eine (klassengroße!) abelsche Gruppe.*

Beweis Das neutrale Element ist offensichtlich das leere Spiel $0 = (\ \mid\ )$. Das zu $G \in \mathcal{G}$ inverse Gruppenelement ist $-G$: Wir zeigen induktiv $G + (-G) \doteq 0$, also $G + (-G) \leq 0$ und $G + (-G) \geq 0$. Wäre etwa $G + (-G) \nleq 0$, so gäbe es eine linke Option $(G + (-G))^L$ mit $0 \leq (G + (-G))^L$ (denn 0 hat keine rechte Option). Eine solche ist aber entweder von der Form $G^L + (-G)$ oder $G + (-G^R)$. Allerdings gilt induktiv $G^L + (-G)^R = G^L + (-G^L) \doteq 0$, weswegen $0 \nleq G^L + (-G)$ folgt. Analog gilt induktiv $G^R + (-G^R) \doteq 0$, woraus $0 \not\le G + (-G^R)$ folgt. Insgesamt erhalten wir also $G + (-G) \le 0$ und analog auch $G + (-G) \ge 0$.

Wir zeigen nun das Kommutativgesetz:

$$G + H = (G^L + H, G + H^L \mid G^R + H, G + H^R)$$
$$= (H + G^L, H^L + G \mid H + G^R, H^R + G) = H + G$$

Dabei haben wir induktiv verwendet, dass beispielsweise $G^L + H = H + G^L$ gilt. Zuletzt müssen wir noch das Assoziativgesetz mittels Induktion nachweisen. Da die Argumente für die linken und rechten Optionen analog sind, betrachten wir nur die linken Optionen:

$$G + (H + K) = (G^L + (H + K), G + (H + K)^L \mid \dots)$$
$$= (G^L + (H + K), G + (H^L + K), G + (H + K^L) \mid \dots)$$
$$= ((G^L + H) + K, (G + H^L) + K, (G + H) + K^L \mid \dots)$$
$$= ((G + H)^L + K, (G + H) + K^L \mid \dots)$$
$$= (G + H) + K$$

Da wir nun wissen, dass $\mathcal{G}$ eine Gruppe darstellt, folgt unter Verwendung von Lemma 17.6:

$$G \doteq H \Leftrightarrow G - H \doteq 0$$
$$\Leftrightarrow \text{der zweite Spieler hat eine Gewinnstrategie für } G - H$$

Diese Erkenntnis ist gerade bei konkreten Spielen nützlich, um durch die Angabe einer Gewinnstrategie nachzuweisen, dass zwei Spiele äquivalent sind.

Lemma 17.12 *Für Spiele $G, H, K \in \mathcal{G}$ gilt:*

$$G \le H \Leftrightarrow G + K \le H + K \quad bzw. \quad G < H \Leftrightarrow G + K < H + K$$

Beweis Seien $G, H, K \in \mathcal{G}$. Wir nehmen zunächst an, dass $G \le H$ gilt und zeigen $G + K \le H + K$. Falls dies nicht gilt, so gibt es entweder eine linke Option von $G + K$ mit $H + K \le (G + K)^L$ oder es gibt eine rechte Option von $H + K$ mit $(H + K)^R \le G + K$. Da beide Fälle analog verlaufen, betrachten wir nur den ersten Fall. Eine linke Option von $G + K$ ist entweder von der Form $G^L + K$ oder von der Form $G + K^L$. Wir betrachten also zwei Fälle:

1. **Fall:** $H + K \le G^L + K$ für eine linke Option G^L von G: Induktiv können wir aus $H + K \le G^L + K$ folgern, dass $H \le G^L$ folgt (aus der Rückrichtung der induktiven Annahme). Dies widerspricht aber unserer Annahme, dass $G \le H$ gilt.

2. **Fall:** $H + K \le G + K^L$ für eine linke Option K^L von K: Induktiv folgt aus $G \le H$ schon $G + K^L \le H + K^L$. Nun ist aber $H + K^L$ eine linke Option von $H + K$, sodass wir einen Widerspruch zu $H + K \le G + K^L$ erhalten.

Gilt hingegen $G < H$, so folgt aus dem bereits Gezeigten $G + K \le H + K$. Außerdem kann $G + K \doteq H + K$ nicht gelten, da daraus $G \doteq H$ folgen würde. Also erhalten wir $G + K < H + K$.

Die Umkehrung folgt in beiden Fällen aus der Hinrichtung, wenn man auf beiden Seiten der Ungleichung K addiert. □

Dies ist vor allem wichtig, weil wir daraus eine einfache Möglichkeit erhalten, Spiele miteinander zu vergleichen, beispielsweise wie folgt:

$$G \le H \Leftrightarrow G - H \le 0 \quad \text{bzw.} \quad G < H \Leftrightarrow G - H < 0$$

Dazu wählt man einfach $K = -H$.

Bemerkung 17.13 Wir verwenden oft die Begriffe „Spiel" und „Äquivalenzklasse eines Spiels" synonym. Wenn man aber genau hinschaut, so taucht folgendes Problem dabei auf: Eine Äquivalenzklasse ist selbst eine echte Klasse (siehe Aufgabe 17.14). Man kann hier auf zwei Weisen vorgehen:

1. Man wählt für jede Äquivalenzklasse einen *kanonischen Repräsentanten*, genannt die *kanonische Form*, siehe dazu beispielsweise [59].
2. Man kann als Äquivalenzklasse von G einfach die folgende Menge betrachten, welche nun keine Klasse mehr darstellt:

$$[G] = \{H \in \mathcal{G} \mid H \doteq G, H \in \mathcal{G}_\alpha, \neg \exists \beta < \alpha \ \exists K \in \mathcal{G}_\beta : K \doteq G\}$$

Da dieses Problem also lösbar ist, können wir problemlos diese Identifikation zwischen Spielen und Äquivalenzklassen fortsetzen.

Aufgabe 17.14 Zeigen Sie, dass die Äquivalenzklasse des Spiels 0 bezüglich $\doteq$ selbst eine echte Klasse darstellt.

17.3 Hackenbush

In diesem Abschnitt beschäftigen wir uns mit einem besonderen kombinatorischen Spiel, welches als *Hackenbush* bezeichnet wird. Dabei ist ein Graph gegeben, dessen Kanten entweder blau, rot oder grün gefärbt sind. Zudem ist ein besonderer Knoten, genannt *Grundlinie*, gegeben, sodass jeder Knoten über mindestens einen Pfad mit der Grundlinie verbunden ist. Die Grundlinie wird üblicherweise nicht als einzelner Knoten, sondern als Linie dargestellt. Weiterhin nehmen wir an, dass jeder Knoten mit höchstens endlich vielen Kanten inzident ist. Nun gelten folgende Spielregeln:

- Alice kann in ihrem Spielzug eine blaue oder grüne Kante entfernen.

- Bob kann in seinem Spielzug eine rote oder grüne Kante entfernen.
- Wird ein Knoten x entfernt, wird automatisch auch jeder Knoten entfernt, der nach dem Entfernen von x über keinen Pfad mehr mit der Grundlinie verbunden ist.

Manchmal beschränken wir uns nur auf blau und rot gefärbte Kanten; in diesem Fall sprechen wir von *blau-rotem Hackenbush*. Umgekehrt spricht man von *grünem Hackenbush*, wenn alle Kanten grün sind.

In Abschnitt 17.7 werden wir das blau-rote Hackenbush nochmals verallgemeinern. Ein Hackenbushspiel kann also beispielsweise wie folgt aussehen:

$$G_* = \;\; \text{(Abbildung)}$$

Die Grundlinie wird nicht als Knoten, sondern als Linie dargestellt. Alle auf der Grundlinie dargestellten Knoten stellen im Prinzip nur einen gemeinsamen Knoten – nämlich die Grundlinie – dar.

Auch hier stellen wir das leere Hackenbushspiel mit 0 dar, welches nur aus der Grundlinie besteht. Nun geben wir schrittweise die Optionen von Alice und Bob an:

$$\text{(Abbildung)} = \left(0, \;\; \Big| \; 0, \;\; \right) = \left(\emptyset, \left(0 \,\Big|\, 0, \;\; \right) \,\Big|\, \emptyset, \left(0, \;\; \Big| \emptyset \right)\right)$$
$$= (0, (0 \mid 0, (0 \mid 0)) \mid 0, (0, (0 \mid 0) \mid 0))$$
$$= (0, (0 \mid 0, *) \mid 0, (0, *) \mid *))$$

Damit handelt es sich bei G_* auch wirklich um ein Spiel im Sinne von Definition 17.1. Intuitiv gesehen bringen Alice und Bob die blauen und roten Striche nichts, denn beide können direkt auf das leere Spiel ziehen und damit gewinnen. Es erscheint also sinnvoll zu sagen, dass G_* und $* = (0 \mid 0)$ zu einander äquivalente Spiele sind bezüglich einer noch anzugebenden Äquivalenzrelation. Damit befassen wir uns dann im Abschnitt 17.2. Alle Spiele mit Geburtstag 1 lassen sich als Hackenbushspiele darstellen:

$$1 = (0 \mid \;) = \text{(Abb.)}, \quad * = (0 \mid 0) = \text{(Abb.)}, \quad -1 = \text{(Abb.)}$$

Nun ergibt sich die folgende Frage: Ist jedes kombinatorische Spiel auch ein Hackenbushspiel? Dies ist nicht der Fall, wie die folgende Aufgabe zeigt:

Wir überlegen uns nun, was die Addition und die Bildung eines additiven Inversen für Hackenbushspiele bedeutet. Ist G ein Hackenbushspiel, so erhalten wir $-G$, indem wir blaue und rote Kanten vertauschen, denn genau dadurch werden die Optionen von Alice und Bob vertauscht (und zwar auch die Optionen der Optionen usw.). Insbesondere gilt $-G = G$ für Spiele, die nur grüne Kanten enthalten; solche Spiele werden als *unparteiisch* bezeichnet. Die Summe zweier Hackenbushspiele besteht einfach darin, die beiden Graphen nebeneinander zu platzieren.

Die Beziehung $G + (-G) \doteq 0$ kann man sich für

dann wie folgt vorstellen: Man betrachtet $G + (-G) = G - G$, also

Um zu zeigen, dass $G - G \doteq 0$ gilt, können wir Lemma 17.6 verwenden und zeigen, dass der zweite Spieler bzw. die zweite Spielerin beim Spiel $G - G$ eine Gewinnstrategie besitzt. Dies folgt aber offensichtlich aus der Spiegelbildstrategie (siehe Kapitel 15): Beginnt beispielsweise Alice und entfernt eine blaue (oder grüne) Kante in einem der Spiele, so entfernt Bob die entsprechende rote (oder grüne) Kante im inversen Spiel und kann folglich gewinnen, wenn er fortwährend diese Strategie einsetzt.

Addiert man zwei Hackenbushspiele, so erhält man wieder ein Hackenbushspiel. Weiterhin gilt: Wenn G ein Hackenbushspiel ist, so auch $-G$. Es gilt also Folgendes:

Lemma 17.16 *Die Klasse aller Hackenbushspiele bildet eine Untergruppe von* $(\mathcal{G}, +)$.

Analog erkennt man ebenfalls sofort, dass die Klasse aller grünen Hackenbushspiele sowie die Klasse aller blau-roten Hackenbushspiele ebenfalls Untergruppen von $(\mathcal{G}, +)$ bilden. Außerdem erkennen wir, dass ein Hackenbushspiel, welches aus endlich vielen, endlich langen grünen Ketten – genannt *Bohnenstangen* – besteht, einfach einem Nim-Spiel entspricht, dessen Haufengrößen den Längen der Ketten entsprechen. Beispielsweise entspricht das Spiel

$$G = $$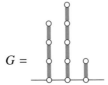

genau einem Nim-Spiel mit Haufen der Größen 3, 4 und 1.

Aufgabe 17.17 Lässt man transfinite Ketten von grünen Kanten zu (d.h. von der Höhe einer beliebigen Ordinalzahl), so erhält man das *transfinite Nim-Spiel*. Ein solches Spiel besteht also aus endlich vielen grünen Ketten von ordinaler Länge. Hier lässt sich ganz analog wie im endlichen Fall eine Gewinnstrategie angeben (und zwar dieselbe!). Dazu benötigt man die *transfinite Binärdarstellung*:

(a) Zeigen Sie, dass jede Ordinalzahl α eine eindeutige transfinite Binärdarstellung der Form

$$\alpha = 2^{\alpha_1} + \ldots + 2^{\alpha_n}, \quad \alpha \geq \alpha_1 > \ldots > \alpha_n$$

(b) Verallgemeinern Sie die Strategie aus dem Satz von Bouton (Theorem 15.2) auf das transfinite Nim-Spiel und beweisen Sie, dass es sich tatsächlich um eine Gewinnstrategie handelt.

(c) Wer gewinnt das transfinite Nim-Spiel mit Ketten der Höhe 1, $\omega + 3$, $\omega^\omega + \omega^2 \cdot 3 + 5$, ε_0?

In Abschnitt 17.4 werden wir sehen, dass sich gewisse Spiele wie Zahlen verhalten. Exemplarisch wollen wir dies anhand vom blau-rotem Hackenbush erkunden. Zunächst ist klar, dass blaue Kanten einen Vorteil für Alice und rote Kanten einen Vorteil für Bob bringen. Wir wissen bereits, dass eine einzige blaue Kante dem Spiel 1 und eine einzige rote Kante dem Spiel -1 entspricht. Wie kann man nun ein Spiel mit Wert n für $n \in \omega$ finden?

Wir möchten natürliche Zahlen nun so einführen, dass die Spielen als natürliche Zahlen mit der Addition natürlicher Zahlen übereinstimmt. Zwei Kandidaten bieten sich hier an:

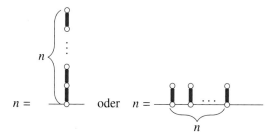

Die zweite Option entspricht genau folgender Darstellung von n als Spiel:

$$n := \underbrace{1 + \ldots + 1}_{n\text{-mal}}$$

Tatsächlich sind beide Spiele äquivalent, wie man leicht induktiv zeigen kann. Die Optionen sind allerdings bei beiden Spielen unterschiedlich: Das linke Spiel hat die Darstellung (wie man induktiv sieht)

$$(0, 1, \ldots, n - 1 \mid),$$

während das rechte Spiel die einfachere Darstellung $(n - 1 \mid)$ hat. Insgesamt gilt also:

$$(0, 1, \ldots, n - 1 \mid) \doteq (n - 1 \mid) = n$$

Allgemein gilt: Besteht ein Spiel nur aus n blauen Kanten und enthält keine weiteren Kanten, so entspricht es der Zahl n. Dies lässt sich auch auf beliebige Ordinalzahlen erweitern. Ersetzt man blaue durch rote Kanten, so erhält man entsprechend die negativen Zahlen.

Wie sieht es mit rationalen Zahlen aus? Möchten wir beispielsweise ein Spiel vom Wert $\frac{1}{2}$ finden, so sollte es zwar Alice bevorteilen, allerdings weniger als das Spiel 1. Dazu fassen wir wie oben $\frac{1}{2}$ als Spiel auf, für das gilt:

$$\frac{1}{2} + \frac{1}{2} \doteq 1$$

Naheliegend ist daher folgendes Spiel:

$$G = \quad = \left(0 \;\middle|\; \right) = (0 \mid 1)$$

Damit dieses Spiel die Zahl $\frac{1}{2}$ darstellt, muss $G + G \doteq 1$ gelten. Dazu betrachten wir das Spiel $G + G - 1$ und zeigen, dass der zweite Spieler eine Gewinnstrategie besitzt:

$$G - G - 1 = $$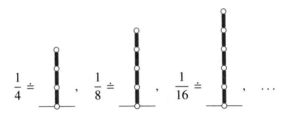

Beginnt Alice, so muss sie eine blaue Kante entfernen, wodurch eine Kopie von G komplett fällt. Dann kann Bob auf $1 - 1 \doteq 0$ ziehen und gewinnen. Beginnt hingegen Bob, so sollte er eine der Kanten in G entfernen (entfernt er seine einzige Verbindung zur Grundlinie, so kann er auf keinen Fall gewinnen). Alice' bester Zug besteht dann darin, die übriggebliebene Kopie von G zu entfernen und damit auf $1 - 1 \doteq 0$ zu ziehen, wodurch sie gewinnt.

$$\frac{1}{4} \doteq \quad , \quad \frac{1}{8} \doteq \quad , \quad \frac{1}{16} \doteq \quad , \quad \ldots$$

Aufgabe 17.18 Man kann jeden Bruch, dessen Nenner durch eine Zweierpotenz gegeben ist, wie folgt rekursiv definieren:

$$\frac{1}{2^{n+1}} = \left(0 \,\middle|\, \frac{1}{2^n} \right)$$

(a) Zeigen Sie, dass das Spiel $\frac{1}{2^n}$ äquivalent zum folgenden Hackenbushspiel ist: Eine Kette aus $n + 1$ Kanten, wobei diejenige, die mit der Grundlinie verbunden ist, blau ist und alle anderen rot.

(b) Analog kann man jeden *dyadischen Bruch*, d.h. jeden Bruch mit Nenner gegeben durch eine Zweierpotenz (und beliebigem Zähler) durch ein Hackenbushspiel darstellen. Wie geht dies?

Tatsächlich kann man sogar jede reelle Zahl als Hackenbushspiel darstellen! Damit befassen wir uns aber erst im Abschnitt 17.7. Zunächst wollen wir in Abschnitt 17.4 allgemein untersuchen, welche Spiele einer Zahl entsprechen, wenn man den Begriff einer Zahl passend erweitert.

17.4 Die surreellen Zahlen

Im Folgenden führen wir die surreellen Zahlen ein, die sowohl die reellen Zahlen als auch die Ordinalzahlen umfassen. Die Konstruktion, welche auf John Conway [16] zurückgeht, greift einerseits die Idee der Dedekindschen Schnitte und andererseits auch die Konstruktion der Ordinalzahlen nach John von Neumann auf. Die Grundidee besteht darin, Zahlen als Spiele einzuführen, die gewissermaßen einer Art Dedekindschem Schnitt entsprechen. In Abschnitt 17.7 zeigen wir außerdem, dass die surreellen Zahlen genau gewissen Hackenbushspielen entsprechen.

Definition 17.19 Ein Spiel $x = (L \mid R)$ ist eine *(surreelle) Zahl*, falls L und R Mengen von surreellen Zahlen sind und es kein $x^L \in L$ und kein $x^R \in R$ gibt mit $x^L \geq x^R$. Wir bezeichnen die Klasse aller surreellen Zahlen mit $\mathcal{S}$.

Offensichtlich ist 0 gemäß dieser Definition eine Zahl sowie auch 1 und -1. Das Spiel $* = (0 \mid 0)$ hingegen ist keine Zahl, da ja $0 \leq 0$ gilt.

Lemma 17.20 *Ein Spiel $x \in \mathcal{G}$ ist genau dann eine Zahl, wenn $x^L < x < x^R$ für jede linke Option x^L und jede rechte Option x^R von x gilt.*

Beweis Wir nehmen zunächst an, dass $x \in \mathcal{S}$ eine Zahl ist und wir betrachten das Spiel $x - x^L$. Aufgrund von Lemma 17.6 reicht es zu zeigen, dass Alice für dieses Spiel eine Gewinnstrategie besitzt. Beginnt sie, so kann sie auf $x^L - x^L \doteq 0$ ziehen, wodurch sie als zweite Spielerin gewinnt. Beginnt Bob und zieht er auf $x^R - x^L \ntrianglelefteq 0$, so kann er als zweiter Spieler nicht gewinnen. Zieht er hingegen auf $x^L - x^{LL}$, so verliert er ebenfalls, weil induktiv $x^L - x^{LL} > 0$ gilt. Also gilt $x^L < x$. Analog zeigt man $x < x^R$. Die Umkehrung ist trivial. □

Man kann Lemma 17.20 natürlich auch unter Verwendung der Definition der Ordnung beweisen, was kürzer, aber etwas weniger anschaulich ist.

Korollar 17.21 *Die Ordnung $<$ eingeschränkt auf $\mathcal{S}$ ist linear.*

Beweis Seien $x, y \in \mathcal{S}$. Angenommen, $x \ntrianglelefteq y$. Dann gibt es entweder x^L mit $y \leq x^L$ oder es gibt y^R mit $y^R \leq x$. Im ersten Fall folgt $y \leq x^L < x$ und im zweiten Fall folgt $y < y^R \leq x$, also gilt in beiden Fällen $y < x$. □

Lemma 17.22 $(\mathcal{S}, +)$ *bildet eine Untergruppe von* $(\mathcal{G}, +)$.

Beweis Wir wissen bereits, dass $0 \in \mathcal{S}$ gilt. Für die beiden anderen zu zeigenden Eigenschaften verwenden wir Lemma 17.20. Seien nun $x, y \in \mathcal{S}$. Offensichtlich gilt $-x \in \mathcal{S}$, denn aus $x^L < x < x^R$ folgt $-x^R < -x < -x^L$. Es gilt

$$x + y = (x^L + y, x + y^L \mid x^R + y, x + y^R),$$

weswegen wir vier Ungleichungen zeigen müssen, nämlich $x^L + y < x + y, x + y^L < x + y, x + y < x^R + y$ und $x + y < x + y^R$. Aus Symmetriegründen reicht es, die erste Ungleichung nachzuweisen. Diese ist aber offensichtlich, denn es gilt $(x + y) - (x^L + y) = x - x^L > 0$.   □

Der folgende Satz ist sehr nützlich, um Zahlen tatsächlich zu berechnen:

Theorem 17.23 (Einfachheitsregel) *Sei x eine Zahl. Dann gilt $x \doteq y$ für eine Zahl y von minimalem Geburtstag, falls für jede linke Option x^L und jede rechte Option x^R von x gilt $x^L < y < x^R$.*

Aus Theorem 17.23 folgt direkt, dass y bis auf die Äquivalenz $\doteq$ eindeutig ist.

Beweis (Theorem 17.23) Offensichtlich muss es ein solches y geben, da ja bereits x die Ungleichung $x^L < x < x^R$ erfüllt (aufgrund von Lemma 17.20). Wir wollen nun zeigen, dass $x \doteq y$ gilt. Dazu betrachten wir das Spiel $x - y$ und zeigen $x - y \geq 0$ (und analog zeigt man auch $x - y \leq 0$). Dazu müssen wir zeigen, dass Alice als zweite Spielerin das Spiel $x - y$ gewinnt. Es gibt zwei Fälle:

1. Fall: Bob zieht auf $x^R - y$. Nach Annahme gilt aber $y < x^R$ und somit $x^R - y > 0$, sodass Alice gewinnt.

2. Fall: Bob zieht auf $x - y^L$. Da es sich hier um Zahlen handelt, gilt entweder $x > y^L$ oder $x \leq y^L$. Im ersten Fall gewinnt Alice das Spiel $x - y^L$, also können wir $x \leq y^L$ annehmen. Dann gilt aber $x^L < x \leq y^L < y < x^R$ und damit liegt y^L ebenfalls zwischen x^L und y^R, hat aber einen kleineren Geburtstag als y, ein Widerspruch.   □

Theorem 17.23 ist sehr nützlich, denn damit kann man leicht berechnen, welcher Zahl ein Spiel entspricht und wir können leicht überprüfen, ob zwei Zahlen äquivalent sind.

Zuerst konstruieren wir die *Ordinalzahlen* wie folgt als surreelle Zahlen:

Definition 17.24 Eine Zahl $x \in S$ ist eine *Ordinalzahl*, falls $x = (L \mid \ )$ für eine Menge L von Ordinalzahlen.

Damit sehen die ersten Ordinalzahlen wie folgt aus:

$$0 = (\;|\;)$$
$$1 = (0\;|\;)$$
$$2 = (1\;|\;) \doteq (0, 1\;|\;)$$
$$3 = (2\;|\;) \doteq (0, 1, 2\;|\;)$$
$$\vdots$$
$$\omega = (0, 1, 2, \ldots\;|\;)$$
$$\omega + 1 = (\omega\;|\;) \doteq (0, 1, 2, \ldots, \omega\;|\;)$$
$$\vdots$$

Die verschiedenen Darstellungen sind äquivalent aufgrund der Einfachheitsregel. Für 2 erkennt man das wie folgt: Jede Zahl, die größer als 1 ist, ist natürlich auch größer als 0 und 1. Es gilt also allgemein:

$$\alpha = (\{\beta \mid \beta < \alpha\}\;|\;)$$

Dabei ist der Geburtstag einer Ordinalzahl α gleich α – genau wie der Rang einer Ordinalzahl im Sinne von Kapitel 10 ebenfalls α ist.

Die Parallelen zur Konstruktion von Ordinalzahlen in Kapitel 10 sind also offensichtlich. Auch kann man analog argumentieren, dass sich diese Konstruktion mit den Axiomen von ZF durchführen lassen. Zu beachten gilt, dass wir zwar dieselben Symbole wie bei den von Neumannschen Ordinalzahlen verwenden, es sich jedoch um unterschiedliche Mengen handelt. Dennoch haben beide Konstruktionen dieselben Eigenschaften. Ähnlich verhält es sich mit den reellen Zahlen, wie wir später noch sehen werden.

Aufgabe 17.25 Da wir nun Ordinalzahlen als Spiele auffassen können, können wir auch die Addition von Ordinalzahlen, aufgefasst als Spiele, betrachten. Hierfür verwenden wir die Schreibweise $\alpha + \beta$, was aber offensichtlich nicht die Addition von Ordinalzahlen ist, denn diese ist ja nicht kommutativ. Stattdessen handelt es sich um die Hessenberg-Addition (siehe Abschnitt 10.5), d.h. die Addition der Ordinalzahlen als Spiele entspricht $\alpha \oplus \beta$. Begründen Sie dies.

Unsere Überlegungen am blau-roten Hackenbush deuten aber daraufhin, dass die surreellen Zahlen nicht nur die Ordinalzahlen umfassen, sondern auch rationale Zahlen. Am einfachsten zu konstruieren sind die *dyadischen Brüche*, d.h. Brüche, deren Nenner eine Zweierpotenz ist (siehe auch Aufgabe 17.18). Die Menge aller dyadischen Brüche bezeichnen wir mit $\mathbb{D}$. Wir definieren:

$$1 = (0 \mid), \quad \frac{1}{2} = (0 \mid 1), \quad \frac{1}{4} = \left(0 \,\middle|\, \frac{1}{2}\right), \quad \frac{1}{8} = \left(0 \,\middle|\, \frac{1}{4}\right) \quad \dots$$

Allgemein definiert man rekursiv:

$$\frac{1}{2^{n+1}} = \left(0 \,\middle|\, \frac{1}{2^n}\right)$$

Man kann nun leicht zeigen, dass

$$\frac{1}{2^{n+1}} + \frac{1}{2^{n+1}} = \frac{1}{2^n}$$

gilt, was genau der üblichen Eigenschaft eines solchen Bruchs entspricht.

Aufgabe 17.26 Beweisen Sie

$$\frac{1}{2^{n+1}} + \frac{1}{2^{n+1}} = \frac{1}{2^n}$$

für alle $n \in \omega$.

Die dyadischen Brüche sind genau die surreellen Zahlen mit endlichem Geburtstag: Zunächst halten wir fest, dass sich jeder gekürzte dyadische Bruch der Form $x = \frac{a}{2^n}$ mit einer ganzen Zahl a als surreelle Zahl mit endlichem Geburtstag darstellen lässt. Aus Symmetriegründen können wir annehmen, dass $a > 0$ gilt. Dabei ist

$$\frac{a}{2^n} \doteq \underbrace{\frac{1}{2^n} + \dots + \frac{1}{2^n}}_{a\text{-mal}}.$$

Wie man die Multiplikation allgemein definiert, sehen wir dann in Abschnitt 17.6 – der oben beschriebene Fall ist einfach ein Spezialfall. Da es sich um eine Summe von Zahlen mit endlichem Geburtstag handelt, ist auch der Geburtstag von $\frac{a}{2^n}$ endlich.

Umgekehrt zeigen wir induktiv, dass sich alle Zahlen vom Geburtstag $\leq n$ als dyadischen Bruch mit Nenner 2^{n-1} (nicht notwendigerweise gekürzt) darstellen lassen, wobei $n \geq 1$. Für $n = 1$ ist dies klar. Nehmen wir nun an, x habe Geburtstag $n + 1$. Dann hat x endlich viele Optionen, die sich jeweils als dyadische Brüche mit Nenner 2^n darstellen lassen. Aufgrund der Einfachheitsregel (siehe Theorem 17.23) können wir annehmen, dass x nur eine linke und eine rechte Option hat, denn kleinere linke und größere rechte Optionen spielen keine Rolle, sei also

$$x = \left(\frac{a}{2^{n-1}} \,\middle|\, \frac{b}{2^{n-1}}\right),$$

wobei $a < b$ und ohne Beschränkung der Allgemeinheit $a > 0$. Nun gibt es zwei Fälle:

1. Fall: $b = a + 1$: Dann kann man zeigen (siehe Aufgabe 17.27):

$$x = \left(\frac{a}{2^{n-1}} \,\middle|\, \frac{b}{2^{n-1}} \right) = \frac{2a + 1}{2^n}$$

Also ist x ein dyadischer Bruch.

2. Fall: $b > a + 2$: Dann gilt aber $\frac{a}{2^{n-1}} < \frac{a+1}{2^{n-1}} < \frac{b}{2^{n-1}}$ und somit ist x nach der Einfachheitsregel eine Zahl vom Geburtstag höchstens n, also gemäß Induktionsannahme dyadisch.

Aufgabe 17.27 Zeigen Sie:

$$\left(\frac{a}{2^{n-1}} \,\middle|\, \frac{a+1}{2^{n-1}} \right) = \frac{2a + 1}{2^n}$$

Hinweis: Beispielsweise kann man dazu das Differenzspiel betrachten und zeigen, dass der zweite Spieler eine Gewinnstrategie hat (siehe Lemma 17.6).

Insgesamt haben wir also Folgendes bewiesen:

Theorem 17.28 *Die surreellen Zahlen von endlichem Geburtstag sind genau die dyadischen Brüche.*

Mit der Einfachheitsregel können wir die Zahlen von endlichem Geburtstag, d.h. Zahlen in $\mathcal{G}_\omega$, wie folgt leicht ausrechnen:

Aufgabe 17.29 Sei $x \in \mathcal{G}_\omega \cap S$ eine Zahl von endlichem Geburtstag und sei

$$I = \{ y \in \mathcal{G}_\omega \cap S \mid x^L < y < x^R \}.$$

Zeigen Sie, dass dann Folgendes gilt:

(a) Enthält I eine ganze Zahl, so ist x diejenige ganze Zahl in I von kleinstem Betrag (wieso ist diese eindeutig?).

(b) Ansonsten ist x dasjenige Element von I mit kleinstem Nenner.

17.5 Surreelle Zahlen mit Geburtstag ω

Nachdem wir nun festgestellt haben, dass alle surreellen Zahlen mit endlichem Geburtstag dyadische Brüche sind, stellt sich die Frage, welche surreellen Zahlen am Tag ω geboren werden. Die einfachsten Zahlen sind:

$$\omega = (0, 1, 2, \ldots \mid)$$
$$-\omega = (\mid 0, -1, -2, \ldots)$$

Beide Spiele lassen sich als Hackenbushspiele mit unendlich vielen übereinander platzierten blauen bzw. roten Kanten darstellen. Es gibt aber viele weitere Zahlen mit Geburtstag ω, beispielsweise die folgende:

$$\frac{1}{\omega} = \left(0 \,\middle|\, 1, \frac{1}{2}, \frac{1}{4}, \frac{1}{8} \ldots \right)$$

Wir werden später eine Multiplikation auf S definieren und zeigen, dass $\omega \cdot \frac{1}{\omega} \doteq 1$ gilt. Die Zahl $\frac{1}{\omega}$ ist ein Beispiel für eine *infinitesimale Zahl*, eine Zahl, die positiv ist, aber kleiner als jede reelle Zahl.

Wenn wir schon bei den reellen Zahlen sind: Diese lassen sich wie Dedekindsche Schnitte darstellen, wobei wir nur dyadische Brüche verwenden dürfen, zum Beispiel erhalten wir $\frac{1}{3}$ wie folgt:

$$\frac{1}{3} = \left(0, \frac{1}{4}, \frac{5}{16}, \frac{21}{64} \ldots \,\middle|\, 1, \frac{3}{8}, \frac{11}{33}, \frac{43}{128}, \ldots \right)$$

Aufgabe 17.30 Zeigen Sie, dass $\frac{1}{3} + \frac{1}{3} + \frac{1}{3} = 1$ gilt.

Generell kann man alle reellen Zahlen als surreelle Zahlen vom Geburtstag ω einführen und zwar ganz analog wie in Kapitel 2 als Dedekindsche Schnitte: Ist $x \in \mathbb{R}$, so lässt sich x als Spiel G mit $G = (L \mid R)$ darstellen, wobei

$$L = \{q \mid q \in \mathbb{D}, q < x\}$$
$$R = \{q \mid q \in \mathbb{D}, q > x\}$$

Dies entspricht also genau einem Dedekindschen Schnitt, wobei statt beliebigen rationalen Zahlen nur dyadische Brüche verwendet werden. Hier wird die Existenz der reellen Zahlen bereits vorausgesetzt. Stattdessen kann man aber auch umgekehrt vorgehen und die reellen Zahlen als besondere surreelle Zahlen *definieren*:

Definition 17.31 Eine surreelle Zahl $x \in S$ heißt *reelle Zahl*, falls sie von der Form $x = (L \mid R)$ ist mit $L, R \subseteq \mathbb{D}$, sodass L kein Maximum und R kein Minimum besitzt.

Diese Definition entspricht genau der Definition von Dedekindschen Schnitten (siehe Definition 2.7), denn die ersten beiden Bedingungen (D1) und (D2) sind ja für surreelle Zahlen ohnehin erfüllt. Die Konstruktion der surreellen Zahlen umfasst also sowohl die von Neumannsche Konstruktion der Ordinalzahlen (deren Idee natürlich auf Cantor zurückgeht) als auch die Dedekindsche Konstruktion der reellen Zahlen.

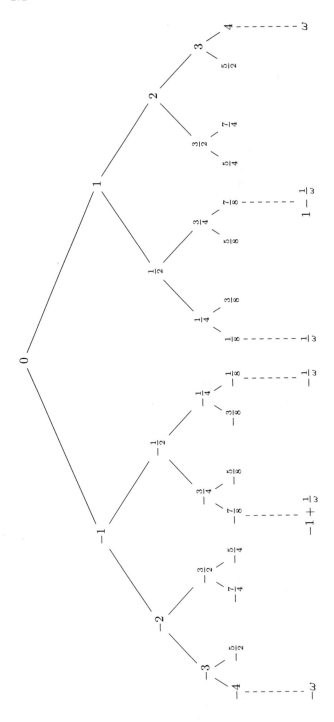

17.6 S ist ein geordneter Körper

Auf S kann man nicht nur eine Addition, sondern auch eine Multiplikation definieren. Wir überlegen uns zunächst, wie man dazu vorgehen könnte. Ein erster, naheliegender Versuch wäre der folgende:

$$x \cdot y = (x^L \cdot y, \, x \cdot y^L \mid x^R \cdot y, \, x \cdot y^R)$$

Dies ist aber offensichtlich falsch, denn dann würde $x \cdot y$ über dieselbe Rekursion definiert wie $x + y$, was also gar keine neue Rechenoperation ergibt. Wenn x und y Zahlen sind, so gilt $x - x^L, y - y^L > 0$, also sollte auch, zumindest wenn die üblichen Rechenregeln gelten sollen, die folgende Ungleichung erfüllt sein:

$$x \cdot y - x^L \cdot y - x \cdot y^L + x^L \cdot y^L \doteq (x - x^L) \cdot (y - y^L) > 0$$

Also erhalten wir folgende Bedingung:

$$x \cdot y > x^L \cdot y + x \cdot y^L - x^L \cdot y^L$$

Die rechte Seite ist also ein Kandidat für eine linke Option von $x{\cdot}y$. Genauso verfahren wir mit allen Produkten aus $x - x^L, x^R - x, y - y^L$ und $y^R - y$. Das ergibt die folgende Definition, wobei wir wie üblich darauf verzichten, das Multiplikationssymbol zu schreiben:

Definition 17.32 Für Zahlen $x, y \in S$ definieren wir das *Produkt* xy wie folgt:

$$xy := (x^L y + xy^L - x^L y^L, \, x^R y + xy^R - x^R y^R \mid x^L y + xy^R - x^L y^R, \, x^R y + xy^L - x^R y^L)$$

Zunächst handelt es sich bei xy erstmal nur um ein Spiel und nicht notwendigerweise um eine Zahl, d.h. wir müssen noch die Wohldefiniertheit beweisen; dazu benötigen wir aber zunächst ein paar Rechenregeln:

Lemma 17.33 *Die Klasse aller surreellen Zahlen* $(S, +, \cdot)$ *bildet einen kommutativen Ring mit Einselement.*

Da die Zahl 0 keine linken und rechten Optionen hat, gilt offensichtlich

$$0 \cdot x = x \cdot 0 = 0.$$

Weiterhin erkennt man leicht, dass 1 das neutrale Element bezüglich der Multiplikation ist, denn $1 = (0 \mid)$ besitzt keine rechten Optionen, wodurch sich die Darstellung von $x \cdot 1$ vereinfacht. Es gilt also induktiv:

$$x \cdot 1 = (x^L \cdot 1 + x \cdot 0 - x^L \cdot 0 \mid x^R \cdot 1 + x \cdot 0 - x^R \cdot 0)$$
$$= (x^L \mid x^R)$$
$$= x$$

Die Rechenregeln für die Multiplikation sind zwar komplizierter als für die Addition, ergeben sich aber dennoch induktiv aus der Definition:

Aufgabe 17.34 Beweisen Sie das Kommutativgesetz und Assoziativgesetz der Multiplikation sowie das Distributivgesetz.

Aus dem Distributivgesetz erhalten wir dann sofort auch folgende Eigenschaft:

$$x \doteq y \Rightarrow xz \doteq yz$$

Dazu betrachtet man $xz - yz \doteq (x - y)z \doteq 0$, da $x - y \doteq 0$.

Aufgabe 17.35 Wir betrachten die folgenden beiden surreellen Zahlen vom Geburtstag ω:

$$\omega = (0, 1, 2, \dots \mid \,)$$

$$\frac{1}{\omega} = \left(0 \,\middle|\, 1, \frac{1}{2}, \frac{1}{4}, \dots\right)$$

Zeigen Sie mit der Definition der Multiplikation, dass $\omega \cdot \frac{1}{\omega} = 1$ gilt.

Lemma 17.36 *Seien $x, y \in S$. Dann gilt: Falls $x > 0$ und $y > 0$, so gilt $xy > 0$.*

Beweis Für den Beweis betrachten wir zunächst folgende allgemeineren Aussagen:

$$P(x_1, x_2, y_1, y_2) : \quad x_1 < x_2, y_1 < y_2 \Rightarrow x_1 y_2 + x_2 y_1 < x_1 y_1 + x_2 y_2$$
$$Q(x_1, x_2, y_1, y_2) : \quad x_1 \le x_2, y_1 \le y_2 \Rightarrow x_1 y_2 + x_2 y_1 \le x_1 y_1 + x_2 y_2$$

Um $P(x_1, x_2, y_1, y_2)$ zu zeigen, nehmen wir an, dass $x_1 < x_2$ und $y_1 < y_2$ gilt. Wegen $x_2 \not\le x_1$ gibt es entweder eine rechte Option x_1^R von x_1 mit $x_1^R \le x_2$ oder eine linke Option x_2^L mit $x_1 \le x_2^L$. Wir nehmen ohne Beschränkung der Allgemeinheit den Fall $x_1^R \le x_2$ an. Nun können wir induktiv $P(x_1, x_1^R, y_1, y_2)$ und $Q(x_1^R, x_2, y_1, y_2)$ annehmen, d.h.

$$x_1 y_2 + x_1^R y_1 < x_1 y_1 + x_1^R y_2,$$
$$x_1^R y_2 + x_2 y_1 \leq x_1^R y_1 + x_2 y_2.$$

Durch Addieren dieser beiden Ungleichungen und Subtrahieren von $x_1^R y_1 + x_1^R y_2$ auf beiden Seiten folgt wie gewünscht $P(x_1, x_2, y_1, y_2)$. Für $x_1 \doteq x_2$ oder $y_1 \doteq y_2$ erhalten wir dann auch leicht $Q(x_1, x_2, y_1, y_2)$.

Die Behauptung entspricht nun einfach $P(0, x, 0, y)$ und folgt somit direkt. □

Nun zeigen wir, dass die Multiplikation wohldefiniert ist:

Lemma 17.37 *Für $x, y \in S$ gilt auch $xy \in S$.*

Beweis Der Beweis verwendet genau unsere Vorüberlegung zur Definition der Multiplikation surreeller Zahlen zu Beginn des Abschnitts: Wir verwenden Lemma 17.20 und zeigen nur, dass $x^L y + xy^L - x^L y^L < xy$ gilt, da die anderen Ungleichungen mit ähnlichen Argumenten bewiesen werden können. Da x und y Zahlen sind, gilt $x > x^L$ und $y > y^L$, also

$$xy - x^L y - xy^L + x^L y^L \doteq (x - x^L)(y - y^L) > 0,$$

was genau unserer Behauptung entspricht. □

Unser Ziel ist nun Folgendes zu zeigen:

Theorem 17.38 *Die Klasse aller surreellen Zahlen $(S, +, \cdot)$ bildet einen geordneten Körper.*

Bisher haben wir gezeigt, dass $(S, +, \cdot)$ einen kommutativen Ring mit Einselement darstellt und wir haben die Anordnungsaxiome bewiesen, welche Folgendes aussagen:

(a) $<$ ist eine lineare Ordnung.
(b) $x < y \Rightarrow x + z < y + z$
(c) $x, y > 0 \Rightarrow xy > 0$

Um Theorem 17.38 zu beweisen, fehlt nur noch die Existenz eines multiplikativen Inversen zu zeigen, was bei Weitem die komplizierteste Eigenschaft ist. Zunächst reicht es, $x^{-1} = \frac{1}{x}$ für $x > 0$ zu definieren. Denn ist dies bekannt, so definiert man einfach

$$(-x)^{-1} = -\frac{1}{x}.$$

Die Konstruktion von $y = x^{-1} = \frac{1}{x}$ für eine gegebene surreelle Zahl $x \in S$ sieht folgendermaßen aus:

$$y = \left(0, \frac{1 + (x^R - x)y^L}{x^R}, \frac{1 + (x^L - x)y^R}{x^L} \;\middle|\; \frac{1 + (x^L - x)y^L}{x^L}, \frac{1 + (x^R - x)y^R}{x^R} \right)$$

Diese Definition ist auf zweierlei Weisen rekursiv, denn es kommen einerseits bereits Inverse als linke und rechte Optionen vor (aber nur von linken und rechten Optionen von x) und andererseits kommen auch y^L und y^R in der Definition vor. Dies bedeutet, dass bereits gegebene linke und rechte Optionen von y zur Konstruktion weiterer Optionen verwendet werden. Um die Funktionsweise der Definition besser zu verstehen, betrachten wir ein Beispiel:

Beispiel 17.39 Sei $x = 3 = (2 \mid)$. Offensichtlich hat x nur eine linke Option (nämlich $x^L = 2$) und keine rechte Option. Bereits gegeben ist die linke Option 0 von y. Also können wir als neue rechte Option von y folgende Zahl einführen:

$$y^R = \frac{1 + (x^L - x)0}{x^L} = \frac{1 + (2-3)\cdot 0}{2} = \frac{1}{2}$$

Mithilfe von y^R können wir nun eine neue linke Option konstruieren:

$$y^L = \frac{1 + (x^L - x)y^R}{x^L} = \frac{1 + (2-3)\cdot \frac{1}{2}}{2} = \frac{1}{4}$$

Damit erhalten wir nun wieder eine neue rechte Option:

$$y^R = \frac{1 + (x^L - x)y^L}{x^L} = \frac{1 + (2-3)\cdot \frac{1}{4}}{2} = \frac{3}{8}$$

Führt man diese Konstruktion fort, so erhält man

$$3^{-1} = \frac{1}{3} = \left(0, \frac{1}{4}, \frac{5}{16}\cdots \,\middle|\, \frac{1}{2}, \frac{3}{8}, \cdots \right).$$

Lemma 17.40 *Falls $x \in S$ eine positive surreelle Zahl ist, d.h. $x > 0$, so auch $y = x^{-1}$ und es gilt $xy = 1$.*

Beweis Wir beweisen beide Behauptungen mit einer simultanen Induktion. Wir zeigen zunächst, dass

$$xy^L < 1 < xy^R$$

für alle linken Optionen y^L und für alle rechten Optionen y^R von y gilt. Denn wäre y keine Zahl, so gäbe es y^R und y^L mit $y^L \geq y^R$, was der oben angeführten Ungleichung widersprechen würde. Um die Ungleichung zu beweisen, betrachten wir exemplarisch eine linke Option der Form

$$y^L = \frac{1 + (x^L - x)y^R}{x^L}$$

und zeigen $xy^L < 1$. Nun gilt

$$xy^L = (x^L)^{-1}\big(x + \underbrace{(x^L - x)}_{<0}\,\underbrace{xy^R}_{>1}\big) < (x^L)^{-1}(x + (x^L - x)) = (x^L)^{-1}x^L = 1,$$

denn wir können induktiv annehmen, dass $(x^L)^{-1} x^L = 1$ gilt. Die weiteren Ungleichungen überlassen wir als Übung (siehe auch Aufgabe 17.41).

Es bleibt noch zu zeigen, dass für $z = xy$ die Beziehung $z = 1$ gilt. Dazu betrachten wir die linke Option $z^L = x^L y + xy^L - x^L y^L$ und wir zeigen $z^L < 1$. Analog kann man auch für weitere linke Optionen von z vorgehen und auch zeigen, dass $1 < z^R$ für jede rechte Option z^R gilt. Also gilt

$$z^L < 1 < z^R$$

und damit folgt aus der Einfachheitsregel (Theorem 17.23) $z = 1$.

Wir müssen noch nachweisen, dass tatsächlich $z^L < 1$ gilt. Da $x > 0$ ist, besitzt x nach der Einfachheitsregel mindestens eine äquivalente Darstellung, deren linke Optionen allesamt nichtnegativ sind. Ist $x^L = 0$, so erhalten wir $z^L = xy^L < 1$ gemäß unseren obigen Überlegungen. Für $x^L > 0$ gilt:

$$
\begin{aligned}
z^L &= x^L y + xy^L - x^L y^L \\
&= x^L y - (x^L - x) y^L \\
&= 1 + x^L y - (1 + (x^L - x) y^L) \\
&= 1 + x^L y - x^L y^R \\
&= 1 + x^L (y - y^R) \\
&< 1
\end{aligned}
$$

Damit ist die Behauptung gezeigt.   □

Aufgabe 17.41 Beweisen Sie die restlichen Fälle im Beweis von Lemma 17.40.

Beweis (Theorem 17.38) Dass die Klasse S aller surreellen Zahlen einen geordneten Körper bildet folgt nun direkt aus den Lemmata 17.12, 17.33, 17.36, 17.37 und 17.40.   □

Aufgabe 17.42 Für eine surreelle Zahl $x \geq 0$ definiert man die *Wurzel* $y = \sqrt{x}$ von x rekursiv als

$$
y = \left(\sqrt{x^L}, \frac{x + y^L y^R}{y^L + y^R} \,\middle|\, \sqrt{x^R}, \frac{x + y^L y^{L\prime}}{y^L + y^{L\prime}}, \frac{x + y^R y^{R\prime}}{y^R + y^{R\prime}} \right).
$$

(a) Bestimmen Sie $y = \sqrt{2}$.

(b) Zeigen Sie, dass $y^2 = x$ gilt.

17.7 Nochmals Hackenbush

Wir wollen in diesem Abschnitt zeigen, dass surreelle Zahlen genau blau-roten Hackenbushspielen entsprechen und umgekehrt. Dazu müssen wir zunächst Hackenbush so verallgemeinern, dass auch unendliche Spiele, beispielsweise mit Werten ω, $\frac{1}{3}$ oder $\omega \cdot 2$, zugelassen sind. Statt einem (endlichen) Graphen betrachten wir daher zuerst spezielle (unendliche) Bäume, die wir dann in einem zweiten Schritt an endlich vielen Stellen modifizieren dürfen. Um unendliche Bäume zu definieren, gehen wir von Definition 7.8 aus, wo wir einen Baum als partiell geordnete Mengen $(T, <)$ definiert haben, bei der für jedes $x \in T$ die Menge $x_< = \{y \in T \mid y < x\}$ wohlgeordnet ist. Wie in Definition 7.9 können wir nun auch Pfade, direkte Nachfolger, etc. definieren, und ähnlich wie im Beweis von Theorem 7.10 definieren wir für Ordinalzahlen $\alpha \in \Omega$,

$$T(\alpha) = \big\{ x \in T \mid \mathrm{otp}(x_<, <) = \alpha \big\} .$$

Ein Baum der Höhe α mit endlich vielen Verzweigungen ist ein Baum $(T, <)$ mit folgenden Eigenschaften:

- $T(\alpha) = \emptyset$ und für alle $\beta < \alpha$ ist $T(\beta) \neq \emptyset$.
- Die Menge $\{x \in T \mid x$ hat mindestens zwei direkte Nachfolger$\}$ ist endlich.

Die Elemente eines Baumes $(T, <)$ nennen wir *Knoten* und wir definieren die *Kanten* in einem Baum $(T, <)$ als 2-elementige Mengen $\{x, y\} \subseteq T$, wobei y ein direkter Nachfolger von x ist, oder umgekehrt x ein direkter Nachfolger von y ist. Jede Knoten $x \in T$ kann somit eindeutig mit einem *Kantenpfad* identifiziert werden: Ist zum Beispiel $x \in T$ mit $x_< = \{x_n \mid n \in \omega\}$, wobei für all $n \in \omega$ gilt $x_n < x_{n+1} < x$ (d.h. $\mathrm{otp}(x_<, <) = \omega$), so ist

$$\big(\{x_n, x_{n+1}\} \mid n \in \omega \big)$$

der zu x gehörige Kantenpfad. Beachte, dass für jedes $x \in T$ das $<$-minimale Element von $x_<$ immer die Wurzel von T ist.

Sei nun $(T, <)$ ein Baum der Höhe α mit endlich vielen Verzweigungen. Fügen wir zu diesem Baum endlich viele Kanten (d.h. 2-elementige Mengen) hinzu und identifizieren auf endlich vielen Limes-Levels $T(\lambda)$ (für λ Limes-Ordinalzahl) jeweils endlich viele Knoten miteinander, so erhalten wir einen Pseudo-Baum $(T_H, <)$, wobei für eine neue Kante x, y sowohl $x < y$ wie auch $y < x$ gelten kann. Durch das Hinzufügen von Kanten und das Identifizieren von Knoten, können die Knoten $x \in T_H$ nun nicht mehr eindeutig mit einem Kantenpfad identifiziert werden. Da wir aber nur endlich viele Modifikationen am Baum $(T, \prec)$ vorgenommen haben, kann jeder Knoten $x \in T_H$ immer noch eindeutig mit einer *endlichen Menge* $\mathrm{Pf}(x)$ von Kantenpfaden identifiziert werden und T_H kann mit der Menge

$$\bigcup_{x \in T_H} \mathrm{Pf}(x)$$

identifiziert werden. D.h. T_H ist eine Menge von wohlgeordneten Kantenpfaden, sodass zu jedem Knoten $x \in T_H$ nur endlich viele Kantenpfade führen.

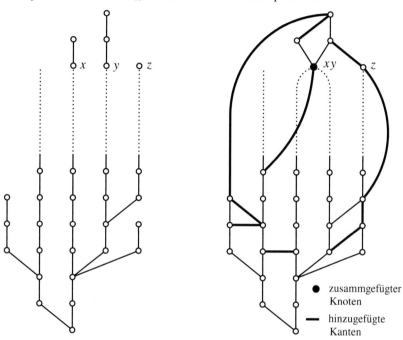

Baum $(T, \prec)$ der Höhe $\omega + 3$ modifizierter Pseudo-Baum T_H

Um ein blau-rotes Hackenbushspiel zu erhalten, nehmen wir einen endlich modifizierten Pseudo-Baum $(T_H, \prec)$, identifizieren die Wurzel mit der Grundlinie und färben jede Kante entweder blau oder rot. Wird im entsprechenden Spiel nun eine Kante $\{x, y\}$ entfernt, so löschen wir alle Kantenpfade $P \in T_H$ mit $\{x, y\} \in P$, welche die Kante $\{x, y\}$ enthalten. Ist die Menge der Kantenpfade eines Knotens leer, so wird dieser Knoten und alle Kanten, die diesen enthalten, gelöscht.

Aufgabe 17.43 Zeigen Sie, dass die Bedingungen an den Baum $(T, \prec)$ notwendig und hinreichend sind, damit das entsprechende Hackenbushspiel bzgl. dem endlich modifizierten Pseudo-Baum $(T_H, \prec)$ endlich ist.

Bevor wir den nächsten Satz beweisen, führen wir noch eine letzte Definition ein: Wir sagen, dass eine Kante b von einer Kante a *abhängig* ist, falls bei Entfernen von a gemäß den Spielregeln von Hackenbush automatisch auch die Kante b entfernt wird. In unserem Kontext bedeutet dies, dass in jedem Pfad, in dem die Kante b vorkommt, immer auch die Kante a vorkommt.

Theorem 17.44 *Jedes blau-rote Hackenbushspiel ist eine surreelle Zahl.*

Intuitiv sollte die Aussage von Theorem 17.44 klar sein: Wenn beispielsweise Alice spielt, entfernt sie eine blaue Kante, wodurch das Spiel für sie nicht besser wird (auch wenn sie dabei darüber liegende rote Kanten entfernt).

Beweis (von Theorem 17.44) Sei $G = (G^L \mid G^R)$ ein blau-rotes Hackenbushspiel. Wir können annehmen, dass alle Optionen surreelle Zahlen sind. Wir wollen nun zeigen, dass

$$G^L < G < G^R$$

für jede linke Option G^L von G und für jede rechte Option G^R von G gilt. Aus Symmetriegründen reicht es, die Ungleichung $G^L < G$ zu beweisen. Dazu betrachten wir das Spiel $G - G^L$ und zeigen, dass Alice eine Gewinnstrategie besitzt. Falls Alice beginnt, so kann sie in G auf $G^L - G^L \doteq 0$ ziehen und fortan als zweite Spielerin gewinnen. Nehmen wir nun an, dass Bob beginnt. Nun kann er entweder im Spiel G oder im Spiel $-G^L$ ziehen. Zieht er in $-G^L$ auf $G - (G^L)^L$, so kann Alice mit $G^L - (G^L)^L$ erwidern und gewinnt, denn induktiv können wir annehmen, dass $G^L - (G^L)^L > 0$ gilt. Der einzige nichttriviale Fall ist also, wenn Bob auf $G^R - G^L$ für eine rechte Option G^R von G zieht. Dabei entfernt er eine rote Kante, welche wir mit b bezeichnen. Sei außerdem a die beim Zug von G auf G^L entfernte blaue Kante (welche im Spiel $-G^L$ rot ist und wir als a' bezeichnen und analog definieren wir b'). Nun gibt es drei Möglichkeiten:

1. **Fall:** b ist abhängig von a: In diesem Fall kann Alice im Spiel G die Kante a entfernen und auf das Spiel $G^L - G^L \doteq 0$ ziehen, wodurch sie gewinnt.

2. **Fall:** a ist abhängig von b: Dann kann Alice im Spiel $-G^L$ die Kante b' entfernen und auf das Spiel $G^R - G^R \doteq 0$ ziehen und somit gewinnt sie auch in diesem Fall.

3. **Fall:** Weder a ist abhängig von b noch umgekehrt: Dann kann Alice in G die Kante a entfernen und damit auf $(G^R)^L - G^L = (G^L)^R - G^L$ ziehen, was wir induktiv als positiv annehmen können. Damit gewinnt Alice.

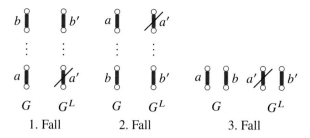

G	G^L	G	G^L	G	G^L
1. Fall		2. Fall		3. Fall	

Wir haben also bewiesen, dass in allen Fällen Alice das Spiel $G - G^L$ gewinnt und somit $G^L < G$ folgt. □

Wir wollen nun umgekehrt zeigen, dass jede surreelle Zahl einen Repräsentanten gegeben durch ein Hackenbushspiel besitzt. Dazu betrachten wir die sogenannte *Vorzeichenerweiterung* einer surreellen Zahl, bei der wir jede Zahl durch eine transfinite Binärfolge kodieren, die sich wiederum leicht in ein Hackenbushspiel übersetzen lässt.

Definition 17.45 Wir definieren

$$O_\alpha := \{x \in S \mid b(x) < \alpha\}$$

als Menge aller surreellen Zahlen mit Geburtstag kleiner als α. Weiterhin setzen wir für eine surreelle Zahl $x \in S$ und für $\beta \leq \alpha$

$$x_\beta = (\mathcal{X}_\beta^L \mid \mathcal{X}_\beta^R),$$

wobei

$$\mathcal{X}_\beta^L := \{y \in O_\beta \mid y < x\}$$
$$\mathcal{X}_\beta^R := \{y \in O_\beta \mid y > x\}.$$

Wir bezeichnen x_β als *β-Approximation* von x.

Gemäß der Einfachheitsregel (Theorem 17.23) gilt $x \doteq x_\alpha$, falls α der Geburtstag von x ist.

Definition 17.46 Sei $x \in S$ eine surreelle Zahl mit $b(x) = \alpha$. Die *Vorzeichenerweiterung* von x ist eine Funktion $v_x : \alpha \to \{-1, 1\}$ mit

$$v_x(\beta) = \begin{cases} 1 & \text{für } x_\beta > x, \\ -1 & \text{für } x_\beta < x. \end{cases}$$

Manchmal ist es hilfreich die Vorzeichenerweiterung einer surreellen Zahl so zu erweitern, dass $v_x(\beta) = 0$ für $\beta \geq \alpha$. Man kann als Vorzeichenerweiterungen somit Klassenfunktionen

$$v : \Omega \to \{-1, 0, 1\}$$

zulassen, wobei es ein $\alpha \in \Omega$ gibt mit $v(\gamma) = 0$ für alle $\gamma \geq \alpha$.

Beispiel 17.47 Wir berechnen die Vorzeichenerweiterung von $x = \frac{3}{8}$. Es gilt:

$$\begin{aligned}
x_0 &= (\ |\ ) \doteq 0 \\
x_1 &= (0\ |\ ) \doteq 1 \\
x_2 &= (-1, 0\ |\ 1) \doteq \tfrac{1}{2} \\
x_3 &= (-2, -1, -\tfrac{1}{2}, 0\ |\ \tfrac{1}{2}, 1, 2) \doteq \tfrac{1}{4} \\
x_4 &= (-3, -2, \tfrac{3}{2}, -1, -\tfrac{3}{4}, -\tfrac{1}{2}, 0, \tfrac{1}{4}\ |\ \tfrac{1}{2}, \tfrac{3}{4}, 1, \tfrac{3}{2}, 2, 3) \doteq \tfrac{3}{8}
\end{aligned}$$

Die Äquivalenzen zu den vereinfachten Darstellungen folgen jeweils aus der Einfachheitsregel. Die Vorzeichenerweiterung lautet also:

$$v_x = (1, -1, -1, 1)$$

Um die Notation zu vereinfachen, schreiben wir oft statt -1 einfach nur $-$ und statt 1 einfach $+$. Die Vorzeichenerweiterung aus dem obigen Beispiel ist dann in verkürzter Darstellung die Folge

$$v_x = +\, -\, -\, +\,.$$

Aufgabe 17.48 Bestimmen Sie die ersten Approximationen von $x = \frac{1}{3}$ und bestimmen Sie die Vorzeichenerweiterung von x.

Ist $v : \alpha \to \{-1, 1\}$ eine Vorzeichenerweiterung, so schreiben wir $v \upharpoonright \beta$ für die Vorzeichenerweiterung $v \upharpoonright \beta : \beta \to \{-1, 1\}$ mit $(v \upharpoonright \beta)(\gamma) = v(\gamma)$ für $\gamma < \beta$. Offensichtlich gelten die folgenden Eigenschaften, deren Beweis als Übung überlassen wird:

$$\begin{aligned}
(x_\beta)_\gamma &= x_\gamma \text{ für } \gamma < \beta \\
v_{x_\beta} &= v_x \upharpoonright \beta \text{ für } \beta \leq b(x)
\end{aligned}$$

Man kann Vorzeichenerweiterungen v und w lexikographisch ordnen, d.h. es gilt

$$v < w :\Leftrightarrow v(\beta) < w(\beta) \text{ für } \beta = \min\{\gamma \in \Omega \mid v(\gamma) \neq w(\gamma)\}.$$

Lemma 17.49 *Seien $x, y \in S$ surreelle Zahlen. Dann gilt $x < y$ genau dann, wenn $v_x < v_y$ gilt und analoge Aussagen gelten für $x \doteq y$ und $y < x$.*

Beweis Wir gehen induktiv vor und beschränken uns auf die erste Äquivalenz. Zunächst nehmen wir an, dass $x < y$ gilt. Dann gilt entweder $x \leq y^L$ oder $x^R \leq y$ für entsprechende Optionen x^R bzw. y^L. Nehmen wir den ersten Fall an, d.h. $x \leq y^L$. Nach der Einfachheitsregel können wir annehmen, dass $y^L = y_\beta$ für ein $\beta < b(y)$ mit $y_\beta < y$ gilt, denn es gilt

$$y = (\{y_\beta \mid \beta < b(y), y_\beta < y\} \mid \{y_\beta \mid \beta < b(y), y_\beta > y\}).$$

Aus $y_\beta < y$ folgt $v_y(\beta) = +$, d.h. $v_y > v_y \upharpoonright \beta = v_{y_\beta}$. Induktiv erhalten wir aber aus $x \leq y_\beta$ schon $v_x \leq v_{y_\beta} < v_y$.

Umgekehrt sei $v_x < v_y$ und sei $\beta \in \Omega$ mit $v_x \upharpoonright \beta = v_y \upharpoonright \beta$ und $v_x(\beta) < v_y(\beta)$. Dann gibt es zwei Fälle:

1. Fall: $v_x(\beta) = 0$ und $v_y(\beta) = +$, d.h. $x \doteq x_\beta$ und $y_\beta < y$. Daraus folgt nun $x \doteq x_\beta \doteq y_\beta < y$.

2. Fall: $v_x(\beta) = -$ und $v_y(\beta) \geq 0$. Dann gilt $x < x_\beta \doteq y_\beta \leq y$.   □

Damit lässt sich leicht zeigen, dass die die Zuordnung $x \mapsto v_x$ einen Ordnungsisomorphismus zwischen S und der Klasse aller Vorzeichenerweiterungen darstellt. Damit entsprechen also surreelle Zahlen Vorzeichenerweiterungen und diese wiederum entsprechen genau den unverzweigten blau-roten Hackenbushspielen.

Theorem 17.50 *Jede surreelle Zahl ist äquivalent zu einem blau-roten Hackenbushspiel ohne Verzweigungen.*

Beweis Sei x eine surreelle Zahl mit Vorzeichenerweiterung v_x und sei α der Geburtstag von x. Wir betrachten nun folgendes Hackenbushspiel, welches aus einem einzigen, unverzweigten Pfad der Länge α besteht: Die Kante an Stelle β sei genau dann blau, wenn $v_x(\beta) = +$ gilt und rot, wenn $v_x(\beta) = -$ gilt.

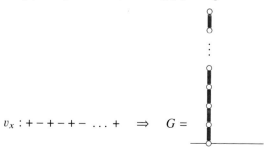

$$v_x : + - + - + - \ldots + \quad \Rightarrow \quad G =$$

Wir zeigen, dass $x \doteq G$ gilt. Induktiv können wir annehmen, dass dies für Spiele vom Geburtstag $\beta < \alpha$ gilt. Die linken Optionen von G sind genau diejenigen Spiele, die man erhält, wenn man eine blaue Kante entfernt. Induktiv können wir annehmen, dass diese Spiele eine Vorzeichenerweiterung der Form $v_x \upharpoonright \beta = v_{x_\beta}$ für $v_x(\beta) = +$ haben. Dies wiederum bedeutet, dass $x > x_\beta$ gilt. Analog kann man für rechte Optionen von G vorgehen. Also erhalten wir

$$G \doteq \left(\{x_\beta \mid \beta < \alpha, x_\beta < x\} \big| \{x_\beta \mid \beta < \alpha, x_\beta > x\}\right) \doteq x,$$

denn x ist die Zahl von minimalem Geburtstag, deren linke Optionen von der Form $x_\beta < x$ und deren rechte Optionen von der Form $x_\beta > x$ sind (aufgrund der Einfachheitsregel, d.h. Theorem 17.23). □

Damit haben wir also insgesamt gezeigt, dass die surreellen Zahlen genau den Hackenbushspielen entsprechen. Die unverzweigten blau-roten Hackenbushspiele kann man dabei als kanonische Repräsentanten von surreellen Zahlen auffassen.

Korollar 17.51 *Jedes blau-rote Hackenbushspiel ist äquivalent zu einem unverzweigten blau-roten Hackenbushspiel.*

Beweis Nach Theorem 17.44 ist jedes blau-rote Hackenbushspiel eine surreelle Zahl und nach Theorem 17.50 ist jede surreelle Zahl äquivalent zu einem unverzweigten blau-roten Hackenbushspiel. □

17.8 Werte von Hackenbushspielen

In diesem Abschnitt betrachten wir unverzweigte Hackenbushspiele und zeigen, wie man deren Wert berechnen kann. Zunächst beginnen wir mit den Hackenbushspielen endlicher Länge, welche genau den dyadischen Brüchen entsprechen und überlegen uns, wie man den Wert eines Spiels berechnen kann. Dazu bemerken wir zunächst, dass man, wie in Theorem 17.50 gezeigt, jedes Hackenbush über die Angabe einer Vorzeichenerweiterung in eine surreelle Zahl übersetzen kann. Das folgende Theorem geht auf Gereon Lanzerath und Leif Thiemann zurück [46]:

Theorem 17.52 *Sei x ein dyadischer Bruch mit Vorzeichenerweiterung v_x mit $v_x(0) = \ldots = v_x(k-1) = 1$ und $v_x(k) = -1$ (d.h. im entsprechenden Hackenbushspiel sind die ersten k Kanten blau, gefolgt von einer roten Kante). Dann gilt:*

$$x \doteq k + \sum_{i=1}^{n} \frac{(-1)^{r_i}}{2^i},$$

wobei $r_i = v_x(k+i-1)$.

Eine analoge Aussage gilt für Vorzeichenerweiterungen, die mit -1 beginnen bzw. unverzweigte blau-rote Hackenbushspiele, deren unterste Kante rot ist. Für den Beweis argumentieren wir mit Hackenbushspielen:

Beweis Wir gehen induktiv vor. Offensichtlich gilt die Behauptung für $n = 0$. Sei nun G ein Hackenbushspiel mit k blauen Knoten und $n + 1$ weiteren Knoten, wobei die unterste davon rot ist. Wir nehmen nun ohne Beschränkung der Allgemeinheit an, dass die oberste Kante rot ist, d.h. $r_{n+1} = 1$. Sei nun H das Hackenbushspiel, das man erhält, wenn man die oberste rote Kante entfernt. Induktiv reicht es zu zeigen, dass $G = H + \frac{(-1)^{r_{n+1}}}{2^{n+1}} = H - \frac{1}{2^{n+1}}$ gilt bzw. äquivalent $G - H + \frac{1}{2^{n+1}} \doteq 0$.

1. Fall: Bob beginnt. Spielt Bob in der Komponente G, so ist sein bester Zug von G auf H zu ziehen (denn alle weiteren Möglichkeiten sind rechte Optionen von H, die noch größer sind), sodass sich $H - H + \frac{1}{2^{n+1}} > 0$ ergibt, wodurch Alice gewinnt. Zieht Bob in der Komponente $-H$ auf $-H^L$, so kann Alice auf $H^L - H^L + \frac{1}{2^{n+1}} > 0$ ziehen und gewinnen. Bobs beste Möglichkeit besteht also darin, auf $G - H + \frac{1}{2^n}$ zu ziehen. Nun kann Alice im Spiel G die oberste blaue Kante entfernen und auf H^L ziehen, denn jede linke Option von G ist eine linke Option von H. Induktiv können wir annehmen, dass H von der Form

$$H \doteq H^L + \frac{1}{2^m} - \frac{1}{2^{m+1}} - \dots - \frac{1}{2^n} \doteq H^L + \frac{1}{2^n}$$

für ein $m \in \omega$. Damit zieht Alice also auf

$$H^L - H + \frac{1}{2^n} \doteq 0,$$

wodurch sie als zweite Spielerin gewinnt.

2. Fall: Alice beginnt. Entfernt sie die einzige blaue Kante in $\frac{1}{2^{n+1}}$, so zieht sie auf $G - H$. Nun kann Bob im Spiel G die oberste rote Kante entfernen und auf $H - H \doteq 0$ ziehen und so gewinnen. Da $G < H$ gilt und G und H dieselben linken Optionen besitzen, ist es für Alice vorteilhafter, in der Komponente G zu spielen. Sei $G^L = H^L$ diejenige linke Option, bei welcher die oberste blaue Kante entfernt wird. Jede weitere Option von G ist auch eine linke Option von G^L und damit kleiner als H^L, sodass H^L die vorteilhafteste Position für Alice ist. Zieht nun Alice auf $H^L - H + \frac{1}{2^{n+1}}$, so kann Bob die oberste rote Kante im Spiel $\frac{1}{2^{n+1}}$ entfernen und auf

$$H^L - H + \frac{1}{2^n} \doteq 0$$

ziehen, wodurch er gewinnt. Hierbei kann man dasselbe induktive Argument wie im 1. Fall verwenden. $\qquad\square$

Beispiel 17.53 Wir betrachten die Zahl x mit Vorzeichenerweiterung

$$v_x = +\,+\,+\,+\,-\,+\,-\,-\,+\,- = (1, 1, 1, 1, -1, 1, -1, -1, 1, -1).$$

In diesem Fall gilt $k = 4$, da die ersten vier Folgenglieder + (bzw. 1) sind. Entsprechend gilt dann $r_1 = r_3 = r_4 = r_6 = -1$ und $r_2 = r_5 = 1$. Nun werden die entsprechenden Zweierpotenz entweder addiert oder subtrahiert. Also gilt:

$$x = 4 - \frac{1}{2} + \frac{1}{4} - \frac{1}{8} - \frac{1}{16} + \frac{1}{32} - \frac{1}{64} = 3 + \frac{37}{64}$$

Die Umrechnung ist sogar noch einfacher, wenn man folgende Regel verwendet. Dazu stellen wir uns Vorzeichenerweiterungen der Einfachheit halber als Folgen mit Einträgen + bzw. − vor.

Theorem 17.54 (Berlekamps Regel) *Sei $x \in S$ eine positive reelle Zahl mit Vorzeichenerweiterung v_x, deren erste $l + 1$ Folgeglieder + sind (gefolgt von −). Dann erhält man die Binärdarstellung von x wie folgt:*

1. *Der Vorkommateil von x ist l.*
2. *Die nachfolgende Folge der Form +− wird als Komma übersetzt.*
3. *Danach entspricht jeweils + einer 1 und − einer 0 in der Binärdarstellung von x.*
4. *Zuletzt fügt man noch eine 1 hinzu.*

Analog kann man auch die Binärdarstellung einer negativen reellen Zahl bestimmen.

Beispiel 17.55 Wir betrachten die Vorzeichenerweiterung

$$v_x = + + + + - + - - + - .$$

Dann lässt sich der Wert wie folgt bestimmen:

$$x = \underbrace{+ + +}_{11=3} \ \underbrace{+-}_{,} \ \underbrace{+ - - +}_{10010} \ \underbrace{-}_{1}$$

Damit gilt

$$x \doteq (11, 100101)_2 = 3 + \frac{37}{64}$$

Wieso gilt diese Regel? Wir überlegen uns dies zunächst anhand dieses Beispiels und verwenden dazu Theorem 17.52. Die Anzahl + ist $k = 4$ und damit $l = 3$. Aus Theorem 17.52 erhalten wir:

$$x \doteq 4 - \frac{1}{2} + \frac{1}{4} - \frac{1}{8} - \frac{1}{16} + \frac{1}{32} - \frac{1}{64}$$

$$= 3 + \frac{1}{2} + \left(\frac{1}{4} - \frac{1}{8} - \frac{1}{16}\right) + \left(\frac{1}{32} - \frac{1}{64}\right)$$

$$= 3 + \frac{1}{2} + \frac{1}{16} + \frac{1}{64}$$

$$= (11, 100101)_2$$

Beweis (Theorem 17.54) Gemäß Theorem 17.52 gilt

$$x \doteq k + \sum_{i=1}^{n} \frac{(-1)^{r_i}}{2^i},$$

wobei $r_i = v_x(k + i - 1) = v_x(l + i)$. Nach Annahme gilt $r_1 = -$. Außerdem seien r_{i_j} für $j = 1, \ldots, p$ genau diejenigen Folgenglieder mit $r_{i_j} = +$. Der Einfachheit halber nehmen wir an, dass v_x mit $+$ endet. Dann gilt:

$$x \doteq k + \sum_{i=1}^{n} \frac{(-1)^{r_i}}{2^i}$$

$$= (k - 1) + \underbrace{\left(1 - \frac{1}{2^1} - \ldots\right)}_{= \frac{1}{2^{i_1 - 1}}} + \underbrace{\left(\frac{1}{2^{i_1}} - \frac{1}{2^{i_1 + 1}} - \ldots\right)}_{= \frac{1}{2^{i_2 - 1}}} + \ldots + \underbrace{\left(\frac{1}{2^{i_{p-1}}} - \frac{1}{2^{i_{p-1} + 1}} \ldots\right)}_{= \frac{1}{2^{i_p - 1}}} + \frac{1}{2^{i_p}}$$

Damit ist der Vorkommateil der Binärdarstellung von x gegeben durch $k - 1$ und an den Stellen $i_1 - 1, \ldots, i_p - 1$ sowie i_p stehen Einsen, ansonsten Nullen. Damit entfällt der erste Eintrag (d.h. $r_1 = -$), danach wird jedes $+$ in eine 1 (d.h. statt an den Stellen i_j stehen die Einsen bei $i_j - 1$) überführt und am Ende wird noch eine 1 platziert (für die Stelle i_p). Endet die Vorzeichenerweiterung mit $-$, so verläuft der Beweis analog, aber der letzte Term entfällt; die Darstellung endet dann aber trotzdem mit einer 1 (statt wie oben mit mindestens zwei Einsen). □

Sowohl die Methode aus Theorem 17.52 als auch Berlekamps Regel (Theorem 17.54) funktioniert auch für reelle Zahlen, wobei das Hinzufügen einer Eins am Ende entfällt: Beispielsweise erhalten wir für die Zahl x mit Vorzeichenerweiterung

$$v_x = + - + - + - + - \ldots$$

unter Verwendung der geometrischen Reihe den Wert

$$x \doteq 1 + \sum_{i=1}^{\infty} \frac{(-1)^i}{2^i} \doteq \sum_{i=0}^{\infty} \frac{(-1)^i}{2^i} \doteq \sum_{i=0}^{\infty} \frac{1}{4^i} - \frac{1}{2} \sum_{i=0}^{\infty} \frac{1}{4^i} \doteq \frac{1}{2} \sum_{i=0}^{\infty} \frac{1}{4^i} = \frac{1}{2} \cdot \frac{1}{1 - \frac{1}{4}} \doteq \frac{2}{3},$$

was man leicht verifizieren kann. Noch einfacher geht dies mit Berlekamps Regel (die ja auch aus Theorem 17.52 folgt):

$$x \doteq 0,101010\ldots = 0,\overline{10} = \frac{2}{3}$$

Allerdings funktioniert die Methode nur für Vorzeichenerweiterungen von reellen Zahlen und das sind neben den dyadischen Brüchen genau diejenigen, die sowohl 1 als auch -1 unendlich oft enthalten:

Aufgabe 17.56 Zeigen Sie, dass eine surreelle Zahl vom Geburtstag ω genau dann reell ist, wenn in ihrer Vorzeichenerweiterung sowohl 1 als auch -1 unendlich oft vorkommt.

Betrachten wir nun die surreelle Zahl x mit folgender Vorzeichenerweiterung:

$$v_x = + - + + + + + \ldots$$

Wendet man hier Berlekamps Regel an, so erhält man

$$x \doteq 0,\overline{1} = 1,$$

was aber falsch ist, denn $x - 1 < 0$: Dazu zeigt man, dass Bob das Spiel $x - 1$ gewinnt, wenn er beginnt. Bob entfernt dazu die einzige rote Kante im Spiel x, wodurch Alice ihre einzige verbleibende blaue Kante entfernt. Bob hat aber noch eine rote Kante im Spiel -1 und kann so gewinnen. Tatsächlich kann man zeigen, dass $x - 1 \doteq -\frac{1}{\omega}$ und damit ist $x = 1 - \frac{1}{\omega}$.

Aufgabe 17.57 In dieser Aufgabe betrachten wir surreelle Zahlen mit Geburtstag ω.

(a) Zeigen Sie: Wenn die Vorzeichenerweiterung einer surreellen Zahl x vom Geburtstag ω mit $+ + + \ldots$ endet, dann gilt $x = y - \frac{1}{\omega}$ für einen dyadischen Bruch y. Wie sieht es aus mit surreellen Zahlen, deren Vorzeichenerweiterung mit $- - - \ldots$ endet?

(b) Beschreiben Sie die Menge aller surreellen Zahlen vom Geburtstag ω.

Literaturverzeichnis

1. WILHELM ACKERMANN, *Die Widerspruchsfreiheit der allgemeinen Mengenlehre*, **Mathematische Annalen**, 114 (1937), 305–315.
2. MARTIN AIGNER UND GÜNTER M. ZIEGLER, **Das BUCH der Beweise**, 7. Ausgabe, Springer, Berlin, 2010.
3. ANDREAS BLASS, *Existence of bases implies the axiom of choice*, Axiomatic set theory (Boulder, Colo., 1983), Contemporary Mathematics, Bd. 31, Amererical Mathematical Society, Providence, RI, 1984, S. 31–33.
4. HUBERTUS BUSCHE, **Gottfried Wilhelm Leibniz: Monadologie**, Akademie-Verlag, Berlin, 2009.
5. NEIL CALKIN UND HERBERT S. WILF, *Recounting the rationals*, **American Mathematical Monthly**, 107 (2000), 360–363.
6. GEORG CANTOR, *Über eine Eigenschaft des Inbegriffs aller reellen algebraischen Zahlen*, **Journal für die reine und angewandte Mathematik**, 77 (1874), 258–262.
7. GEORG CANTOR, *Ein Beitrag zur Mannigfaltigkeitslehre*, **Journal fur die reine und angewandte Mathematik**, 84 (1878), 242–258.
8. GEORG CANTOR, **Grundlagen einer allgemeinen Mannigfaltigkeitslehre**, Teubner, Leipzig, 1883.
9. GEORG CANTOR, *Ueber unendliche, lineare Punktmannigfaltigkeiten 5*, **Mathematische Annalen**, 21 (1883), 545–591.
10. GEORG CANTOR, *Über eine elementare Frage der Mannigfaltigkeitslehre*, **Jahresbericht der Deutschen Mathematiker-Vereinigung**, 1 (1891), 75–78.
11. GEORG CANTOR, *Beiträge zur Begründung der transfiniten Mengenlehre I*, **Mathematische Annalen**, 46 (1895), 481–512.
12. GEORG CANTOR, *Beiträge zur Begründung der transfiniten Mengenlehre II*, **Mathematische Annalen**, 49 (1897), 207–246.
13. GEORG CANTOR, *Mitteilungen zur Lehre vom Transfiniten I & II*, **Zeitschrift für Philosophie und philosophische Kritik**, 91/92 (1887/1888), 81–125 / 240–265.
14. PAUL COHEN, *The independence of the continuum hypothesis*, **Proceedings of the National Academy of Sciences**, 50 (1963), 1143–1148.
15. PAUL COHEN, *The independence of the continuum hypothesis. II*, **Proceedings of the National Academy of Sciences**, 51 (1964), 105–110.
16. JOHN H. CONWAY, **On numbers and games**, [London Mathematical Society Monographs], Academic Press, London-New York, 1976.
17. RICHARD DEDEKIND, *Gedanken über die Zahlen*, *in [21]* (1872/78).
18. RICHARD DEDEKIND, **Was sind und was sollen die Zahlen?**, 8. Ausgabe, Friedr. Vieweg & Sohn, Braunschweig, 1960.
19. RICHARD DEDEKIND, **Stetigkeit und irrationale Zahlen**, Vieweg, Braunschweig, 1972.
20. RICHARD DEDEKIND, **Gesammelte mathematische Werke. Bd. III.**, (Herausgegeben von R. Fricke, E. Noether, Ø. Ore.), Vieweg, Braunschweig, 1932.
21. PIERRE DUGAC, **Richard Dedekind et les fondements des mathématiques**, Librairie Philosophique J. Vrin, Paris, 1976.
22. EUKLID, **Die Elemente**, Bibliothek Klassischer Texte, Wissenschaftliche Buchgesellschaft, 1991, Buch I–XIII, Übersetzt von Clemens Thaer.
23. JOSÉ FERREIRÓS, **Labyrinth of thought. A history of set theory and its role in modern mathematics**, 2. Ausgabe, Birkhäuser Verlag, Basel, 2007.
24. OTTO FORSTER, **Analysis 1**, 12. Ausgabe, Springer, Wiesbaden, 2016.
25. ADOLF FRAENKEL, *Zu den Grundlagen der Cantor-Zermeloschen Mengenlehre*, **Mathematische Annalen**, 86 (1922), 230–237.
26. RUDOLF FRITSCH, *Transzendenz von e im Leistungskurs*, **Der mathematische und naturwissenschaftliche Unterricht**, 42 (1989), 75–80.
27. VICTORIA GITMAN, JOEL DAVID HAMKINS, UND THOMAS A. JOHNSTONE, *What is the theory* ZFC *without power set?*, **Mathematical Logic Quarterly**, 62 (2016), 391–406.

© Der/die Herausgeber bzw. der/die Autor(en), exklusiv lizenziert an
Springer-Verlag GmbH, DE, ein Teil von Springer Nature 2023
L. Halbeisen und R. Krapf, *Eine Entdeckungsreise in die Welt
des Unendlichen*, https://doi.org/10.1007/978-3-662-68094-0

28. KURT GÖDEL, *The Consistency of the Continuum Hypothesis*, Annals of Mathematics Studies, Princeton University Press, Princeton, N. J., 1940.

29. LORENZ HALBEISEN, *Combinatorial Set Theory, with a gentle introduction to forcing*, [Springer Monographs in Mathematics], Springer-Verlag, Cham, 2017.

30. LORENZ HALBEISEN UND REGULA KRAPF, *Gödel's theorems and Zermelo's axioms. A firm foundation of mathematics*, Birkhäuser, Cham, 2020.

31. FELIX HAUSDORFF, *Grundzüge der Mengenlehre*, Veit & Comp, Leipzig, 1914.

32. FELIX HAUSDORFF, *Zur Theorie der linearen metrischen Räume*, *Journal für die Reine und Angewandte Mathematik*, 167 (1932), 294–311.

33. HEINRICH EDUARD HEINE, *Die Elemente der Functionenlehre*, *Journal für die Reine und Angewandte Mathematik*, 74 (1872), 172–188.

34. DAVID HILBERT, *Grundlagen der Geometrie*, Teubner, Leipzig, 1899.

35. DAVID HILBERT, *Mathematische Probleme*, *Vortrag, gehalten auf dem internationalen Mathematiker-Kongreß zu Paris 1900* (1900), 253–297.

36. DAVID HILBERT, *Logische Principien des mathematischen Denkens*, *Vorlesung SS 1905, Ausarbeitung von Max Born* (1905).

37. DAVID HILBERT, *David Hilbert's lectures on the foundations of arithmetic and logic, 1917–1933*, Bd. 3, Springer-Verlag, Berlin, 2013, herausgegeben von William Ewald, Wilfried Sieg and Michael Hallett in Zusammenarbeit mit Ulrich Majer und Dirk Schlimm.

38. ARIE HINKIS, *Proofs of the Cantor-Bernstein theorem*, Science Networks. Historical Studies, Bd. 45, Birkhäuser/Springer, Heidelberg, 2013.

39. YOSIKAZU IWAMOTO, *A proof that π^2 is irrational*, *Journal of the Osaka Institute of Science and Technologoy* (1949), 147–148.

40. AKIHIRO KANAMORI, *The higher infinite*, 2. Ausgabe, Springer Monographs in Mathematics, Springer-Verlag, Berlin, 2009.

41. IMMANUEL KANT, *Immanuel Kants Kritik der reinen Vernunft*, Voss, Leipzig, 1878.

42. LAURIE KIRBY UND JEFF PARIS, *Accessible independence results for Peano arithmetic*, *The Bulletin of the London Mathematical Society*, 14 (1982), 285–293.

43. DENÉS KŐNIG, *Theorie der endlichen und unendlichen Graphen*, Akademische Verlagsgesellschaft M.B.H., Leipzig, 1936.

44. REGULA KRAPF, *Elementare Grundlagen der Hochschulmathematik*, Springer, Wiesbaden, 2020.

45. CASIMIR KURATOWSKI, *Sur la notion de l'ordre dans la théorie des ensembles*, *Fundamenta mathematicae*, 2 (1921), 161–171.

46. GEREON LANZERATH UND LEIF THIEMANN, *Theorie kombinatorischer spiele für mathematiklehrkräfte*, Masterarbeit (2015), Universität Bonn.

47. INGO LIEB, *Wieviele Zahlen gibt es?*, 2022, Unveröffentlichter Artikel.

48. JOSEPH LIOUVILLE, *Nouvelle démonstration d'un théoreme sur les irrationnelles algébriques inséré dans le compte rendu de la derniere séance*, *Comptes rendus de l'Académie des sciences*, 18 (1844), 910–911.

49. HERBERT MESCHKOWSKI UND WINFRIED NILSON, *Georg Cantor: Briefe*, Springer, Berlin, Heidelberg, 1991.

50. GREGORY H. MOORE, *Zermelo's Axiom of Choice, its origins, development, and influence*, [Studies in the History of Mathematics and Physical Sciences], Bd. 8, Springer-Verlag, New York, 1982.

51. GREGORY H. MOORE UND ALEJANDRO GARCIADIEGO, *Burali-Forti's paradox: a reappraisal of its origins*, *Historia Mathematica*, 8 (1981), 319–350.

52. GREGORY H. MOORE, *Towards a history of Cantor's continuum problem*, *The History of Modern Mathematics*, vol. I, 79–121, Academic Press, Boston (MA), 1989.

53. JOHN VON NEUMANN, *Zur Einführung der transfiniten Zahlen.*, *Acta Litterarum ac Scientiarum. Sectio Scientiarum Mathematicarum*, 1 (1923), 199–208.

54. JOHN VON NEUMANN, *Eine Axiomatisierung der Mengenlehre*, *Journal für die reine und angewandte Mathematik*, 154 (1925), 219–240.

55. IVAN NIVEN, *A simple proof that π is irrational*, *Bulletin of the American Mathematical Society*, 53 (1947), 509.

56. CHARLES S. PEIRCE, *The new elements of mathematics, Vol. III*, Mouton Publishers, Den Haag-Paris; Humanities Press, Atlantic Highlands, N.J., 1976, Herausgegeben von Carolyn Eisele.

57. WOLFGANG RAUTENBERG, *Über den Cantor-Bernsteinschen Äquivalenzsatz.*, **Mathematische Semesterberichte**, 34 (1987), 71–88.

58. PAULO RIBENBOIM, *Die Welt der Primzahlen*, Springer, Heidelberg, 2011, Geheimnisse und Rekorde. [Secrets and records], 2004 aus dem Englischen übersetzt von Jörg Richstein.

59. AARON N. SIEGEL, *Combinatorial game theory*, [Graduate Studies in Mathematics], Bd. 146, American Mathematical Society, Providence, RI, 2013.

60. WACŁAW SIERPIŃSKI, *Sur une courbe dont tout point est un point de ramification.*, **Comptes Rendus Hebdomadaires des Séances de l'Académie des Sciences, Paris**, 160 (1915), 302–305.

61. H. J. STEPHEN. SMITH, *On the integration of discontinuous functions.*, **Proceedings of the London Mathematical Society**, 6 (1875), 140–153.

62. ROBERT M. SOLOVAY, *A model of set-theory in which every set of reals is Lebesgue measurable*, **Annals of Mathematics**, 92 (1970), 1–56.

63. PAUL STÄCKEL, *Zu H. Webers elementarer Mengenlehre*, **Jahresbericht der deutschen Mathematiker-Vereinigung**, 16 (1907), 425–428.

64. ALFRED TARSKI, *Sur les ensembles finis*, **Fundamenta Mathematicae**, 1 (1924), Nr. 6, 45–95.

65. PETER ULLRICH, *Weierstraß' Vorlesung zur "Einleitung in die Theorie der analytischen Funktionen"*, **Archive for History of Exact Sciences**, 40 (1989), 143–172.

66. GIUSEPPE VITALI, *Sul problema della misura dei gruppi di punti di una retta*, **Gamberini e Parmeggiani** (1905), 231–235.

67. NORBERT WIENER, *A simplification of the logic of relations*, **Proceedings of the Cambridge Philosophical Society**, 17 (1914), 387–390.

68. ERNST ZERMELO, *Beweis, daß jede Menge wohlgeordnet werden kann*, **Mathematische Annalen**, 59 (1904), 514–516.

69. ERNST ZERMELO, *Untersuchungen über die Grundlagen der Mengenlehre I*, **Mathematische Annalen**, 65 (1908), 261–281.

70. ERNST ZERMELO, *Über Grenzzahlen und Mengenbereiche. Neue Untersuchungen über die Grundlagen der Mengenlehre*, **Fundamenta Mathematicae**, 16 (1930), 29–47.

Stichwortverzeichnis

Ableitung, 231
Abschnitt, 95
Aleph, 100, 168
algebraisch, 39
Algorithmus
  Euklid'scher, 9
Anfangsabschnitt, 95
antisymmetrisch, 92
Approximation
  β-Approximation, 281
Äquivalenzrelation
  Äquivalenzklasse, 107
  Repräsentantensystem, 107
asymmetrisch, 92
Auswahlaxiom
  Auswahlfunktion, 104
Axiome der Mengenlehre
  Aussonderungsaxiom, 132
  Auswahlaxiom, 104
  Axiom der Atome, 191
  Axiom der leeren Menge, 130
  Axiom der leeren Menge in ZFA, 191
  Ersetzungsaxiom, 133, 134
  Extensionalitätsaxiom in ZFA, 191
  Extensionalitätsaxiom, 130
  Paarmengenaxiom, 131
  Potenzmengenaxiom, 132
  Unendlichkeitsaxiom, 133
  Vereinigungsaxiom, 132

Baire-Eigenschaft, 246
  dicht, 244
  mager, 244
  nirgends dicht, 244
Baire-Raum, 217
  abgeschlossen, 221
  offen, 221
  Umgebung, 221
Baum, 108
  Aronszajn-Baum, 109
  Ast, 108
  direkter Nachfolger, 108
  endlich verzweigt, 108
  Level, 109
  Pfad, 108
  unendlich, 108
  Wurzel, 108
beschränkt, 126
  nach oben, 13
Bruch
  dyadischer, 264

Calkin-Wilf
  Baum, 60
  Folge, 63
  Hyperbinärdarstellung, 62
Cantor-Funktion, 74
  Teufelstreppe, 74
Cantor-Menge, 72
Cantorsches Diagonalargument

erstes, 56
zweites, 66

Diagonalzahl, 68
Dualbruchdarstellung, 70

endlich, 52
    abzählbar, 55
    Dedekind-endlich, 54
    Tarski-endlich, 54

Färbung, 204
Folgen
    inkompatibel, 222
    kompatibel, 222
Formel, 179
    atomar, 179
fuzzy, 256

Geburtstag, 252
gleichmächtig, 77

Hackenbush, 259, 278
    blau-rotes, 260
    grünes, 260
Häufungspunkt, 231
homogen, 204

Infimum, 13
inkommensurabel, 10
irreflexiv, 92

Kardinalzahl, 166
    konfinal, 177
    regulär, 177
    singulär, 177
    unerreichbar, 178
Kardinalzahlcharakteristik, 176
    $\mathfrak{b}$, 176
    $\mathfrak{d}$, 176
Kettenbruch
    endlicher, 29
    unendlicher, 32
kongruent, 115
Konstante
    Liouville'sche, 41

Kontinuumshypothese, 174
konvex, 207
kumulative Hierarchie, 181

linear, 92

Maximum, 13
Maß, 73
    σ-Additivität, 73
    Lebesgue-messbar, 236
    äußeres μ^*, 235
Menge
    geordnete, 92
    linke, 15
    rechte, 15
    wohlgeordnete, 93
mengentheoretische Operationen
    Differenz, 132
    Durchschnitt, 132
    Vereinigung, 132
Minimum, 13
monochromatisch, 204

Näherungsbruch, 33

Option
    linke, 251
    rechte, 251
Ordinalzahl, 266
Ordnung, 92
    lexikographische, 92, 95
    strikte, 92
    von Spielen, 254
Ordnungsisomorphismus, 95
Ordnungsrelation, 92

perfekt, 231
Perfekte-Teilmengen-Eigenschaften,
    232
Permutationsmodell, 193
    x erblich symmetrisch, 194
    x symmetrisch, 194
    normaler Filter, 194
    Symmetriegruppe von x, 194
Potenzmenge, 52
Prinzip

des unendlichen Abstiegs, 5
Produkt
  surreeller Zahlen, 273
Punkt
  isolierter, 231

Rado-Graph, 187
  universeller Graph, 190
  Zufallsgraph, 187
Rang, 182
reflexiv, 92
Russellsche Antinomie, 130

Schnitt
  Dedekind'scher, 14
  Goldener, 4
Schranke
  obere, 13
  untere, 13
Schubfachprinzip
  unendliche Version, 109
Sierpinski-Dreieck, 76
Sphäre, 116
Spiel, 211
  determiniert, 219
  Gewinnposition, 212
  Gewinnstrategie, 211
  Gewinnstrategie für Alice/Bob,
    218
  inverses, 257
  kombinatorisches, 251
  Spielverlauf gemäß σ/τ, 218
  Strategie, 211
    für Alice, 217
    für Bob, 217
  Verlierposition, 212

Struktur, 180
  Belegung, 180
  Interpretation, 180
  Modell, 181
  Trägermenge, 180
Summe
  von Spielen, 256
Supremum, 13

total, 92
transitiv, 92
transzendent, 40

unendlich, 55
  abzählbar, 55
  aktual, 1
  Dedekind-unendlich, 54
  potentiell, 1
  überabzählbar, 55

Variable
  frei, 180
  gebunden, 180
vollständig, 14
Vorzeichenerweiterung, 281

Wohlordnung, 93
  isomorphe, 95

Zahl
  ε-Zahl, 146
  Eulersche, 25
  Liouville'sche, 43
  reelle, 15, 271
  surreelle, 265
zerlegungsgleich, 115

Personen

Ackermann, Wilhelm, 187
Archimedes, 25
Aristoteles, 1, 25
Aronszajn, Nachnam, 109

Bernstein, Felix, 82, 175, 233
Blass, Andreas, 155
Bolzano, Bernard, 134

Calkin, Neil, 59
Cantor, Georg, v, 1, 14, 53, 58, 66,
        67, 72, 78–80, 82, 87, 94, 95,
        97–99, 104, 107, 138,
        141–143, 158, 165, 166, 174,
        175, 232, 233
Cauchy, Augustin-Louis, 134
Cohen, Paul J., 175, 176, 239
Conway, John H., v, 251, 265

Dedekind, Richard, 1, 14, 53, 54, 58,
        67, 78, 82, 143, 174

Euklid, 2, 8, 129

Fourier, Joseph, 25
Fraenkel, Adolf Abraham, 129, 130,
        134, 199
Frege, Gottlob, 130
Fritsch, Rudolf, 45

Gödel, Kurt, 175

Gelfond, Alexander, 48
Goodstein, Reuben L., 161, 162

Harrington, Leo, 241
Hausdorff, Felix, 89, 131, 154, 175,
        177
Heine, Eduard, 107
Hermite, Charles, 41, 45
Hessenberg, Gerhard, 160
Hilbert, David, v, 48, 49, 129, 134,
        175
Hippasos von Metapont, 4
Hippasus von Metapontum, 31

Iwamoto, Yosikazu, 27

Jourdain, Philip E. B., 172

Kőnig, Denés, 108, 110
Kőnig, Julius, 80, 172, 175
Kant, Immanuel, 1
Kirby, Laurie, 161
Kronecker, Leopold, 1
Kuratowski, Casimir, 131

Lambert, Johann Heinrich, 25, 27
Lanzerath, Gereon, 284
Lebesgue, Henri, 239
Leibniz, Gottfried Wilhelm, 1, 134
Lieb, Ingo, 68
Lindemann, Ferdinand von, 41

© Der/die Herausgeber bzw. der/die Autor(en), exklusiv lizenziert an
Springer-Verlag GmbH, DE, ein Teil von Springer Nature 2023
L. Halbeisen und R. Krapf, *Eine Entdeckungsreise in die Welt
des Unendlichen*, https://doi.org/10.1007/978-3-662-68094-0

Liouville, Joseph, 41

Mirimanoff, Dmitry, 134
Moore, Gregory H., 181

Neumann, John von, 134, 137, 138,
    166, 181, 265
Newton, Isaac, 134
Niven, Ivan, 27

Paris, Jeff, 161
Peirce, Charles Sanders, 175
Pythagoras von Samos, 4, 5

Ramsey, Frank Plumpton, 203
Russell, Bertrand, 130

Schneider, Theodor, 48
Schur, Issai, 208

Sierpiński, Wacław, 76
Skolem, Thoralf, 129, 134
Solovay, Robert, 239
Stäckel, Paul, 54

Tannery, Paul, 175
Tarski, Alfred, 54
Theodoros von Kyrene, 4
Thiemann, Leif, 284

Vitali, Giuseppe, 239, 240

Weierstraß, Karl, 14, 134
Wilf, Herbert, 59

Zeckendorf, Edouard, 214
Zenon von Elea, 3
Zermelo, Ernst, v, 94, 104, 107, 129,
    130, 134, 166, 172, 181

Printed in the United States
by Baker & Taylor Publisher Services